傅正义　武汉理工大学，中国工程院院士

高从堦　浙江工业大学，中国工程院院士

龚俊波　天津大学，教授

贺高红　大连理工大学，教授

胡迁林　中国石油和化学工业联合会，教授级高工

胡曙光　武汉理工大学，教授

华　炜　中国化工学会，教授级高工

黄玉东　哈尔滨工业大学，教授

蹇锡高　大连理工大学，中国工程院院士

金万勤　南京工业大学，教授

李春忠　华东理工大学，教授

李群生　北京化工大学，教授

李小年　浙江工业大学，教授

李仲平　中国工程院，中国工程院院士

刘忠范　北京大学，中国科学院院士

陆安慧　大连理工大学，教授

路建美　苏州大学，教授

马　安　中国石油规划总院，教授级高工

马光辉　中国科学院过程工程研究所，中国科学院院士

聂　红　中国石油化工股份有限公司石油化工科学研究院，教授级高工

彭孝军　大连理工大学，中国科学院院士

钱　锋　华东理工大学，中国工程院院士

乔金樑　中国石油化工股份有限公司北京化工研究院，教授级高工

邱学青　华南理工大学/广东工业大学，教授

瞿金平　华南理工大学，中国工程院院士

沈晓冬　南京工业大学，教授

史玉升　华中科技大学，教授

孙克宁　北京理工大学，教授

谭天伟　北京化工大学，中国工程院院士

汪传生　青岛科技大学，教授

王海辉　清华大学，教授

王静康　天津大学，中国工程院院士

王　琪　四川大学，中国工程院院士

王献红　中国科学院长春应用化学研究所，研究员

国家出版基金项目
NATIONAL PUBLICATION FOUNDATION

先进化工材料关键技术丛书（第二批）

中国化工学会 组织编写

聚氨基酸功能高分子

Functional Polymers Based on Polyamino Acids

徐虹 王瑞 雷鹏 等著

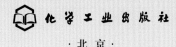

化学工业出版社

·北京·

内容简介

《聚氨基酸功能高分子》是"先进化工材料关键技术丛书"（第二批）的一个分册。

作为先进有机高分子材料（聚合物材料）的重要分支，聚氨基酸功能高分子具有重要的理论研究和应用价值。本书凝结了作者们在聚氨基酸制造和应用等方面多年的理论研究和实践经验，是多项国家和省部级科技成果的结晶。本书从聚氨基酸的结构和功能出发，侧重应用导向，围绕关键菌株选育、生物合成原理、制造过程调控和主要应用领域等方面展开介绍，展望了相关聚氨基酸的发展趋势和前景。内容包括：绪论，γ-聚谷氨酸的结构与理化性质，γ-聚谷氨酸的合成机制，γ-聚谷氨酸在农业上的应用，γ-聚谷氨酸在食品及动物营养领域的应用，γ-聚谷氨酸在医学及日化领域的应用，ε-聚赖氨酸的结构与性质，ε-聚赖氨酸的合成机制，ε-聚赖氨酸在食品中的应用。

《聚氨基酸功能高分子》适合生物高分子材料以及先进化工材料各领域开发和应用的科技人员、管理人员阅读，也可供高等院校生物、化工、材料、农林、食品等专业师生学习参考。

图书在版编目（CIP）数据

聚氨基酸功能高分子/中国化工学会组织编写；徐虹等著. —北京：化学工业出版社，2023.1
（先进化工材料关键技术丛书. 第二批）
国家出版基金项目
ISBN 978-7-122-42014-5

Ⅰ.①聚… Ⅱ.①中…②徐… Ⅲ.①功能材料－高分子材料－研究 Ⅳ.①TB324

中国版本图书馆 CIP 数据核字（2022）第 148283 号

责任编辑：杜进祥 孙凤英
责任校对：田睿涵
装帧设计：关 飞

出版发行：化学工业出版社（北京市东城区青年湖南街13号 邮政编码100011）
印 装：中煤（北京）印务有限公司
710mm×1000mm 1/16 印张24¼ 字数498千字
2024年8月北京第1版第1次印刷

购书咨询：010-64518888 售后服务：010-64518899
网 址：http://www.cip.com.cn
凡购买本书，如有缺损质量问题，本社销售中心负责调换。

定 价：199.00元

作者简介

徐虹，女，1964 年 7 月生，南京工业大学食品与轻工学院教授，国务院政府特殊津贴专家，中国化工学会会士，绿色生物制造国家重点研发项目首席科学家。2000 年于南京工业大学生物化工专业获得博士学位，研究方向为工业生物技术，长期从事蛋白、多糖等生物高分子制造技术创新，获国家技术发明奖二等奖 1 项（排名第一）、国家科学技术进步奖一等奖（排名第四）、第三届全国创新争先奖奖章、侯德榜化工科学技术奖"成就奖"、中国专利奖银奖 1 项（排名第一）、江苏省科学技术奖一等奖（排名第一）、江苏省首届专利发明人奖（排名第一）等荣誉。发明了生物高分子聚氨基酸生物合成新技术，建立了具有国际竞争力的聚氨基

酸新产业，创造性地将 γ- 聚谷氨酸应用于农业领域，产品推广应用到全国二十多个省和自治区，应用面积超 3 亿亩次，受邀成为国家行业标准主要起草人。成功开发生物防腐剂 ε- 聚赖氨酸合成新菌种和新技术，通过工程技术全程创新，打破了长期依赖进口的局面，并推动了其进入国家食品添加剂目录。

王瑞，男，1987 年 9 月生，南京工业大学食品与轻工学院教授，硕士生导师。2016 年于南京工业大学生物化工专业获得工学博士学位。研究方向为功能蛋白材料合成生物学和应用研究；荣获 2022 年度中国石油和化学工业联合会科技进步奖一等奖（排名第三）、江苏省"333 高层次人才"等人才称号。主持了国家自然科学基金青年基金、江苏省优秀青年基金、科技部重点研发项目子课题等科研项目。以第一 / 通讯作者在 *Advanced Functional Materials*、*Chemical Engineering Journal* 等领域主流国际学术期刊发表 SCI 收录论文 20 余篇。担任 *Frontiers Bioengineering and Biotechnology* 评审编辑。

雷鹏，男，1989 年 7 月生，南京工业大学食品与轻工学院教授，硕士生导师，荣获第二十一届中国专利奖银奖、2022 年度中国商业联合会科学技术奖一等奖。2017 年毕业于南京工业大学发酵工程专业，获得工学博士学位。研究方向为农业和食品微生物，主要从事 γ-聚谷氨酸对作物的促生抗逆作用及其机制研究，天然生物聚合物特别是微生物多糖、聚氨基酸等高分子的挖掘，研究生物高分子在食品、日化、农业领域的应用开发。主持了国家自然科学基金青年基金、科技部重点研发项目子课题等科研项目。以第一 / 通讯作者在 *Bioresource Technology* 等主流国际学术期刊发表 SCI 收录论文 30 余篇。

丛书（第二批）序言

　　材料是人类文明的物质基础，是人类生产力进步的标志。材料引领着人类社会的发展，是人类进步的里程碑。新材料作为新一轮科技革命和产业变革的基石与先导，是"发明之母"和"产业食粮"，对推动技术创新、促进传统产业转型升级和保障国家安全等具有重要作用，是全球经济和科技竞争的战略焦点，是衡量一个国家和地区经济社会发展、科技进步和国防实力的重要标志。目前，我国新材料研发在国际上的重要地位日益凸显，但在产业规模、关键技术等方面与国外相比仍存在较大差距，新材料已经成为制约我国制造业转型升级的突出短板。

　　先进化工材料也称化工新材料，一般是指通过化学合成工艺生产的、具有优异性能或特殊功能的新型材料，包括高性能合成树脂、特种工程塑料、高性能合成橡胶、高性能纤维及其复合材料、先进化工建筑材料、先进膜材料、高性能涂料与黏合剂、高性能化工生物材料、电子化学品、石墨烯材料、催化材料、纳米材料、其他化工功能材料等。先进化工材料是新能源、高端装备、绿色环保、生物技术等战略性新兴产业的重要基础材料。先进化工材料广泛应用于国民经济和国防军工的众多领域中，是市场需求增长最快的领域之一，已成为我国化工行业发展最快、发展质量最好的重要引领力量。

　　我国化工产业对国家经济发展贡献巨大，但从产业结构上看，目前以基础和大宗化工原料及产品生产为主，处于全球价值链的中低端。"一代材料，一代装备，一代产业。"先进化工材料因其性能优异，是当今关注度最高、需求最旺、发展最快的领域之一，与国家安全、国防安全以及战略性新兴产业关系最为密切，也是一个国家工业和产业发展水平以及一个国家整体技术水平的典型代表，直接推动并影响着新一轮科技革命和产业变革的速度与进程。先进化工材料既是我国化工产业转型升级、实现由大到强跨越式发展的重要方向，同时也是保障我国制造业先进性、支撑性和多样性的"底盘技术"，是实施制造强国战略、推动制造业高质量发展的重要保障，关乎产业链和供应链安全稳定、绿色低碳发展以及民生福祉改善，具有广阔的发展前景。

"关键核心技术是要不来、买不来、讨不来的。"关键核心技术是国之重器，要靠我们自力更生，切实提高自主创新能力，才能把科技发展主动权牢牢掌握在自己手里。新材料是战略性、基础性产业，也是高技术竞争的关键领域。作为新材料的重要方向，先进化工材料具有技术含量高、附加值高、与国民经济各部门配套性强等特点，是化工行业极具活力和发展潜力的领域。我国先进化工材料领域科技人员从国家急迫需要和长远需求出发，在国家自然科学基金、国家重点研发计划等立项支持下，集中力量攻克了一批"卡脖子"技术、补短板技术、颠覆性技术和关键设备，取得了一系列具有自主知识产权的重大理论和工程化技术突破，部分科技成果已达到世界领先水平。中国化工学会组织编写的"先进化工材料关键技术丛书"（第二批）正是由数十项国家重大课题以及数十项国家三大科技奖孕育，经过 200 多位杰出中青年专家深度分析提炼总结而成，丛书各分册主编大都由国家技术发明奖和国家科技进步奖获得者、国家重点研发计划负责人等担纲，代表了先进化工材料领域的最高水平。丛书系统阐述了高性能高分子材料、纳米材料、生物材料、润滑材料、先进催化材料及高端功能材料加工与精制等一系列创新性强、关注度高、应用广泛的科技成果。丛书所述内容大都为专家多年潜心研究和工程实践的结晶，打破了化工材料领域对国外技术的依赖，具有自主知识产权，原创性突出，应用效果好，指导性强。

创新是引领发展的第一动力，科技是战胜困难的有力武器。科技命脉已成为关系国家安全和经济安全的关键要素。丛书编写以服务创新型国家建设，增强我国科技实力、国防实力和综合国力为目标，按照《中国制造 2025》《新材料产业发展指南》的要求，紧紧围绕支撑我国新能源汽车、新一代信息技术、航空航天、先进轨道交通、节能环保和"大健康"等对国民经济和民生有重大影响的产业发展，相信出版后将会大力促进我国化工行业补短板、强弱项、转型升级，为我国高端制造和战略性新兴产业发展提供强力保障，对彰显文化自信、培育高精尖产业发展新动能、加快经济高质量发展也具有积极意义。

中国工程院院士：薛群基

2023 年 5 月

序言

　　新材料产业是国民经济的先导性产业，也是制造强国及工业发展的关键保障。在全球新一轮科技和产业革命背景下，世界主要国家都在抢占这一战略制高点。其中，先进高分子材料（聚合物材料）作为重大的基础和结构性材料，是整个新材料产业的发展基石。但总体而言，我国化工新材料产品仍处于产业价值链的中低端水平，主要原因在于上游原材料的制造流程相对落后及产品成本过高，此外，随着"碳中和"和"碳达峰"国家战略的提出，低碳环保发展理念已成为世界各国共识，因此实现先进高分子材料的生产系统绿色转型是未来发展的必然趋势。

　　生物化工学科作为化学工程技术的二级学科和分支，在先进高分子材料的绿色制造领域具有显著优势。区别于传统的化工合成路径，生物技术制备有机高分子材料形成了以微生物细胞工厂加工为特色的新型材料制造流程。随着近年来合成生物学技术的迅速发展，生物技术制造先进高分子材料朝着绿色、低碳方向发展。

　　南京工业大学近几十年来一直从事生物化工技术制造新材料研究，始终以工业化应用为导向和学科特色，在先进高分子材料的生物制造领域取得了系列突破，如聚氨基酸、微生物多糖、聚酯等。徐虹教授团队从事聚氨基酸生物制造二十余年，在国际上率先实现了聚氨基酸万吨级工业化生产和产业化应用。然而，聚氨基酸作为一种新型高分子材料，学术界和产业界对其认知程度均不足，有鉴于此，该团队经过多年积累，编写了《聚氨基酸功能高分子》一书。

　　该书以聚氨基酸的性质和应用为主线，侧重需求牵引和工程化应用导向，特别是在生物合成规模化生产及工程化推广应用方面着重介绍。该书作为"先进化工材料关键技术丛书"（第二批）中的一个分册，区别于传统材料化工合成，重点从聚氨基酸的生物合成细胞工厂构建，过程调控，构效关系及在农业、日化和食品等领域的产业化应用角度进行详细论述。

　　我相信这一专著的出版，将会让读者更好地了解基于生物合成的聚氨基酸功能高分子材料的发展趋势和应用状况，大大推动我国聚氨基酸材料的工程化应用。

欧阳平凯

中国工程院院士　南京工业大学教授

前言

　　材料是人类一切生产和生活的物质基础。高分子材料作为一种重要的材料，不仅为工农业生产和人们的衣食住行用提供量大面广的新产品和新材料，也为发展高技术提供更多更有效的高性能结构材料和功能性材料。在新一轮全球科技和产业革命兴起的大背景下，先进功能高分子材料已成为国际竞争的重点领域之一。我国高度重视功能高分子新材料产业的发展，将其列为国家高新技术产业、战略性新兴产业和"中国制造2025"重点领域发展对象，同时被列入"十四五"《新材料产业发展指南》重点发展方向。

　　聚氨基酸功能高分子材料是一类天然蛋白质类似物，凭借其结构多样性、优异的生物活性、良好的生物相容性和可降解性，在农业、日化和食品等关键原材料领域得到广泛应用。目前，实现工业化生产和应用的聚氨基酸主要是生物合成法制备的天然聚氨基酸，包括 γ-聚谷氨酸和 ε-聚赖氨酸。生物法制备聚氨基酸的主要优势在于绿色低碳合成路径，产品分子量可以达到百万级别，同时可以实现不同分子量尺度和单体构型的精准调控。在全球"碳中和"共同愿景下，基于微生物合成的聚氨基酸绿色制造技术和工业化应用具有重大意义。

　　二十多年来，笔者团队一直从事聚氨基酸生产与应用方面的科学研究，在科技部"973计划"（项目编号：2013CB733603）、"863计划"（项目编号：2013AA020301、2006AA03Z0453）、国家重点研发计划（项目编号：2021YFC2101700）、国家科技攻关计划（项目编号：2011BAD23B04）及国家自然科学基金（项目编号：21878152）的资助下，瞄准国家重大战略需求，以实际应用为导向，推进聚氨基酸功能高分子的工业化生产及应用开发，目前已经实现了微生物制备聚氨基酸的万吨级工业化生产和应用，荣获国家技术发明奖二等奖（"功能性高分子聚氨基酸生物制备关键技术与产业化应用"）、江苏省科学技术一等奖（"功能性高分子聚氨基酸生物制备与产业化应用"）、中国专利银奖［"一种发酵生产 γ-聚谷氨酸的柱式固定化反应器及其工艺"（ZL201310111449.0）］、首届江苏省专利发明人奖等。笔者在长期的研究和生产实践过程中，对聚氨基酸有了较为深刻的认识，积累了大量的一线科研资料。

本书由南京工业大学生物高分子与生物转化实验室徐虹教授组织编写，王瑞、雷鹏、冯小海、李莎、邱益彬、徐得磊、孙良、谷益安、罗正山、杨凯、孙涛、薛健等参加了本书的编写工作；全书共分九章，重点围绕聚氨基酸结构与理化性质、生物合成与调控及下游农业、食品、医学与日化等关键领域应用进行了详细论述。此外，编写过程中也参考了部分同行、专家、学者的研究成果和论著，在此表示感谢。

尽管笔者在本书中力求注重系统性和完整性，但该领域发展迅猛，不断有聚氨基酸新用途被发现和实施，由于笔者水平有限，书中难免存在不足，敬请广大读者批评指正。

徐虹

2023 年 2 月

目录

第一章
绪论 001

第四章
γ-聚谷氨酸在农业上的应用　117

第五章
γ-聚谷氨酸在食品及动物营养领域的应用　181

第六章
γ-聚谷氨酸在医学及日化领域的应用　217

第七章
ε-聚赖氨酸的结构与理化性质 275

第八章
ε-聚赖氨酸的生物合成 293

第九章
ε-聚赖氨酸在食品中的应用   333

第一章

绪　论

聚氨基酸，是由氨基酸单体通过酰胺键连接而成的高分子材料，分子结构类似蛋白质，具有优异的生物可降解性和生物相容性，同时氨基酸单体不同的 DL 构型、排列、分子量以及高级构象赋予了聚氨基酸丰富的生物活性，在工业、农业、食品、医学等领域得到了广泛应用，其中已实现工业化制备的主要是 γ- 聚谷氨酸 (γ-polyglutamic acid，γ-PGA) 和 ε- 聚赖氨酸（ε-poly-L-lysine，ε-PL），在生物肥料增效剂、食品添加剂领域得到重要应用，对国家"碳中和"和食品安全战略目标意义重大。聚氨基酸的合成方法主要分为化学合成法和全生物合成法，其中全生物合成法是基于微生物细胞工厂的新型高分子聚合方法，具有过程绿色、产物分子量可控范围广、高级构象丰富等优势，本专著重点讨论基于全生物合成法的天然聚氨基酸及其应用。

第一节
聚氨基酸的定义与分类

聚氨基酸是氨基酸单体或其衍生物通过酰胺键连接而成的一类聚合物的统称[1]。按照来源划分，可分为天然聚氨基酸和人工合成聚氨基酸两大类。

天然聚氨基酸是指自然界动物、植物及微生物体内本身存在的氨基酸聚合物，主要包括以下几类：在蜗牛等软体动物壳内的黏液中发现的聚天冬氨酸 (polyaspartic acid，PASP)[2]，在芽孢杆菌荚膜中发现的 γ- 聚谷氨酸（γ-PGA）[3]，在链霉菌属分泌物中发现的 ε- 聚赖氨酸（ε-PL）、γ- 聚二氨基丁酸（γ-PDAB）和 β- 聚二氨基丙酸（β-PDAP）等[4,5]。组成这些聚氨基酸的单体有个共同特征，即均为同一种氨基酸，且多为酸性或碱性氨基酸，它们的结构式如图 1-1 所示。

人工合成聚氨基酸通常是指通过化学合成方法或生物催化方法制备得到的聚合物，主要是以同一类或者不同氨基酸单体为原料合成的氨基酸聚合物[6]，通常是以 α- 聚氨基酸为主，如 α- 聚谷氨酸（α-PGA）、α- 聚天冬氨酸（α-PASP）、α- 聚赖氨酸（α-PL）、α- 聚精氨酸（α-PAA）等[7]，它们的结构式如图 1-2 所示。但人工合成法制备的聚氨基酸的聚合度偏低，分子量一般小于 10 万，一方面原因是副反应影响，另外一方面是当分子量过高时聚氨基酸分子容易形成二级结构（如 α- 螺旋），导致产物析出，阻碍合成。

得益于氨基酸单体的手性结构，聚氨基酸可通过主链氢键有规则地折叠，形成类似于蛋白质的二级结构（如 α- 螺旋、β- 折叠、无规卷曲等），赋予了聚氨基酸不同于传统聚合物（如聚烯烃、聚酯、聚醚等）的特殊功能，如优异的亲水性、非免疫原性、生物相容性和生物可降解性等优点[8,9]，使其成为模拟蛋白质结构和功能的理想合成高分子材料，在农业、食品、环保、生物医学等领域显示出广泛的应用前景[10-13]。另外，氨基酸单体也是一种天然可再生的资源，从可再生的氨基酸单体出发合成高附加值的聚氨基酸新材料具有十分重要的意义。

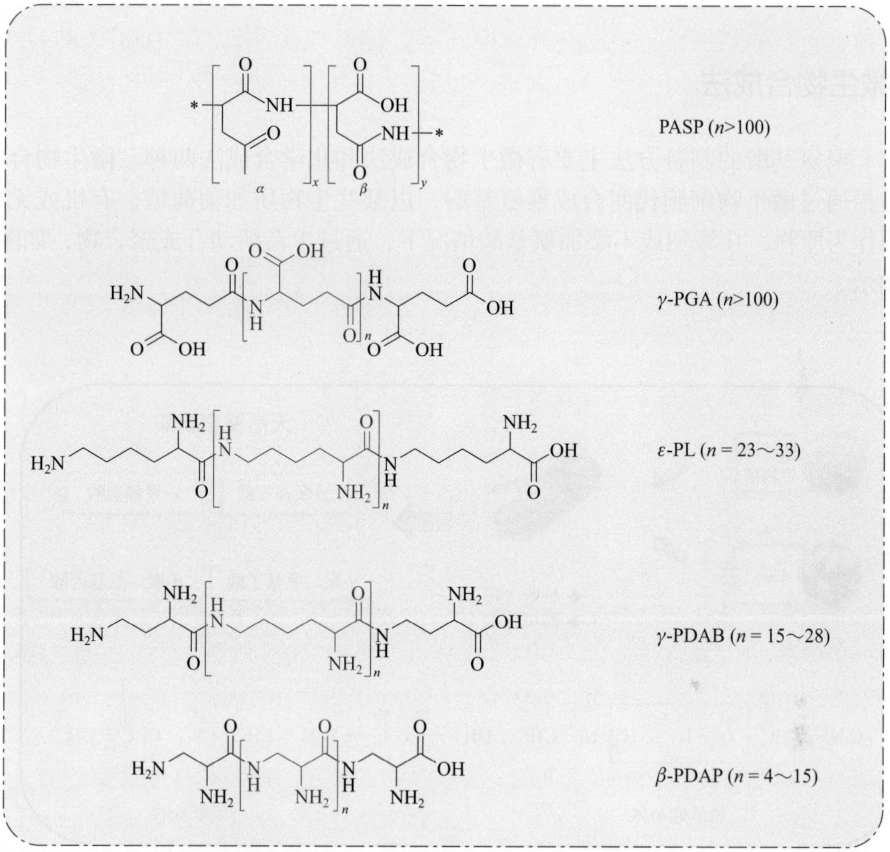

图1-1　部分天然聚氨基酸的分子结构式

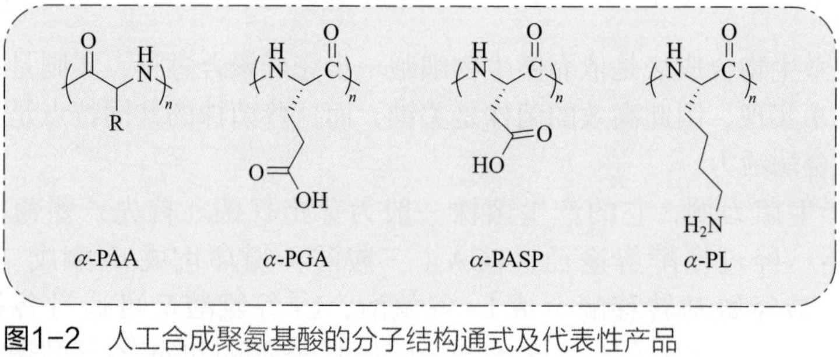

图1-2　人工合成聚氨基酸的分子结构通式及代表性产品

第二节
聚氨基酸的制备方法

一、微生物合成法

聚氨基酸的制备方法主要有微生物合成法和化学合成法两种。微生物合成法是指通过微生物细胞代谢合成聚氨基酸，以某些生物质如葡萄糖、有机或无机氮源作为原料，在添加或不添加氨基酸情况下，通过生命活动合成聚合物，如图1-3如示。

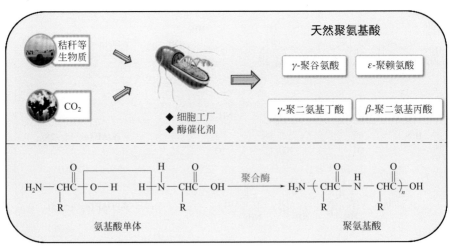

图1-3 微生物合成法制备聚氨基酸

宏观上看，微生物合成法是依靠微生物细胞一步完成聚合过程，实则是通过复杂的代谢活动来实现，因此高效的菌株是关键，而这些菌株的共同特点是体内都具有较强的聚合酶活力。

以 γ-PGA 产生菌为例，它的产生菌株一般为芽孢杆菌。首先，葡萄糖被转运至细胞内后，经过糖酵解途径、TCA（三羧酸）循环生成 α-酮戊二酸。随后，α-酮戊二酸经氨基转移酶合成 L-谷氨酸，L-谷氨酸又可通过谷氨酸消旋酶生成 D-谷氨酸，并最终经 γ-PGA 聚合酶将 L-谷氨酸和 D-谷氨酸聚合成

γ-PGA（图 1-4）[14]。至于 γ-PGA 合成过程中的关键酶 γ-PGA 聚合酶，研究发现 *pgsB*、*pgsC*、*pgsA* 为 γ-PGA 聚合酶的 3 个基因，它们在基因组上排列成一个基因簇。其中 *pgsA* 编码的 Pgs A 酶负责将 Pgs BCA 复合体锚定在细胞膜上，并且将已合成的 γ-PGA 分子从紧密的细胞膜上去除；Pgs B 具有亲水性结构，经鉴定为酰胺连接酶，主要负责催化聚合反应；Pgs C 的结构与乙酰转移酶相似，主要负责 γ-PGA 的转运，如图 1-4 所示，即包括底物选择、聚合和聚合物分泌三个阶段 [3,15]。虽然目前已经获知 γ-PGA 聚合酶具有的一部分功能，但由于聚合酶十分不稳定，至今聚合酶的纯化没有完成，晶体结构尚未得到解析，因此详细的催化机制尚不明晰。

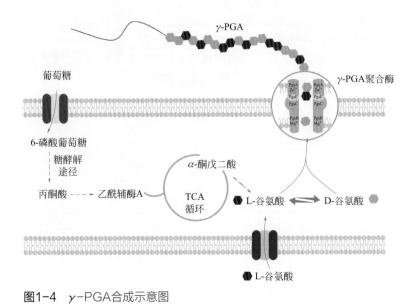

图1-4 γ-PGA合成示意图

此外，ε-PL 的产生菌种一般采用链霉菌，类似于 γ-PGA 的生物合成，葡萄糖被转运至链霉菌细胞内后，经糖酵解途径、TCA 循环生成草酰乙酸。随后，草酰乙酸经过二氨基庚二酸途径合成 L- 赖氨酸 [17]，并最终经 ε-PL 聚合酶（Pls）合成 ε-PL（图 1-5）。因此，ε-PL 的合成以不依赖于核糖体的多肽合成方式——非核糖体肽合成系统完成。针对 Pls 的研究发现，其为膜结合蛋白，Pls 主要由负责 L- 赖氨酸活化的腺苷酸化结构域（A 域）、负责运输肽酰载体蛋白结构域（T 域，又称 PCP 域）以及负责 L- 赖氨酸缩合的缩合结构域（C 域）和 6 个跨膜结构域（TM 域）构成。其中 C 域含有三个亚基 C1 域～ C3 域；相邻的两个 TM 域由一个连接子（linker）连接（图 1-5）。ε-PL 合成过程包括：Lys 活化—

Lys 捕获—聚合成短链—重复上述过程—长链 ε-PL 释放[18]。

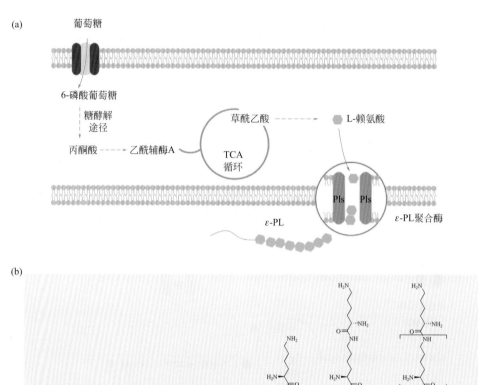

图1-5 ε-PL 合成示意图（a）及其聚合酶（Pls）的结构域组成和聚合过程（b）[19]

有趣的是，不管是 γ-PGA 产生菌还是 ε-PL 产生菌，基因组上紧邻聚合酶的都有一个降解酶基因。这可以解释为微生物适应环境所需，当它不需要这些聚合物或者在恶劣环境下需要降解聚氨基酸生成氨基酸单体为自身提供能源时，降解酶发挥降解作用，如图 1-6 所示。

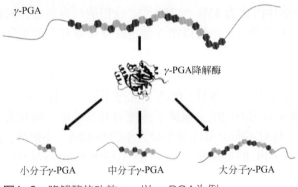

图1-6 降解酶的功效——以γ-PGA为例

微生物合成法的优点：

1．一步生物聚合

对于聚氨基酸的生物合成，从理论上来说，其与化学的多步骤合成类似，微生物自身即为一个"精细工厂"，通过多种代谢途径合成前体化合物，最终通过聚合酶的作用将其一步聚合。然而，在聚氨基酸的实际生产中，我们仅需配制好基础培养基，包括糖类、氨基酸和无机盐等，在随后的发酵过程中无需人工调控，微生物就如同技术高超的合成化学家一样，通过蛋白酶精确地、快速地完成过程中每一步反应，同时也能保证前体谷氨酸准确的立体构型。在这个过程中，微生物通过自我繁殖将"精细工厂"不断扩大，变成一个真正的γ-PGA生产工厂，等待一段时间的发酵之后，即可获得最终产物——聚氨基酸。正是基于细胞工厂准确、高效的一步合成路径，同时伴随着合成生物学、生物化工等领域的发展，细胞工厂越来越多地应用于高分子、高附加值、具备立体选择性等的化合物生产。

此外，实现超高聚合度合成也是微生物合成聚氨基酸的一大优势。目前，化学合成的聚氨基酸分子量一般都不超过5万，而微生物合成的γ-PGA最高分子量可达250万，这是化学合成难以实现的。

2．聚合结构多样性

目前研究发现微生物可合成4种聚氨基酸，包括γ-PGA、ε-PL、γ-PDAB和β-PDAP。针对其氨基和羧基聚合的特点，通过相应的聚合酶理论上可以实现丰富、多样的氨基酸聚合物合成。即使对于某一特定的聚氨基酸，不同的合成菌株分泌的γ-PGA分子量和单体构成差异显著。例如，纳豆芽孢杆菌（*B.subtilis natto*）合成的γ-PGA分子量在0.1万～10万之间，D-谷氨酸单体占比达到50%～80%[20]。枯草芽孢杆菌变种（*B.subtilis* var. *chungkookjang*）合成的γ-PGA分子量大于 10 万，D- 谷氨酸单体占比为 35% ～ 75%[20]。我们的研究发现，对同一菌株合成酶或合成途径进行人工设计，也可以很方便地改变聚氨基酸的单体构成和分子量。通过对谷氨酸消旋酶以及 γ-PGA 聚合酶这两个酶进行理性设计与改造，便能够实现调控 γ-PGA 的立体化学组成[21]。在此基础上，再结合 γ-PGA 合成酶以及 γ-PGA 降解酶进行表达调控，还可实现对 γ-PGA 多元分子量的可控合成[21]。对于 γ-PGA 发酵而言，也有研究表明不同的金属离子浓度对其分子量影响较大，如 Na^+、Mn^{2+} 均影响显著[22,23]，且对不同的菌株分子量大小影响不同。类似地，ε-PL 也能够通过改造聚合酶，实现 ε-PL 的聚合度在 18 ～ 35 范围内的差异调控[4,24]。

3. 分子量多元化调控

众所周知，高分子化合物的分子量大小对其物理性质影响显著，进而使其具备差异化应用的能力。例如，超高分子量（＞200 万）γ-PGA 具有成膜性，有效防止水分流失；高分子量（＞70 万）γ-PGA 可作为肥料增效剂；低分子量 γ-PGA 还可作为药物载体和水处理剂；此外，小分子 γ-PGA[（0.1 ～ 1）万] 利于透皮吸收、深层保湿并护理皮肤[25]。ε-PL 的抗菌性能也受其聚合度调控，聚合度大于 9 的 ε-PL 才表现出较高的抑菌活性，15 ～ 27 的低聚合度 ε-PL 相比于 25 ～ 35 的高聚合度 ε-PL 对革兰氏阴性菌、革兰氏阳性菌以及酵母菌具有更好的抑菌效果[19]。

如前所述，聚氨基酸的微生物合成主要受聚合酶调控，而其分子量的大小受聚合酶或降解酶调控。γ-PGA 多元分子量的生产就是由降解酶体系调控的一种典型过程，通过构建 γ-PGA 降解酶不同程度表达强度体系，并从中系统解析降解酶表达强度与 γ-PGA 分子量之间的响应机制，从而实现 γ- 聚谷氨酸分子量从 5 万到 160 万的可控合成。与之不同的是，ε- 聚赖氨酸多元分子量生产则是由合成酶体系调控的过程，通过对其聚合酶随机突变或不同来源模块间的重组，可以部分实现 ε-PL 的聚合度在 18 ～ 35 范围内大小调控。不同分子量 γ-PGA 的应用场景见图 1-7。

4. 生产成本低且易于产业化

微生物合成法制备聚氨基酸属于工业生物技术领域，以可再生生物质资源为原料。常用的碳源包括淀粉水解液、葡萄糖、蔗糖、柠檬酸等；氮源包括无机氮源氨水、硫酸铵、氯化铵等，有机氮源玉米浆、蛋白胨、酵母粉、鱼粉等。由于聚氨基酸为生物高分子，发酵液有较大黏度，所以一般均使用可溶性原料。至于氨基酸前体，视所用不同菌而定。如 ε-PL 的合成一般不需要添加 L- 赖氨酸，仅需要提供菌株发酵过程所需的糖类、少量有机氮及无机盐，便可实现 25 ～ 50g/L 的 ε-PL 产量[27]；γ-PGA 的合成多数菌需要加入 L- 谷氨酸钠，即味精，也有不需要的[28,29]。而结构中 D- 氨基酸单体均是菌体自身代谢过程生成，不需要额外添加价格昂贵的 D- 谷氨酸。

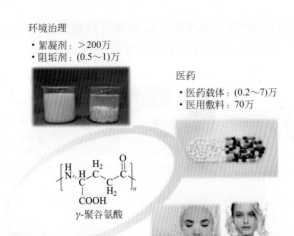

环境治理
· 絮凝剂：＞200万
· 阻垢剂：(0.5～1)万

医药
· 医药载体：(0.2～7)万
· 医用敷料：70万

农业
· 肥料增效：＞70万

γ-聚谷氨酸

食品
· 食品保鲜：＜5万
· 高品质冷冻：100万

日用化学品
· 透皮保湿：(0.1～1)万
· 成膜护肤：＞200万

图1-7 不同分子量γ-PGA的应用场景

现代工业生物技术的优势还在于可以利用低值廉价生物质资源转化为高附加值的聚氨基酸产品，从而显著降低原料成本。例如，针对γ-PGA积累度低和生产成本高的问题，本书著者团队筛选得到了一株不依赖外源谷氨酸的高产菌株，并通过对菌株设计使其能够高效利用非粮原料如糖蜜、菊粉水解液、甘油，一步法发酵生产γ-PGA，大幅度降低了生产成本[30]。

聚氨基酸的生物合成过程同其他发酵工艺相似，一般在发酵罐中完成，生产过程环境友好，不需要使用复杂的有机试剂，也不需要苛刻的酸碱及温度环境。生产容易放大，发酵罐的体积为几十到几百立方米不等。但要注意的是聚氨基酸生产为高黏体系，且产物为高分子，生产工艺和设备设计时需要较高的溶解氧供给。

综上，微生物合成法可依靠微生物细胞自动引发聚合、产物分子量高且可以调控、原料可再生且廉价易得、体系环境友好等，因此容易在控制条件下量产。目前多个产品已实现了产业化应用，主要包括γ-PGA和ε-PL，它们在食品和农业领域已广泛使用，经济价值和社会意义巨大。

二、化学合成法

化学合成法制备聚氨基酸主要经历了固相合成法、N-羧基环内酸酐（NCA）开环聚合法（图1-8）以及内酰胺开环聚合法三个发展阶段[7]。固相合成法主要用以合成分子量较小的多肽，*N*-羧基环内酸酐（NCA）开环聚合法和内酰胺开环聚合法可用于合成分子量较高的聚氨基酸。

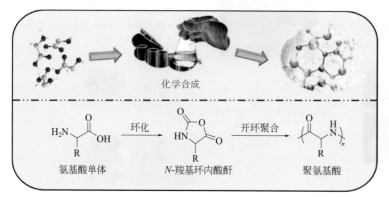

图1-8　化学合成法制备聚氨基酸

其中化学合成法制备聚氨基酸，目前已实现工业化生产的主要是 PASP，以水解法制备。该方法是通过马来酸酐和氨反应得到马来酰亚胺，然后高温下生成聚琥珀酰亚胺，通过碱水解转化为 PASP（图 1-9），该方法也成为目前 PASP 工业化制备的主要工艺[31]。PASP 最先由美国 Donlar 公司开发，并因为其无毒、无磷、可生物降解的特性，在绿色环保型水处理剂领域得到了广泛应用，对可降解环境保护材料的发展起到了重要推动作用，并因此于 1996 年获得首届美国总统绿色化学挑战奖[1,32]。

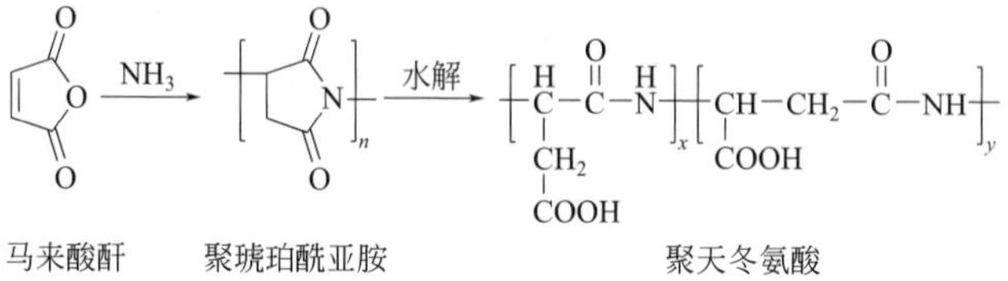

图1-9　化学水解法生产PASP

传统的固相合成法是基于多肽产品发展而来的，是氨基酸单体负载于固相树脂载体上进行的连续化反应，其最大特点是不必纯化中间产物，合成过程可以连续进行，基本原理是基于 Fmoc 化学合成，先将所要合成的目标多肽的 C- 端氨基酸的氨基作为多肽合成的起点，同其他的氨基酸已经活化的羧基作用形成肽键，不断重复这一过程，即可得到聚氨基酸（聚多肽）[33]。但这种方法步骤烦琐，成本极高，需要用到昂贵的保护与脱保护试剂，难以实现高聚合度分子的大批量生产，所获得的聚氨基酸一般小于 50 个氨基酸残基——远远低于天然蛋白质所含氨基酸残基量。

NCA 开环聚合法是指在催化剂或引发剂的作用下，环状单体开环增长形成高分子的聚合反应（图 1-10），是近年来发展起来的合成高分子量聚合物的常用方法，广泛应用于聚环氧丙烷、聚己内酰胺、聚硅氧烷、聚乳酸等的工业生产[34]。通过开环聚合法合成具有可控链结构的氨基酸聚合物是目前高分子合成领域的研究热点之一。其中，氨基酸环状单体的设计和合成以及催化剂的选择是影响氨基酸聚合物链结构的两个重要因素。通过对氨基酸环状单体的设计可以实现对聚合物功能侧基的调控，进一步丰富氨基酸聚合物结构和性能的多样性；而通过设计和筛选适合的催化剂结构，可以实现环状单体在开环聚合中的聚合可控性以及对聚合物立体结构的调控。

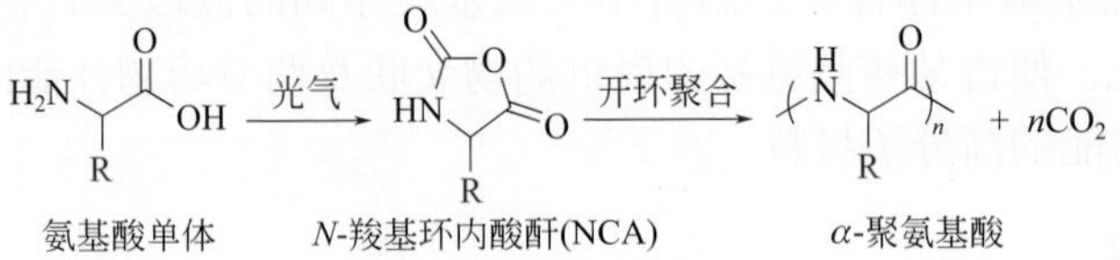

图1-10 NCA开环聚合法合成聚氨基酸

除了 NCA 开环聚合法外，近年来通过内酰胺开环聚合制备功能性聚氨基酸的合成方法逐渐进入人们的视野（图 1-11），如本来只能由生物法合成的 ε- 聚赖氨酸，内酰胺开环聚合法填补了化学合成手段在这一领域的空白（图 1-12）[35]。内酰胺单体的合成简便且稳定性好，其分离纯化及储存都非常容易，因此可以用于大规模地制备氨基酸聚合物。

图1-11 内酰胺开环聚合法生产 α-聚氨基酸反应通式

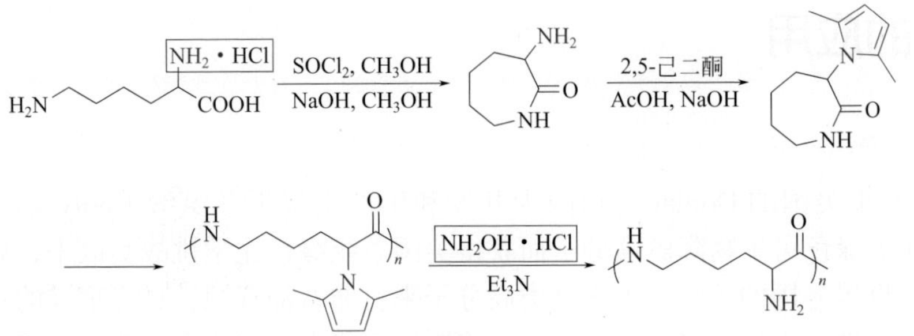

图1-12 内酰胺开环聚合法生产 ε-聚赖氨酸

化学合成法制备聚氨基酸的优势：

1．分子量精确

化学合成法制备聚氨基酸主要通过氨基酸单体逐步引发聚合的方式进行，在化学催化剂的作用下实现链增长聚合反应。受到副反应和二级结构容易诱导产物析出的影响，该方法制备的聚氨基酸聚合度普遍不高，得到的产物具有窄分子量分布特点[36]，分子量分布指数（PDI）一般小于1.2，分子量范围基本在10万以下，正态分布较为集中，易于采用质谱和核磁共振氢谱的手段进行表征。

2．一级结构序列多样化

相比于生物发酵制备法得到的聚氨基酸序列大多为均聚氨基酸，化学合成的聚氨基酸可以通过控制氨基酸单体种类，制备不同氨基酸序列的嵌段聚合物[7]。此外，可通过侧链功能化，使得某些侧链基团提供药物交联及调节药物性能的结合位点，从而得到特定功能的高分子材料。

3．高级结构自组装

聚合物类似于蛋白质，其性能不仅与一级结构有关，还与高级结构密切相关。化学合成的聚氨基酸可通过调控一级结构中某些特定区域链段氨基酸的组成，比如在其中嵌入部分疏水氨基酸，可制得具有亲水和疏水共存性质的新型聚氨基酸，改变与溶剂的相互作用参数。两亲性嵌段共聚物在溶液中可以自组装形成具有不同形貌的超分子聚集体，如胶束或者囊泡结构，用于包载药物等应用[37]。

综上，化学合成法制备聚氨基酸具有逐步聚合、序列可控（嵌段、交替、周期性和多嵌段共聚物）等特点，主要应用于生物医疗领域，包括抗肿瘤药物递送体系等。但存在的主要缺点是制备的聚氨基酸聚合度有限，分子量难以达到百万级别，极大限制了其在高黏度体系中的应用。

第三节
聚氨基酸的应用

自1996年美国的Donlar公司因为开发和生产出聚天冬氨酸（poly aspartic acid，PASP）绿色可生物降解高分子而获得美国总统绿色化学挑战奖以来，聚氨基酸受到了世界各国的关注。由于这类高分子来自非石油资源，具有很好的水溶性、生物相容性、生物可降解性和结构易修饰性等优点，因此在医药、化工、环保和农业等领域显示出十分广阔的应用前景。目前开发的聚氨基酸产品主要有 γ-聚谷氨酸（γ-poly glutamic acid，γ-PGA）、PASP、ε- 聚赖氨酸（ε-poly-L-lysine，ε-PL）和聚精氨酸（poly arginic acid，PAA）等 [5]。

组成这些聚氨基酸的单体有个共同特征，即均为酸性或碱性氨基酸，由于这些聚合物侧链上大量羧基或氨基基团的存在，使得它们具有聚阴离子或阳离子肽的特性，也使得它们易于修饰与功能化，因此它们在众多领域都具有广泛的用途。这些聚氨基酸的主要用途见表 1-1。

表1-1　聚氨基酸的应用概况

聚氨基酸	应用领域	应用	功能
γ-PGA	水处理	金属螯合剂、阻垢剂、生物絮凝剂	去除重金属和放射性物质
	农业	植物刺激素	促进植物生长，增强植物抗逆，提高肥料利用率
	食品	增稠剂	果汁饮料、运动饮料增稠
		防冻剂	冷冻食品防冻
		除涩剂	减少由氨基酸、肽、奎宁、咖啡因和矿物质引起的酸涩
		抑制老化或增强质感	用于面包、面条食品中，防止老化和增强质感
		动物饲料添加剂	提高矿物质吸收、增强蛋壳强度、减少体内脂肪等
	医药	药物载体	用于基因药物、抗癌药物
		生物黏合剂、止血剂	医用纤维的替代更新产品
	日化	保湿剂	防止皮肤水分流失、增加皮肤弹性
	其他	吸附剂	重金属的捕集
		手性对映体的拆分剂	氨基酸对映体的分离
		水吸收剂	聚丙烯酸类尿布的替代产品
		分散剂	在洗涤剂、化妆品和纸品制造中作为颜料和矿物质的分散剂
ε-PL	食品	天然防腐剂	抑制细菌生长，被应用于食品保鲜
		食品乳化剂	乳化特性优于大部分大商业乳化剂
		膳食添加剂	抑制胰脂肪酶活性，作为消除肥胖的添加剂使用
	日化	天然防腐剂	被添加在化妆品、漱口液、洗手液等产品中
	医药	药物载体	携带带负电的基因片段跨膜转运进入细胞
		水凝胶	高效整合并诱导皮肤再生修复
		蛋白载体	提高蛋白催化效率
PASP	水处理	金属螯合剂、阻垢剂、缓蚀剂	与金属离子配位，防止设备结垢，并可去除重金属
	农业	肥料增效剂	提高肥料利用率，提高作物产量
	食品	保鲜剂	应用于鲜花和水产品的保鲜
	其他	降黏剂	降低钻井液的黏度
		分散剂	高效分散水煤浆

一、农业领域的应用

γ-PGA 和 PASP 由于具有独特的生理活性，能够激发植物细胞活力，改善植物的生理生化状态，提高农药效果和肥料的利用率，增强作物抵抗逆境的水平，提升作物产量及品质，已被作为肥料增效剂和生物刺激素广泛使用。特别是 γ-PGA，近年来已成为国内非常受欢迎的农资产品。市场应用显示，γ-PGA 施用后对不同的粮食作物和经济作物的产量和品质均表现出了提升效果，可明显提高作物产量 4% ～ 20%；在保证作物不减产的情况下，可以减少施用 15% 的化肥[38]。γ-PGA 的施用还明显提高了粮食作物籽粒中蛋白质、淀粉的含量和叶菜类作物中维生素 C 的含量，降低硝酸盐的含量，提高瓜果类作物中各种糖分的含量，提高了作物品质。此外，γ-PGA 还会影响土壤中的各形态营养素的含量及土壤酶的活性，可以提高肥料利用率 10% ～ 15%，当氮素越缺乏时，γ-PGA 对氮肥利用率的提高效果越显著。机制研究发现，植物细胞膜上存在一种被称为牛心果碱氧化酶的蛋白，可以与 γ-PGA 发生互作，激发 H_2O_2 信号迸发，并通过信号级联效应进一步影响与植物生长和抗逆响应相关的生理过程，进而促进植物的生长发育[39]。

二、日化领域的应用

在化妆品领域，高分子量 γ-PGA（大于 200 万）具有较好的保水能力和吸水特性，同时还具备良好的成膜特性，使其在防止皮肤水分流失、增加皮肤弹性方面应用效果突出，目前，市场上已有将高分子量 γ-PGA 作为有效成分的面膜。中分子量 γ-PGA（30 万）能有效清除氧自由基，抵抗紫外辐射造成的皮肤老化现象，并避免紫外过滤剂导致的潜在伤害。因此，中分子量 γ-PGA 在用于抗皮肤老化方面具有较大的应用前景。低分子量 γ-PGA[（0.1 ～ 1）万] 则具有优异的渗透皮肤的能力，使其在抚平肌肤皱纹、消除皮肤黑色素等方面效果突出。ε-PL 作为一种天然防腐剂，可被添加在化妆品、漱口液、洗手液、厨房清洗消毒液等产品中。

三、食品领域的应用

γ-PGA 是东南亚传统大豆食品中的有效成分，如日本纳豆、韩国酱菜。γ-PGA 丰富的羧基赋予了其良好的金属离子配位能力，因此其具有促进矿物质吸收的作用，日本已将其列入促进矿物质吸收的保健成分表。γ-聚谷氨酸钙盐是一种典型的 γ-聚谷氨酸盐类食品添加剂，其在体外可有效促进钙的溶解，在体内则能促进肠道钙的吸收[40]。γ-PGA 也可作为良好的食品增稠剂、防冻剂，用于改善食物的风味和感官品质[41]。ε-PL 则因其侧链特殊的聚阳离子结构，具有广谱抑菌性（对革兰氏阴性和阳性细菌均具有极强的抑制效果，对酵母菌、真菌乃至病毒也有抑制作用），同时在大范围 pH 条件下也具有较好的抑菌能力[42]。2003 年，美国食品药品监督管理局（FDA）便批准 ε-聚赖氨酸作为安全食品保鲜剂使用。随后，我国国家卫生和计划生育委员会在 2014 年发布关于批准 ε-聚赖氨酸作为食品添加剂应用的公告（2014 年第 5 号），批准其在烘焙食品、熟肉制品、果蔬汁类中的应用，批准其盐酸盐在果蔬、淀粉类制品、肉及肉制品、调味品和饮料类中的应用，将 ε-PL 正式纳入食品添加剂范畴。

四、环保领域的应用

由于 γ-PGA 侧链带有大量游离带负电荷的羧基，改性后可同时对阴、阳离子起到螯合和絮凝作用，且 γ-PGA 具有可降解、生物相容性好和无毒副作用特点，在水处理方面使其成为一种性能卓越以及环境友好型的水处理剂[43]，已被开发出一系列市场化应用产品。例如，日本聚谷氨酸株式会社开发的一种磁性絮凝剂 PG-M（主要成分为 γ-PGA），利用磁分离装置，可高效、快速分离出净化水和污泥；印度 ShopPal 公司开发的一种 γ-PGA 污水絮凝剂粉末，使用便捷，使用时只需与污水按照一定比例混合，即可实现污水的快速处理，目前该产品已被用于净化水质。

类似地，PASP 侧链同样带有大量的羧基，在水溶液中电离成羧酸根离子，可与金属离子配位，有效脱除溶液中的金属离子，因此作为水处理领域的阻垢剂、金属离子的螯合剂等被广泛应用。

五、医药领域的应用

聚氨基酸是一种具有类似天然蛋白质结构、生物相容性好的可降解高分子材料，一级结构序列中含有大量亲水性氨基和羧基活性基团，易于功能化修饰，并具有 pH 响应性，在医用敷料/器械、药物递送、基因递送等生物医学领域有广阔的应用前景。在医用材料方面，主要是利用聚电解质电荷与相反电荷的表面活性剂通过静电组装作用形成水不溶醇溶的梳状疏水聚电解质复合物，作为涂层应用于抗菌医用导管（中心静脉导管、导尿管、留置针套管）[44-46]；此外，聚氨基酸具有优异的亲水性能，对其进行分子交联，可建立具有网状结构的水凝胶材料，这种材料具有维持伤口湿润微环境和促进创面愈合的功效[47,48]；在药物载体方面，大量抗肿瘤药物如紫杉醇、喜树碱等由于水溶性差造成药物副作用大和生物利用度低的问题，聚氨基酸分子功能化修饰疏水分子如苯丙氨酸后，转变为两亲性聚合物，可自发组装形成"内部疏水 - 外部亲水"的胶束结构，有效提高疏水药物的亲水性能，增加药物吸收效率，并减少细胞毒性，实现疏水药物的高效包载和靶向控制释放[3]。此外，阳离子聚合物可以通过电荷相互作用与核酸分子形成纳米复合物，ε-PL 是最早被研究的基因载体之一，可通过细胞内吞将核酸递送进入细胞，在基因转染方面表现出促进作用[24]。

第四节
技术展望

在过去的几十年中，研究者已经对聚氨基酸的制备及性质进行了细致的研究并对其有了更深的认识，伴随着对聚氨基酸生物合成及聚合机制研究的不断深入，聚氨基酸生产成本必将大幅降低，同时开发不同特性的聚氨基酸材料（例如，不同分子量大小、二级结构以及进一步改性的聚氨基酸材料），将进一步拓展其在食品、医药、农业和工业领域的应用范围。此外，随着生物信息数据库的不断丰富以及分子生物学的飞速发展，相信未来，在深入解析生物高分子聚合机制的基础上，通过聚合酶基因组数据挖掘与人工设计优化，获得新型聚氨基酸高分子也将成为可能。

一、不同聚合度、构型和二级结构聚氨基酸的生物制备

聚氨基酸的功能与其分子量及高级结构密切相关，目前不同分子量聚氨基酸主要通过化学酸热水解法制得，但存在水解终点难以精准调控和产物纯化工艺成本较高的难题；此外，类似于天然的蛋白质，聚氨基酸的主链氢键作用也赋予其丰富的二级结构，而二级结构效应对材料的功能以及组装等都有着十分重要的意义，与其他聚合物相比，聚氨基酸由于主链的羰基和氨基可以产生氢键 $(C=O\cdots H-N)$，使其具有独特的二级结构，这一特性对聚氨基酸材料的生物活性以及功能有着重要的作用[26]。同时，氨基酸单体 DL 构型的比例和分布方式直接影响其生物功能，但目前尚无有效的方法可以实现聚氨基酸单体 DL 构型定制化合成。因此，未来需要发展酶工程和代谢工程理论和策略，用来指导和精准调控不同尺度和高级结构聚氨基酸的生物制造。

二、发酵工艺及新型反应器的开发

发酵过程中菌体量增大、丝状菌体缠绕以及高浓度聚氨基酸的积累等导致的发酵液黏度增大和溶解氧降低，是限制聚氨基酸生物合成的主要因素。在传统的深层搅拌工艺中，为能获得较好的溶解氧状态，通常采用提高搅拌速率的方法。但是，随着搅拌速率的升高，其产生的高剪切力会使菌体断裂死亡，增加生产企业能耗。添加氧载体是一种可以克服发酵过程中的溶解氧限制的有效手段，但存在抑制菌体生长或产物合成的难题。因此，为了提高聚氨基酸产生菌在低溶解氧环境条件下对氧的利用能力，可利用基因工程方法，引入强摄氧蛋白，以提高氧气在胞内的运输。此外，游离细胞发酵还存在菌体浓度低、发酵时间长的缺点，且随着发酵时间的延长，菌体生产强度和底物转化率都会降低，而通过发酵罐外接固定化柱子来实现菌体固定化，发酵设施成本较高，操作也较为复杂，难以在工业化过程中进行推广，因此一种简单便利的菌体固定化发酵方法是必要的。总之，随着基因工程技术和固定化技术的进步，未来可从构建菌株、筛选绿色高效固定化载体以及构建重复发酵与补料工艺相结合的固定化技术等方面进行研究，实现高产量、高转化率和高生产强度的统一。

三、聚氨基酸修饰衍生物及其应用

聚氨基酸侧链具有大量的活性基团，对其进行衍生化修饰大大丰富了材料的化学多样性以及功能。目前主流的改性手段包括侧基的电荷相互作用、极性及亲疏水性、给-供体模式转换等[8]。但当前对聚氨基酸衍生物材料的应用仍然局限于基因及药物递送、抗菌以及蛋白修饰等基础研究层面。主要原因在于衍生物的批次性差异和功能化修饰及下游纯化的成本因素限制着材料的进一步应用。因此，进一步开发合成生物学和化学修饰结合的功能化改性技术对聚氨基酸材料的高附加值应用具有重要意义。总之，对于聚氨基酸的衍生化修饰有多种方式，而每一种方式所展现的机制也不尽相同，更深入地研究聚氨基酸衍生物结构与性能的关系对于聚氨基酸材料的进一步应用有着十分重要的意义。

四、聚氨基酸水凝胶制备及其应用

聚氨基酸水凝胶是聚氨基酸经交联形成的一种具有三维网状结构的生物大分子材料。聚氨基酸分子侧链含有大量活性基团，交联形成的聚氨基酸水凝胶具有超强的吸水能力，而且由于交联网络的存在，使得其能够在水中显著溶胀却又不溶于水。聚氨基酸水凝胶还具有生物相容性好、对人体和环境无毒害、可降解等优点，是一种环境友好型多功能材料。此外，聚氨基酸是一种生物相容性优良的合成聚多肽，能够模拟细胞外基质中蛋白质成分，降解性能好，同时降解产物具有促进组织修复和细胞增殖的作用，而且聚氨基酸水凝胶具有交联网络结构，黏弹性和含水量接近动物及人体软组织，其开放的多孔结构允许有效的细胞增殖和血管生成，有利于通过支架的营养物质和代谢产物的运输，因此聚氨基酸水凝胶生成的三维支架材料非常适合用于体外细胞培养模仿细胞外基质的生理功能。不仅如此，以聚氨基酸水凝胶为主体制备的高吸水树脂具有极强的保水能力，在干旱环境下能将所吸收水分通过扩散释放，并具有反复吸水和渗水的特性，对干旱和半干旱地区的农、林、牧业具有重要的意义。

目前聚氨基酸水凝胶的制备主要可分为物理交联、化学交联和酶法交联三种方法，但由于聚氨基酸侧链存在大量活性基团，可以与交联剂或者其他物质的活性基团发生反应，因此化学交联是目前制备聚氨基酸水凝胶最常用的方式。而化学交联中使用化学交联剂交联制备水凝胶也是研究最多的一种方式，通过调整交联剂的比例可以制备具有良好保水性能、力学性能以及热稳定性的聚氨基酸水凝胶，但目前用于制备聚氨基酸水凝胶的化学交联剂大多是从石油中得到的，往往带有一定的毒性，从而影响了聚氨基酸水凝胶的生物相容性以及在环境和生物医学等方面的应用。因此，未来研究中将更倾向于以天然高分子作为绿色交联剂制备的兼具安全性与生物相容性的绿色环保型凝胶。此外，聚氨基酸本身也存在着一些不足，比如在较高含水量时机械强度有所下降、在离子溶液中吸液能力不高、交联条件复杂，因此结合纳米技术制备聚氨基酸与有机无机纳米粒子的杂化水凝胶，是未来开发出力学性能和生物相容性均达到应用要求的聚氨基酸水凝胶的一个有效手段。同时，以聚氨基酸为基础的复合凝胶在保留聚氨基酸水凝胶的优点之外，还可以根据应用要求灵活调整复合对象，开发更多更合适的复合物和更加环保的交联剂，以求使聚氨基酸水凝胶得到更广泛的应用。

五、新型天然聚氨基酸的挖掘

目前自然界发现的均聚氨基酸仅有 4 种，分别为 γ-PGA、ε-PL、γ-PDAB 和 β-PDAP，前两者研究较为深入并已在市场上得到广泛应用，后两者为近年文献报道的稀少氨基酸聚合物[49]。这些均聚氨基酸侧链上存在大量游离羧基或氨基基团，使其具有良好的水溶性、保湿性、抗菌性，易螯合金属离子，易修饰等优点，使得其在食品、医药、化工、新材料等方面有各种应用[50]。传统的天然产物产生菌的筛选策略主要依靠产物活性进行筛选，这些方法在研究初期可以有效筛选出活性次级代谢产物，但随着研究不断深入，该方法也存在着重复发现已知菌株和化合物的弊端，使得从自然界获得新的聚氨基酸越来越困难[51]。此外，针对一些微生物基因组中"基因沉默"的次级代谢产物，更是无法采用这种依靠产物活性的传统筛选策略。因此，使用新的策略寻找活性化合物已成为趋势。本节主要介绍本书著者团队发现与解析 β-PDAP 生物合成的相关工作，并对利用基因组挖掘新型聚氨基酸进行了探讨。挖掘新型聚氨基酸不仅有利于扩大聚氨基酸的应用领域，对于研究聚氨基酸合成酶聚合机制也具有重要意义。

（一）β-聚二氨基丙酸的发现及其合成机制解析

近来，本书著者团队在研究自主筛选获得的 ε-PL 产生菌株小白链霉菌 PD-1（*S. albulus* PD-1）时，发现其发酵液中存在一种未知物质（简称"Ⅱ号物质"），其分子量在 1000 以上。由于Ⅱ号物质分子量较大，有可能是一种新型聚合物。同时，Ⅱ号物质的存在降低了 ε-PL 生产中底物转化率，增加了 ε-PL 后期提取分离的困难。因此，对于Ⅱ号物质进行研究具有重要的学术价值和应用价值[52]。

采用超滤、离子交换色谱、反相色谱等分离纯化手段，从 *S. albulus* PD-1 发酵液中分离纯化得到高纯度的Ⅱ号物质纯品，经鉴定该物质为 β-PDAP，是一种新型的非蛋白质氨基酸均聚物（属本书著者团队首次发现），并对Ⅱ号物质的抑菌性进行了研究。此外，通过体外验证解析了单体 L-DAP 的合成途径。在前期 *S. albulus* PD-1 基因组测序基础上，如图 1-13 所示，通过对 *S. albulus* PD-1 中

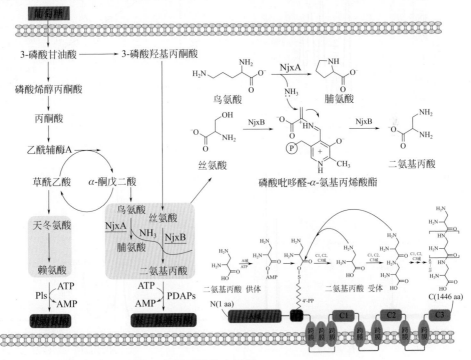

图1-13 ε-聚赖氨酸和β-聚二氨基丙酸共生网络

β-PDAP 合成酶 (β-PDAPs) 基因的预测、假定基因的失活、异源表达、单体喂养和底物特异性验证等技术手段确定了 *S. albulus* PD-1 中 β-PDAPs 的基因和蛋白质序列，通过生物信息学分析剖析了 β-PDAPs 的结构组成，并在此基础上预测了 β-PDAPs 的催化机制[49]。最后通过 β-PDAPs 和 Pls 比较发现 β-PDAPs 和 Pls 在结构上呈现高度的相似性，猜测此种合成酶结构可能为此类阳离子聚氨基酸合成酶所共有，同时为今后发现或设计更多的聚氨基酸提供了借鉴。

1. 产物的发现及其作用

用凝胶渗透色谱检测 ε-PL 产生菌株 *S. albulus* PD-1 的发酵液，本书著者团队发现除了 ε-PL 以外，还有分子量比 ε-PL 稍小的未知物质［图 1-14（a）］，使用不同分子量的聚乙二醇做分子量标准曲线，根据保留时间推算，该未知物质的分子量约为 1.26×10^3［图 1-14（b）］。由于该未知产物的存在降低了 ε-PL 生产中底物转化率，增加了 ε-PL 后期提取分离的困难。因此，课题组决定纯化出该物质（以下称该未知物质为"Ⅱ号物质"），做进一步的研究。

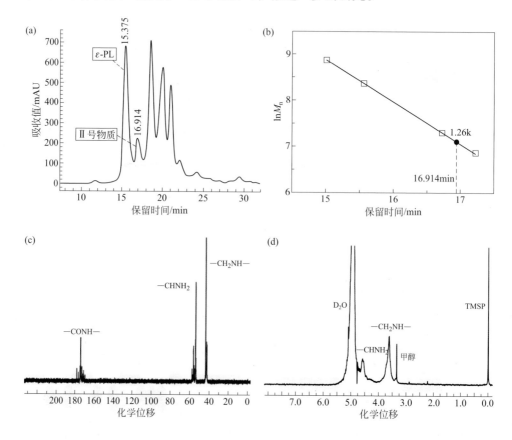

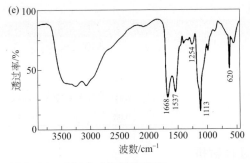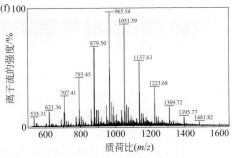

图1-14　未知化合物结构鉴定

（a）*S. albulus* PD-1发酵液凝胶渗透色谱图；（b）分子量标准曲线；（c）Ⅱ号物质的核磁共振碳谱图；（d）Ⅱ号物质的核磁共振氢谱图；（e）Ⅱ号物质的红外谱图；（f）Ⅱ号物质的MS谱图

　　本书著者团队采用超滤、离子交换色谱、反相色谱等分离纯化技术，分离纯化得到一种聚合物[53]，进一步，如图1-14（c）～（f）所示，通过红外、核磁、质谱和手性分析等表征，该物质鉴定为β-PDAP。β-PDAP是由二氨基丙酸的氨基和羧基聚合而成，分子量分布在约500～1500之间。

　　由β-PDAP的化学结构式得知，β-PDAP与ε-PL类似，都是聚阳离子，因此本书著者团队推测β-PDAP具有与ε-PL类似的抑制微生物作用。为了验证该猜测，考察了β-PDAP和ε-PL对常见细菌、酵母菌的半数抑菌浓度（IC_{50}）。表1-2表明两种聚合物对革兰氏阴性细菌、革兰氏阳性细菌和酵母菌均具有抑制效果，值得注意的是，β-PDAP对细菌的抑制能力弱于ε-PL，但是对酵母菌的抑制能力强于ε-PL，β-PDAP对酵母菌的半数抑菌浓度为0.08～0.12g/L，对细菌的半数抑菌浓度为0.12～0.24g/L。因此，β-PDAP在食品防腐领域具有潜在的应用前景，β-PDAP与ε-PL复配使用，可有效弥补ε-PL对酵母菌抑制能力弱的缺点。

表1-2　β-PDAP与ε-PL的抑菌性能

实验菌株	半数抑菌浓度/(g/L)	
	β-PDAP	ε-PL
革兰氏阴性细菌		
大肠杆菌CGMCC 1.1543	0.16	0.04
铜绿假单胞菌CGMCC 1.2031	0.12	0.01
沙门氏菌CGMCC 1.1552	0.24	0.02
革兰氏阳性细菌		
枯草芽孢杆菌CGMCC 1.1471	0.12	0.08
短小芽孢杆菌CGMCC 1.1167	0.16	0.04
藤黄微球菌CGMCC 1.267	0.24	0.02
酵母菌		
鲁氏酵母CGMCC 2.1914	0.12	0.12

实验菌株	半数抑菌浓度/(g/L)	
	β-PDAP	ε-PL
酿酒酵母CGMCC 2.2077	0.24	0.32
异常毕赤酵母CGMCC 2.1822	0.08	0.16
深红酵母CGMCC 2.1817	0.12	0.04
产朊假丝酵母CGMCC 2.1027	0.08	0.64

2. β-聚二氨基丙酸前体合成途径解析

β-PDAP 是本书著者团队首次发现的一种新型非蛋白质氨基酸聚合物，对于该氨基酸聚合物的代谢途径研究成为本书著者团队的研究重点。一般来说，氨基酸聚合物都是由微生物先合成单体，然后在相应的聚合酶的催化下成为聚合物，如 γ-PGA、ε-PL 等。根据文献报道 L-DAP 是链霉菌合成的几种次级代谢产物的前体物质[54]。例如，紫霉素、卷曲霉素、抗生素 ZwA 及铁载体 Staphyloferrin B 的合成前体中都包括 L-DAP，且其催化需要半胱氨酸合成酶（VioB）和鸟氨酸环化脱氨酶（VioK）的参与[55]。因此，本书著者团队将 VioB 和 VioK 在 *E.coli* Rosetta(DE3) 中进行外源表达，Ni^{2+} 亲和柱纯化得到分子量分别为 36000 和 39000 的重组酶，在体外构建酶活反应体系，将纯化后的 VioB 和 VioK 蛋白与底物（鸟氨酸和丝氨酸）和其他必要成分混合后反应 30min，如图 1-15 所示，检测到有产物 L-DAP 的生成。因此，实验证实 VioB 和 VioK 是菌株 *S. albulus* PD-1 中负责 β-PDAP 前体合成的关键酶，菌株 *S. albulus* PD-1 中 β-PDAP 前体 L-DAP 的合成途径得到解析。

3. β-聚二氨基丙酸合成酶基因鉴定与生物信息学分析

（1）β-聚二氨基丙酸合成酶的基因预测　自然界的多肽类化合物主要通过两种方式合成：核糖体合成方式和非核糖体合成方式。核糖体合成方式仅仅能以常见的 21 种氨基酸为底物，而非核糖体多肽合成酶（NRPS）则能够以非蛋白质氨基酸为底物进而合成一些结构特殊的多肽[56]。由于 β-PDAP 是由 6～17 个非蛋白质氨基酸、L-DAP 通过酰胺键连接而成。因此，本书著者团队推测 β-PDAPs 是一种 NRPS 结构。通过对 *S. albulus* PD-1 的基因组注释结果（accession number: AXDB02000000）进行分析，发现 *S. albulus* PD-1 基因组中至少包含八个 NRPS。通过 NRPS 底物预测软件 NRPSpredictor2 对此八种 NRPS 进行底物特异性预测，结果显示 gb|EXU85975.1| 的最适底物为 β-赖氨酸，而 β-赖氨酸和 L-DAP 在结构上呈现出高度的相似性：它们都为直链氨基酸，并且在 α-位和 β-位均含有一个氨基（图 1-16）。因此，推测 gb|EXU85975.1| 为假定的 β-PDAPs。

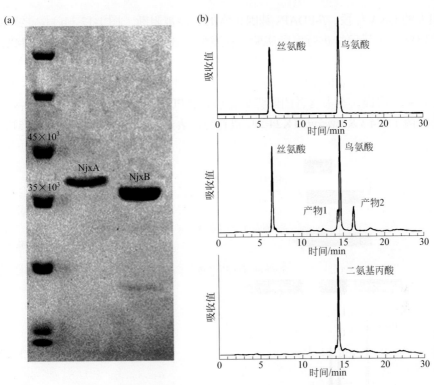

图1-15 VioB和VioK酶活检测情况。（a）反应前；（b）反应后

图1-16 L-DAP和β-赖氨酸结构

（2）假定β-聚二氨基丙酸合成酶基因敲除及其异源表达 如图1-17（a），设计了假定基因的敲除流程。首先通过 PCR 获得了假定β-PDAPs 基因的同源片段，将其同源片段通过限制性内切酶酶切后连接在 pKC1139 质粒上，构建了含有同源β-PDAPs 基因的同源片段的质粒 pKC1139-β-pdaps'。由于 pKC1139 质粒的复制子在 S. albulus PD-1 中并不能行使其功能，因此，pKC1139 对于 S. albulus PD-1 为一种自杀型质粒。将 pKC1139-β-pdaps' 质粒通过此前建立的遗传转化体系转化进入 S. albulus PD-1 内，然后通过抗性筛选得到假定β-PDAPs 失活菌株。对筛选得到的β-PDAPs 失活菌株进行 PCR 以及 Southern blot 验证，结果显示 S. albulus PD-1 菌株中假定的β-PDAPs 基因中确实被插入了一段比 pKC1139 质

粒稍大的 DNA 片段，β-PDAPs 基因正常的功能被阻断［图 1-17（b）］。之后对假定 β-PDAPs 失活菌株进行发酵实验，将发酵液通过 HPLC 检测，发现假 β-PDAPs 阻断菌株丧失了合成 β-PDAP 的能力［图 1-17（c）］。此结果很大程度上证实了 gb|EXU85975.1| 即为本书著者团队寻找的 β-PDAPs。此外，为了使得假定 β-PDAPs 的论证更加严谨，本书著者团队尝试将假定 β-PDAPs 导入链霉菌底盘微生物变铅青链霉菌 TK24（S. lividans TK24）中进行异源表达，成功获得了 β-PDAP 产物。

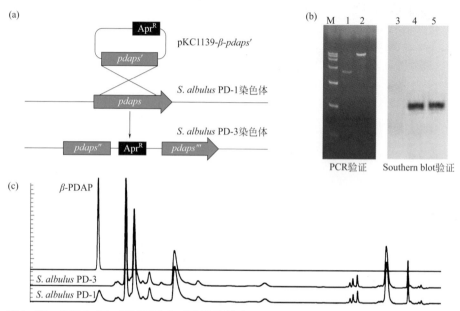

图1-17　假定 β-聚二氨基丙酸合成酶基因敲除

（a）β-PDAPs 基因阻断示意图；（b）基因阻断菌株 PCR 和 Southern blot 验证；（c）菌株发酵液成分 HPLC 分析

（3）β-聚二氨基丙酸合成酶关键结构域解析　通过目的基因预测、假定基因敲除及异源表达、单体喂养等试验确定了一种非常规的非核糖体多肽合成酶（NRPS）为负责 1-2,3- 二氨基丙酸单体组装成 β-PDAP 的关键酶。

根据基因组测序和基因注释结果发现 β-PDAPs 是由 4338 个碱基编码的一种非核糖体聚合酶，共由 1445 个氨基酸组成。根据现有的核苷酸和氨基酸序列，对 β-PDAPs 进行了结构和功能的预测。首先利用 NCBI 的 CDD 和 NRPS/PKS 分析在线软件对 β-PDAPs 进行主要功能结构域的预测。结果显示 β-PDAPs 是一种特殊的 NRPS，它在 N- 端拥有一个传统 NRPS 所具有的 A 域和氨基载体蛋白结构域（PCP 域，或称为 T 域）。但与传统的 NRPS 结构不同的是，β-PDAPs 的 C- 端不含有传统的负责酰胺键形成的缩合结构域（C 域）以及控制最终产物释放的硫酯酶结构域（TE 域），取而代之的是一个未知功能的终止结构域，该结构域大小（含 779 个氨基酸）约为普通 NRPS TE 域的 3 倍。

为了进一步解析 β-PDAPs 的结构组成，本书著者团队将 β-PDAPs 的 A 域、PCP 域与 C 域进行了分析。首先将 β-PDAPs 的 A 域在大肠杆菌 [*E. coli* BL21(DE3)] 中进行表达，经过 Ni²⁺ 柱纯化后进行氨基酸底物特异性催化，之后通过检测磷酸根的释放量可以看出，尽管 β-PDAPs 的 A 域对 L-DAP 的催化效率远高于其他一些氨基酸，说明 L-DAP 为其最适底物，但是 β-PDAPs 的 A 域对其他的氨基酸仍具有一定的催化能力（图 1-18）。所以，猜测在 β-PDAPs 的催化过程中除了 A 域控制着底物的特异性外，可能还存在其他控制底物特异性的位点，使得最终形成 L-DAP 为唯一单元的聚合物，而不掺杂其他氨基酸。

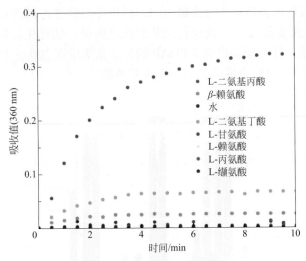

图1-18 β-PDAPs A域底物特异性验证

同时，进一步发现与 A 域相邻的 PCP 域拥有 NRPS 的 PCP 域所具有的经典的丝氨酸位点，此位点为磷酸泛酰巯基乙胺提供附着位点。这些结果都表明 β-PDAPs 的 A 域和 PCP 域与传统的 NRPS 结构域一致。通常情况下，在 NRPS 结构的 C- 端会有一个大约 280 个氨基酸组成的负责产物释放的 TE 域[57]。但是在 β-PDAPs 的 C- 端并未发现此结构，取而代之的是一个由 779 个氨基酸组成的未知结构的终止结构域，这个结构域包含的氨基酸个数约为普通 TE 域包含氨基酸个数的三倍。为了进一步解析 β-PDAPs 的结构，通过 TMHMM Server v. 2.0 软件分析了其跨膜结构，发现 β-PDAPs 具有 7 个跨膜结构，并且这 7 个跨膜结构将 β-PDAPs 的 C- 端分成了三部分，因此将 β-PDAPs 的三个结构域命名为 C1、C2、C3（[图 1-19 (a)、(b)]。序列相似性分析发现这三个结构域之间氨基酸序列具有一定的相似性（三者相似性分别为 23.1%、26.1% 和 22.6%)[图 1-19 (c)]。

通常传统的 NRPS 的 C 域具有一组核心序列 HHXXXDG，这一序列结构和负责酰胺键形成的酰基转移酶的序列结构相似，但 β-PDAPs 的 C- 端氨基酸序列分析并未发现这组核心序列。在此之前，这种奇特的 NRPS 结构仅发现 Pls 一例[18]。本书著者团队将 β-PDAPs 和 Pls 的 C1、C2、C3 做序列比对，发现其具有共同的保守序列［图 1-19（c）］，由于 β-PDAPs 和 Pls 在一级结构和二级结构上的相似性，猜测聚氨基酸的聚合酶可能都具有此类结构，这一推测可能会为以后更多聚氨基酸的发现以及人工合成提供借鉴。

4.β- 聚二氨基丙酸合成酶催化机制预测

由于 β-PDAPs 和 Pls 在结构上以及形成的产物在结构上高度的相似性，推测 β-PDAPs 催化 L-DAP 组装成 β-PDAP 的机制为：L-DAP 首先通过 A 域进行活化，之后通过 PCP 域运输到非常规的 C 域进行组装形成酰胺键，如此往复形成了 β-PDAP 的聚合物，但是是什么原因造成 β-PDAP 的分子量集中在 500 ～ 1500 尚不清晰，这一问题也是探明 ε-PL 合成机制的一个重要难题。

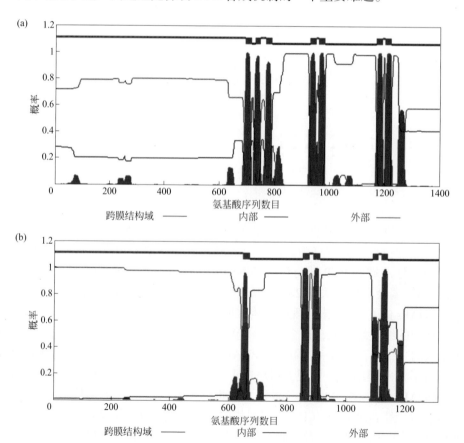

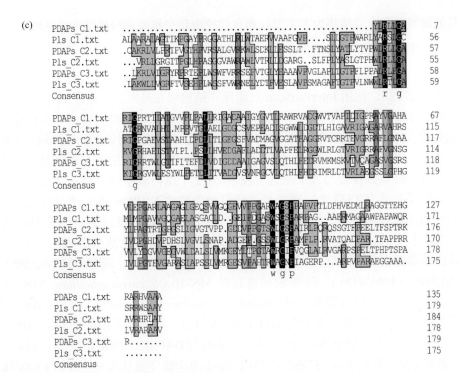

图1-19 β-聚二氨基丙酸合成酶与ε-聚赖氨酸合成酶结构相似性分析

（a）β-聚二氨基丙酸合成酶跨膜结构；（b）ε-聚赖氨酸合成酶跨膜结构；（c）β-PDAPs和ε-PL聚合酶的C1、C2、C3结构域氨基酸序列比对

（二）基因组挖掘新型聚氨基酸前景

近年来，随着第三代测序技术和生物信息学的高速发展，天然次级代谢产物合成基因簇及合成机制逐步被解密，新的天然产物筛选方法应运而生。其中，根据保守结构域的搜索已帮助研究者成功发现一些新的天然产物[58]。例如，Yamada 等利用 Pfam 数据库和 HMMER 软件包分析工具对 2700 个细菌基因组序列进行同源蛋白家族搜索，预测发现了超过 140 个候选萜烯合酶序列[59]。聚氨基酸合成酶属于一种非常规 NRPS，由催化氨基酸之间肽键形成的 C 域、负责底物识别和活化的 A 域和 T 域 3 种结构域组成。其中 C 域为非常规的缩合结构域，且目前仅在聚氨基酸合成酶中被发现，具有很强的保守性。因此，根据聚氨基酸合成酶中的保守缩合结构域信息，利用生物分析软件 InterProScan 在基因组数据库中对所有蛋白质序列进行搜索，如果存在该保守结构域，则判定为聚氨基酸合成酶候选蛋白质序列，进一步通过腺苷化结构域底物识别性预测工具 NRPSpredictor2 筛选候选聚氨基酸合成酶的种类。基于此，这些新发现的 Pls 以

及其他聚氨基酸合成酶将为人工设计和自然挖掘新型聚氨基酸提供理论基础。

1. 潜在聚氨基酸合成酶的基因组挖掘

首先，根据 InterPro 在线分析软件所识别的聚氨基酸保守结构域——NRPS_C（IPR012728），使用 InterProScan 对该保守结构域在基因组数据库中进行搜索，最终获得了 2072 个蛋白质序列。随后根据蛋白质结构域种类，将这些蛋白质序列划分为 42 个结构域构架。由于 NRPS 往往成簇排列，例如 Pls 由 A 域、T 域和 C 域三个结构域组成，便于从 42 个结构域框架中快速识别潜在聚氨基酸合成酶，经过软件参数设置与人工筛选后发现 2072 个蛋白质中同时具有三种结构域的蛋白质序列共有 1843 个。进一步，通过预测软件 NRPSpredictor2 分析这些合成酶序列的底物特异性，如图 1-20 所示，将 1843 个候选蛋白质归类为 1147 个 Pls、369 个 PABs、169 个聚缬氨酸合成酶和其他潜在聚氨基酸合成酶。其中，包括已在菌株小白链霉菌 PD-1（*S. albulus* PD-1）（X0P2V3）、链霉菌属 NK660（*S. sp.* NK660）（H9AWD9）、玫瑰轮丝链霉菌 MN-10（*S. roseoverticillatus* MN-10）（C6L2F8）和卡特利链霉菌 DSM 46488（*S. cattleya* DSM 46488）（F8JKM4）等报道的 Pls（10 个保守氨基酸为 DFEYVGTVTK），本书著者团队已鉴定第四种聚氨基酸 *β*-PDAPs（X0MJN3，10 个保守氨基酸为 DAESIGTVVK）[60]，与已报道 *γ*-聚二氨基丁酸合成酶（LC537598）[61] 具有相同 10 个保守氨基酸——DFECLSAVTK 的蛋白质序列（例如，A0A2S5PD82、A0A2E9QQB2 和 A0A1R4H7R8 等）。值得注意的是，*β*-聚二氨基丙酸合成酶 (X0MJN3) 采用 NRPSpredictor2 底物预测结果为 *β*-赖氨酸，与实验结果不一致，说明采用预测软件预测底物特异性存在一定误差，需要结合进一步的体外活性分析和验证，从而筛选获得新型阳离子型均聚氨基酸合成酶。

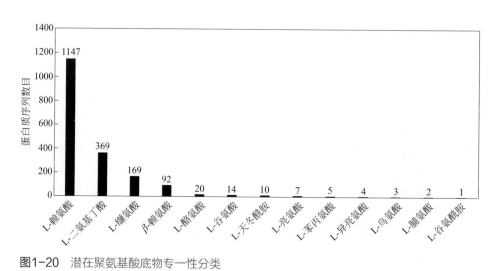

图1-20 潜在聚氨基酸底物专一性分类

2. ε- 聚赖氨酸合成酶的生物信息学预测分析

尽管王静等[62]基于 BLAST 方法预测获得了 113 个 Pls 的编码基因，然而在许多情况下，这种基于序列相似性的预测方法对于特殊合成酶或基因簇的识别仍然存在一定局限性。例如，蛋白质家族成员之间相似度低，会降低该方法的准确性。相反，基于保守结构域的预测，因其利用隐马尔可夫模型可大幅提高基因组挖掘结果的准确性以及效率[16]。本书著者团队根据 Pls 中独特保守 C 域，利用 InterProScan 分析软件建立了一种高效挖掘潜在聚氨基酸合成酶的方法。进一步，通过预测软件 NRPSpredictor2 分析这些合成酶序列的底物特异性，以决定底物 L- 赖氨酸特异性的氨基酸残基（DAESIGTVVK）为参照，如图 1-21 所示，从 1843 个候选蛋白中筛选并去除冗余序列后共获得 980 个潜在 ε- 聚赖氨酸合成酶。进一步分析发现 980 个合成酶所属菌株主要分布于 11 科中，数量分布从高到低为：分枝杆菌科 (Mycobacteriaceae)、链霉菌科 (Sterptomycetaceae)、微杆菌科（Microbacteriacea）、诺卡氏菌科（Nocardiaceae）、棒杆菌科 (Corynebacteriaceae)、假诺卡氏菌科 (Pseudonocardiaceae)、微球菌科 (Micrococcaceae)、类诺卡氏菌科（Nocardioidaceae）、麦角菌科 (Clavicipitaceae)、小单胞菌科 (Micromonosporaceae) 和链孢囊菌科 (Streptosporangiaceae)。此外，预测所得到菌株中有 27 株属于真菌，4 株属于革兰氏阴性菌，其中真菌包括已发现的麦角菌，革兰氏阴性菌包括蓝藻门管孢藻科的 *Chamaesiphon minutus* strain ATCC 27169 和 PCC 6605，拟杆菌门黄杆菌科的 *Hymenobacter* sp. PAMC 26554 和 PAMC 26628 以及变形菌门生丝微菌科的 *Hyphomicrobium* strain MC1。上述潜在 ε-PL 产生菌的发现为下一步筛选 ε-PL 产生菌提供了新的方向与指导。

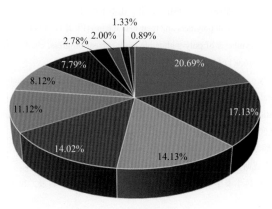

图1-21　潜在ε-PL产生菌株分布

3. 基因组挖掘新型聚氨基酸前景

相对已发现的 500 多种天然氨基酸单体，仅有 4 种天然均聚氨基酸被发现则显得相对稀少。在"后基因组时代"，基因序列导向的天然产物发现模式为发现新化合物提供了前所未有的机遇。截至 2021 年 3 月，如图 1-22（a）、（b）所示，利用 *S. albulus* PD-1 中 Pls 保守结构域作为探针共鉴定了 5000 多个同源序列，分布在原核生物和原核生物界。未来，期望能够通过 A 域催化底物验证锁定假定新型均聚氨基酸合成酶；采用异源表达技术来激活基因表达，从而分离纯化获得相应新型均聚氨基酸产物。

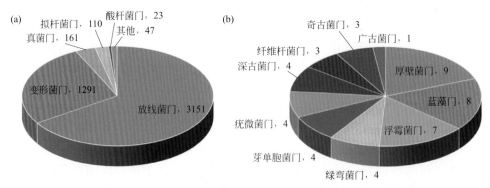

图1-22 具有独特结构域菌株分布。（a）所有菌株分布；（b）其他分类中菌株分布

参考文献

[1] 徐虹，欧阳平凯. 生物高分子：微生物合成的原理与实践 [M]. 北京：化学工业出版社，2010.

[2] Sukegawa M. Water absorbing crosslinked amino acid polymers and their manufacture[P]: JP11240949, 1999.

[3] Luo Z T, Guo Y, Liu J D, et al. Microbial synthesis of poly-γ-glutamic acid: current progress, challenges, and future perspectives[J]. Biotechnology for Biofuels,2016,9(1):134.

[4] Xu D L, Wang R, Xu Z X, et al. Discovery of a short-chain ε-poly-L-lysine and its highly efficient production via synthetase swap strategy[J]. Journal of Agricultural and Food Chemistry,2019,67(5):1453-1462.

[5] Xu Z X, Sun Z Z, Li S, et al. Systematic unravelling of the biosynthesis of poly(L-diaminopropionic acid) in *Streptomyces albulus* PD-1[J]. Scientific Reports,2015,5:17400.

[6] 张希，刘冬生，陈学思，等. 聚氨基酸专辑 前言 [J]. 高分子学报，2018 (1): 4.

[7] 和文婧. 结构可控的氨基酸聚合物的合成研究 [D]. 合肥：中国科学技术大学，2021.

[8] 张冲，侯颖钦，吕华. 聚氨基酸在材料科学及生物医药中的二级结构效应 [J]. 化学通报，2020,83(4):343-348.

[9] Deng C, Wu J, Cheng R, et al. Functional polypeptide and hybrid materials: precision synthesis via α-amino acid *N*-carboxyanhydride polymerization and emerging biomedical applications[J]. Progress in Polymer Science,2014, 39(2):

330-364.

[10] 徐虹，冯小海，徐得磊，等. 聚氨基酸功能高分子的发展状况与应用前景 [J]. 生物产业技术，2017(6): 92-99.

[11] Pang X, Lei P, Feng XH, et al. Poly-γ-glutamic acid, a bio-chelator, alleviates the toxicity of Cd and Pb in the soil and promotes the establishment of healthy *Cucumis sativus* L. seedling[J]. Environmental Science and Pollution Research,2018,25(20):19975-19988.

[12] 余春槐，叶盛德，吕皓. ε-聚赖氨酸盐酸盐在食品工业中应用前景广阔 [N]. 中国食品报，2014-01-06(6).

[13] Wang R, Wang X X, Xu H, et al. A dual network hydrogel sunscreen based on poly-γ-glutamic acid/tannic acid demonstrates excellent anti-UV, self-recovery and skin-integration capacities[J]. ACS Appl Mater Interfaces, 2019,11(41):37502-37512.

[14] Wu Q, Xu H, Shi N, et al. Improvement of poly(γ-glutamic acid) biosynthesis and redistribution of metabolic flux with the presence of different additives in *Bacillus subtilis* CGMCC 0833[J]. Appl Microbiol Biotechnol, 2008,79:527.

[15] Ashiuchi M, Soda K, Misono H. A poly-γ-glutamate synthetic system of *Bacillus subtilis* IFO 3336: gene cloning and biochemical analysis of poly-γ-glutamate produced by *Escherichia coli* clone cells[J]. Biochemical and Biophysical Research Communications, 1999, 263 (1):6-12.

[16] Eddy S R. Profile hidden Markov models[J]. Bioinformatics, 1998, 14(9): 755-763.

[17] 赖永勤. ε-聚赖氨酸菌种选育及合成途径的初步研究 [D]. 成都：西南交通大学，2017.

[18] Yamanaka K, Maruyama C, Takagi H, et al. ε-poly-L-lysine dispersity is controlled by a highly unusual nonribosomal peptide synthetase[J]. Nature Chemical Biology, 2008, 4: 766-772.

[19] Takehara M, Hibino A, Saimura M, et al. High-yield production of short chain length poly(ε-L-lysine) consisting of 5-20 residues by *Streptomyces aureofaciens*, and its antimicrobial activity[J]. Biotechnology Letters, 2010, 32: 1299-1303.

[20] Ashiuchi M, Misono H. Biochemistry and molecular genetics of poly-γ-glutamate synthesis[J]. Applied Microbiology and Biotechnology, 2002, 59: 9-14.

[21] Sha Y, Huang Y, Zhu Y, et al. Efficient biosynthesis of low-molecular-weight poly-γ-glutamic acid based on stereochemistry regulation in *Bacillus amyloliquefaciens*[J]. ACS Synthetic Biology, 2020, 19(6):1395-1405.

[22] Lee J M, Kim J H, Kim K W, et al. Physicochemical properties, production, and biological functionality of poly-γ-d-glutamic acid with constant molecular weight from halotolerant *Bacillus* sp SJ-10[J]. Int J Biol Macromol, 2018,108:598-607.

[23] Leonard C G, Housewright R D, Thorne C B. Effects of some metallic ions on glutamyl polypeptide synthesis by *Bacillus subtilis*[J]. J Bacteriol, 1958,76(5):499-503.

[24] Lv P, Zhou C, Zhao Y L, et al. Modified-epsilon-polylysine-grafted-PEI-β-cyclodextrin supramolecular carrier for gene delivery[J].Carbohydrate Polymers, 2014,168: 103-111.

[25] 沙媛媛. 基于降解酶开关理性调控解淀粉芽孢杆菌合成多元分子量 γ-聚谷氨酸 [D]. 南京：南京工业大学，2020.

[26] Bonduelle C. Secondary structures of synthetic polypeptide polymers[J]. Polym Chem, 2018, 9: 1517-1529.

[27] Xu Z, Bo F, Xia J, et al. Effects of oxygen-vectors on the synthesis of epsilon-poly-lysine and the metabolic characterization of *Streptomyces albulus* PD-1[J]. Biochemical Engineering Journal, 2015, 95: 58-64.

[28] Tang B, Xu H, Xu Z, et al. Conversion of agroindustrial residues for high poly(γ-glutamic acid) production by *Bacillus subtilis* NX-2 via solid-state fermentation[J]. Bioresour Technol, 2015, 181:351-421.

[29] Qiu Y, Zhang Y, Zhu Y, et al. Improving poly-(γ-glutamic acid) production from a glutamic acid-independent strain from inulin substrate by consolidated bioprocessing[J]. Bioprocess Biosyst Eng,2019, 42(10):1711-1720.

[30] Qiu Y, Zhu Y, Sha Y, et al. Development of a robust *Bacillus amyloliquefaciens* cell factory for efficient poly(γ-glutamic acid) production from *Jerusalem artichoke*[J]. ACS Sustainable Chemistry & Engineering ,2020, 8 (26): 9763-9774.

[31] 肖凤龙，卫民，赵剑. PASP 合成与应用研究进展 [J]. 生物质化学工程，2014, 48(6): 50-55.

[32] 魏军. PASP 水凝胶的合成及其应用 [D]. 北京：北京化工大学，2016.

[33] Meienhofer J. Peptide synthesis: a review of the solid-phase method[J]. Hormonal Proteins and Peptides, 1973,2: 45-67.

[34] Huang J, Heise A. Stimuli responsive synthetic polypeptides derived from *N*-carboxyanhydride (NCA) polymerisation[J]. Chemical Society Reviews, 2013, 42(17): 7373-7390.

[35] 陶友华. 基于内酰胺开环聚合的氨基酸聚合新方法 [J]. 高分子学报，2016(9): 1151-1159.

[36] 杜兴文. 窄分子量分布聚氨基酸的新型缩聚方法研究 [D]. 天津：南开大学，2014.

[37] Piyapakorn P, Akagi T, Hachisuka M, et al. Structural analysis of unimer nanoparticles composed of hydrophobized poly(amino acid)s[J]. Macromolecules, 2013, 46(15): 6187-6194.

[38] 许宗奇. 生物高分子 γ- 聚谷氨酸的农业应用及作用机理研究 [D]. 南京：南京工业大学，2014.

[39] 雷鹏. γ- 聚谷氨酸诱导的油菜苗抗逆效应及机理解析 [D]. 南京：南京工业大学，2017.

[40] 张绪瑛，杨燕，黄静，等. γ- 聚谷氨酸钙的制备及其性质研究 [J]. 食品科学，2009, 30 (8):76-79.

[41] Bhat A, Irorere V, Bartlett T, et al. *Bacillus subtilis* natto: a non-toxic source of poly-γ-glutamic acid that could be used as a cryoprotectant for probiotic bacteria[J]. AMB Expr, 2013, 3(1):36.

[42] 徐得磊. *Streptomyces albulus* PD-1 中 ε- 聚赖氨酸生物聚合机制及关键酶改造的研究 [D]. 南京：南京工业大学，2019.

[43] Campos V，Fernandesarac，Medeirostam，et al. Physicochemical characterization and evaluation of PGA bioflocculant in coagulation-flocculation and sedimentation processes[J]. Journal of Environmental Chemical Engineering, 2016，4(4)：3753-3760.

[44] Yu H, Liu L, Yang H, et al. Water-insoluble polymeric guanidine derivative and application in the preparation of antibacterial coating of catheter[J]. ACS Applied Materials & Interfaces, 2018, 10(45): 39257-39267.

[45] Yu H, Liu L, Li X, et al. Fabrication of polylysine based antibacterial coating for catheters by facile electrostatic interaction[J]. Chemical Engineering Journal, 2019, 360: 1030-1041.

[46] Liu L, Shi H, Yu H, et al. One-step hydrophobization of tannic acid for antibacterial coating on catheters to prevent catheter-associated infections[J]. Biomaterials Science, 2019, 7(12): 5035-5043.

[47] Wang R, Li J, Chen W, et al. A biomimetic mussel-inspired ε-poly-l-lysine hydrogel with robust tissue-anchor and anti-infection capacity[J]. Advanced Functional Materials, 2017, 27(8): 1604894.

[48] Chen W, Wang R, Xu T, et al. A mussel-inspired poly(γ-glutamic acid) tissue adhesive with high wet strength for wound closure[J]. Journal of Materials Chemistry B, 2017, 5(28): 5668-5678.

[49] Xu Z, Sun Z, Li S, et al. Systematic unravelling of the biosynthesis of poly(L-diaminopropionic acid) in *Streptomyces albulus* PD-1[J]. Scientific Reports, 2015, 5(1): 1-10.

[50] Rehm B H A. Bacterial polymers: biosynthesis, modifications and applications[J]. Nature Reviews Microbiology, 2010, 8(8):578-592.

[51] Ren H, Wang B, Zhao H. Breaking the silence: new strategies for discovering novel natural products[J]. Current Opinion in Biotechnology, 2017, 48: 21-27.

[52] 徐虹，冯小海，张扬，等. 一种小白链霉菌及其在制备聚赖氨酸和聚二氨基丁酸中的应用 [P]：CN 201110049986.8. 2012-07-25.

[53] 徐虹，张扬，冯小海，等. 从发酵液中提取 γ- 聚二氨基丁酸和聚赖氨酸的方法 [P]：CN 201110053004.2. 2011-09-07.

[54] Zhao C M, Luo Y, Song C X, et al. Identification of three Zwittermicin a biosynthesis-related genes from *Bacillus thuringiensis* subsp. *kurstaki* strain YBT-1520 [J]. Arch Microbiol, 2007, 187:313-319.

[55] Felnagle E A, Rondon M R, Berti A D, et al. Identification of the biosynthetic gene cluster and an additional gene for resistance to the antituberculosis drug capreomycin [J]. Appl Environ Microbiol, 2007, 73:4162-4170.

[56] 王世媛. 非核糖体肽合成酶（NRPSs）作用机理与应用的研究进展 [J]. 微生物学报, 2007, 47(4):734-737.

[57] Conduro H L, Bruner S D. Structure and noncanonical chemistry of nonribosomal peptide biosynthetic machinery[J]. Natural Product Reports, 2012, 29(10): 1099-1110.

[58] Pan G, Xu Z, Guo Z, et al. Discovery of the leinamycin family of natural products by mining actinobacterial genomes[J]. Proceedings of the National Academy of Sciences, 2017, 114(52): E11131-E11140.

[59] Yamada Y, Cane D E, Ikeda H. Diversity and analysis of bacterial terpene synthases[J]. Methods in Enzymology, 2012, 515:123.

[60] 徐虹，张扬，冯小海，等. 一种吸附固定化发酵生产 ε- 聚赖氨酸的工艺 [P]：CN 200910030330.4. 2011-12-21.

[61] Yamanaka K, Fukumoto H, Takehara M, et al. The stereocontrolled biosynthesis of mirror-symmetric 2, 4-diaminobutyric acid homopolymers is critically governed by adenylation activations[J]. ACS Chemical Biology, 2020, 15(7): 1964-1973.

[62] 王静，谭之磊，毕德玺，等. 细菌基因组序列中 ε- 聚赖氨酸合成酶的生物信息学识别与分析 [J]. 微生物学通报, 2015, 42(12): 2495-2504.

第二章

γ－聚谷氨酸的结构与理化性质

微生物发酵生产的聚谷氨酸是一种可生物降解、水溶、无毒的生物高分子材料。由于氨基酸单体的手性结构，聚谷氨酸可通过主链氢键有规则地折叠形成类似于蛋白质的二级结构（如 α- 螺旋、β- 折叠、无规卷曲等），赋予了聚谷氨酸不同于传统聚合物（如聚烯烃、聚酯、聚醚等）的特殊功能，如优良的亲水性、非免疫原性、生物相容性和生物可降解性等优点，而且不同的培养条件下不同微生物菌株发酵合成的聚谷氨酸特性也有所差异。因此，探究其结构与理化性质对聚谷氨酸的分离提纯以及在农业、食品、环保、生物医学等领域的应用具有重要意义。

第一节
γ-聚谷氨酸的结构

一、γ-聚谷氨酸的结构及组成

聚谷氨酸（polyglutamic acid，PGA）由 D- 谷氨酸和 L- 谷氨酸通过酰胺键聚合而成。由于聚合方式不同，PGA 主要有 2 种构型（图 2-1）：通过 α- 酰胺键聚合的 α- 聚谷氨酸（α-PGA）和通过 γ- 酰胺键聚合的 γ- 聚谷氨酸（γ-PGA）。α-PGA主要以化学合成为主，微生物合成 α-PGA 未见报道；γ-PGA 多以生物途径合成，具有产量高、分子量分布多样等优点，因此 γ-PGA 在各领域具有更广阔的应用前景[1,2]。γ-PGA 也称多聚谷氨酸，是一种阴离子型多肽聚合物，它的基本骨架是由 γ- 酰胺键连接而成的直链大分子，分子链上含有大量的羧基，且分子链间存在大量的氢键，极大促进了 γ-PGA 的水溶性；γ-PGA 的主链上存在大量的酰胺键，可在酶的作用下降解成无毒的短肽小分子和氨基酸单体，因此其具有优良的生物相容性和生物可降解性[3]。至今发现的生物合成的聚谷氨酸均为γ-PGA。

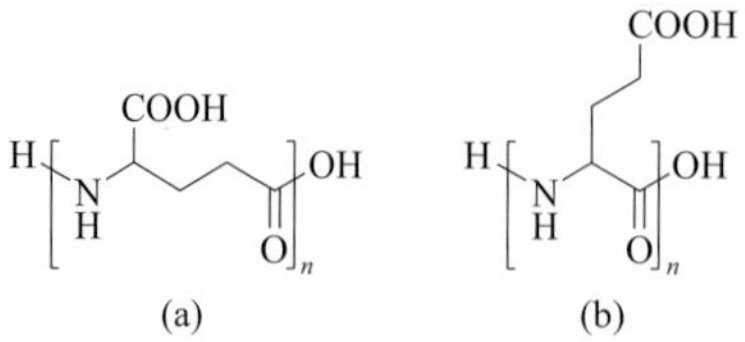

图2-1　生物合成的γ-PGA（a）和化学合成的α-PGA（b）结构式

γ-PGA 的氨基酸组分分析表明，该物质是一种由谷氨酸组成的多肽分子。谷氨酸含有三个活性官能团：α-NH$_2$、α-COOH 及 γ-COOH。三个官能团的化学活性依序为 α-NH$_2$ > α-COOH > γ-COOH，其酸解离常数各为 pK_α=pK_{a1}=2.13～2.2，pK_γ=pK_{a2}=4.25～4.32，pK_{a3}=9.7～9.95。α-COOH 与 α-NH$_2$ 缩水结合成为 α-蛋白键。γ-COOH 与 α-NH$_2$ 缩水结合成为 γ-蛋白键。

游离酸型的 γ-PGA 的 pK_a 为 2.23，熔点为 223.5℃，玻璃化转变温度为 54.82℃，热分解温度为 235.9℃[4]。金属盐（钠型）的 γ-PGA 的比旋光度为 -7.0[5]。游离酸型的 γ-PGA 能够溶于二甲亚砜、热的 N，N-二甲基甲酰胺和 N-甲基吡咯烷酮[6]。

γ-PGA 盐形式易溶于水形成有黏弹性的弱凝胶，但长时间的高温加热或酸、碱处理，以及添加一定量金属离子会破坏形成的凝胶网络结构，甚至使 γ-PGA 的黏弹性完全丧失。

γ-PGA 经过硅胶层析分离后，用显色剂处理，α-萘酚、间苯二酚、甲基苯二酚反应呈阴性，双缩脲反应呈阴性，而茚三酮反应呈阳性，该物质没有典型的肽链结构，也不是环状多肽。随着温度的提高，γ-PGA 水溶液在一定的温度范围内黏度变化不大，聚合物结构比较稳定。在高温下，黏度下降快，γ-PGA 水解也很快，分子量逐渐变小，其水解是由链的随机切割引起的。

γ-PGA 的玻璃化转变温度 T_g 为 54.82℃，脆化温度 T_B 为 -60℃，此物质不是晶态。对 γ-PGA 分子二级结构分析为：β-折叠 50.3%、β-转角 0.5%、α-螺旋 18.5% 和无规卷曲 30.7%，γ-PGA 属于 α-螺旋和 β-折叠的含量都比较多的生物大分子。另外从广角 X-射线衍射谱图中分析出，γ-PGA 无结晶，所形成的宏观结构为非晶态即无定形态，γ-PGA 链分子排列的规则性比较差，但也不是完全缺乏秩序，而是有相当的规则性，一般取向大致与 γ-PGA 轴平行，不过排列不整齐，结合比较松散[7]。

γ-PGA 分子结构可以通过核磁共振氢谱（^{1}H-NMR）和碳谱（^{13}C-NMR）进行确定。在 ^{1}H-NMR 谱图［图 2-2(a)］中，γ-PGA 产物中 α 碳上的氢在 4.1375 出峰，β 碳上的两个氢分别在 1.9184 和 2.0796 出峰，γ 碳上的氢在 2.3414 出峰；而在 ^{13}C-NMR 谱图［图 2-2（b）］中，γ-PGA 产物中 β-CH$_2$ 因与相邻的 α-CH 质子耦合而分裂为双峰。

二、γ-聚谷氨酸的构型

γ-PGA 的对映体组成不同（图 2-3）。γ-PGA 的对映体组成决定了发酵后如何提取。如果 γ-PGA 只含有 L- 或 D- 对映体，则其溶解于乙醇中；若同时存在两种对映体，则在乙醇中形成沉淀。到目前为止，已发现 γ-PGA 有 3 种不同的

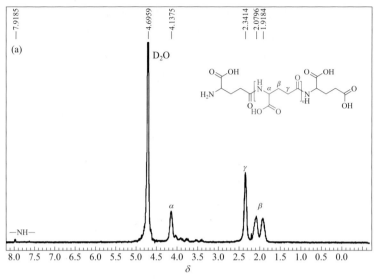

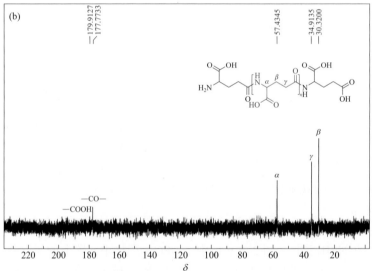

图2-2 γ-PGA发酵产物的(a) ¹H-NMR谱图; (b) ¹³C-NMR谱图

立体化学结构：D-PGA（由 D- 谷氨酸组成的均聚物）、L-PGA（由 L- 谷氨酸组成的均聚物）、DL-PGA（D- 和 L- 谷氨酸随机连接构成的共聚物）。γ-PGA 的立体化学组成对产品的性能和应用具有很大的影响，如高 L- 型含量 γ-PGA 降解形成的 L- 谷氨酸具有更佳的生物相容性，因此其在化妆品原料中的应用具有更大的优势；而由于酶对 D- 氨基酸敏感性较低，因此高 D- 型含量 γ-PGA 较为稳定，不易降解，将其应用于农业保水方面可维持更长时间的保水能力。除此之外，因为 D- 谷氨酸几乎没有味道，食品添加剂领域偏向使用 D- 型 γ-PGA。

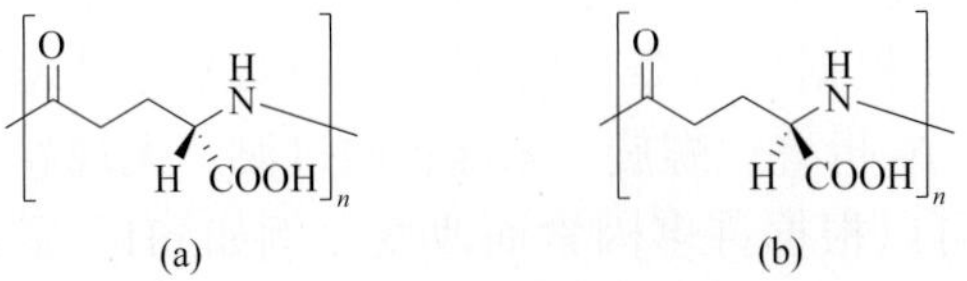

图2-3　γ-聚-L-谷氨酸的重复单元（a）和 γ-聚-D-谷氨酸的重复单元（b）

目前研究表明 γ-PGA 的立体化学组成主要取决于所用菌种及培养基组成（表2-1）[8]。炭疽芽孢杆菌合成的 γ-PGA 仅由 D- 谷氨酸组成；而地衣芽孢杆菌产生的 γ-PGA 中 D- 谷氨酸所占比例随着培养基中金属离子（尤其是 Mn^{2+}）的变化而变化（10%～100%）；枯草芽孢杆菌的一些菌种包括从纳豆（日本一种传统的发酵食品）中筛选的纳豆芽孢杆菌产生的胞外黏液的主要成分则是 DL-PGA（D-谷氨酸占 60%±15%，L- 谷氨酸占 40%±15%）；枯草芽孢杆菌变种 *chungkookjang* 的培养基中加入（NH_4）$_2SO_4$ 时，D- 谷氨酸、L- 谷氨酸各占 42.5%±7.5%、57.5%±7.5%，而当不加入（NH_4）$_2SO_4$ 时 D- 谷氨酸占 72.5%±7.5%；近来所发现的依赖 NaCl 合成 γ-PGA 的巨大芽孢杆菌在高盐环境下合成的 γ-PGA 富含 L- 谷氨酸，且随培养基中盐浓度的降低，L- 谷氨酸的比例也逐渐降低。

表2-1　不同生物合成 γ-PGA 分子量大小和立体化学组成

产 γ-PGA菌株	分子量/×10⁵	立体化学组成	
		D-对映体含量/%	L-对映体含量/%
枯草芽孢杆菌（*B. subtilis* NX-2）	10～20	19～77	81～23
纳豆芽孢杆菌（*B. subtilis* natto）	0.1～10	50～80	50～20
枯草芽孢杆菌变种（*B. subtilis* var. *chungkookjang*）	＞10	60～70	40～30
地衣芽孢杆菌（*B. licheniformis*）	0.1～10	10～100	90～0
巨大芽孢杆菌（*B. megaterium*）	＞2	50	50
炭疽芽孢杆菌（*B. anthracis*）		100	0
极端嗜碱芽孢杆菌（*B. halodurans*）	0.1～0.15	0	100
极端嗜盐古细菌（*Natrialba aegyptiaca*）	0.03～0.25	0	100

三、γ-聚谷氨酸的二级结构

γ-PGA 既能以水不溶性游离酸形式存在，也可以通过与多种金属离子结合以可完全水溶的 γ-PGA 盐形式存在[2]。根据环境条件的不同，γ-PGA 可以表现出五种不同的构象（图 2-4）：α- 螺旋、β- 折叠、螺旋 - 无规卷曲过渡、无规卷曲和包封聚集体[8]。γ-PGA 的构象状态可以根据许多因素而改变，例如 pH、聚合物浓度和离子强度。在低浓度（1g/L）和 pH 值小于 7.0 时，γ-PGA 采用主要基于 α-螺旋的构象，而在较高 pH 值时，β- 折叠的构象占主导地位[9]。β- 折叠的构象可以有效地暴露 γ-PGA 的负电荷。γ-PGA 构象对特定因素的微小变化敏感，例如 γ-PGA 侧链电离的变化可对构象产生显著影响。

在不同 pH 发酵环境中，γ-PGA 分子表现出不同的构型，例如在酸性环境下 γ-PGA 呈螺旋状结构，在中性环境下 γ-PGA 呈树枝状链结构，在碱性环境下 γ-PGA 呈舒展状结构[10]。除此之外，未离子化的 γ-PGA 呈螺旋构象，而离子化的 γ- 聚谷氨酸呈无规卷曲构象，这种现象推测主要是由分子内氢键作用力引起的[11]。

有研究表明，γ-PGA 在 pH=2 时为游离酸（H 型），由于分子内强氢键形成稳定的 α- 螺旋构象，具有很强的疏水性和不溶性，溶液黏度减小[12]。随着 pH 增加，γ-PGA 中的分子内氢键被破坏，羧基变成阴离子基团[8]。在 pH=4.09，约 50% 的—COOH 基团被电离成—COO—基团。氢键被破坏并且—COOH 电离后，γ-PGA 在水溶液中从不溶性 α- 螺旋构象转变为可溶性线型无规卷曲构象。当 pH 达到 6 或更高时，所有分子内氢键消失，不溶性 α- 螺旋构象 γ-PGA 转化为可溶性线型无规卷曲构象，所有羧基改变成自由侧链阴离子基团。随着溶液 pH 值的增加，溶解度增加，这是由于—COOH 基团的解离增加和 γ-PGA 分子长度的延长，使 γ-PGA 从 γ-PGA-H 转换为 γ-PGA-Na 形式，此过程中溶液黏度也会不断增大。

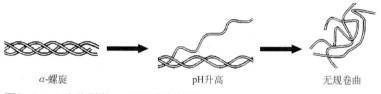

α-螺旋　　　　　　　　　　pH升高　　　　　　　　　无规卷曲

图2-4　pH变化引发γ-PGA构象转变

原子力显微镜条件下，如图 2-5 所示，γ-PGA-H 和 γ-PGA-Na 的微观形貌表现出较大差异。γ-PGA-H 呈棒状，大小颗粒共存。而当钠离子取代 γ-PGA-H 结构中的氢离子时，棒状分子结构趋于球状。这样的表面形貌变化可能与分子的二

级结构相关，γ-PGA-Na 形式的分子在水溶液中主要呈现无规卷曲结构，而当 pH 降低，γ-PGA-Na 质子化，二级结构变为 α- 螺旋结构，呈棒状[13]。

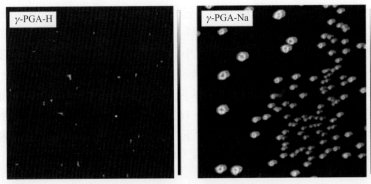

图2-5　γ-PGA-H和γ-PGA-Na的原子力显微镜图像表征

圆二色谱（CD）表征不同 pH 条件下 γ-PGA 构象变化[13]，如图 2-6 所示，γ-PGA-H（pH 1.0）在靠近 192nm 有一正谱带，在 202nm 和 212nm 处出现两个负的特征肩峰谱带，这是 α- 螺旋结构的特征谱带，但 pH 升高后这些特征峰逐渐变弱。这些结果表明，γ-PGA 侧链中—COOH 基团电离后，γ-PGA 的结构发生了变化，而 γ-PGA 二级结构中 α- 螺旋的减少被认为是造成不同 pH 值下主要的构象变化。有其他研究表明，随着溶液 pH 从 7.2 降至 3.0，γ-PGA 的构象从无规卷曲变为 α- 螺旋。

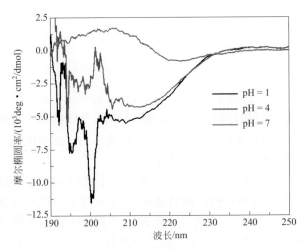

图2-6　不同pH对γ-PGA构象的影响

通过傅里叶红外光谱分析（图2-7），在较低的pH值下，分子内氢键是与γ-PGA相关的主要分子力。在γ-PGA-H中，3290cm^{-1}处的宽峰相当于存在氢键作用的N—H拉伸，而3490cm^{-1}左右的峰则是无氢键作用的N—H拉伸。提高pH后，由于分子内氢键的断裂，3490cm^{-1}左右的吸收峰强度逐渐增强。在pH 1.0条件下，在1730cm^{-1}处存在明显的吸收峰，推测是—COOH基团中的C=O拉伸，但pH提高后这个吸收峰强度逐渐变小。pH升高导致的—COOH去质子化，使两性离子形式的—COO^{-}中的C=O转移到大约1590cm^{-1}（不对称拉伸）及1400cm^{-1}（对称拉伸）[14]，在pH 7.0条件下该吸收峰与酰胺Ⅰ带和酰胺Ⅱ带发生重合。pH 1.0条件下酰胺Ⅰ带吸收峰位于1620cm^{-1}左右，由γ-PGA-H酰胺基团中的C=O伸缩振动引发，而在中性条件下，由于pH升高导致与N—H相连的分子内氢键断裂，该吸收峰偏移至1640cm^{-1}左右[15]。

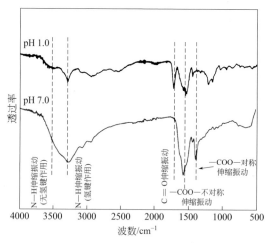

图2-7　γ-PGA在pH 1.0和7.0条件下的傅里叶红外光谱

γ-PGA形成的无规卷曲结构可归因于两个因素。首先，去质子化的羧酸基团不稳定，因此不能维持氢键在侧链和骨架之间。其次，γ-PGA分子的每个单体都有一个羧酸基团，这个带负电荷的羧酸基团具有很强的静电斥力，这对酰胺基团的CO和NH之间的氢键的分子内相互作用具有抗性[11,16]。

γ-PGA的构象还会受金属离子的离子化作用影响。离子化的γ-PGA会从螺旋结构转变为水溶性的开放无规卷曲结构，而且离子化的α-羧基可以与其他分子中的阳离子基团结合或作为游离羧基实现进一步改性。相比于游离酸形式的γ-PGA，离子化的γ-PGA的结构和热力学性质产生了一些变化，其结构变化可以通过核磁共振表征化学位移的变化以及红外吸收峰的变化进行判别[8]。

根据核磁共振表征结果（表2-2），^{13}C-NMR表征中γ-PGA钾盐中三个基团中的α-碳、β-碳以及γ-碳相比于γ-PGA钠盐中对应基团化学位移更大，而且γ-PGA钾盐（42%）中结合水含量明显高于γ-PGA钠盐（10%），说明两者构象以及化学功能上存在着一定差异。在中性pH条件下，钙离子和镁离子与γ-PGA之间的配位复杂离子结构在很大程度上有助于钙离子在水溶液中的溶解度和稳定性，两者的结合水含量存在较大差异。γ-PGA与重金属离子（Al^{3+}、Fe^{2+}、Fe^{3+}、Cr^{3+}、Zn^{2+}、Ni^{2+}等）之间的螯合作用会导致其构象由线型无规卷曲转变为包封聚集体并形成沉淀。

表2-2　γ-PGA以及金属盐形式的^{1}H-NMR化学位移、^{13}C-NMR化学位移、红外吸收峰以及热力学性质[8]

项目	H	Na^+	K^+	Ca^{2+}
^{1}H-NMR化学位移				
α-CH		3.98	4.00	4.18
β-CH$_2$		1.98, 1.80	1.99, 1.80	2.16, 1.93
γ-CH$_2$		2.19	2.19	2.38
^{13}C-NMR化学位移				
α-CH		56.43	62.21	62.21
β-CH$_2$		31.61	35.16	36.17
γ-CH$_2$		34.01	39.74	39.68
CO		182.21	182.11	182.16
—COO$^-$		182.69	185.46	185.82
红外吸收峰/cm^{-1}				
C=O伸缩振动	1739			
酰胺Ⅰ, N—H弯曲振动		1643		1622
酰胺Ⅱ, N—H伸缩振动		1585		
C=O对称伸缩振动	1454	1402		1412
C—N伸缩振动	1162	1131		1116
N—H弯曲振动	698	707		669
O—H伸缩振动	3449	3436		3415
热力学分析				
结合水/%	0	10	42	20
脱水温度/℃		109	139	110
熔点/℃	206	160	193, 238	
分解温度/℃	209.8	340	341	335.7

第二节
γ-聚谷氨酸的性质

一、保湿性能

从 γ-PGA 的结构可以看出，其分子链上有大量的活性羧基，容易形成氢键，具有优良的保湿性和吸水性[17]，目前已广泛应用于化妆品领域，用作皮肤调理剂、保湿剂和头发护理剂[18]。同时其高分子属性使之在水溶液中形成三维网络结构，具有优于小分子保湿剂的锁水性能。γ-PGA 良好的保湿锁水能力和生物相容性以及抑制透明质酸酶活性等功能，应用在护肤品中具有减少皮肤水分的散失、改善皮肤弹性以及美白肌肤等功效[19]。

γ-PGA 分子量、pH 以及使用浓度等许多因素都对其保湿吸湿性能产生影响。低分子量 γ-PGA 可被皮肤吸收并达到深度保湿效果；高分子量 γ-PGA 可在皮肤表面形成膜结构，有利于保护皮肤水分，具有锁水保湿效果[20]。

本书著者团队以透明质酸（HA）为对照，研究了分子量为 1.5 万（γ-PGA-1.5）、30 万（γ-PGA-30）、60 万（γ-PGA-60）以及 100 万（γ-PGA-100）的 γ-PGA 的保湿以及吸湿性能。在相对湿度为 43% 的环境下，所有样品的吸湿率在最初的 12h 内均明显增加，12h 后 HA 吸湿率的增长速度明显放缓，而 γ-PGA 的吸湿率持续显著上升，尤以 γ-PGA-30 为最，其吸湿率的增速到 100h 后才逐渐放缓。在所有的受测样品中，γ-PGA-30 的吸湿率最大，可达到 12.97%，5.6 倍于 HA 的 2.3%[图 2-8（a）]。

受环境湿度的影响，所有受测样品在相对湿度 81% 环境下的吸湿率均远远高于相对湿度 43% 时的吸湿率，且在测定的 800h 内持续增加。前 100h 内，γ-PGA 与 HA 的区别还不甚明显，100h 之后，HA 吸湿率的增速不再明显，而 γ-PGA 吸湿率的增速依旧，至 800h，γ-PGA-30 吸湿率达到 57.7%，3.2 倍于 HA 的 18.23%。而 γ-PGA-1.5、γ-PGA-60 和 γ-PGA-100 吸湿率差别不大，分别为 51.01%、51.26% 和 51.92%[图 2-8（b）]。

在干燥环境下，所有受测样品的含水量都大幅降低，但 γ-PGA 的含水量下降速度明显低于 HA。如图 2-9 所示，在前 50h 内，HA 的含水量下降趋势远远高于 γ-PGA，100h 后，受测样品的含水量下降趋势都有所减缓，但 γ-PGA 的含水量依旧近两倍于 HA。在干燥环境下 337h 后，γ-PGA-30 的保湿率最高，为 22.21%，HA 的保湿率最低，为 5.84%。同时 γ-PGA-1.5、γ-PGA-60 和 γ-PGA-100 的保湿率分别为 14.83%、16.89% 和 19.79%。数据表明，与 HA 相比，γ-PGA 具有极为良好的保湿性能，以 γ-PGA-30 保湿性能最佳。

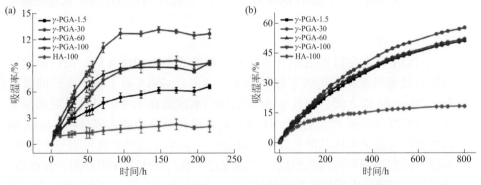

图2-8 不同条件下γ-PGA的吸湿性能。（a）43%湿度；（b）81%湿度

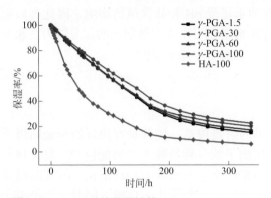

图2-9 γ-PGA的保湿性能

随着 γ-PGA 浓度增大，溶液保湿率逐渐增加，但并不呈正比[21]。这涉及 γ-PGA 与水分子之间复杂的相互作用。陈毓曦等[22] 对不同相对湿度和不同浓度 γ-PGA 的保湿性进行了测定分析，表征结果显示 γ-PGA 在 1.0g/L 浓度下具有最佳保湿效果，且保湿效果基本不受环境湿度的影响，验证了 γ-PGA 作为化妆品保湿剂的功效。在纳豆中，纳豆黏性胶体的主要成分就是 γ-PGA，目前已被列入促进化妆品及保健品吸收的成分表中。γ-PGA 在化妆品中的使用浓度一般为 0.4% ～ 1.0%。

pH 影响 γ-PGA 保湿性的机制较为复杂[21]。一方面 γ-PGA 水溶液在酸性条件下其侧链—COOH 解离度较低，在中性和碱性条件下解离度较大，因而水化程度较高，持水能力（保湿性）相应增加。另一方面，γ-PGA 的侧链—COOH 的解离还会影响其空间结构。杨革等[23] 研究发现，γ-PGA 的二级结构为：α- 螺旋18.5%，β- 折叠 50.3%，β- 转角 0.5%，无规卷曲 30.7%。这些二级结构的组成比例在不同 pH 条件下会发生变化。酸性条件下，未电离的侧链羧基对二级结构的分子内氢键有稳定作用，γ-PGA 容易形成 α- 螺旋或 β- 折叠结构。在中性和碱性条件下，γ-PGA 的—COOH 的解离度增加，会破坏其二级结构中氢键的稳定，从而发生结构转变，使之形成无规卷曲。无规卷曲的 γ-PGA 在水溶液中更加舒展，更易形成三维网络结构的水凝胶，因而保湿能力更强。

γ-PGA 树脂在自然条件下的最大吸水倍数高达 1108.4 倍，比目前常用的聚丙烯酸盐类吸水树脂的吸水倍数高 1 倍以上。γ-PGA 对土壤中水分的吸收倍数介于 30 ～ 80 倍之间，而且 γ- 聚谷氨酸的水浸液在土壤中具有一定的保水力和较理想的释放效果 [24]。目前，国内外研究机构以及企业大多是将 γ-PGA 制作成高吸水性树脂来发挥其保水效果。研究发现 γ-PGA 高吸水性树脂与土壤结合后，不仅可以促进团粒结构的形成，还能改进土壤的保水、保肥性能，在改造荒山、沙漠等干旱地区中发挥了积极作用 [25]。

由 γ-PGA 制备的水凝胶微观结构为一种多袋状结构，使其能够吸收自身重量 5000 倍的水分。水凝胶中含有的水量受 pH 和盐含量的影响，因此可以通过添加适量的电解质和适当地调节 pH 来增强头发或皮肤制剂的保湿能力。水分的释放在用于水合皮肤以及减少皱纹的面膜等中是重要的。

二、金属离子的配位螯合

由于 γ-PGA 分子侧链含有大量的游离羧基，使其具有很好的与金属离子螯合的特性。螯合是指配位体与金属离子的一种特殊类型的配位 [7]。螯合物是指一个或多个基团与一个金属离子的配位反应所形成的环状结构。氨基酸微量元素螯合物是以二价阳离子与给电子体的氨基酸构成配位键，同时又与给电子体的羧基中的氧构成离子键形成五元环或六元环，一般 α- 氨基酸的螯合物为五元环，β- 氨基酸能形成六元环。金属元素与氨基酸之间形成的五元环或六元环，是化学稳定性和生化稳定性很好的螯合结构。螯合物中的铁、铜、锰、锌等均属过渡金属元素，是动物必需的微量元素，由于过渡金属元素电子结构的物化性质，常会与富含电子对的氧、氮或硫原子配对形成同时具有离子键和配位键的螯合物，而在必需氨基酸中的中性氨基酸分子中，又有氧、氮、硫原子为螯合物提供电子。微量元素与氨基酸结合的螯合物的结构使分子电荷趋于中性，在体内 pH 环境下微量元素的溶解度提高，吸收率增加，生物利用率提高，并且阻止螯合物中的金属元素与其他物质形成不溶或难溶的金属化合物，从而易于被排出体外。

当前研究表明，γ-PGA 可以与体内游离的 Ca^{2+} 形成可溶性螯合物，有利于增加小肠中 Ca 的溶解性，促进 Ca 的吸收，维持机体中的 Ca 平衡，保证机体正常的生理代谢 [25,26]。同时，可以增加骨骼密度，促进骨骼发育，还能减少中老年体内的 Ca 流失，预防骨质疏松的发生。除此之外，γ-PGA 还可以通过与 Ca²⁺ 的螯合作用提高钙盐的溶解度，可应用于抑制工业用水的结垢和腐蚀。

水处理系统中的结垢会大大降低传热效果，增加能源消耗，并导致设备和管道的局部腐蚀。换热器传热面上形成的水垢以碳酸钙为主，有时也有少量的硫酸钙等。γ-PGA 单体结构比常用水处理剂天冬氨酸多一个亚甲基，亦具有一个游离的羧基，可以起到类似聚天冬氨酸的阻垢和缓蚀作用，而且 γ-PGA 是可大规模发酵生产的可生物降解的高聚物，可满足工业化和规模化生产的水处理。

本书著者团队研究了分子量为 3500、5000、7000 以及 10000 的 γ-PGA 的阻垢性能（图 2-10）[27]。分子量为 5000 的 γ-PGA 对碳酸钙有最佳的阻垢效果，而分子量为 10000 的 γ-PGA 阻垢效果最差。可能是由于分子量低于 5000 的 γ-PGA 与金属离子间作用力较弱，而分子量大于 7000 的 γ-PGA 自身相互作用易形成凝胶状聚合物，对阻垢不利[28]。对碳酸钙的阻垢性能随着 γ-PGA 浓度的增加而上升，浓度小于 10mg/L，阻垢效果并不理想。当浓度达到 20mg/L，阻垢率可达到 88% 左右，效果非常明显。

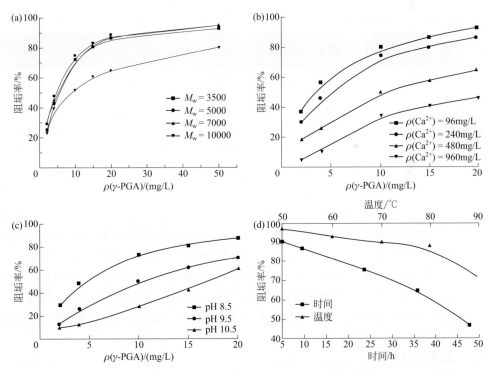

图2-10　γ-PGA的阻垢性能。（a）分子量对γ-PGA阻垢性能的影响；（b）Ca²⁺浓度对γ-PGA阻垢性能的影响；（c）pH对γ-PGA阻垢性能的影响；（d）温度对γ-PGA阻垢性能的影响

选择分子量为 5000 的 γ-PGA 研究 Ca^{2+} 浓度、pH、温度、时间对其阻垢性能的影响［图 2-10（b）～（d）］。γ-PGA 对碳酸钙的阻垢率随 Ca^{2+} 浓度的增加而降低，当 Ca^{2+} 浓度低于 240mg/L 时，γ-PGA 具有良好的阻垢性能，当 Ca^{2+} 浓度大于 480mg/L 时，γ-PGA 阻垢性能明显下降，表明 γ-PGA 的阻垢性能在高钙水质中比较差。而普通工业原水 Ca^{2+} 浓度不超过 250mg/mL，在此范围内，γ-PGA 的阻垢性能完全可以满足要求。γ-PGA 的阻垢率随 pH 的升高而降低。当 pH 为 10.5 时，γ-PGA 阻垢性能下降比较严重，说明 γ-PGA 阻垢剂不适用于高 pH 的水处理领域。阻垢率受温度影响很大，随着恒温温度的升高而降低，尤其在高温时下降比较快，这有可能是由于 γ-PGA 降解导致对晶核的吸附能力降低。阻垢率随恒温时间的延长而呈下降趋势，因此可通过补加 γ-PGA 用量提高阻垢率。

除此之外，γ-PGA 还是一种优良的硫酸钙阻垢剂（表 2-3）。在投加浓度为 10mg/L 时，4 种分子量的 γ-PGA 对硫酸钙的阻垢率均在 90% 以上，表现出了良好的阻硫酸钙垢性能。4 种分子量的 γ-PGA 对硫酸钙阻垢性能相差并不明显，说明分子量对硫酸钙的阻垢性能影响较小。

表2-3　γ-PGA阻硫酸钙垢性能

浓度/（mg/L）	阻垢率/%			
	M_w=3500	M_w=5000	M_w=7000	M_w=10000
2	78.21	79.21	78.32	76.43
4	86.50	88.34	87.51	86.11
10	91.77	92.40	92.06	91.88
15	93.64	93.66	93.39	92.58
20	94.03	95.67	95.37	94.51
50	98.72	99.04	98.91	97.55

注：M_w 为平均分子量。

研究表明，γ-PGA 与钙离子的螯合能力受到诸多因素的影响。由于在酸性条件下，γ-PGA 呈螺旋状，分子内的作用力较大，而且溶液中有多余的 H^+ 和 Ca^{2+} 竞争供电子基团—COO^-，因此螯合率较低；随着 pH 值的增加，γ-PGA 逐渐向伸展状态过渡，有利于与钙离子的螯合；γ-PGA 在偏碱性环境中呈紧密的球状，而且 Ca^{2+} 在碱性条件下沉淀，螯合率因此明显降低。温度也是影响螯合率的重要参数，温度升高可以加快钙离子的运动，但螯合反应本身为放热反应，温度过高反而会使螯合率降低。

三、絮凝特性

γ-PGA 属线型聚酰胺高分子，具有优良的黏结性、吸水性和吸附架桥作用，而且分子中富含—COOH、—CO—、—NH—等多种活性基团，电荷密度高，分子量较大且呈线型，具有良好的絮凝活性，但其絮凝活性不同程度地受到许多因素的影响[29]。

γ-PGA 投加量对絮凝活性的影响如图 2-11（a）所示，絮凝体系 pH=7 时，γ-PGA 在较低浓度范围内（0～20mg/L）随着浓度的增加絮凝活性提高，达到最高点（20mg/L）后，再增加 γ-PGA 的浓度，絮凝活性反而降低。根据絮凝机制，絮凝剂过量时，吸附在胶体颗粒上的聚合物阻隔了微粒间的架桥，使絮凝体系处于稳定状态。

根据微观动力学的研究，絮凝作用达最佳状态应当是絮凝物稳定，生成絮凝物的速度与解离絮凝物的速度相等。假定胶体粒子在絮凝过程中的减少速度类似于双分子反应：

$$-\frac{\mathrm{d}n}{\mathrm{d}t} = k_1 n \theta n(1-\theta) = k_1 n^2 \theta(1-\theta)$$

$$\frac{\mathrm{d}n}{\mathrm{d}t} = \frac{k_2 \alpha}{\theta(1-\theta)}$$

θ 为固体粒子吸附所覆盖的分数；α 为絮凝物的半径；k_1、k_2 为与粒子细度和半径相关的常数。所以 $k_1 n^2 \theta(1-\theta) = \frac{k_2 \alpha}{\theta(1-\theta)}$，由此可得出絮凝物半径的计算公式：

$$\alpha = \frac{k_1}{k_2} n^2 \theta^2 (1-\theta)^2$$

当 $\theta=0.5$ 时 α 有最大值，絮凝物的半径越大则絮凝越完全，即絮凝剂的最佳投加量约是固体颗粒表面吸附大分子化合物达到饱和时的一半吸附量，此时大分子在固体颗粒上的架桥概率最大[30]。

酸碱度的变化可改变生物聚合物的带电状态和电中和能力以及絮凝体系中颗粒表面的性质，从而影响絮凝性能的表达。调节絮凝体系在不同 pH，分别投加不同用量的 γ-PGA 溶液测其絮凝活性，结果如图 2-11（b）所示：γ-PGA 用量较低时（5mg/L），絮凝活性对 pH 变化较为敏感，在中性时絮凝活性最高；当 γ-PGA 用量在 10mg/L、20mg/L，絮凝活性对 pH 变化敏感程度降低，pH 适用范围变宽，有利于实际应用。

温度能够影响生物高分子絮凝剂的构型，从而影响分子长链上活性位点的分布，而且温度还影响絮凝剂的热稳定性能，从而影响絮凝剂絮凝性能的表达。温度在 20℃到 70℃，γ-PGA 的絮凝活性变化不大，温度高于 70℃絮凝活性明显下降，但在 100℃处理 30min 絮凝活性仍高于 60%［图 2-11（c）］。

蛋白质（多肽）型生物絮凝剂易受金属离子的影响，添加某些金属离子能够提高絮凝剂的絮凝活性[31,32]。添加金属离子后，γ-PGA 的絮凝活性均有不同程度提升，其中 Ca^{2+} 对 γ-PGA 絮凝活性提升最高。这是因为在带负电性的高岭土悬浮液中投加金属离子后，中和了水中胶体颗粒表面的负电荷，使其克服之间的静电斥力，脱稳形成微小絮凝体，并在γ-PGA的桥联作用下形成大絮团，从而加速沉降。

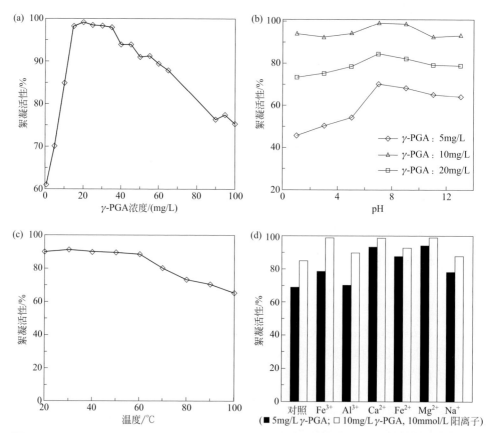

图2-11　γ-PGA的絮凝活性。（a）用量对γ-PGA絮凝活性的影响；（b）pH对γ-PGA絮凝活性的影响；（c）温度对γ-PGA絮凝活性的影响；（d）金属离子对γ-PGA絮凝活性的影响

使用Ca^{2+}作助凝离子可降低γ-PGA的用量，从而降低使用成本，但絮凝体系中Ca^{2+}浓度过高则会使γ-PGA的絮凝活性下降，这是因为在高离子强度下，大量离子占据了絮凝剂分子的活性位点，并把絮凝剂分子与固体悬浮颗粒隔离开而抑制絮凝。

四、抗冻活性

γ-PGA的钠盐能够提高其溶液在冷冻和冻藏过程中的未冻结水含量，可用于提高冷冻面团的存储弹性变形能量的能力[33]。当培养基的γ-PGA钠含量为1%

时，酵母细胞在 −30℃冷冻并冻藏 3d 后的存活率仍有 70%[34]。由此可以推测，γ-PGA 钠作为抗冻剂，具有较强的实用性。

一般来说，根据在冷冻过程中的热力学行为，可以将溶液中水分子分为 3 种类型[35]：①被束缚的不可冻结水，它们处于离子或极性基团周围的第一层，与离子或极性基团牢固结合并一起移动，不受温度变化的影响；②被束缚的可冻结水，它们处于被束缚的不可冻结水的外围，虽然也受到离子或极性基团的吸引，但结合较弱，会受温度变化的影响；③自由水，它们以游离的形式存在，可以自由地移动。

如图 2-12 所示，一个水分子被 4 个水分子形成的四面体包围，各水分子之间通过氢键连接。在冻结过程中，水分子四面体可发展成为冰晶[36]。然而，在γ-PGA 钠溶液中，—COONa 解离成—COO⁻ 和 Na⁺，其静电力作用破坏了水的正四面体结构，并束缚一部分水分子。被束缚的水分子在—COO⁻ 和 Na⁺ 周围形成水化层，而水化层内部为不可冻结水，水化层外部为可冻结水。γ-PGA 钠的解离度较大，并且 Na⁺ 能够固定较多的水分子。

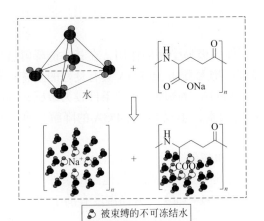

图2-12　γ-PGA抗冻机制[37]

聚谷氨酸钠、葡萄糖和谷氨酸的抗冻作用比较如图 2-13 所示。随着聚谷氨酸钠、葡萄糖和谷氨酸浓度从 0% 增加到 1%，酵母细胞存活率从 23.8% 分别上升到 62.6%、57.4%、38.4%。当聚谷氨酸钠、葡萄糖和谷氨酸浓度大于 1% 时，酵母细胞存活率基本保持一定。由此可见，聚谷氨酸钠对酵母的抗冻作用明显高于葡萄糖和谷氨酸。

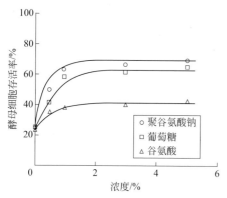

图2-13 聚谷氨酸钠、葡萄糖和谷氨酸的抗冻作用比较[37]

γ-PGA 具有较强的抗冻活性，将其应用于冷冻面团中，能够减少面团中的可冻结含水量，提高冷冻面团的存储弹性变形能量的能力。与高分子量的 γ-PGA 相比，低分子的 γ-PGA 具有更强的抗冻保护活性。

五、降解性能

γ-PGA 主链上存在大量酰胺键，在体内极易受酶的作用，在其主链降解过程中释放出寡肽或天然氨基酸组分，降解产物无毒性。γ-PGA 具有良好的生物降解性，可自行降解为单体，无毒副作用。γ-PGA 对物理、化学条件较为敏感，温度和 pH 值是影响 γ-PGA 降解的两个重要因素，不仅影响 γ-PGA 的降解速度，也影响 γ-PGA 的降解程度。

本书著者团队对 γ-PGA 在不同温度和酸碱条件下降解性能进行了研究[27]。如图 2-14 所示，在 80℃下 γ-PGA 的降解速率要明显高于其他温度条件下的，而在 20℃时，γ-PGA 降解速率非常缓慢［图 2-14（a）］。升高温度有助于加快 γ- 聚谷氨酸的降解。

在温度为 80℃时，γ-PGA 分子量下降比较快，20h 后已下降到 20 万以下，降解程度比较彻底。而在 20℃时，γ-PGA 分子量变化很小，基本不发生降解。这说明 γ-PGA 在常温条件下比较稳定。

Goto、Kunioka 通过监测 γ-PGA 分子量随时间的变化，研究了温度分别为 80℃、100℃、120℃下 γ-PGA 在水溶液中的水解模型，发现分子量的倒数和水解时间在三个温度下都分别呈线性关系[38]。这说明 γ-PGA 在高温下很可能是通过酰胺键随机断裂的方式进行降解。

pH 值对 γ- 聚谷氨酸分子量的影响也很大。20℃条件下，pH 值为 1 时，γ- 聚谷氨酸分子量下降趋势最为显著。在 pH 值为 7 时，下降的趋势最为缓慢。从

图 2-14（b）中可以看出，室温情况下处于中性介质中 γ-PGA 比较稳定。

pH 值条件的改变会对 γ-PGA 降解速率造成影响。在 80℃、pH 为 1 时 γ- 聚谷氨酸分子量在 5h 内迅速从 130 万下降到 5000 左右［图 2-14（c）］。在 60℃、pH 为 1 时，5h 后仍保持一定的下降趋势［图 2-14（d）］。说明强酸环境能显著加快 γ- 聚谷氨酸的降解。在 pH 值为 7 时，下降的趋势相对较缓，尤其是 60℃时，γ-PGA 分子量变化率很小，降解并不显著。对比不同 pH 值下的分子量变化曲线，发现低 pH 值的酸性环境比高 pH 值的碱性环境更能促进 γ-PGA 的降解。

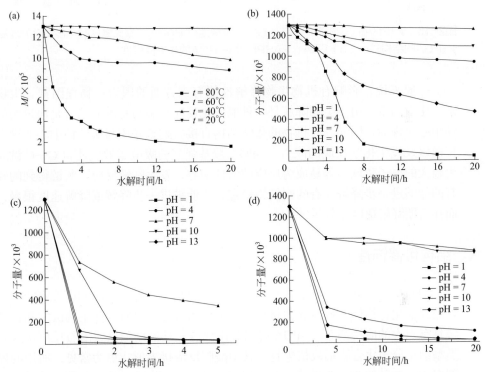

图2-14　γ-PGA的降解性能。（a）温度对γ-PGA降解的影响；（b）pH值对γ-PGA降解的影响；（c）80℃、不同pH值下γ-PGA分子量变化曲线；（d）60℃、不同pH值下γ-PGA分子量变化曲线

以聚天冬氨酸和聚丙烯酸作为对照，采用总有机碳法分析 γ- 聚谷氨酸的生物降解性能[27]（图 2-15）。γ-PGA 和聚天冬氨酸降解进行得都比较快，而聚丙烯酸几乎不降解。γ-PGA 在 10d 的降解率（D_M）达到 38.7%，在 28d 达到 70.3%。参照 OECD301 标准，γ- 聚谷氨酸、聚天冬氨酸都属于易降解有机物，而聚丙烯酸属于难降解有机物。

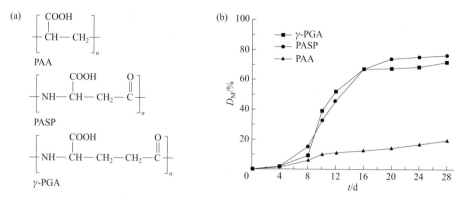

图2-15 γ-PGA的生物降解性能。（a）聚丙烯酸（PAA）、聚天冬氨酸（PASP）以及γ-PGA的结构式；（b）PAA、PASP以及γ-PGA的生物降解性

一般来说，影响有机物生物降解性能有三方面的因素：物理因素、生物因素、化学因素。由于生物降解是一种酶催化反应，酶与基质的结合是通过酶的活性中心实现的，因而，有机物的化学结构直接影响到基质与酶活性中心的键合与扩散以及发生化学反应的能力。γ-PGA羧基强烈的吸电子效应使得C—C键间产生较大的电子离域，容易成为反应的活性中心，发生断链反应。断链得到的碎片有的能够进一步降解，有的则较为稳定，不能被进一步降解或降解速度很慢，因而在后期降解速度比较平缓。

六、结构可修饰性

γ-PGA的大分子侧链上存在着大量的可电离—NH$_2$和—COOH等官能团，可以被其他化合物修饰或与其他材料聚合形成新型复合材料，在生物医学和食品领域具有很大的应用前景。γ-PGA可以利用侧链羧基借助酯化或酰胺反应接入各种类型的小分子化合物形成衍生物，其中酰胺反应接入形式更为常见，所用的催化剂多为温和的碳化二亚胺类，如二环己基碳二亚胺（DCC）、二异丙基碳二亚胺（DIC）和1-乙基-（3'-二甲氨基）碳二亚胺盐酸盐（EDC）等，如γ-PGA溶解于硫酸二甲酯（Me$_2$SO$_4$）中，在碳酸氢钠作用下可以与苄基溴或丁基溴发生酯化反应[39]。

γ-PGA还可以利用末端氨基经酰胺反应接入高分子，如γ-PGA可以与乙烯砜基-聚乙二醇-琥珀酰亚胺酯（VS-PEG-NHS）反应以获得共聚合物VS-PEG-PG，而VS-PEG-PG可以与阿霉素（Dox）发生酰胺反应而装载药物[40]。

除此之外，γ-PGA自身或与其他高分子发生分子间及分子内反应而相互交联，可以形成高分子网络，在水中溶胀保持大量水分成为水凝胶，也可以进一步制备形成纳米颗粒[41]。交联能够显著改变γ-PGA分子结构，使其具备高吸水性，可用于药物缓释、伤口组织修复和酶包装等方面。例如，100g/L γ-PGA 在辐射作用下发生交联形成水凝胶，吸水倍率可高达其干重的 1370 倍[42]。γ-PGA 可以与聚丙烯酰胺形成半穿透网络形式的水凝胶，γ-PGA/聚丙烯酰胺水凝胶通过溶胀平衡法吸胀装载阿莫西林，对阿莫西林有控制释放作用[43]。

γ-PGA 进行自身交联或与其他聚合物交联的方式主要有两种，分别为物理交联和化学交联。

1. 物理交联

物理交联法制备 γ-PGA 水凝胶是通过离子交联、氢键作用等非共价键的结合方式形成的三维聚合物网络，这种方法最大的特点是不需要在体系中引入交联剂，具有更好的生物相容性。

（1）聚电解质复合物　聚电解质复合物是由带电荷的聚合物与带有相反电荷的聚合物作用，通过阴阳离子的静电作用而形成的。γ-PGA 是一种聚阴离子电解质，能够与聚阳离子电解质仅通过静电作用形成水凝胶。

壳聚糖（chitosan，CS）是由不溶性的天然甲壳素部分脱乙酰获得的，是一种聚阳离子电解质聚合物，具有良好的生物相容性和生物降解性。Tsao 等[44]在酸性条件下，利用 CS 上质子化的氨基与 γ-PGA 上离子化的羧基之间的阴阳离子电解质相互作用形成水凝胶。水凝胶中的 CS 成分使其具有了一定的抗菌活性，在作为伤口敷料的应用中具有一定的前景。

（2）氢键及主客体作用　通过聚合物分子链之间的氢键作用形成水凝胶也是制备水凝胶的一种常用方式。Lin 等[45]利用 γ-PGA 钠溶液和聚乙烯醇（PVA）之间的氢键作用形成了具有血液相容性的水凝胶，γ-PGA/PVA 水凝胶比 PVA 具有更高的热稳定性。

2. 化学交联

化学交联是制备水凝胶最常用的一种方法，与物理交联相比，因其交联过程形成化学键，可以得到更为稳定的凝胶网络体系。γ-PGA 含有易于修饰的羧基基团，可以与交联剂或者其他物质的活性基团发生反应，得到化学交联的水凝胶。

而射线辐射引发的交联不需要使用交联剂，其反应原理是射线照射，从而引发单体分子产生自由基，最终引起聚合反应。

（1）射线辐射交联　射线辐射交联制备 γ-PGA 水凝胶的方式目前主要是 γ-射线辐射交联法和紫外辐射交联法两种途径。

制备 γ-PGA 水凝胶所使用的 γ- 射线一般都是 ^{60}Co-γ- 射线，在 γ- 射线作用下 γ-PGA 主链上亚甲基的碳氢键断裂产生自由基，通过自由基聚合形成水凝胶。该水凝胶的吸水性受溶液的 pH 值以及电解质浓度的影响，并且具有良好的热性能。

紫外辐射交联法也是射线辐射交联法中比较有代表性的方法。与 γ- 射线照射交联相比，紫外线照射不需要如高能照射这样的苛刻条件，在聚合过程中更便于控制，从而形成更均匀的网络结构。

（2）交联剂　使用化学交联剂交联制备水凝胶也是研究最多的一种。交联剂的种类有很多，通常可以根据交联剂的性质分为化学交联剂和生物交联剂。目前用于制备 γ-PGA 水凝胶的交联剂大多是从石油中得到的，出于对环保性、安全性和生物相容性的考虑，对于交联剂为生物质材料的研究越来越多。

第三节
γ - 聚谷氨酸分子量以及含量的检测方法

分子量是高聚物的最主要参数之一，与其性质密切相关。微生物合成的 γ-PGA 通常由 5000 个左右的谷氨酸单体组成，分子量一般在 10 万～ 100 万之间。低分子量（10 万以下）样品由于聚合度低，分散系数较小（PDI＜1.2），分子量正态分布集中，因此可以通过质谱或者高效液相色谱技术获得较为准确的结果。但当分子量较高时，正态分布曲线范围更宽，难以准确测定其分子量，特别是分子量超过百万，γ-PGA 分子内部容易形成高级结构（如 α- 螺旋、β- 折叠等），分子在溶剂中不是完全舒展状态，而且缺乏结构类似和精确分子量的标准品，进而导致其分子量的测定难度变大。

目前较为主流的检测方法是采用凝胶渗透色谱法，基本原理是根据分子尺寸大小，当聚合物溶液流经色谱柱（凝胶颗粒）时，较大的分子（体积大于凝胶孔隙）被排除在粒子的小孔之外，只能从粒子间的间隙通过，速率较快；而较小的分子可以进入粒子中的小孔，通过的速率要慢得多；中等体积的分子可以渗入较大的孔隙中，但受到较小孔隙的排阻，介乎上述两种情况之间。经过一定长度的色谱柱，分子根据分子量被分开。

因此，尺寸排阻色谱法可以将尺寸不同的样品按照保留时间分开，保留时间越小的分子（也就是流经色谱柱需要时间越短的分子）的分子量越大；相反，保留时间越大的分子（也就是流经色谱柱需要时间越长的分子）的分子量越小。根据已知分子量的单分散标准聚合物建立的"校正曲线"，可以得到不同样品的分子量。这也是目前高分子聚合物分子量的常用测定方法，成为中华人民共和国轻工行业标准 QB/T 5189—2017 中 γ-PGA 分子量的标准检测方法（详细准则见标准附录 1）。

产量是 γ-PGA 走向产业化应用的另外一个重要指标，因此，如何快速高效

地检测 γ-PGA 的含量至关重要，不仅能提高 γ- 聚谷氨酸高产菌株的筛选效率，并且对发酵条件的优化及工艺控制有着非常重要的意义。目前 γ-PGA 含量的检测方法主要包括水解法和称重法。称重法主要是通过在发酵液中加入乙醇有机溶剂进行萃取沉淀，得到 γ-PGA 粗品后，利用干燥工艺除去乙醇溶剂得到 γ-PGA 纯品，进而对其质量进行测定，与发酵液原始重量或者体积进行比较计算，得到 γ-PGA 实际含量。水解法是基于 γ-PGA 样品酸水解前后谷氨酸单体含量的变化进行测定，基本原理是通过对试样中经盐酸溶液水解后和未经水解的游离谷氨酸含量变化的测定，计算谷氨酸单体含量，从而间接推算出 γ-PGA 含量。其中谷氨酸单体含量的检测手段主要分为氨基酸自动分析仪法和柱前衍生高效液相色谱法。氨基酸自动分析仪法可直接测定谷氨酸含量，推算得到 γ-PGA 具体含量，该方法成为中华人民共和国农业行业标准 NY/T 3039—2016 中检测 γ-PGA 含量的标准测定方法（详细准则见标准附录 2）。此外，谷氨酸单体含量还可以通过基于谷氨酸柱前衍生的高效液相色谱法进行测定，以 2,4- 二硝基氯苯作为柱前衍生剂，衍生产物在 360nm 处有最大紫外吸光度，再根据 γ-PGA 浓度标准曲线，通过高效液相色谱对其进行测定，计算得到具体含量，中华人民共和国轻工行业标准 QB/T 5189—2017 中采用此方法，可同时测定样品含量和分子量。

参考文献

[1] Buescher J M,Margaritis A. Microbial biosynthesis of polyglutamic acid biopolymer and applications in the biopharmaceutical, biomedical and food industries[J]. Critical Reviews in Biotechnology, 2007, 27（1）: 1-19.

[2] Ogunleye A,Bhat A,Irorere V U, et al. Poly-γ-glutamic acid: production, properties and applications[J]. Microbiology, 2015, 161(1): 1-17.

[3] 贾玉萍，李秀娥，邱文旭，等. γ- 聚谷氨酸的研究及应用进展 [J]. 鲁东大学学报（自然科学版），2019, 35(2): 122-128.

[4] 施庆珊，许虹，林小平，等. γ- 多聚谷氨酸的微生物合成 [J]. 生物技术，2004，14(1): 65-67.

[5] 佟盟，徐虹，王军. γ- 聚谷氨酸降解影响因素及其生物降解性能的研究 [J]. 南京工业大学学报（自然科学版），2006, 28(1): 50-53.

[6] 石峰. 微生物制备 γ- 聚谷氨酸的研究 [D]. 杭州：浙江大学，2006.

[7] 窦丽娜. 低聚谷氨酸钙的制备条件及功能特性研究 [D]. 郑州：河南工业大学，2010.

[8] Ho G,Ho T,Hsieh K, et al. γ-Polyglutamic acid produced by *Bacillus subtilis* (natto): structural characteristics, chemical properties and biological functionalities[J]. Journal of the Chinese Chemical Society, 2006, 53(6): 1363-1384.

[9] Bhat A. Bacterial production of poly-γ-glutamic acid and evaluation of its effect on the viability of probiotic microorganisms[D].Wolverhampton: University of Wolverhampton, 2012.

[10] 田璐. γ- 聚谷氨酸的分离纯化及其对鱼糜抗冻性的影响 [D]. 沈阳：沈阳农业大学，2018.

[11] Zanuy D,Alemán C,Muñoz-guerra S. On the helical conformation of un-ionized poly(γ-d-glutamic acid)[J].

International Journal of Biological Macromolecules, 1998, 23(3): 175-184.

[12] Do J H, Chang H N, Lee S Y. Efficient recovery of γ-poly(glutamic acid) from highly viscous culture broth[J]. Biotechnology and Bioengineering, 2001, 76(3): 219-223.

[13] Agresti C,Tu Z, Ng C, et al. Specific interactions between diphenhydramine and α-helical poly(glutamic acid)-a new ion-pairing complex for taste masking and pH-controlled diphenhydramine release[J]. European Journal of Pharmaceutics and Biopharmaceutics, 2008, 70(1): 226-233.

[14] García-Alvarez M, Alvarez J, Alla A, et al. Comb-like ionic complexes of cationic surfactants with bacterial poly (γ-glutamic acid) of racemic composition[J]. Macromolecular Bioscience, 2005, 5(1): 30-38.

[15] Stuart B H. Infrared spectroscopy: fundamentals and applications[M].New York: John Wiley & Sons, 2004.

[16] Hernik-Magoń A,Puławski W,Fedorczyk B, et al. Beware of cocktails: chain-length bidispersity triggers explosive self-assembly of poly-L-glutamic acid β_2-fibrils[J]. Biomacromolecules, 2016, 17(4): 1376-1382.

[17] Shih L,Van Y. The production of poly-(γ-glutamic acid) from microorganisms and its various applications[J]. Bioresource Technology, 2001, 79(3): 207-225.

[18] 王卫国, 王卫, 赵永亮, 等. γ- 聚谷氨酸的研究及应用进展 [J]. 河南工业大学学报 (自然科学版), 2016, 37(2): 117-122, 128.

[19] 张天娇, 刘霞, 邓观杰, 等. γ- 聚谷氨酸体外抗氧化性及抑制透明质酸酶活性的研究 [J]. 食品与药品, 2017, 19(3): 153-157.

[20] 徐虹, 冯小海, 徐得磊, 等. 聚氨基酸功能高分子的发展状况与应用前景 [J]. 生物产业技术, 2017(6): 92-99.

[21] 邓星波, 邹水洋, 朱丹, 等. γ- 聚谷氨酸的保湿性研究 [J]. 广州化工, 2019, 47(6): 33-35.

[22] 陈毓曦, 刘燕, 杨森, 等. γ- 聚谷氨酸作为化妆品保湿剂的可行性分析 [J]. 河南科技, 2016(21): 130-132.

[23] 杨革, 陈坚, 曲音波, 等. 细菌聚 γ- 谷氨酸表征的研究 [J]. 高分子材料科学与工程, 2002, 18(4): 133-136.

[24] 王传海, 何都良, 郑有飞, 等. 保水剂新材料 γ- 聚谷氨酸的吸水性能和生物学效应的初步研究 [J]. 中国农业气象, 2004, 25(2): 20-23.

[25] 游庆红, 张新民, 陈国广, 等. γ- 聚谷氨酸的生物合成及应用 [J]. 现代化工, 2002, 22(12): 56-59.

[26] 伍少雄, 陆洁, 李朝明. 我院口服补钙剂的应用分析 [J]. 中国药业, 2005, 14(10): 69-70.

[27] 佟盟. 绿色水处理剂聚谷氨酸阻垢、缓蚀性能的研究 [D]. 南京: 南京工业大学, 2006.

[28] 陈国广, 张钧寿, 陈茂伟, 等. 低分子聚谷氨酸的制备工艺研究 [J]. 中国药科大学学报, 2003, 34(1): 31-33.

[29] 姚俊. 生物絮凝剂 γ- 聚谷氨酸合成、性能与应用研究 [D]. 南京: 南京工业大学, 2004.

[30] Hantula J,Bamford D H. The efficiency of the protein-dependent flocculation of *Flavobacterium sp.* is sensitive to the composition of growth medium[J]. Applied Microbiology and Biotechnology, 1991, 36(1): 100-104.

[31] 何宁, 李寅, 陆茂林, 等. 生物絮凝剂的絮凝条件 [J]. 无锡轻工大学学报, 2001, 20(3): 248-251.

[32] 程金平, 张兰英, 张玉玲. 微生物絮凝剂的絮凝性能研究 [J]. 吉林大学学报 (地球科学版), 2002, 32(4): 413-416.

[33] Cooke R,Kuntz I. The properties of water in biological systems[J]. Annual Review of Biophysics and Bioengineering, 1974, 3(1): 95-126.

[34] Yokoigawa K, Sato M, Soda K. Simple improvement in freeze-tolerance of bakers′yeast with poly-γglutamate[J]. Journal of Bioscience and Bioengineering, 2006, 102(3): 215-219.

[35] Einhorn-Stoll U, Hatakeyama H, Hatakeyama T. Influence of pectin modification on water binding properties[J]. Food Hydrocolloids, 2012, 27(2): 494-502.

[36] Lewicki P P. Water as the determinant of food engineering properties. a review[J]. Journal of Food Engineering,

2004, 61(4): 483-495.

[37] 时晓剑，缪冶炼，卫昊，等. γ-聚谷氨酸钠对面包酵母的抗冻作用及其机理[J]. 食品科技，2012, 37(10): 2-6.

[38] Goto A, Kunioka M. Biosynthesis and hydrolysis of poly(γ-glutamic acid) from *Bacillus subtilis* IFO 3335[J]. Bioscience, Biotechnology and Biochemistry, 1992, 56(7): 1031-1035.

[39] Montalbetti C A, Falque V. Amide bond formation and peptide coupling[J]. Tetrahedron, 2005, 61(46): 10827-10852.

[40] Vega J ,Ke S, Fan Z, et al. Targeting doxorubicin to epidermal growth factor receptors by site-specific conjugation of C225 to poly(*l*-glutamic acid) through a polyethylene glycol spacer[J]. Pharmaceutical Research, 2003, 20(5): 826-832.

[41] 王静心，李政，张健飞，等. γ-聚谷氨酸水凝胶研究与应用进展 [J]. 微生物学通报，2014, 41(8): 1649-1654.

[42] Choi S, Whang K, Park J, et al. Preparation and swelling characteristics of hydrogel from microbial poly (γ-glutamic acid) by γ-irradiation[J]. Macromolecular Research, 2005, 13(4): 339-343.

[43] Rodríguez-Félix D, Pérez-Martínez C, Castillo-Ortega M, et al. pH-and temperature-sensitive semi-interpenetrating network hydrogels composed of poly(acrylamide) and poly(γ-glutamic acid) as amoxicillin controlled-release system[J]. Polymer Bulletin, 2012, 68(1): 197-207.

[44] Tsao C T, Chang C H, Lin Y Y, et al. Antibacterial activity and biocompatibility of a chitosan-γ-poly(glutamic acid) polyelectrolyte complex hydrogel[J]. Carbohydrate Research, 2010, 345(12): 1774-1780.

[45] Lin W, Yu D, Yang M. Blood compatibility of novel poly(γ-glutamic acid)/polyvinyl alcohol hydrogels[J]. Colloids and Surfaces B: Biointerfaces, 2006, 47(1): 43-49.

第三章

γ-聚谷氨酸的生物合成与调控

微生物发酵作为 γ-PGA 生物制造的主要方式，仍然存在原料成本高、合成效率低及重复发酵菌株生产性能下降等诸多问题。特别在资源日益枯竭、粮食危机日趋膨胀、环境污染日渐严峻的当今，这种矛盾显得格外突出，严重地制约着 γ-PGA 生产效益大规模提升和普及化应用。本章围绕 γ-PGA 高效产生菌株及其生物合成机制、基因工程改造策略强化 γ-PGA 的合成、γ-PGA 的发酵工艺及反应器开发和 γ-PGA 多元分子量可控制备工艺等四个方面进行介绍，对 γ-PGA 的生物合成与调控进行了描述，将为多元分子量 γ-PGA 的经济化、可持续化的绿色生产提供支持与借鉴。

第一节
γ-聚谷氨酸合成菌株的研究概述

一、γ-聚谷氨酸的来源与发现

　　自 20 世纪 90 年代起，γ-PGA 作为一种新型的功能性生物高分子，寻求其高效的合成方式一直是研究热点。γ-PGA 最早在日本传统食品纳豆中被发现，随后，研究者们陆续在许多微生物中都发现了 γ-PGA。当前 γ-PGA 合成菌株主要集中在芽孢杆菌属，包括枯草芽孢杆菌、地衣芽孢杆菌、解淀粉芽孢杆菌、炭疽芽孢杆菌等，此外，部分核梭杆菌（*Fusobacterium nucleatum*）、古菌和真核生物也被报道能够合成 γ-PGA[1,2]。微生物合成 γ-PGA 的方式主要有组成型和分泌型两种。①组成型方式：其合成的 γ-D-PGA 存在于细菌荚膜中，能够增强菌株毒力，帮助细菌在不同的环境增强细胞的抵抗能力，防止受到恶劣因素的侵害，主要存在于炭疽芽孢杆菌（*Bacillus anthracis*）和嗜碱杆菌中。②分泌型方式：其合成的 γ-PGA 通过细胞膜转运到细胞外，是当前绝大多数应用在发酵生产菌株采用的方式。自从 1942 年，Bovarnick 发现芽孢杆菌（*Bacillus* sp.）能在培养基中分泌积累 γ-PGA 以来，便开启了微生物法发酵生产 γ-PGA 的新纪元[3]。由于微生物发酵法生产 γ-PGA 具有生产过程容易控制、发酵浓度稳定、提取率高、γ-PGA 浓度高且分子量分布合适、便于大规模生产等优点，已逐步成为当前研究和生产 γ-PGA 的主要途径。根据对前体谷氨酸需求的差别，可将 γ-PGA 合成菌株分为谷氨酸依赖型（Ⅰ类）和谷氨酸非依赖型（Ⅱ类）两大类。Ⅰ类菌株通常合成的 γ-PGA 的浓度比较高而占已报道产生菌株的大多数，培养基中需提供前体谷氨酸作为 γ-PGA 合成的前体物质或诱导剂。而Ⅱ类则不需要添加谷氨酸前体就

可以生成 γ-PGA，虽然此类菌株积累的 γ-PGA 浓度比较低，但避免了外源添加谷氨酸带来的经济负担，成为未来菌株改造的新方向。除了对底物的依赖性不同外，这些产生菌株所分泌的 γ-PGA 产物在 D-、L- 谷氨酸构型比例和分子量上也存在着明显的差异，需要进一步探索其调控机理。

二、γ-聚谷氨酸产生菌株的筛选

获得高效、稳定的发酵菌株是 γ-PGA 高效生物合成的前提与保障。那么如何来进行筛选与鉴别 γ-PGA 产生菌呢？2004 年，本书著者团队凭借 γ-PGA 合成菌株水润黏稠、具有拉丝形态的特征（图 3-1），利用含有谷氨酸钠和葡萄糖的分离培养基对 γ-PGA 产生菌进行快速筛选，成功从 400 株具有黏度高、生长快的菌株中分离到一株 γ-PGA 高产菌株枯草芽孢杆菌（*Bacillus subtilis*）NX-2。在以 30g/L 葡萄糖和 L- 谷氨酸作为底物发酵培养 24h 后，γ-PGA 的产量达到 30.2g/L，表观转化率高达 101%，生产强度高达 1.26g/（L•h）[4]。此外，借助一些碱性染料，如中性红能够与 γ-PGA 聚合物的静电相互作用来对 γ-PGA 产生菌进行高通量筛选，成功分离出 13 株具有不同分子量的 γ-PGA 产生菌株[5]。目前，大部分 γ-PGA 产生菌都是谷氨酸依赖型菌株，发酵过程需要消耗大量的 L- 谷氨酸前体，其昂贵的成本给大规模工业化生产带来了严重的阻碍，因此很多研究者积极地投入到高产非依赖型菌株的筛选中。地衣芽孢杆菌（*Bacillus licheniformis*）A35 是最早筛选得到的谷氨酸非依赖型菌株，在葡萄糖和氯化铵的培养基上能产生 8g/L γ-PGA[6]。Zhang 等人从酱类产品中分离得到一株能够利用葡萄糖

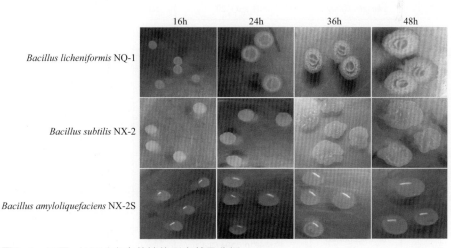

图3-1 不同 γ-PGA 产生菌株的形态差异分析

作为碳源的谷氨酸非依赖型 γ-PGA 生产菌 *B. subtilis* C10，初始 γ-PGA 产量为 3.73g/L[7]。从发酵食品分离得到的谷氨酸非依赖型解淀粉芽孢杆菌（*Bacillus amyloliquefaciens*）LL3 以蔗糖为底物，在 200L 发酵罐中 γ-PGA 的产量为 4.36g/L[8]。Peng 等人从土壤中分离得到一株以甘油为碳源的甲基营养型芽孢杆菌（*Bacillus methylotrophicus*）SK19.001，在无谷氨酸前体添加下发酵，最终 γ-PGA 产量为 14g/L[9]。本书著者团队从菊芋土壤中经分离、筛选到一株能够直接利用菊粉粗提液发酵合成 γ-PGA 的产生菌株 *B. amyloliquefaciens* NX-2S[10,11]，该菌株能够偏好性地利用菊粉粗提液作为碳源且无需添加谷氨酸前体，是 γ-PGA 合成与设计的理想工业化底盘微生物。表 3-1 列举了现有文献报道的主要 γ-PGA 产生菌株。

表3-1　γ-PGA主要产生菌株汇总表[12]

菌株类型	菌株	培养基主要成分/（g/L）	培养方法	γ-PGA/（g/L）	立体化学组成（D:L）	分子量/×10⁵
谷氨酸依赖型	*B. subtilis* NX-2	葡萄糖50，谷氨酸钠50，$(NH_4)_2SO_4$ 5，$K_2HPO_4 \cdot 3H_2O$ 2，$MgSO_4$ 0.1，$MnSO_4$ 0.03	32℃ 2～3d	30.2	64:36	1.5
	B. licheniformis ATCC 9945a	柠檬酸12，甘油80，L-谷氨酸20，NH_4Cl 7	37℃ 2～3d	5～20.5	(44～85):(55～15)	2～8
	B. subtilis IFO 3335	柠檬酸20～50，L-谷氨酸30，$(NH_4)_2SO_4$ 5～10	37℃ 2d	10～20	80:20	10
	B. subtilis F-2-01	葡萄糖80，蛋白胨15，酵母膏5，尿素3，L-谷氨酸70	37℃ 2～3d	25～50	69:31	5
	B. subtilis var. *chungkookjang*	蔗糖50，L-谷氨酸20，$(NH_4)_2SO_4$ 20	30℃ 5d	13.5～16.5	—	—
	B. subtilis MR-141	麦芽糖60，大豆汁70，L-谷氨酸30	40℃ 3～4d	35	—	—
谷氨酸非依赖型	*B. amyloliquefaciens* NX-2S	菊粉粗提液6，$(NH_4)_2SO_4$ 6，$K_2HPO_4 \cdot 3H_2O$ 20，KH_2PO_4 2，$MgSO_4$ 0.4，$MnSO_4 \cdot H_2O$ 0.06	32℃ 2～3d	8.62	80:20	1.5
	B. subtilis TAM-4	葡萄糖75，NH_4Cl 18	37℃ 4d	20	78:22	2
	B. subtilis C1	柠檬酸22，甘油170，氯化铵7.0	37℃ 144h	21.4	97:3	102
	B. licheniformis A35	葡萄糖75，NH_4Cl 18	30℃ 3～5d	8～12	(50～80):(50～20)	—
	B. licheniformis S173	柠檬酸20，NH_4Cl 4	37℃ 30h	1.27	—	—

第二节
γ-聚谷氨酸的生物合成机制

随着对 γ-PGA 研究的不断深入，国内外相继报道了许多性能优良的 γ-PGA 产生菌株，然而人们对这一天然的生物高分子的代谢途径、γ-PGA 聚合机制、底物和产物的跨膜运输等方面并不十分清楚。由于对 γ-PGA 合成机制认识较匮乏，极大地限制了在生产过程进一步提高 γ-PGA 的发酵产量。实际上，γ-PGA 合成机制在不同类型菌株合成 γ-PGA 的代谢途径和合成相关酶也不尽相同。目前，γ-PGA 的生物合成途径主要包括两个步骤：一是谷氨酸单体的合成，包括糖酵解、三羧酸循环和谷氨酸合成途径；二是谷氨酸单体通过 γ-PGA 合成酶聚合生成高分子 γ-PGA[13]。由此依据 L- 谷氨酸单体的供给方式的不同，γ-PGA 产生菌株可分为谷氨酸依赖型和谷氨酸非依赖型两大类。因此，研究前体 L- 谷氨酸的合成对于解析菌株中的 γ-PGA 合成机制具有重要的意义。

一、基于 ^{13}C 标记的 γ-聚谷氨酸生物合成代谢途径分析

早在 2008 年，本书著者团队以自主筛选获得的一株谷氨酸依赖型 γ-PGA 产生菌 B. subtilis NX-2 作为研究对象，针对其在 γ-PGA 合成过程中的作用机制，开展了相关的研究工作。借助 B. subtilis 的生物化学反应网络和 KEGG（Kyoto Encyclopedia of Genes and Genomes，京都基因与基因组百科全书）等数据库，结合 B. subtilis NX-2 的生长代谢特性，建立了 B. subtilis NX-2 代谢合成 γ-PGA 的反应网络，如图 3-2 所示。由于 γ-PGA 的合成与 B. subtilis NX-2 菌体生长相关，因此考虑细胞生长和产物合成为主要合成代谢途径，物料平衡方程中将加入菌体合成方程。此外，根据以往的研究显示，B. subtilis 中不存在 ED（Entner-Doudoroff）途径和乙醛酸途径，葡萄糖主要经过 EMP（Embden-Meyerhof-Pamas）途径、HMP（hexose monophophate，戊糖磷酸）途径和 TCA 循环参与细胞代谢。根据建立的生物化学反应网络和 B. subtilis 的生物量组分，构建了 B. subtilis NX-2 的代谢通量平衡模型（图 3-2），该模型主要包括 28 个代谢反应方程和 29 种代谢物质（表 3-2），主要由以下几部分组成[14]：

（1）EMP 途径：包括 R1、R2、R3、R4、R5、R6 共六个反应。

（2）HMP 途径：该途径主要为细胞生长和产物合成提供前体和还原力，包括 R8、R9、R10、R11、R12、R13 共六个反应。

（3）TCA 循环：该途径主要提供可氧化为 ATP（adenosine triphosphate，腺苷三磷酸）的 NADH（nicotinamide adenine dinucleotide，烟酰胺腺嘌呤二核苷酸

的还原态，还原型辅酶Ⅰ），包括 R7、R15、R16、R17、R18、R19、R23、R24共八个反应。

（4）丙酮酸羧化：R23，一个反应。

（5）氧化磷酸化部分：将 NADH、NADPH（烟酰胺腺嘌呤二核苷酸磷酸，还原型辅酶Ⅱ）和 FADH（flavin adenine dinucleotide，黄素腺嘌呤）氧化为 ATP，包括 R25、R26、R27（图中未画出）共三个反应。

（6）底物消耗和产物积累：包括 R1、R20、R21、R22 共四个反应。

（7）菌体合成：包括合成前体的 R14 和菌体合成的 R28（图中未画出）共 2个反应。

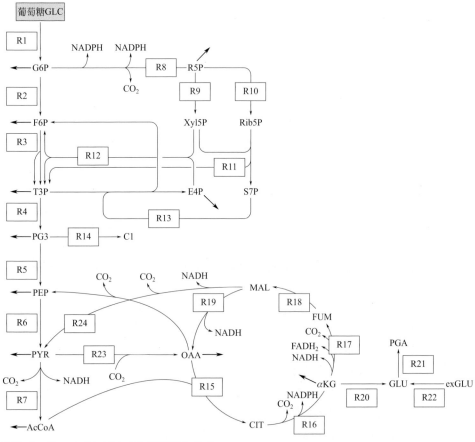

图3-2　*B. subtilis* NX-2的代谢通量分布

G6P—6-磷酸葡萄糖；F6P—6-磷酸果糖；T3P—3-磷酸丙糖；PG3—3-磷酸甘油酸；C1—与四氢叶酸结合的甲基团；PEP—磷酸烯醇式丙酮酸；PYR—丙酮酸；AcCoA—乙酰辅酶A；R5P—5-磷酸核糖；Xyl5P—5-磷酸木酮糖；Rib5P—5-磷酸核酮糖；E4P—4-磷酸赤藓糖；S7P—7-磷酸景天庚糖；OAA—草酰乙酸；αKG—α-酮戊二酸；MAL—苹果酸；FUM—延胡索酸；GLU—谷氨酸；exGLU—外源谷氨酸；CIT—柠檬酸；粗黑箭头表示用于生物合成而消耗的前体物

表3-2 *B. subtilis* NX-2代谢反应的化学计量关系

R1: 1 GLC + 1 ATP = 1 G6P

R2: 1 G6P = 1 F6P

R3: 1 F6P + 1 ATP = 2 T3P

R4: 1 T3P = 1 PG3 + 1 ATP + 1 NADH

R5: 1 PG3 = 1 PEP

R6: 1 PEP = 1 PYR + 1 ATP

R7: 1 PYR = 1 AcCoA + 1 NADH + 1 CO_2

R8: 1 G6P = 1 R5P + 2 NADPH + 1 CO_2

R9: 1 R5P = 1 Xyl5P

R10: 1 R5P = 1 Rib5P

R11: 1 Xyl5P + 1 Rib5P = 1 T3P + 1 S7P

R12: 1 Xyl5P + 1 E4P = 1 F6P + 1 T3P

R13: 1 T3P + 1 S7P = 1 F6P + 1 E4P

R14: 1 PG3 + 1 NADPH = 1 NADH + 1 CO_2 + 2 C1

R15: 1 AcCoA + 1 OAA = 1 CIT

R16: 1 CIT = 1 αKG + 1 NADPH + 1 CO_2

R17: 1 αKG = 1 FUM + 1 $FADH_2$ + 1 NADH + 1 CO_2

R18: 1 FUM = 1 MAL

R19: 1 MAL = 1 OAA + 1 NADH

R20: 1 αKG + 1 NADPH = 1 GLU

R21: 1 GLU + 1 ATP = 1 PGA

R22: 1 exGLU + 1 ATP = 1 GLU

R23: 1 PYR + 1 CO_2 = 1 OAA

R24: 1 MAL = 1 PYR + 2 CO_2 + 1 NADH

R25（图3-2中未画出）: 1 $FADH_2$ + 0.5 O_2 = 0.8667 ATP

R26（图3-2中未画出）: 1 NADPH + 0.5 O_2 = 1.3 ATP

R27（图3-2中未画出）: 1 NADH + 0.5 O_2 = 1.3 ATP

R28（图3-2中未画出）: 0.000154 G6P + 0.00019 F6P + 0.000194 T3P + 0.001395 PG3 + 0.000711 PEP + 0.002492 PYR + 0.002132 AcCoA + 0.038608 ATP + 0.000816 R5P + 0.016333 NADPH + 0.000308 E4P + 0.001071 αKG + 0.001923 OAA + 0.000156 C1 = 生物量 + 0.003595 NADH + 0.002205 CO_2

　　B. subtilis NX-2 是一株能够高效利用葡萄糖和谷氨酸作为底物合成 γ-PGA 的高产菌株。本书著者团队首先考察了不同葡萄糖浓度和谷氨酸对 *B. subtilis* NX-2 发酵合成 γ-PGA 的影响（表 3-3）。实践证明，提高葡萄糖浓度有利于促进细胞的生长和 γ-PGA 的合成。从表中数据可以看出，当葡萄糖浓度大于 30g/L 时，发酵体系中的总谷氨酸含量大于培养基中初始的谷氨酸含量，表明葡萄糖可通过某种特殊的代谢途径转化为谷氨酸，进而参与 γ-PGA 的合成。谷氨酸浓度对 γ-PGA 发酵合成的影响如表 3-3 所示，由于 *B. subtilis* NX-2 为谷氨酸依赖型的 γ-PGA 产生菌，在培养基中不加谷氨酸时，无法合成。伴随培养基初始谷氨酸浓度的上升，γ-PGA 的浓度也随之增长，表明谷氨酸可能与 γ-PGA 的单体来源有所关联，从而影响 γ-PGA 的合成。据此，推测 *B. subtilis* NX-2 发酵合成 γ-PGA 的碳骨架来自两部分，分别为外源 L- 谷氨酸和葡萄糖转化而来的。即葡萄糖通过 EMP 途径和 TCA 循环 α- 酮戊二酸节点转化为 L- 谷氨酸，与外源谷氨酸共同合成 γ-PGA。但是两条途径的比例需要进一步地解析[14]。

表3-3　葡萄糖及L-谷氨酸底物对γ-PGA合成的影响

底物	底物浓度 /（g/L）	生物量 /（g/L）	残余葡萄糖 /（g/L）	残余谷氨酸 /（g/L）	γ-PGA /（g/L）	总谷氨酸 /（g/L）
葡萄糖	20	3.72	0	13.10	17.26	32.77
	30	4.06	0	14.24	23.68	41.22
	40	4.64	0	14.52	25.42	43.49
	50	4.92	0	13.70	26.06	43.40
L-谷氨酸	0	2.27	15.23	0.00	0.00	0.00
	10	5.99	8.21	0.50	6.56	7.98
	20	4.98	1.54	4.48	14.18	20.64
	30	4.67	0.55	10.74	21.34	35.06
	40	4.64	0	14.52	25.42	43.49
	50	4.73	0	22.80	28.54	55.32
	60	4.43	0	31.76	30.78	66.83

注：总谷氨酸含量为 γ-PGA×147/129 的值与残余谷氨酸之和，147/129 为谷氨酸分子量/γ-PGA 单体分子量。

为进一步探索葡萄糖和谷氨酸这两种碳源在 γ-PGA 合成过程中的作用机制，借助 B. subtilis NX-2 的代谢通量平衡模型，使用 ^{13}C 标记葡萄糖探究了 γ-PGA 分子链中碳骨架的来源。在培养基中添加一定量 [U-^{13}C]- 葡萄糖，并与不添加标记葡萄糖的对照同时进行发酵，纯化后的 γ-PGA 分别加入同浓度的 DMSO 进行 ^{13}C-NMR 检测。核磁共振 ^{13}C 谱图如图 3-3 所示。以内标 DMSO 的峰面积为积分标准，对每个峰进行积分，得到相应的信号强度，图中列出了各样品（A、B、C 和 D）处于高场且信号较强的三个基团的碳原子信号强度。和对照样品 A 相比，标记后的样品 γ-PGA 各峰强度均有所增强，并且 γ-CH$_2$ 发生了裂分，证明葡萄糖确实参与了 γ-PGA 的合成 [13]。

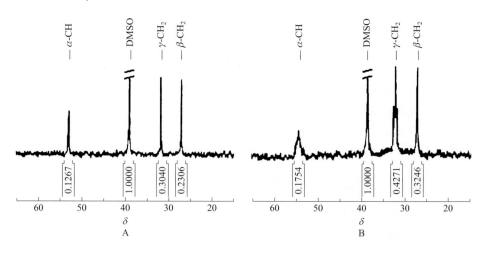

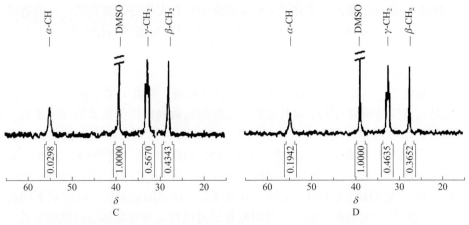

图3-3 样品的^{13}C-NMR谱图及信号强度

通过进一步计算γ-PGA碳骨架来自葡萄糖的百分比，发现样品 B、C 的培养基葡萄糖浓度相同，仅标记物浓度有差异，因此计算得到的 GEF 值（glucose enrichment factor）也比较接近，与实际情况相符合，相对偏差为 3.4%，不超过核磁定量分析的系统误差。当培养基中葡萄糖浓度为 40g/L 时，由葡萄糖进入产物γ-PGA 的比例（GEF）约为γ-PGA 总量的 9%。样品 D 的培养基葡萄糖浓度为 30g/L，其 GEF 值为约 6%（表 3-4）。由此推断，葡萄糖作为碳源大部分用于能量代谢和菌体合成，只有少部分参与γ-PGA 的合成，而谷氨酸才是γ-PGA 单体的主要来源[13]。该研究为后续γ-PGA 合成代谢通量的计算奠定了基础，同时也为其他微生物对多碳源代谢途径的研究提供了参考。

表3-4 根据不同基团计算的各样品的γ-PGA碳骨架来自葡萄糖的百分比（GEF）

样品	GEF/%			平均GEF/%
	α-CH	β-CH$_2$	γ-CH$_2$	
B	8.63	9.15	9.09	8.96
C	9.14	9.92	9.72	9.59
D	5.99	6.56	5.90	6.15

二、外源谷氨酸跨膜运输机制及调控的研究

1. 抑制剂对菌株生长及谷氨酸转运的影响

作为γ-PGA 发酵过程中最重要的底物，产物γ-PGA 中将近 90% 的单体来自外源谷氨酸底物。因此，在培养基中需要加入较高浓度的谷氨酸，才能保证

γ-PGA 的高效合成，且发酵结束后发酵液中仍有大量谷氨酸残留，这就造成了大量的浪费。目前 *B. subtilis* NX-2 合成 γ-PGA 对谷氨酸的转化率仅 70% 左右，较低的谷氨酸利用效率限制 γ-PGA 浓度进一步地提高。研究发现，外源谷氨酸转运进入细胞需要通过存在于细胞膜上的谷氨酸转运系统，而在 γ-PGA 产生菌中也是如此[15,16]，需要一种特殊的谷氨酸转运系统。因此对 *B. subtilis* NX-2 中谷氨酸转运系统的研究有助于对其底物谷氨酸的高效利用提供重要的理论基础。氨基酸转运一般可分为两种方式：依赖于 ATP 水解转运蛋白供能和依赖于跨膜电位梯度供能。而在 *Bacillus* sp. 中谷氨酸的转运属于后者，跨膜电位梯度主要包括质子驱动力（Δp）或 Na 化学梯度（ΔpNa），而 Δp 是由质子跨膜电位（Δψ）和质子化学浓度梯度（ΔpH）组成。谷氨酸跨膜转运的能量供给可以被不同的代谢抑制剂特异性地阻断，通过这种阻断作用可以判定谷氨酸运输的供能方式。实验采用了 4 种不同的代谢抑制剂，观察它们对 *B. subtilis* NX-2 中谷氨酸转运的作用，包括缬氨霉素、CCCP（羰基氰化物间氯苯腙）、钒酸钠和 DCCD（*N*,*N*-二环己基碳二亚胺）。其中缬氨霉素和 CCCP 属于离子载体，缬氨霉素能携带 K^+ 通过脂双层膜疏水区，沿电化学梯度运输，并产生 K^+ 扩散电流，能消除 Δψ，而 CCCP 能消除 H^+ 电化学梯度。钒酸钠则能特异性地抑制 P-ATP 酶的活性，P-ATP 酶催化涉及 ATP 磷酸化和去磷酸化的循环过程。DCCD 能特异性地抑制 H^+-ATP 酶的活性，ATP 水解释放出的能量能用于运输细胞内积累 H^+，以保持细胞内 pH 稳定。

如图 3-4 所示，抑制剂对菌的生长和谷氨酸的转运有着一致的作用。钒酸钠对两者都没有抑制作用。DCCD 被用来判定是否具有 H^+-ATP 酶的参与转运功能。加入 DCCD 后，菌的生长立即受到抑制，生物量表现为明显的下降，但经过 1～2h 后菌又开始继续生长；DCCD 对谷氨酸的转运也有一定的抑制作用，这说明 H^+-ATP 酶对 ΔpH 的一个维持作用。加入 CCCP 后，细胞生长和谷氨酸的转运均受到了强烈的抑制作用，而且此作用一直维持到发酵结束，说明 Δp 对谷氨

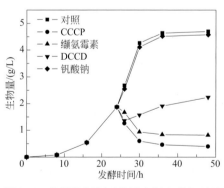
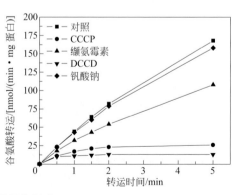

图 3-4　代谢抑制剂对菌株生长和谷氨酸跨膜转运的影响

酸的转运也有着重要的影响，而且与 DCCD 相比，CCCP 的抑制作用更强，说明 Δp 对 CCCP 的敏感性比对 DCCD 的更强。同样，缬氨霉素也能抑制菌的生长与谷氨酸的转运。加入缬氨霉素后，生物量迅速降为加入时的一半，谷氨酸的转运也降为原来的一半左右，说明 Δψ 必定也作为一种转运驱动力而存在。CCCP 及缬氨霉素的抑制作用表明该菌中谷氨酸的转运必有 Δp 和 Δψ 的参与。另外，将该菌进行渗透处理，如图 3-5 所示，发现谷氨酸的转运未受任何影响。由于 ABC 转运系统具有对钒酸钠和渗透处理敏感的特性，因此证明在该菌中谷氨酸的转运属于二级转运过程。

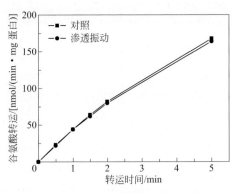

图3-5 渗透处理对谷氨酸转运的影响

2. 人工膜电势驱动的谷氨酸转运

谷氨酸在生理 pH 条件下带两个负电荷，这说明它的转运至少有两个阳离子协同，为了确定在 B. subtilis NX-2 中是什么离子参与协同作用，以及确认 Δp（包括 Δψ 和 ΔpH）的两个组成成分是否都参与运输驱动，设计了一系列不同的人工电势测试，以观察它们对转运的作用。

如表 3-5 所示，Δp 及其组分 Δψ 和 ΔpH 三者都能够驱动该菌中谷氨酸的转运，表明 Δp 的两个组分都发挥了作用。另外，ΔpNa 无法独自驱动转运，其与 Δp、Δψ 或 ΔpH 配合，也不能促进转运，说明在该菌中谷氨酸的转运不依赖于 ΔpNa。另外在转运过程中添加 NaCl（1 ～ 100mmol/L），对谷氨酸的转运也无促进作用。因此可以得出结论，本菌中谷氨酸的转运是由质子 H⁺ 协同转运的，与钠离子无关，并且 Δψ 和 ΔpH 在转运过程中，发挥了重要作用。这一结果与报道的其他 B. subtilis 中的结果一致 [15,17]。对谷氨酸转运的动力学性质进行研究时，发现 B. subtilis NX-2 中谷氨酸的转运只由一个具有动力学特性的转运系统组成，在底物浓度范围为 0 ～ 400μmol/L 时，采用双倒数法计算其米氏常数，如图 3-6 所示，得到 V_m 值为 152nmol/（min·mg 蛋白），K_m 值为 67μmol/L（$R^2 = 0.9949$）。这与其他文献报道的 B. subtilis 中谷氨酸的动力学常数相比，该菌中谷氨酸的转运具有很高的谷氨酸转运速率和很低的底物亲和力[15-17]。作为 γ-PGA 产生菌株，其生长的环境与其他菌株不同，必须在外源高浓度的谷氨酸存在下才能快速生长与合成产物，因此其转运系统的高效转运能力和低的底物亲和力也具有一定的生理优势。另外，与一级转运系统 1 ATP/ 底物的驱动能量相比，该二级转运系统的驱动能量只需 1/3 ～ 1/2 ATP/ 底物，节约了大量能量。而这些性质也是该菌的独特之处。

表3-5　人工电势驱动的谷氨酸转运

电势驱动力	谷氨酸转运/[nmol/（min·mg蛋白）]
Δp（Δψ+ΔpH）	45
Δψ	20
ΔpH	28
ΔpNa	0
ΔpNa+Δψ	22
ΔpNa+ΔpH	30
ΔpNa+Δp（Δψ+ΔpH）	47

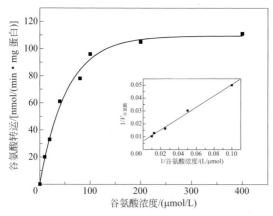

图3-6　谷氨酸转运动力学性质

3. 谷氨酸跨膜运输性质及影响因素的研究

在转运反应体系中分别加入无标记的竞争性底物和 L-[U-^{14}C] 谷氨酸，前者浓度为后者的 12.5 倍。通过测定它们对谷氨酸的抑制作用来研究 B. subtilis NX-2 中谷氨酸转运的底物特异性。如表 3-6 所示，L-[U-^{14}C] 谷氨酸的转运仅受 L- 谷氨酸及 L- 天冬氨酸特异性抑制，而对 D- 谷氨酸及其他氨基酸的抑制作用较弱，说明该菌中谷氨酸转运系统只特异性地转运 L- 谷氨酸和 L- 天冬氨酸，且具有很强的立体特异性。这也说明了在发酵培养过程中，菌株不能利用外源D-谷氨酸。

表3-6　加入竞争性底物后谷氨酸的转运能力

竞争性底物（1mmol/L）	谷氨酸转运能力/%
L-谷氨酸	86
L-谷氨酰胺	30
L-天冬氨酸	78
D-谷氨酸	18
L-赖氨酸	7
L-精氨酸	8
L-苏氨酸	0
α-酮戊二酸	8

注：不加任何竞争性底物时的转运能力按100%计。

据报道，某些金属离子能够提高转运系统的转运速度，因此本书著者团队研究了金属离子对 B. subtilis NX-2 中谷氨酸转运的影响。分别考察了 Mg^{2+}、NH_4^+、Mn^{2+} 和 Ca^{2+} 的作用（均以其 Cl^- 盐形式加入，分 5μmol/L 和 10μmol/L 两种浓度进行考察）。如图 3-7 所示，所用的这些金属离子都有促进作用，其中 Mg^{2+}、NH_4^+ 和 Ca^{2+} 的促进作用较强。推测 Mg^{2+} 的促进作用可能是作为转运系统辅因子的形式存在。目前还未有 NH_4^+ 对谷氨酸转运促进作用的报道，但是在该 γ-PGA 产生菌中，它能有效地促进谷氨酸转运。另外，尽管文献[43]报道 Mn^{2+} 也能促进 γ-PGA 的合成，但是它对谷氨酸转运的促进作用并不明显。因此推测 Mn^{2+} 可能对 γ-PGA 合成有着其他类型的促进作用。这些金属离子对谷氨酸转运的促进作用在 γ-PGA 发酵过程中具有非常现实的意义，可以被用来促进 γ-PGA 合成。而实际上，具有明显促进作用的 Mg^{2+} 和 NH_4^+ 已经是发酵培养基中的重要

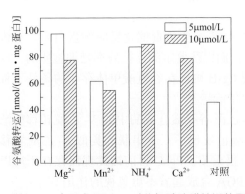
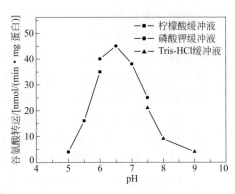

图3-7　金属离子和pH对谷氨酸跨膜转运的影响

组分，而 Ca^{2+} 的作用也将在今后实验中进一步考察。对于二级转运体系，外源 pH 对转运有着重要的影响，因此研究了 pH 对谷氨酸转运的作用，考察谷氨酸转运的最佳外源 pH。如图 3-7 所示，pH 对谷氨酸转运的影响非常明显，在 pH 为 6.5 时，谷氨酸转运达到最大，为 45nmol/（min·mg 蛋白）。这种 pH 的影响作用可能是由于 H^+ 参与转运驱动力的作用引起的。

综上所述，本书著者团队研究了该菌中谷氨酸转运系统的转运机制及其性质，该谷氨酸转运是通过由质子协同的二级转运，$\Delta\psi$ 和 ΔpH 都参与了转运驱动力，转运具有很高的转运效率和较低的底物亲和力，V_m 和 K_m 值分别为 152nmol/（min·mg 蛋白）和 67μmol/L；该转运系统只特异性地转运 L- 谷氨酸和 L- 天冬氨酸，并且具有较明显的立体特异性；金属离子 Mg^{2+}、NH_4^+ 和 Ca^{2+} 能够显著促进谷氨酸的转运；转运的最适 pH 为 6.5。

三、γ-聚谷氨酸生物聚合酶研究

除了前体谷氨酸的合成外，γ-PGA 聚合酶始终是 γ-PGA 生物合成过程中的关键酶。多年来，开展 γ-PGA 研究工作的小组对 γ-PGA 聚合酶基因一直有着浓厚的兴趣。随着研究的深入，已有不少菌株中的 γ-PGA 合成酶操纵子被克隆验证，Ashiuchi 课题组首次在 B. subtilis natto 染色体基因组上克隆验证了 γ-PGA 合成酶基因，包括 pgsB、pgsC 和 pgsA 三个基因。敲除了 pgsBCA 基因的菌株无法合成 γ-PGA，但其他性状都与野生株无异。表明 pgsBCA 是 γ-PGA 的合成所必需的，而且仅与 γ-PGA 的合成有关 [18,19]。研究者们通过体外转录翻译系统新合成的蛋白质动力学数据总结了 γ-PGA 合成酶系中各个蛋白质的功能。结果显示，PgsB 和 PgsC 结合十分紧密，而 PgsBC 和 PgsA 之间的结合作用相对松散，并且 PgsBC 和 PgsBCA 对谷氨酸的亲和力差异不大。但由于 γ-PGA 合成酶不稳定，尚无法实现该酶的分离纯化，故研究者们只能通过一些实验数据推断 γ-PGA 聚合酶体系中各个蛋白质行使的功能：

（1）PgsB 被认为是 γ-PGA 聚合酶体系主要负责催化反应的蛋白质，在该酶中发现了一个酰胺连接酶的结构特征，而以往鉴定的连接酶都是细胞质酶，这是第一个膜连接酶的例子。另外，发现 PgsB 可以在谷氨酸单体存在的条件下催化 ATP 的水解，为 γ-PGA 肽链的延伸提供能量 [20,21]。

（2）在 PgsC 中发现了类似于 N- 乙酰谷氨酸合成酶中的 N- 乙酰转移酶活性域。有趣的是，在 ε-PL 合成酶的 C 端也发现了三个串联的类似 N- 乙酰转移酶活性域，并且该活性域对酶催化反应很重要。PgsC 目前被发现仅存在于可以合成 γ-PGA 的菌株中，说明 PgsC 对 γ-PGA 合成起着不可忽视的作用 [22]。

（3）PgsA 中存在着膜锚定区域，负责将 PgsBCA 复合体定位在细胞膜上。

该蛋白中的同源序列存在于多种生物的基因中，属于细胞溶质蛋白的丝氨酸/苏氨酸磷酸酶，具有二价阳离子的结合位点，包括 Zn^{2+}、Mn^{2+}、Fe^{2+}、Ca^{2+}。PgsA 有可能担负着将 γ-PGA 运输到胞外的职责[23]。

（4）PgsE 存在于 PgsBCA 的基因下游，但是其作用功能尚不清楚。研究者们推测该蛋白质与 *B. anthracis* 中的 CapE 蛋白功能相类似，Ashiuchi 等的最新研究表明该蛋白在某些含有质粒的 γ-PGA 产生菌中具有重要的功能[24]。

（5）在 γ-PGA 合成模型中，这些膜结合蛋白质催化 γ-PGA 合成的反应尚未完全阐明，但是 PgsB、PgsC、PgsA 对于各自 γ-PGA 的合成都是必需的。Candela 等得出这样一个结论，γ-PGA 合成酶必须具有以下两种功能：γ-PGA 的聚合和 γ-PGA 的转运。根据推测的各个蛋白质的功能，还建立了基于 PgsB、PgsC、PgsA 聚合酶系的 γ-PGA 合成模型[25]（如图 3-8）。

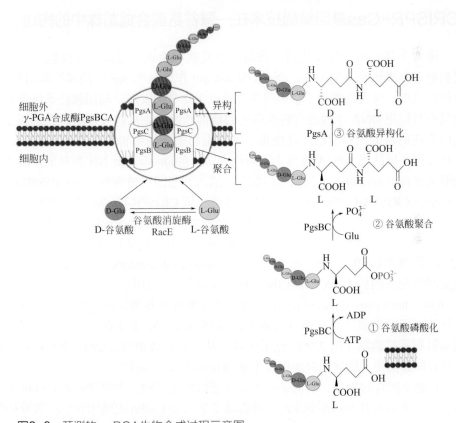

图3-8　预测的 γ-PGA生物合成过程示意图
谷氨酸底物在 γ-聚谷氨酸合成酶PgsBCA作用下经过磷酸化、聚合和异构化，合成具有不同DL比例的 γ-聚谷氨酸

第三节
基因工程改造策略强化 γ-聚谷氨酸的合成

虽然 γ-PGA 有着广泛用途，但昂贵的工业生产成本仍然是限制应用领域的主要因素。通过对合成菌株进行基因工程改造是提高 γ-PGA 发酵产量的有效手段。由于 γ-PGA 合成菌株的分子操作难度较大，且缺乏高效的基因编辑工具，极大地阻碍了对 γ-PGA 合成菌株系统性基因改造的研究。分子生物学和基因编辑技术的快速发展，为进一步从分子工程层面理性提升 γ-PGA 产量奠定了重要的研究基础。

一、CRISPR-Cas基因编辑技术在γ-聚谷氨酸合成菌株中的构建

随着全基因组测序及代谢工程的快速发展，模式底盘微生物细胞的开发已受到越来越多研究者的关注。而 CRISPR-Cas9 作为一项革命性的基因编辑技术，自推出以来，极大地推动了基因组学和合成生物学的发展。利用该技术可在基因组层面对特定 DNA 序列进行精准迅速的修饰和改造，从而实现基因表达调控与代谢改造的目的，目前已广泛应用于多种生物的基因编辑[26]。在此基础上，徐虹教授所在团队以 γ-PGA 典型生产菌株 *B. amyloliquefaciens* NB 为对象，建立了能够实现有效遗传操作（包括基因敲除、插入和基因组精简等）的 CRISPR-Cas9 Nickase（CRISPR-Cas9n）基因编辑工具箱。该 CRISPR-Cas9n 的基因编辑系统主要包括 Cas9n 蛋白和 sgRNA 两个组成部分[27]。通过表达 sgRNA，其靶序列能够与基因对应的互补序列进行配对，而 sgRNA 中的其他序列则形成茎环结构，该结构能够被 Cas9n 识别，在 PAM（protospacer-adjacent motif）序列上游 2 ～ 3 碱基间将靶基因的 DNA 单链切断。在同源修复序列作用下，断链的 DNA 能通过 HDR（homology-directed repair）途径进行准确的基因重组。与传统的基于反向筛选标记的无痕基因修饰方法相比，CRISPR-Cas9n 系统在 4 天内即可完成基因编辑和质粒消除（图 3-9）。除了更高的基因编辑效率外，CRISPR-Cas9n 系统还具有操作简便、能够同时编辑多个基因和持续基因编辑的优势。

在整个操作过程中，瞬时表达 Cas9n 蛋白极为关键。为灵活调控 Cas9n 蛋白的表达，选用由 IPTG 诱导的 P_{grac} 强启动子来启动 Cas9n 的基因在解淀粉芽孢杆菌 NB 中的表达［图 3-10］。而用于 Cas9n 蛋白表达的质粒骨架选择了基于内源质粒 p2Sip 的复制蛋白 RepB 改造而来的衍生质粒 pNX，该质粒含有大肠杆菌复制蛋白和氨苄青霉素抗性基因，用于在大肠杆菌中的克隆和重组构建，而在解淀

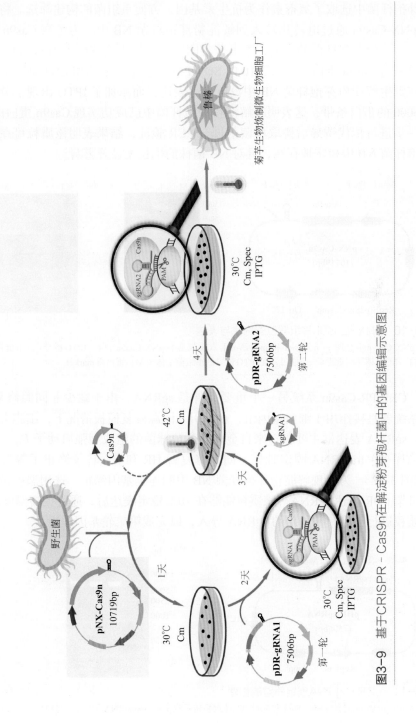

图3-9 基于CRISPR-Cas9n在解淀粉芽孢杆菌中的基因编辑示意图

粉芽孢杆菌中选取了氯霉素作为抗生素基因，方便重组菌的构建筛选。将重组质粒 pNX-Cas9n 通过电转化转入到解淀粉芽孢杆菌 NB 中。为考察 Cas9n 蛋白表达对解淀粉芽孢杆菌的影响，本书著者团队通过加入终浓度为 1mmol/L 的 IPTG 诱导表达 Cas9n 蛋白，如图 3-10 中 SDS-PAGE 所示，未添加 IPTG 时，Cas9n 蛋白在野生解淀粉芽孢杆菌 NB 中没有进行表达，而添加了 IPTG 出现了分子量约156000 的蛋白条带，这表明在解淀粉芽孢杆菌中已成功实现 Cas9n 蛋白的表达。进一步进行传代诱导后挑取单菌落进行 PCR 验证，结果表明该质粒可在解淀粉芽孢杆菌 NB 中稳定地存在，且对 NB 菌株的生长无显著影响。

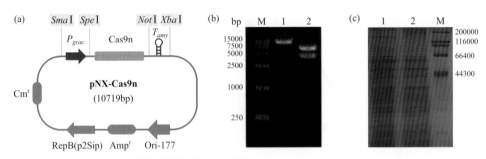

图3-10　pNX-Cas9n重组质粒的构建与表达
（a）pNX-Cas9n示意图；（b）*Spe* I 和 *Spe* I/*Not* I 双酶切质粒pNX-Cas9n；（c）IPTG 诱导 Cas9n 蛋白的表达。泳道1，IPTG 诱导的重组菌；泳道2，无 IPTG 诱导的重组菌；泳道M，蛋白质 marker

CRISPR-Cas9n 系统另一个重要元件是 sgRNA。由于缺少非同源修复机制，该系统若直接作用于细菌基因组，在不引入同源修复模板情况下，细胞会立即死亡。sgRNA 表达框主要包括来自金黄色葡萄球菌的组成型强启动子 $P_{Hpa\,II}$、20bp 靶向序列、tracrRNA 固定骨架、同源修复臂 HR 和 T_{amy} 转录终止子等五个部分（如图 3-11）。为实现解淀粉芽孢杆菌 NB 中的连续基因编辑，选用温度敏感型质粒骨架 pDR 表达 sgRNA。该质粒能够在 30℃ 稳定表达后，通过提高温度（40℃）将质粒进行消除，便于新的 sgRNA 导入，以完成第二轮基因编辑。

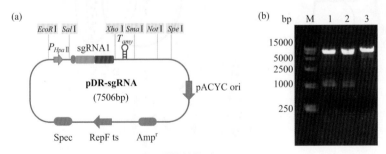

图3-11　pDR-sgRNA重组质粒的构建
（a）pDR-sgRNA示意图；（b）*Sal* I 和 *Sal* I/*Xho* I 双酶切质粒pDR-uppsgRNA

upp 基因编码尿嘧啶磷酸转移酶（UPRTase），能够催化嘧啶类似物 5-氟尿嘧啶（5-FU）最终代谢成 5-F-dUMP，该产物能抑制胸苷酸合成酶活性，从而引起细胞凋亡。解淀粉芽孢杆菌基因组由于存在 *upp* 基因，使菌株 NB 在 5-FU 平板无法生长。因此选用 *upp* 作为筛选标记基因来测试 CRISPR-Cas9n 在解淀粉芽孢杆菌中的功能。若 *upp* 基因被 Cas9n 蛋白切割受损，突变后的菌株则在 5-FU 平板正常生长。CRISPR-Cas9n 双质粒在解淀粉芽孢杆菌中基因编辑流程如下：首先将携带 pNX-Cas9n 质粒的解淀粉芽孢杆菌 NB（pNX-Cas9n）按照解淀粉芽孢杆菌感受态制备方法制备感受态。其次将 pDR-uppsgRNA 通过电转化法转化至感受态细胞 NB（pNX-Cas9n），取复苏培养液 200μL 分别涂布于 LB+Cm+Spec 和 LB+Cm+Spec+IPTG 平板，置于 32℃培养 24h。观察菌落生长情况。最后将两种平板生长的单菌落转接至 LB+Cm+Spec+5-FU 平板。结果表明，经过 IPTG 诱导后的单菌落能够在含有 5-FU 底物的平板生长。进一步研究，从 5-FU 平板上长出来的单菌落随机挑取 7 个，利用横跨基因同源臂的鉴定引物进行 PCR 验证，结果显示（图 3-12），7 个转化子 *upp* 基因全部发生了突变，敲除效率达到了 100%[27]。表明在 Cas9n 蛋白作用下，可在人工设计的同源修复模板作用下进行同源修复。因此，构建的 CRISPR-Cas9n 系统可在解淀粉芽孢杆菌中进行稳定的遗传操作。

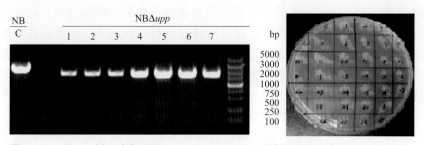

图3-12 以*upp*基因为靶点的CRISPR-Cas9n系统的编辑效率测试

二、γ-聚谷氨酸高效工程菌株的改造和代谢调控

1. 强化底物利用途径提高 γ-聚谷氨酸的合成

B. amyloliquefaciens NB 是由本书著者所在团队首次从菊芋根际土壤中分离筛选得到的一株能够直接转化菊粉粗提液发酵合成 γ-PGA 的生产菌株，该菌株能够偏好性地利用菊粉粗提液作为碳源且无需添加谷氨酸，是 γ-PGA 合成与设计的理想工业化底盘微生物[10]。在前期发现，该菌株对底物菊粉的利用关键酶 CscA 表达量低，这成为限制野生菌 γ-PGA 发酵产量的关键因素[28]。为提高菌株对菊粉的利用效率，本书著者所在团队利用自主开发的 CIRSPR-Cas9n 基因无痕

编辑系统对解淀粉芽孢杆菌的底物菊粉水解模块进行了改造。首先通过对 NB 基因组菊粉水解酶 *cscA* 基因进行设计以提高菊粉水解酶的拷贝数。对 *cscA* 上游序列进一步分析发现，*cscA* 并不存在单独的启动子启动区域，表明该基因可能受到上游基因或其他基因转录激活和调控，同时这也可能是野生菌解淀粉芽孢杆菌 *cscA* 表达量低的原因之一。为在基因水平对 *cscA* 基因的表达进行强化，在 *cscA* 基因前插入组成型启动子以强行启动 *cscA* 基因的转录。为了验证 *cscA* 基因过表达能否增强菊粉利用和 γ-PGA 的合成，将改造菌株 NBC（NB::$P_{HpaⅡ}$-*cscA*）与初始菌株 NB 的摇瓶发酵过程进行了分析。如图 3-13（c）所示，NBC 胞外菊粉酶的活性相比于初始菌有了明显提高，发酵 72h 酶活达到最大，活性为（3.54±0.56）U/mL，且在发酵后期并没有出现随着发酵时间的延长酶活降低的现象。但与游离质粒表达结果相比，NBC 菌株的胞外菊粉酶活性只有不到菌株的 8%。导致这一结果的原因很大程度是由于基因组整合 *cscA* 基因的拷贝数低，其蛋白表达量远不如游离质粒形态。而 NBC 菌株在摇瓶条件下 γ-PGA 产量较 NB[(14.28±0.27)g/L] 提高了 5%，达到了 (14.97±0.40)g/L［图 3-13（d）]。

大部分的微生物中都既含有菊粉外切酶的基因，同时含有内切酶等多种类型的菊粉酶来帮助微生物对菊粉的利用。分泌性的菊粉内切酶能将长链菊糖消化为短链低聚果糖，通过菊粉外切酶可将其彻底水解为果糖和葡萄糖。而在解淀粉芽孢杆菌 NB 中发现只有 CscA 菊粉外切型酶负责整个菊粉的降解过程，而基因组过表达 *cscA* 基因后并没有大幅度地提升菌株对菊粉的利用率。因此，在解淀粉芽孢杆菌 NBC 基础上，异源表达经适配性优化后的地衣芽孢杆菌 14580 来源的菊粉外切酶 SacC 元件和霉味假单胞菌来源的菊粉内切酶 OsC 元件，来强化解淀粉芽孢杆菌对菊粉底物的转化率。*pgdS* 基因编码 γ-PGA 内切降解酶，在解淀粉芽孢杆菌中已被证实能对产物 γ-PGA 进行水解，从而导致产量的减少，而作为中温淀粉酶的主要生产宿主，胞外高活力的淀粉酶会影响异源菊粉酶的表达效果，因此分别选取 *pgdS* 基因和 *amyE* 基因作为菊粉外切酶 SacC 元件和菊粉内切酶 OsC 元件的基因组整合靶点［如图 3-13（a）]。对不同重组菌的发酵性能进行考察，实验结果显示，与对照相比，整合了不同菊粉酶元件的重组菌株菊粉酶活力都有较大的提升。图 3-13（d）表明，整合菊粉外切酶 SacC 元件的菌株 NBCS 胞外菊粉酶酶活为（14.4±0.62）U/mL，而 NBCO 菌株整合了菊粉内切酶 OsC 元件，胞外菊粉酶酶活达到（16.3±0.63）U/mL，比对照菌株 NBC 分别提高 3.1 倍和 3.6 倍。菌株 NBCSO 共表达 SacC 和 OsC 元件的菌株进一步增强了细胞外菊粉酶活性，达到（22.6±0.55）U/mL。该结果证实了菊粉酶在解淀粉芽孢杆菌中的高效分泌表达。胞外菊粉酶的比例在 NBCS 和 NBCO 中分别为 45% 和 48%，而在 NBCSO 中菊粉酶的胞外比例达到 53%［图 3-13（d）]。结果表明，整合了菊粉内外切酶的菌株 NBCSO 更有利于菊粉酶的分泌。而不同重组菌株的 γ-PGA 产量

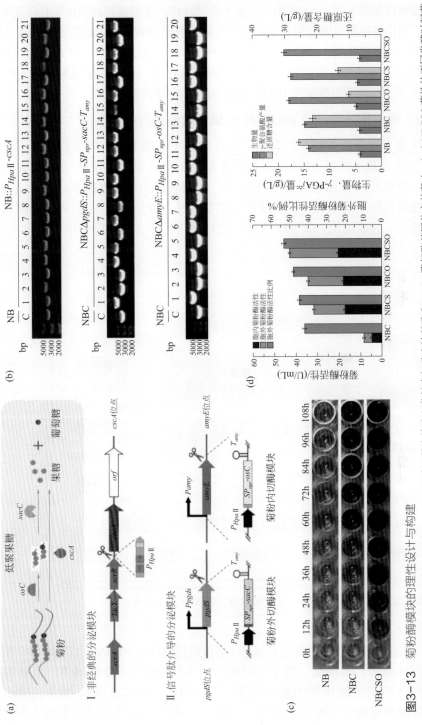

图3-13 菊粉酶模块的理性设计与构建

（a）菊粉水解元件的基因组靶点选择；（b）PCR验证果聚糖酶和菊粉内切酶在淀粉酶和γ-PGA降解酶基因位点的敲入；（c）NBCSO菌株的不同发酵时间菊粉酶活性分析；（d）重组菌株的菊粉酶分泌效率研究及对菊粉消耗菌体生长和γ-PGA产量的影响

和菊粉消耗如图3-13（d）所示。在整个发酵过程，重组菌株的菌体生长量基本保持不变。菊粉消耗量也随着菌株菊粉酶活性的提升而不断增加，最终发酵结束，70g/L菊粉粗提液全部耗完，γ-PGA产量达到（18.92±0.41）g/L，生产强度为0.28g/（L·h）。综上结果表明，菊粉酶活性确实是解淀粉芽孢杆菌一步法发酵菊粉制备γ-PGA的限速因子，提高菊粉酶浓度有助于加快γ-PGA发酵速率[27]。

2. 模块化通路改造策略提高γ-聚谷氨酸的合成

代谢工程改造策略是提高微生物合成γ-PGA能力的有效手段，为了进一步增强菌株合成γ-PGA的能力，本书著者所在团队通过模块化通路改造策略对γ-PGA合成相关代谢途径进行了改造，以期获得高产γ-PGA的合成底盘菌株。具体改造模块主要分为以下三部分内容（如图3-14所示）：①前体（α-酮戊二酸及谷氨酸）合成模块；②γ-PGA合成调控模块；③γ-PGA降解模块。

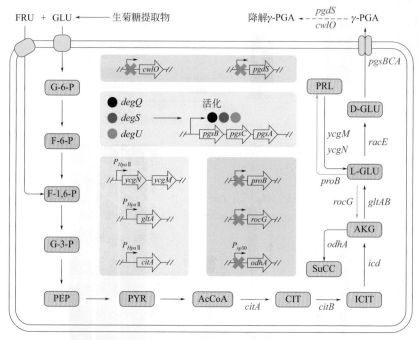

图3-14 解淀粉芽孢杆菌NBCSO的模块化工程改造方法示意图

（1）前体（α-酮戊二酸及谷氨酸）合成模块改造对γ-PGA合成的影响　在解淀粉芽孢杆菌中，α-酮戊二酸是三羧酸（TCA）循环的重要中间体，也是谷氨酸和γ-PGA合成上游途径的重要代谢产物。因此，提高胞内α-酮戊二酸浓度可能会促进谷氨酸和γ-PGA的合成。为此，本书著者团队分别过表达了由乙酰辅酶 A 到 α- 酮戊二酸合成途径中的关键酶基因，包括柠檬酸合成酶基因（*citA*）、乌头酸酶基因（*citB*）及异柠檬酸脱氢酶基因（*icd*），构建成重组菌株 NBCSO（*citA*）、NBCSO（*citB*）和 NBCSO（*icd*）。此外，为了进一步促进 α- 酮戊二酸的合成，有必要削弱 α- 酮戊二酸向其他代谢产物的转化。在 TCA 循环中，α- 酮戊二酸脱氢酶负责 α- 酮戊二酸向琥珀酰辅酶 A 的转化，因此推测抑制 *odhA* 基因的表达有利于 α- 酮戊二酸的积累。研究表明，敲除下游基因是积累目标代谢产物的有效途径，然而这对于某些特定的基因却不适用，因为它们对于维持细胞生长及代谢平衡具有重要意义，这类基因的缺失很可能会导致细胞死亡。相比之下，通过下调某些基因的表达水平，特别是与细胞生长相关的基因，有利于实现目标代谢产物的积累。启动子替换是一种在转录水平下调靶基因表达水平的常用策略。因此，考虑到 TCA 循环对菌株生长和其他合成代谢途径的重要性，选用弱启动子 P_{sp30} 替换 *odhA* 原有启动子，获得重组菌株 NBCSO（*odhA*）。如图 3-15，在解淀粉芽孢杆菌 NBCSO 中过表达基因 *citA*、*citB* 和 *icd*，分别使 γ-PGA 的产量由（18.92±0.41）g/L 提升至（19.63±0.31）g/L、（19.23±0.35）g/L 和（19.22±0.35）g/L。三株重组菌株的生长量较出发菌株没有发生明显的变化。由于 *citA* 是由糖酵解途径进入 TCA 循环的第一个催化关键基因，增强 *citA* 的表达有利于将代谢流引入 TCA 循环，从而加速 α- 酮戊二酸的积累，使得 γ-PGA 产量提升。另外，通过下调基因 *odhA* 的表达，γ-PGA 的产量增加到（19.56±0.36）g/L，但是菌株的生长略受影响，这可能是由于 *odhA* 的抑制导致 TCA 循环代谢流紊乱，不利于菌体的生长。为了进一步提高 γ-PGA 产量，尝试在重组菌株 NBCSO（*odhA*）

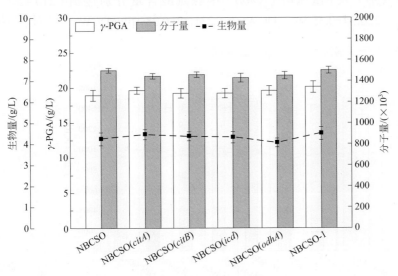

图3-15 增强α-酮戊二酸积累对γ-PGA合成的影响

中增强 *citA* 基因的表达，因此通过在基因组上调控 *citA* 的表达量没有促使 γ-PGA 产量有显著的提升，同时 *citA* 的过表达恰好弥补 / 纠正了由于抑制 *odhA* 表达造成的代谢流失衡，使得菌体的生长量得到提升。

为提高胞内谷氨酸浓度来促进解淀粉芽孢杆菌合成 γ-PGA，本书著者所在团队采用了两种不同的策略：一是提高 α- 酮戊二酸及脯氨酸到谷氨酸的转化率；二是分别阻断谷氨酸到 α- 酮戊二酸和脯氨酸的消耗途径。首先，为了增强谷氨酸的合成途径，分别过表达了由 α- 酮戊二酸及脯氨酸到谷氨酸合成途径中的关键酶基因，包括谷氨酸合成酶基因（*gltAB*）、脯氨酸脱氢酶基因（*ycgM*）及 Δ^1- 吡咯啉 -5- 羧酸脱氢酶基因（*ycgN*），构建成重组菌株 NBCSO-1（*gltA*）、NBCSO-1（*gltB*）、NBCSO-1（*ycgM*）和 NBCSO-1（*ycgN*）。发酵结果如图 3-16 所示，研究表明，过表达 *gltA*、*ycgN* 及 *ycgM* 等基因分别促进 γ-PGA 产量达到（20.88±0.44）g/L、（21.02±0.32）g/L 及（21.19±0.35）g/L。基因 *gltB* 的强化表达对 γ-PGA 合成没有明显促进作用。针对第二种策略，分别通过基因组无痕敲除谷氨酸脱氢酶基因（*rocG*）和谷氨酸激酶基因（*proB*）来阻断谷氨酸向 α- 酮戊二酸和脯氨酸的转化。结果如图 3-16 所示，基因 *rocG* 及 *proB* 的敲除均有利于 γ-PGA 的合成，并且敲除 *proB* 菌株的 γ-PGA 产量［（21.12±0.33）g/L］高于 *rocG* 缺失菌株［（20.74±0.41）g/L］，这可能是由于胞内谷氨酸转化为脯氨酸的代谢通量高于向 α- 酮戊二酸的转化代谢通量，因此阻断谷氨酸向脯氨酸转化的途径更有利于谷氨酸的积累，从而促进 γ-PGA 的合成。为了考察上述改造是否有利于胞内谷氨酸的积累，进一步对重组菌的胞内谷氨酸水平进行了分析。如图 3-16 所示，重组菌 NBCSO-1(*ycgM*)、NBCSO-1（*ycgN*）及 NBCSO-1（Δ*proB*）中谷氨酸含量分别达到（210.42±0.51）μg/gDCW、（220.34±0.35）μg/gDCW 及（231.32±0.28）μg/gDCW。与对照菌株

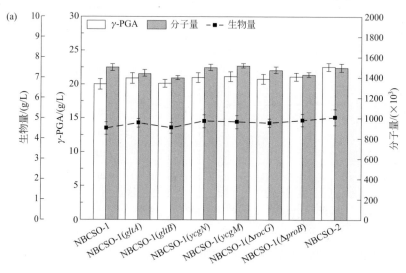

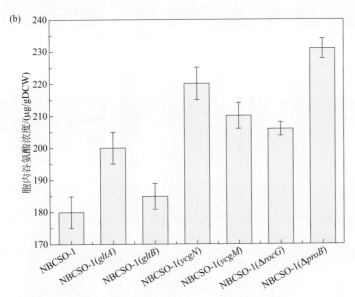

图3-16 增强胞内谷氨酸合成对γ-PGA合成的影响（a）；过表达关键基因对胞内谷氨酸合成浓度的影响（b）

NBCSO-1 相比，基因 *gltA* 的过表达以及 *rocG* 的敲除同样增加了胞内谷氨酸含量。此外，这些改造并没有对合成 γ-PGA 的分子量产生明显的影响，分子量维持在 1400000～1500000 之间。该结果表明，胞内谷氨酸含量的增多似乎对 γ-PGA 分子量没有显著影响。鉴于上述积极的结果，为了进一步提高 γ-PGA 的产量，决定将两种有效策略结合起来，在基因 *gltA*、*ycgN* 及 *ycgM* 前无痕插入组成型强启动子 $P_{Hpa\,II}$，同时敲除 *proB* 和 *rocG*，构建成重组菌株 NBCSO-2。与 NBCSO 相比，菌株 NBCSO-2 的 γ-PGA 产量提高了 20.0%［（22.62±0.41）g/L］。这些结果证实了提高谷氨酸前体含量对于 γ-PGA 产量的提升至关重要。

（2）γ-PGA 合成调控模块改造对 γ-PGA 合成的影响　在增强谷氨酸前体供应的基础上，通过优化 γ-PGA 合成模块将代谢流引入导致 γ-PGA 的生物合成。先前的研究表明，γ-PGA 的合成受到信号转导因子和 γ-PGA 聚合酶基因簇（*pgsBCA*）的调控。信号转导因子包括双组分调节因子 *comPA* 及反应调节因子 *degQ*、*degU* 和 *degS*。为了确定这些调控因子和 *pgsBCA* 操纵子对 γ-PGA 合成的影响，分别游离过表达了 *degQ*、*degU* 和 *degS*，并且在 *pgsBCA* 基因簇上游插入组成型强启动子 $P_{Hpa\,II}$，构建成重组菌株 NBCSO-2（*degQ*）、NBCSO-2（*degU*）、NBCSO-2（*degS*）和 NBCSO-2（*pgsBCA*）。结果如图 3-17 所示，*degQ*、*degU*、*degS* 的强化表达促进了细胞生长和 γ-PGA 的合成。其中，调控因子 *degQ* 过表达产生的 γ-PGA 产量最高，达到（23.63±0.45）g/L，高于 NBCSO 菌株。Do 等人揭示了

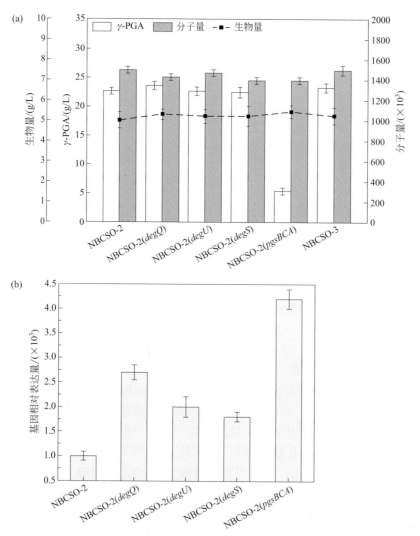

图3-17 （a）增强γ-PGA合成调控相关基因表达对γ-PGA合成的影响；（b）不同重组菌中*pgsB*基因的转录水平

在γ-PGA合成过程中 *degQ* 可稳定 *degS* 的磷酸化状态，实现对 *pgsBCA* 操纵子启动子区的调控，从而影响芽孢杆菌中 γ-PGA 的合成[29]。因此，合理上调 *degQ* 表达量有利于提高 γ-PGA 的产量。然而，与推测相反的是通过强启动子过表达 *pgsBCA* 后，γ-PGA 的产量出现明显下滑，降至（5.44±0.32）g/L，而 DCW 则提升到（5.45±0.3）g/L，明显高于 NBCSO-2 菌株。Feng 等人[30]认为，*pgsBCA* 的过表达可能会破坏芽孢杆菌中的细胞内代谢平衡或其他细胞膜相关的代谢活动的平衡，从而造成 γ-PGA 产量的下降。因此，直接调控 *pgsBCA* 的表达水平不利于解淀粉芽孢杆菌合成 γ-PGA。为了检测各重组菌株中 $pgsBCA$ 基因簇表达水平，进一步对基因簇中第一个基因 $pgsB$ 的转录水平进行了检测（图3-17）。结果发现，$degQ$、$degU$ 及 $degS$ 的过表达均能提升 $pgsB$ 转录，且利用强启动子表达 $pgsBCA$ 促使 $pgsB$ 的转录水平较 NBCSO-2 菌株提高了 3.2 倍。鉴于调控因子 $degQ$ 对 γ-PGA 合成的积极作用，在基因 $degQ$ 前无痕插入组成型强启动子 $P_{Hpa\,II}$，构建成重组菌株 NBCSO-3。最终，γ-PGA 产量为（23.25±0.43）g/L，细胞生长量为（5.28±0.31）g/L。这些结果表明，$degQ$ 适度调控 γ-PGA 合成操纵子可提高 γ-PGA 产量。

（3）γ-PGA 降解模块改造对 γ-PGA 合成的影响　据文献报道，在 γ-PGA 合成发酵后期，培养液中营养极度匮乏，γ-PGA 产生菌能够分泌 γ-PGA 降解酶去水解 γ-PGA，为自身生长提供碳源与氮源。因此，推测敲除与 γ-PGA 降解相关的基因可以减少 γ-PGA 的损耗，从而提高其产量。在解淀粉芽孢杆菌中有众多与 γ-PGA 降解相关的酶，其主要包括：γ-PGA 降解酶 PgdS；γ-谷氨酰胺转肽酶 GGT；DL-肽链内切酶 CwlO。在研究中，本书著者团队分别对三个基因 $pgdS$、GGT 和 $cwlO$ 进行单基因敲除和多基因敲除（图3-18），以研究 γ-PGA 降解酶基因的敲除对解淀粉芽孢杆菌合成 γ-PGA 的影响。分别对 γ-PGA 降解酶相关基因 $pgdS$、$cwlO$ 及 GGT 进行敲除，发现同时敲除 $pgdS$ 和 $cwlO$，可显著提高 γ-PGA 产量，相应 γ-PGA 的分子量也随之增加，并且几乎检测不到残存的胞外 γ-PGA 降解酶酶活，因此不会对 γ-PGA 分子量调控过程产生干扰，故将此重组菌株命名为 B. amyloliquefaciens NS，γ-PGA 获得了最高产量（24.95±0.36）g/L，分子量维持在 1500000 ～ 1600000[31]。

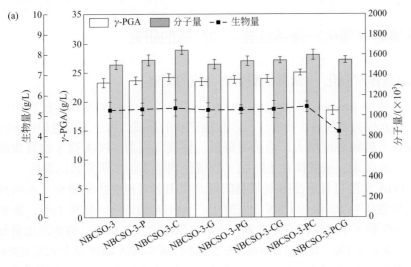

图3-18

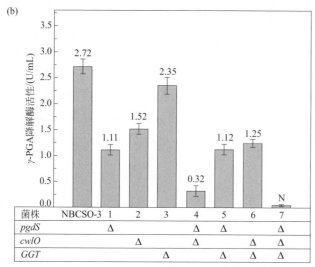

図3-18 （a）敲除降解酶基因对γ-PGA合成的影响；（b）不同重组菌株γ-PGA降解酶活性比较

第四节
γ-聚谷氨酸的发酵工艺及反应器开发

一、氧供应策略对强化γ-聚谷氨酸生物合成的研究

1. 氧载体对强化γ-聚谷氨酸生物合成的研究

溶解氧浓度（dissolved oxygen, DO）是整个高分子γ-PGA发酵过程中的重要参数，它直接关系到微生物的生长和代谢产物的形成。由于发酵过程中γ-PGA的积累导致发酵液黏度增大，溶解氧降低，使氧气成为γ-PGA微生物合成的限制性因素。近年来，氧载体在生物化工领域受到越来越多研究者的青睐[32]。为了解决γ-PGA发酵过程中溶解氧限制问题，本书著者所在团队研究了不同种类和浓度的氧载体对 B. subtilis NX-2 发酵生产γ-PGA的影响。结果表明，添加正己烷、正庚烷和正十六烷都能促进 B. subtilis NX-2 合成γ-PGA，最适添加量分别为0.2%、0.3%及1%。其中，B. subtilis NX-2 合成γ-PGA的产量在添加0.3%正庚烷时达到最高值（39.4±0.19）g/L。虽然可添加正庚烷和正己烷以促进产物合

成，但不利于菌体生长；而正十六烷引入既可以促进产物合成，也能改善菌体生长。而正十二烷的添加并未出现文献报道中促进产物合成的效果，且对 γ-PGA 合成产生了明显的抑制作用，但菌体生长并不受影响，甚至较对照生长更好。因此，基于提高产物 γ-PGA 合成的目的，选择在发酵过程中添加正庚烷、正己烷和正十六烷做进一步研究。考虑到添加剂正己烷和正庚烷在高浓度时对菌体存在一定的抑制作用，有必要研究添加时间对 γ-PGA 合成的影响。选择在发酵的不同时期（0h、12h、24h、36h）分别添加 0.2% 正己烷、0.3% 正庚烷和 1% 正十六烷，考察对 *B. subtilis* NX-2 发酵生产 γ-PGA 的影响。结果如表 3-7 所示，上述几种氧载体在发酵 24h 加入时，对菌体生长和产物合成都有明显的抑制作用，可能是因为此时菌体处于对数生长期，外源有机溶剂的添加会对该阶段的细胞生长产生一定的抑制作用，进而影响到稳定期 γ-PGA 的合成。其余时间点加入氧载体对 γ-PGA 的合成影响不大，其中 0h 加入氧载体的效果最好。在后续研究中均在发酵初始加入各种氧载体添加剂。γ-PGA 的发酵过程可以分为两个阶段：第一阶段是细胞增殖与酶系发育阶段，应控制适合菌体生长的条件；第二阶段是产物合成阶段，应使底物尽可能多地转化为产物，可以在产物合成后期补加葡萄糖，延长细胞稳定期，以提高 L-谷氨酸的转化和 γ-PGA 的积累。由于氧载体的加入，使得葡萄糖和 L-谷氨酸的消耗速率增加，48h 葡萄糖消耗至 10g/L 左右。此时开始恒流速补加葡萄糖，并维持其浓度在 10g/L 左右，直到发酵结束。在该条件下，得到 γ-PGA 产量（54.8±0.35）g/L，生产强度（0.57±0.003）g/（L·h），γ-PGA 产量/总耗谷氨酸为（1.09±0.008）g/g，γ-PGA 产量/总耗葡萄糖为（0.69±0.004）g/g（图 3-19）。

表3-7　氧载体不同添加时间对 γ-PGA 发酵的影响

氧载体	添加时间	OD_{660}	γ-PGA/（g/L）
0.3% 正庚烷	0h	0.589±0.002	39.4±0.19
	12h	0.522±0.003	38.5±0.20
	24h	0.491±0.002	32.3±0.16
	36h	0.579±0.001	38.9±0.21
0.2% 正己烷	0h	0.496±0.002	37.7±0.17
	12h	0.478±0.001	36.5±0.19
	24h	0.423±0.001	33.6±0.20
	36h	0.447±0.001	38.0±0.15
1% 正十六烷	0h	1.729±0.003	37.6±0.18
	12h	1.553±0.003	36.8±0.17
	24h	1.256±0.002	30.7±0.14
	36h	1.628±0.002	36.7±0.22

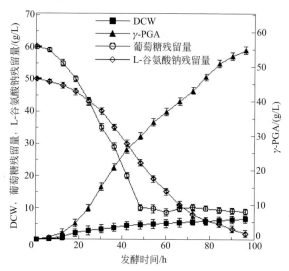

图3-19 氧载体协同作用下 *B. subtilis* NX-2补料分批发酵生产 γ-PGA

2. 透明颤菌血红蛋白基因表达对强化 γ- 聚谷氨酸生物合成的研究

透明颤菌血红蛋白（VHb）是透明颤菌中的氧调节蛋白，能够在极低的溶解氧环境条件下大量合成，使得菌体在恶劣的极端贫氧环境中也能较好地生存。科学家们利用 VHb 的这一生理特性，首次在大肠杆菌中进行血红蛋白基因（*vgb*）克隆表达，发现 VHb 的引入可以在细胞水平上改善氧气的供应，增强氧化磷酸化水平和 ATP 再生能力，促进细胞的生长和代谢[33]。随着 VHb 在大肠杆菌中成功表达，该蛋白已被广泛应用于耗氧量大、溶解氧易成为限制因素的工业微生物生产领域。因此，为了提高 γ-PGA 产生菌在低溶解氧环境下对氧的利用能力，构建 VHb 表达的基因工程菌是一种有效的策略。将构建成功的 VHb 重组表达载体 pMA5-P_{43}-*vgb* 通过 Spizizen 转化方法转化至菌株 *B. subtilis* NX-2，获得含有 VHb 蛋白的重组菌株 *B. subtilis* NX-2-*vgb*⁺。通过 SDS-PAGE 检测重组菌株 *B. subtilis* NX-2-*vgb*⁺ 中 VHb 的表达。如图 3-20（a）所示，与原始菌株 *B. subtilis* NX-2 相比，重组菌株 *B. subtilis* NX-2-*vgb*⁺ 成功表达了约 16000 的蛋白条带，即血红蛋白 VHb。血红蛋白在不同的环境条件下可呈现 3 种不同的状态，即氧化态、还原态、氧合态，并可以相互转化，其中还原态是生理活性状态，而氧合态则是富氧条件下的表现形式。若向溶液中鼓入 CO 气体，则可形成血红蛋白 -CO 复合物，在约 420nm 处呈现特征吸收峰。通过 CO 差示色谱法检测发现，重组菌株 *B. subtilis* NX-2-*vgb*⁺ 在 419nm 处有明显的特殊吸收峰［图 3-20（b）］，而原始菌株 *B. subtilis* NX-2 则无相应的吸收峰，表明重组菌株成功表达具有生理活性的血红蛋白。

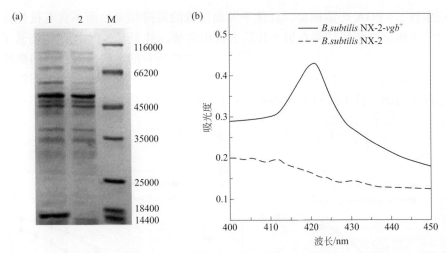

图3-20 （a）VHb在重组菌*B. subtilis* NX-2-*vgb*⁺的表达图（M—蛋白标准品；1—*B. subtilis* NX-2-*vgb*⁺总蛋白；2—*B. subtilis* NX-2总蛋白）；（b）重组菌*B. subtilis* NX-2-*vgb*⁺的 CO差示色谱分析

在 7.5L 罐中考察了 *B. subtilis* NX-2 与 *B. subtilis* NX-2-*vgb*⁺ 分批发酵合成 γ-PGA 的过程。如图 3-21（a）所示，VHb 的表达极大地促进了菌体生长，并加速进入对数期，最终 DCW 达到（6.89±0.20）g/L，相比原始菌株增加了 41.2%。VHb 的表达加快了底物葡萄糖和 L-谷氨酸的消耗［图 3-21（c）和（d）］，但底物的消耗主要用于菌体生长，对 γ-PGA 的合成并无显著改善。*B. subtilis* NX-2-*vgb*⁺ 发酵合成 γ-PGA 产量的最高值为（34.4±0.38）g/L，较原始菌株提高了 7.5% ［图 3-21（b）］。这可能是因为 pMA5-P_{43}-*vgb* 作为外源质粒导入 *B. subtilis* NX-2，表达效率不高。另外，在发酵过程中，重组菌株的发酵液颜色由微红色逐渐变为土黄色，推断在长时间的发酵过程中，表达质粒会有少量的丢失，血红蛋白的红色与枯草芽孢杆菌的代谢产物长时间混合在一起导致了发酵体系颜色的改变。Kallio 等研究发现 VHb 的表达可以增加细胞中氧的作用效率，使呼吸链末端氧化酶的活性发生改变，提高重组菌株中 ATP 的水平，从而提高细胞对氧的利用能力[34]。质粒稳定性是影响基因工程菌外源蛋白表达的重要因素，同时，外源蛋白的表达又影响着质粒的稳定性。特别在组成型表达系统中，由于外源蛋白的持续表达，导致细胞代谢负担加重，质粒稳定性的控制比较困难。为考察重组菌株 *B. subtilis* NX-2-*vgb*⁺ 的发酵稳定性，分别将重组菌株在含有卡那霉素抗性及无抗性选择压力情况下传代多次，同时以原始菌株 *B. subtilis* NX-2 在无抗性条件下传代作为对照。随机选取三种培养条件下的第 2、4、6、8、10 代进行摇瓶发酵，结果见表 3-8。含有卡那霉素抗性选择压力的重组菌株传代培养有较好的发酵稳定性，γ-PGA 产量稳定，且优于原始菌株的发酵结果。而不含有抗性选择压力的重组菌株传代培养在第 6 代后表现出劣势，甚至其 γ-PGA 产量还低于原始菌株。可能原因是多次无压力的传代培养造成质粒的丢失，对细胞内微环境产生了负面的影响。由于在保存及活化重组菌株过程中都是在含有卡那霉素抗性选择压力的条件下进行的，因此，VHb 基因质粒不随传代丢失，γ-PGA 产量稳定。

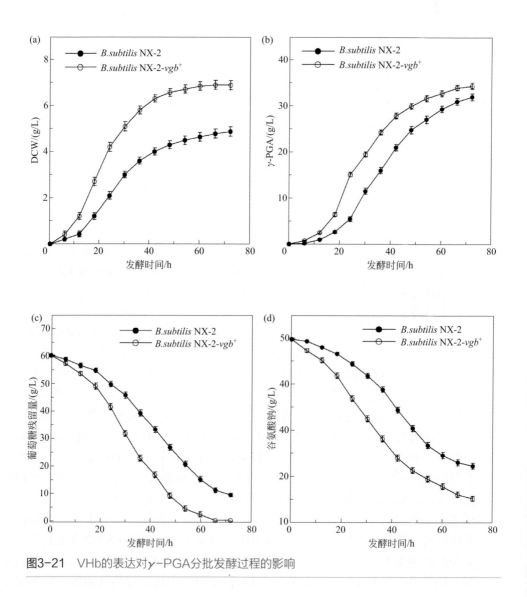

图3-21　VHb的表达对γ-PGA分批发酵过程的影响

表3-8　*B.subtilis* NX-2-*vgb*⁺ 的发酵稳定性

表3-8　*B.subtilis* NX-2-*vgb*⁺ 的发酵稳定性

菌株	γ-PGA/（g/L）				
	第2代	第4代	第6代	第8代	第10代
B.subtilis NX-2	30.5±0.20	30.3±0.18	30.0±0.19	30.1±0.16	30.3±0.17
B.subtilis NX-2-*vgb*⁺（Km^r+）	35.1±0.22	35.2±0.21	35.0±0.20	34.9±0.19	34.8±0.15
B.subtilis NX-2-*vgb*⁺（Km^r-）	35.0±0.21	34.8±0.15	30.3±0.18	29.8±0.21	28.1±0.18

二、柱式固定化反应器设计及其在γ-聚谷氨酸合成中的应用

在现阶段，提高微生物发酵生产 γ-PGA 的产量和生产效率显得尤为重要。目前，可以通过添加氧载体和分步调控转速的方法提高发酵过程中的供氧能力来增加 γ-PGA 产量，但是容易影响 γ-PGA 的分子量，进而影响产品品质。游离细胞发酵还存在菌体浓度低、发酵时间长等缺点，而固定化发酵由于可以有效解决以上难题，而受到越来越多的重视。有研究者通过发酵罐外接固定化柱子来实现菌体固定化发酵的目的，但是不锈钢设备和配套的通气设施成本昂贵，操作繁琐，难以在 γ-PGA 工业化规模上推广。因此开发一种简单便利的菌体固定化发酵方法尤为重要。据此，本书著者所在团队开发出了一种具有高溶解氧效率的新型好氧植物纤维床生物反应器（aerobic plant fibrous-bed bioreactor，APFB），使用葡萄糖和糖蜜作为碳源，将 APFB 反应器应用于 γ-PGA 的发酵过程中，并分析了APFB 发酵生产 γ-PGA 的可行性。通过补料分批发酵，考察了 APFB 批次发酵生产 γ-PGA 的稳定性，从而实现了 γ-PGA 的高效生产。该研究成果获得了第二十一届中国专利银奖（ZL201310111449.0）[35]。

APFB 反应器主要由搅拌式反应器与好氧固定化柱两部分组成，两部分通过恒流泵（3-2）相连接进行物料交换。搅拌式反应器部分由搅拌式反应器（10）、补料装置、第一通气装置及搅拌装置（7）组成；搅拌装置（7）位于搅拌式反应器（10）内；补料装置位于搅拌式反应器（10）外，并通过恒流泵（3-1）与其连接；第一通气装置向搅拌式反应器（10）内通气。好氧固定化柱部分由固定化柱（11）、恒温水浴（14）及第二通气装置组成；固定化材料即甘蔗渣（12）置于固定化柱（11）中；恒温水浴（14）与固定化柱（11）通过夹套连通，以控制固定化柱（11）内部温度；第二通气装置向固定化柱（11）内通气。固定化装置如图 3-22 所示，将经切碎并干燥处理过的甘蔗渣装填于带有夹套的玻璃固定化柱中，并与 NBS 发酵罐相连，构建为 APFB 反应器。

以葡萄糖和糖蜜为碳源，APFB 反应器固定化补料分批发酵对 γ-PGA 生产的影响见图 3-23。由图 3-23 可知，以葡萄糖为碳源时，APFB 反应器固定化补料分批发酵周期为 68h，比游离细胞发酵时间缩短了 29.2%。菌体干重（DCW）达到

8.17g/L，γ-PGA 产量 66.4g/L，生产强度 0.976g/（L·h）。采用恒流补料策略，维持葡萄糖浓度在 10g/L 左右。以糖蜜为碳源，APFB 反应器固定化补料分批发酵生产 γ-PGA（图 3-23）：发酵时间 66h，比游离细胞发酵时间缩短了 31.3%。菌体干重（DCW）8.94g/L，γ-PGA 产量 69.8g/L，生产强度 1.058g/（L·h）。采用恒流补料策略，维持总糖浓度在 10g/L 左右。

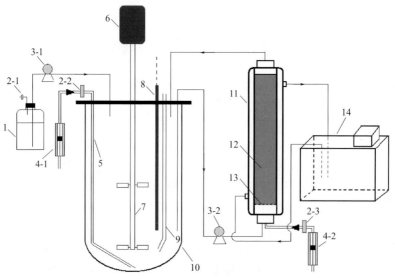

图3-22 好氧植物纤维床生物反应器示意图

1— 补料瓶；2-1,2-2,2-3—空气滤头；3-1,3-2—恒流泵；4-1,4-2—空气流量计；5—通气管；6—电机；7—搅拌装置；8—pH探头；9—取样管；10—搅拌式反应器；11—固定化柱；12—甘蔗渣；13—空气分布器；14—恒温水浴

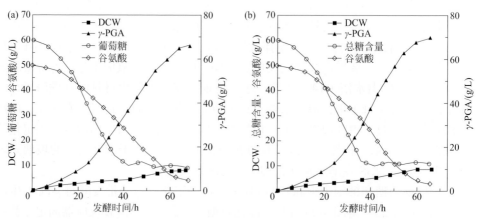

图3-23 采用APFB反应器以葡萄糖和糖蜜为碳源固定化补料分批发酵生产 γ-PGA

以葡萄糖和糖蜜为碳源，采用APFB反应器固定化发酵生产γ-PGA的稳定性实验结果如图3-24所示。结果表明：以葡萄糖为碳源时，APFB反应器批次发酵γ-PGA产量稳定，经过10批次680h发酵，γ-PGA生产效率未有明显下降，γ-PGA平均生产浓度66.66g/L，生产强度0.980/（L·h）。以糖蜜为碳源时，经过10批次660h发酵，γ-PGA生产效率未有明显下降，γ-PGA平均生产浓度69.92g/L，生产强度1.059g/（L·h）。由图3-25可知，无论选择哪一种碳源，固定化发酵的

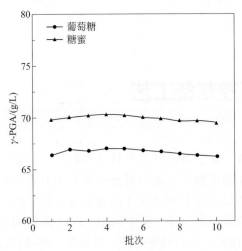

图3-24　APFB反应器批次稳定性考察

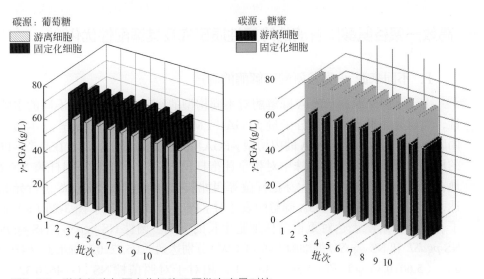

图3-25　游离细胞与固定化细胞不同批次产量对比

γ-PGA 产量都显著高于游离细胞发酵。由于甘蔗渣富含纤维结构，肉眼即可以明显观察到表面布满沟壑和突起。采用 APFB 反应器发酵时，细胞除菌体自身吸附作用外，甘蔗渣也有很强的物理截留能力，有利于细胞在其表面的截留。通过 APFB 固定化发酵，使菌体固定吸附于以甘蔗渣为固定化载体的植物纤维床上，减轻碳源渗透压对菌体的影响，缩短发酵周期，提高生产效率，实现了大部分细胞与产物分离的效果，同时经过长期的固定化吸附还可能对细胞进行一定的驯化。

第五节
γ-聚谷氨酸多元分子量可控制备工艺

　　γ-PGA 作为一种生物高分子材料，分子量是其重要特征参数之一。随着对 γ-PGA 研究的不断深入，发现 γ-PGA 的生物学功能与其分子量大小有着密切的关系[36]。目前调控 γ-PGA 分子量的方法包括物理方法（高温裂解、超声破碎）、化学方法（酸、碱水解）以及生物酶降解方法等，其中利用 γ-PGA 降解酶水解 γ-PGA 的生物酶降解方法与其他方法相比，具有高专一性、高效性、强可控性的优点，且反应条件温和，还具有降解产物分子量分布窄等多种优良特性[37]，有望实现 γ-PGA 可控分子量的制备。

一、高效γ-聚谷氨酸降解酶的降解性质研究及其适配性优化

1. 不同来源 γ- 聚谷氨酸降解酶的筛选

　　由于不同来源的 γ-PGA 降解酶对不同构型的 γ-PGA 底物具有不同的水解特性，为建立一种高效的低分子量 γ-PGA（LMW-γ-PGA）的合成方式，本书著者团队首先对高效水解 γ-PGA 的内切型 γ-PGA 降解酶进行筛选。通过在高产 γ-PGA 的解淀粉芽孢杆菌底盘菌株中对枯草芽孢杆菌 NX-2、解淀粉芽孢杆菌 NX-2S、地衣芽孢杆菌 14580 和巨大芽孢杆菌等四种来源的降解酶基因 pgdS 进行异源表达，研究不同来源的 γ-PGA 降解酶表达对 γ-PGA 合成的影响。图 3-26（a）显示了 γ-PGA 降解酶表达对重组菌株细胞生长的影响。菌株 NS-pgdSS、NS-pgdSA、NS-pgdSL 和 NS-pgdSM 的细胞干重（DCW）分别达到了（5.72±0.36）g/L、（5.64±0.36）g/L、（5.60±0.36）g/L 和（5.56±0.36）g/L，相对于对照菌株 NS［（5.46±0.32）g/L］均有所提升。图 3-26（b）表明，增强 pgdS 的表达可有效降低 γ-PGA 的分子

量。随着发酵时间的延长，γ-PGA 的分子量逐渐降低，这与 Tian 等人的实验结果一致 [38]，发酵结束后，重组菌株 NS-*pgdSS*、NS-*pgdSA*、NS-*pgdSL* 和 NS-*pgdSM* 合成的 γ-PGA 分子量分别降低至 10000 ~ 15000、600000 ~ 650000、690000 ~ 750000 及 785000 ~ 830000。此外，同时测定了发酵液上清中的 γ-PGA 降解酶活性［图 3-26（c）］。结果表明，过表达枯草芽孢杆菌来源的 *pgdSS* 促使胞外上清液中的 γ-PGA 水解达到最高［降解酶活性（16.43±0.35）U/mL］。相比之下，重组菌株 NS-*pgdSA*、NS-*pgdSL* 和 NS-*pgdSM* 的胞外上清液的 γ-PGA 降解酶活性相对较低，分别为（8.82±0.35）U/mL、（7.30±0.34）U/mL 和（5.31±0.30）U/mL。该结果表明，γ-PGA 降解酶活性越高，合成的 γ-PGA 分子量则越低。前期研究报道，野生型 γ-PGA 合成菌株在发酵结束时会表现出微弱的 γ-PGA 降解酶活性，使得 γ-PGA 分子量出现下调，同样证实了 γ-PGA 降解酶的水解活性与 γ-PGA 分子量存在紧密联系。进一步研究了 *pgdS* 的强化表达对 γ-PGA 合成产量的影响。结果如图 3-26（d）所示，重组菌株 NS-*pgdSS* 合成的 γ-PGA 产量提升到（26.32±0.45）g/L，远超过其他重组菌株，这表明过表达枯草芽孢杆菌 NX-2 来源的 *pgdS* 有助于提高 γ-PGA 产量。进一步测定了不同重组菌株的发酵液黏度，如

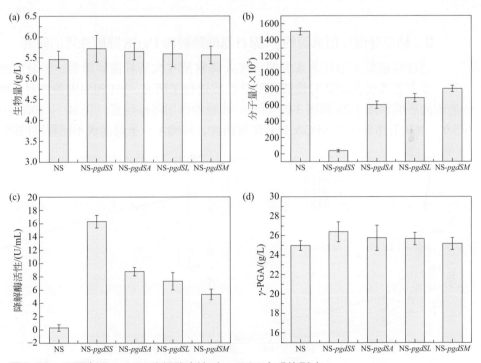

图3-26　不同来源γ-PGA降解酶表达对γ-PGA合成的影响
（a）细胞生长；（b）γ-PGA分子量；（c）降解酶活性；（d）γ-PGA产量

图 3-27 所示，重组菌株 NS-*pgdSS* 在发酵结束时发酵液黏度由（900±5）mPa·s降低至（20±2）mPa·s，下降了 97.33%，其他重组菌株的发酵液黏度也均有所降低。该结果表明，降解酶基因 *pgdS* 的表达使得 γ-PGA 的分子量降低，从而促使发酵液的黏度下降，而发酵液黏度的降低有利于提高氧转移速率和底物利用率，从而进一步促进菌体生长与 γ-PGA 合成[39]。

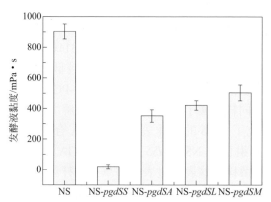

图3-27 不同来源降解酶表达对发酵液黏度的影响

2. 枯草芽孢杆菌来源的 γ- 聚谷氨酸降解酶 PgdS 降解性质的研究

通过将枯草芽孢杆菌来源的 γ-PGA 降解酶在大肠杆菌异源表达、分离纯化等，本书著者所在团队对该酶的酶学性质进行了研究。pH 和温度条件对 γ-PGA 酶解的影响如图 3-28 和图 3-29 所示。该酶的作用条件较宽，在 30～40℃和 pH 5.0～8.0 条件下均对 γ-PGA 具有降解活性，γ-PGA 分子量出现不同程度的降低；

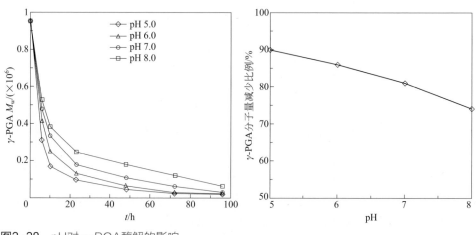

图3-28 pH对γ-PGA酶解的影响

反应温度45℃时，γ-PGA 分子量变化不大，可能 PgdS 在该温度下失活；由此可见，PgdS 的最适作用条件为 30℃和 pH 5.0，此时 PgdS 的酶活最高，γ-PGA 的降解速度最快。在此条件下，采用 GPC 检测 γ-PGA 的酶解作用过程。如图 3-30 所示，随着酶解反应的进行，产物 γ-PGA 的出峰时间明显滞后，其分子量呈下降趋势；而用缓冲液代替酶液的对照样品中 γ-PGA 的分子量前后并无变化，证明了降解酶可以解聚 γ-PGA，也证明了降解酶蛋白的活性表达；通过缓冲液的空白对照实验，各样品的盐峰和杂质峰重叠（图 3-30 的 7、8 号峰）[37]。

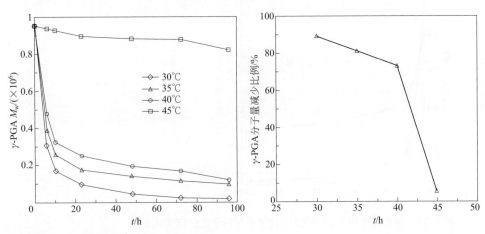

图3-29　反应温度对γ-PGA酶解的影响

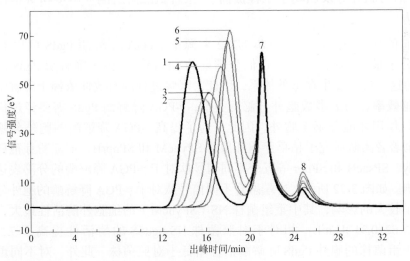

图3-30　γ-PGA酶解的GPC检测谱图
反应时间：1—0h；2—6h；3—10h；4—24h；5—48h；6—72h

由图 3-31 可以看出，0～20h PgdS 对底物 γ-PGA 的解聚作用最为明显，随着时间的推移，γ-PGA 分子量迅速降低；20h 后，解聚作用明显减弱；72h γ-PGA 分子量降至 20000，此后趋于稳定。γ-PGA 分子量分布（即多分散性：M_w/M_n）也随酶解反应的进行呈窄分布的趋势，而通过控制酶解反应时间可实现 γ-PGA 的可控降解，得到不同分子量的酶解产物，因此，与物理和化学降解相比，γ-PGA 酶解法具有显著优势。

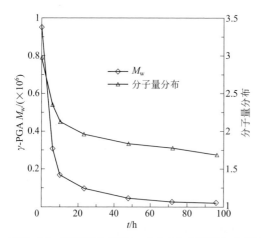

图3-31　降解酶作用下 γ-PGA的分子量与分子量分布变化曲线

3. 信号肽介导及启动子工程提高 γ- 聚谷氨酸降解酶在解淀粉芽孢杆菌中的表达

先前的研究表明，*B. subtilis* NX-2 来源的 γ-PGA 降解酶 PgdS 可以有效水解高分子量 γ-PGA，生成特定低分子量的 γ-PGA[40]。由于降解酶 PgdS 水解 γ-PGA 的这一过程发生在胞外体系，因此，水解过程的有效性依赖于降解酶的胞外分泌效率。与大多数胞外分泌酶类似，γ-PGA 降解酶 PgdS 需要经过信号肽的介导作用才能分泌至胞外。因此，为了提高 γ-PGA 降解酶的胞外分泌效率，本书著者团队研究了枯草芽孢杆菌的 SPyncM 和 SPnprB，解淀粉芽孢杆菌的 SPamy、SPsacB 和 SPbpr 等五个不同信号肽对于 γ-PGA 降解酶的分泌表达效率的影响。如图 3-32 所示，N 端融合不同信号肽对于 γ-PGA 降解酶的胞外分泌量产生了较大的影响，其中重组菌株 NS（SPyncM）的细胞外酶活性最大，达到了（17.62±0.31）U/mL，相对于对照菌株 NS-pgdSS 的酶活性提高了 7.2%，而其他重组菌株的胞外 PgdS 降解酶活性略低于对照菌株。此外，对不同重组菌株的 γ-PGA 分子量进行了测定。如图 3-32 所示，菌株 NS（SPyncM）、NS（SPamy）、NS（SPsacB）、NS（SPnprB）和 NS（SPbpr）产生的 γ-PGA 的分子量分别为 28000～35000、35000～44000、40000～54000、45000～58000 和 55000～65000。这些结果表明，γ-PGA 降解酶的胞外分泌效率能够显著影响 γ-PGA 的分子量。综上所述，中性蛋白酶来源的信号肽 SPyncM 可作为解淀粉芽孢杆菌中 γ-PGA 降解酶的最佳分泌表达信号肽。

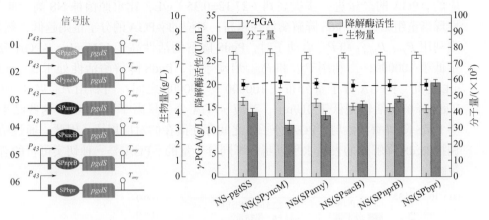

图3-32　不同信号肽对胞外γ-PGA降解酶活性及γ-PGA合成的影响

在优化 γ-PGA 降解酶分泌表达效率的基础上，为进一步提高 γ-PGA 降解酶基因的表达水平，本书著者团队研究了不同启动子对 γ-PGA 降解酶表达及合成 γ-PGA 分子量的影响。为了比较不同启动子对降解酶基因 $pgdS$ 表达水平的影响，选择了 2 种诱导型启动子 P_{xyl}、P_{grac} 和 5 种组成型启动子 $P_{Hpa \mathrm{II}}$、P_{ylb}、P_{srfA}、P_{bdhA} 和 P_{vgb}，分别替换原有的启动子 P_{43} 来调控降解酶的表达。结果如图 3-33 所示，随着诱导剂浓度的增加，降解酶 PgdS 的活性逐渐提升，相应的 γ-PGA 的分子量逐渐降低，由 300000 降低至 130000 左右。重组菌株的菌体量与 γ-PGA 产量没有发生很明显的变化。当分别添加 15g/L 木糖和 1mmol/L IPTG 时，重组菌株 NS（Pxyl）和 NS（Pgrac）的降解酶活性最高，分别达到了（11.92±0.31）U/mL 和（12.45±0.35）U/mL，相应的 γ-PGA 的分子量分别为 150000～160000 和 130000～145000。当重组菌株发酵培养 36h 时，添加木糖或者 IPTG 在 0h 或 8h 获得的 γ-PGA 的分子量明显低于在 16h 和 24h 添加获得的分子量。并且，随着发酵过程的进行，在发酵最终 72h 时，不同诱导条件下菌株 NS（Pxyl）和 NS（Pgrac）获得的 γ-PGA 分子量保持相似，分别分布在 140000～150000 和 130000～145000。这些结果表明，通过调控诱导剂木糖和 IPTG 的添加时间对降解酶基因表达以及 γ-PGA 的分子量影响较小。通过上述研究发现，即使在不同诱导条件下，γ-PGA 的分子量仅在较窄范围内变动，表明选用的木糖诱导型启动子和 IPTG 诱导型启动子对降解酶 PgdS 的表达调节范围相对较窄，这一特性严重限制了其在多分子量 γ-PGA 合成中的应用。不同组成型启动子对 γ-PGA 降解酶基因表达水平与 γ-PGA 分子量的影响结果如图 3-34 所示,不同组成型启动子对 γ-PGA 降解酶基因表达产生了较大的影响。菌株 NS(PHpaⅡ)的降解酶活性最高,达到(18.92±0.42)U/mL,γ-PGA 的分子量降低至 20000 ~ 30000,相应的 γ-PGA 的产量进一步提高到(27.12±0.35)g/L,比对照菌株 NS 高。此外,发现当重组菌株的 PgdS 降解酶活性越高,对应的 γ-PGA 的分子量则越低,例如,当利用 P_{43}、$P_{Hpa \, Ⅱ}$ 和 P_{ylb} 启动子时,PgdS 降解酶活性高于 13U/mL,γ-PGA 分子量低于 100000;当利用 P_{srfA} 和 P_{bdhA} 启动子时,PgdS 降解酶活性处于 3 ~ 13U/mL 之间,γ-PGA 分子量分布在 100000 ~ 200000 之间;当利用 P_{vgb} 启动子时,PgdS 降解酶活性则低于 3U/mL,对应 γ-PGA 分子量高于 1000000。这些结果表明 PgdS 降解酶活性与 γ-PGA 分子量之间存在潜在的对应规律。因此,通过精确调控 PgdS 降解酶的表达水平以制备不同分子量的 γ-PGA 是一种切实可行的有效策略。

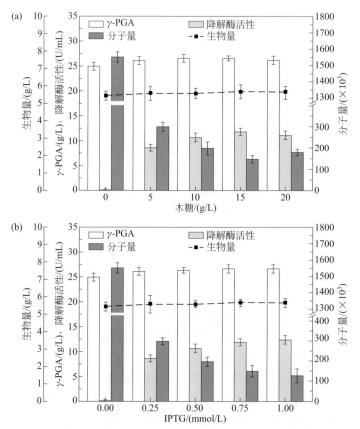

图3-33 不同诱导剂浓度对 γ-PGA 降解酶活性及 γ-PGA 合成的影响

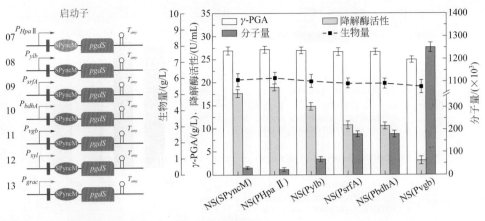

图3-34 不同组成型启动子对γ-PGA合成的影响

二、基于CRISPRi理性调控γ-聚谷氨酸降解酶表达合成多元分子量γ-聚谷氨酸

尽管通过不同强度启动子调控降解酶的表达已实现不同分子量 γ-PGA 的合成，然而该过程为了实现对降解酶在特定表达水平的调控，需要构建大量的基因表达文库，耗费了大量人力资源，并且加剧了生产工艺的复杂性。而 CRISPRi 基因调控技术是将 Cas9 酶切活性中心的两个位点进行突变（D10A 和 H840A），得到突变体 dCas9 蛋白。dCas9 蛋白失去了对 DNA 双链切割的能力，但仍保留着在 sgRNA 的介导下结合到靶向位点的能力。早期的研究表明，当 dCas9 结合在启动子区域或者基因编码区域，可以阻止 RNA 聚合酶结合到转录起始位点或者阻碍 RNA 聚合酶的延伸，从而抑制基因的转录过程。本书著者团队首次在解淀粉芽孢杆菌中成功构建了 CRISPR-dCas9 基因调控系统。首先以增强型绿色荧光蛋白 eGFP 基因为报告基因验证该系统的功能性，通过设计 sgRNA 靶向 eGFP 表达框的不同位置，eGFP 的表达水平被调控到原来的 28%～68.7%（图 3-35）。进一步利用 CRISPRi 系统对降解酶 pgdS 基因表达水平的动态调控，在研究中针对 pgdS 表达框的模板序列和非模板序列设计了 12 个 sgRNA，分别与基因 pgdS 的启动子区域及基因编码区域互补。结果发现，当 sgRNA 靶向非模板链 DNA 时，抑制效果更为显著，pgdS 的转录水平降低至参照菌株的 32%～76%。

为进一步考察 pgdS 的不同程度的抑制对 γ-PGA 合成的影响，进一步测定了重组菌株 γ-PGA 降解酶 pgdS 的水解活性、γ-PGA 的分子量、菌体细胞干重以及 γ-PGA 产量。结果如图 3-36 所示，将不含 CRISPRi 系统的菌株 NS（PHpaⅡ）与表达

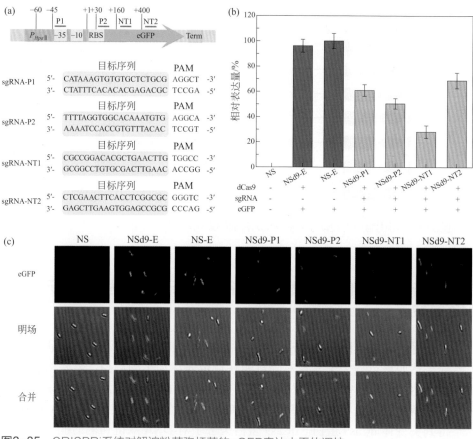

图3-35　CRISPRi系统对解淀粉芽孢杆菌的eGFP表达水平的调控

dCas9 和 *pgdS* 基因的菌株 NSd9-PgdS 进行比较，结果发现两株菌株的 PgdS 水解酶活性相似，分别为 (18.92±0.54)U/mL 和 (18.74±0.38)U/mL，γ-PGA 的分子量均分布在 20000 ~ 30000，这表明 dCas9 蛋白的表达不干扰降解酶 *pgdS* 的正常表达。所有 *pgdS* 抑制菌株产生的 PgdS 水解酶活性均低于对照菌株 NSd9-PgdS。其中，对 *pgdS* 抑制效率最高的菌株 NSd9-sgRNA4、NSd9-sgRNA5 和 NSd9-sgRNA6 产生的 PgdS 水解酶活性分别为（8.26±0.34）U/mL、（7.98±0.42）U/mL 和（6.84±0.34）U/mL，相对于对照菌株的酶活［（18.92±0.54）U/mL］分别降低了 56.34%、57.82% 和 63.85%。随后，进一步测定了不同重组菌株合成 γ-PGA 的分子量。不同菌株合成的 γ-PGA 的分子量呈阶梯状分布，分子量分布在 50000 ~ 500000 之间。sgRNA1:100000 ~ 110000；sgRNA2:180000 ~ 200000；sgRNA3:180000 ~ 200000；sgRNA4:350000 ~ 365000；sgRNA5:430000 ~ 450000；sgRNA6:500000 ~ 600000；sgRNA7:180000 ~ 200000；sgRNA8:150000 ~ 165000；sgRNA9:150000 ~ 170000；

sgRNA10：300000 ～ 315000；sgRNA11：220000 ～ 240000；sgRNA12：50000 ～ 60000
［图 3-36（c）］。这些结果表明，不同 sgRNA 对 *pgdS* 基因的抑制效率不同，从而导致 γ-PGA 分子量的变化[31]。

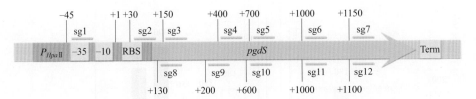

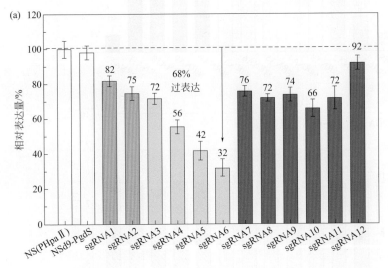

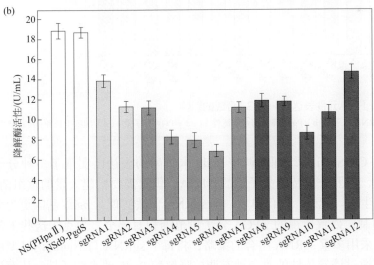

图3-36

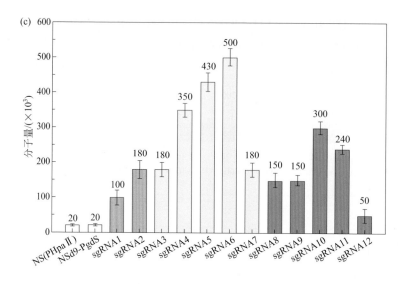

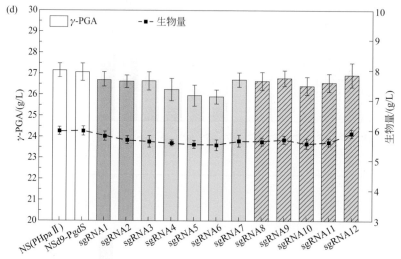

图3-36 不同sgRNA元件表达对γ-PGA合成的影响

（a）*pgdS*基因的mRNA水平；（b）PgdS降解酶水解活性；（c）γ-PGA分子量；（d）细胞生长和γ-PGA产量

　　虽然通过 CRISPRi 系统理性调控 PgdS 水解酶的表达已实现了多种分子量γ-PGA 的合成，但要合成特定分子量的γ-PGA，仍然需要构建大量的重组菌株，不利于工业化生产。此外，仅仅单靠一个 sgRNA 无法实现对 *pgdS* 基因更为全面或更有效的抑制，以致所得的γ-PGA 分子量范围相对狭窄。为克服这些工艺的局限性，提出采用多重 sgRNA 组合的策略，将每个 sgRNA 与不同的诱导型启动子进行结合，通过诱导条件的改变动态调控降解酶 PgdS 的水解活性，从而构建一个"通用"的细胞工厂，用于不同分子量 γ-PGA 的可控合成。因此，利用三种诱导型启动子（阿拉伯糖诱导启动子 P_{BAD}、麦芽糖诱导启动子 P_{glv} 和木糖诱导启动子 P_{xyl}）分别驱动 sgRNA4、sgRNA5 和 sgRNA6 的表达（图 3-37）。在这个方案中，能够通过动态改变诱导剂的添加时间和添加浓度来维持 pgdS 的不同表达水平，并扩大其抑制范围。最终采用多重 sgRNA 组装的策略，将抑制效率较高的 sgRNA4、sgRNA5 及 sgRNA6 分别与诱导型启动子阿拉伯糖诱导启动子 P_{BAD}、麦芽糖诱导启动子 P_{glv} 及木糖诱导启动子 P_{xyl} 进行融合组装，通过不同诱导策略的调控，使得 γ-PGA 的产量达到 25～27g/L，分子量分布在 50000～1400000 之间。

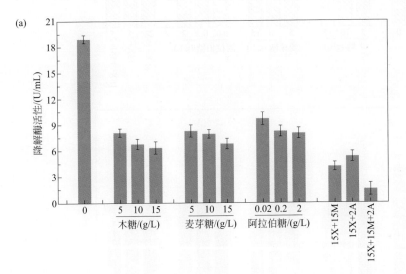

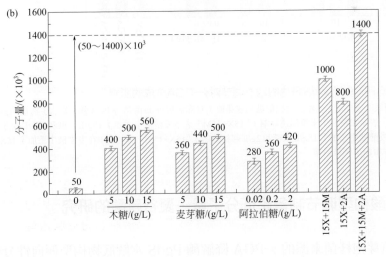

图3-37

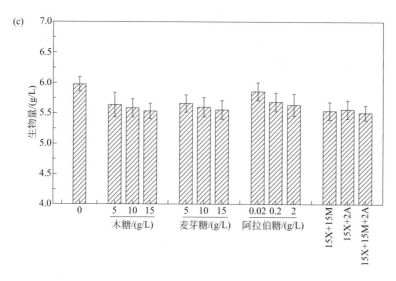

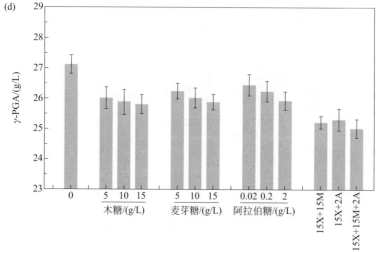

图3-37 CRISPRi介导*pgdS*表达的动态调节对*γ*-PGA合成的影响

（a）～（d）不同浓度诱导剂（木糖、阿拉伯糖和麦芽糖）对降解酶PgdS酶活、*γ*-PGA分子量、生物量和*γ*-PGA产量的影响。"0"表示发酵液中未添加诱导剂；"15X+15M"表示发酵液中添加了15g/L木糖和15g/L麦芽糖；"15X+2A"表示发酵液中添加了15g/L木糖和2g/L阿拉伯糖；"15X+15M+2A"表示在发酵液中添加了15g/L木糖、15g/L麦芽糖和2g/L阿拉伯糖

三、*γ*-聚谷氨酸构型调节制备超低分子量*γ*-聚谷氨酸的研究

1. 枯草芽孢杆菌来源的 *γ*-PGA 降解酶 PgdS 水解底物构型倾向性分析

虽然通过CRISPRi理性调控*γ*-PGA降解酶表达成功实现了多元分子量*γ*-PGA

的合成，但由于 γ-PGA 降解酶本身的局限性，普通的水解方法难以实现超低分子量 γ-PGA 的制备。这是由于降解酶对于 γ-PGA 底物中 D/L 构型具有高度选择性，而本书著者猜想基于这种底物构型的差异是否会影响降解酶的水解速率，因此是否可以通过调节合成产物 γ-PGA 中的 D/L 构型来提高 γ-PGA 降解酶的水解效率？基于这个设想，本书著者所在团队分别以含有 D-谷氨酸单体比例为 80%、50% 和 20% 的 γ-PGA 作为底物，对前期筛选的降解酶进行底物构型的倾向性分析，结果如图 3-38 所示，降解酶 PgdS 对含有 80% D-谷氨酸单体的 γ-PGA 水解速率最高，γ-PGA 的分子量在水解 24h 后从 1500000～1600000 急剧降低到 100000～140000。当以含有 50% 的 D-谷氨酸单体的 γ-PGA 为水解底物时，降解酶的水解速率有所降低，γ-PGA 的分子量由 1300000 下降到 400000 左右。而对于含有 20% D-谷氨酸单体的 γ-PGA，降解酶 PgdS 对其水解效果并不明显，酶解过程中 γ-PGA 的分子量没有发生明显变化。这些结果表明，枯草芽孢杆菌 NX-2 的 PgdS 对含有 D-谷氨酸单体比例较高的 γ-PGA 具有较优的水解能力。

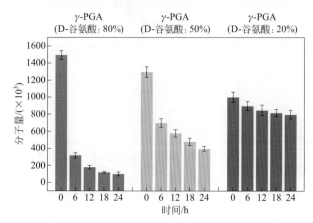

图3-38　γ-PGA的立体化学构型对降解酶PgdS水解效率的影响

2. 枯草谷氨酸消旋酶 RacE 与 γ-PGA 合成酶 PgsA 对 γ-PGA 立体化学构型的影响

如果要进一步提高降解酶 PgdS 的水解效率，就需要提高 γ-PGA 中 D-谷氨酸单体的比例。先前的研究表明谷氨酸消旋酶 RacE 负责 D-谷氨酸和 L-谷氨酸的相互转化，从而为 γ-PGA 的合成提供两种构型的单体。Sawada 等人发现，在枯草芽孢杆菌中过表达 γ-PGA 合成酶基因簇 pgsBCA，合成的 γ-PGA 中的 D-谷氨酸单体比例（75%）高于仅过表达 pgsBC 合成的 γ-PGA 中的 D-单体比例（5%）[41]。这些研究表明，调控谷氨酸消旋酶 racE 和 γ-PGA 合成酶 pgsA 的表达有利于提高 γ-PGA 中 D-谷氨酸单体的比例。为评估 racE 和 pgsA 对 γ-PGA 合成的影响，在解淀粉芽孢杆菌中分别进行两基因过表达以及敲除实验验证，结果发现，当过表达 *racE*、*pgsA* 及 *racE-pgsA* 时，相应菌株合成 *γ*-PGA 中 D- 谷氨酸单体比例分别从 60% 增加到 65%、72% 和 85%（图 3-39），表明基因 *racE* 和 *pgsA* 的强化表达均能提高 *γ*-PGA 中 D- 谷氨酸比例。在敲除实验中（表 3-9），*racE* 敲除后，菌体生长量受到轻微影响，这表明 *racE* 不是胞内提供 D- 谷氨酸单体的唯一来源，推测当 *racE* 发生缺失时，存在其它的 D- 谷氨酸补充路径，维持菌体生长及 *γ*-PGA 合成；而 *pgsA* 缺失直接造成菌体无法合成 *γ*-PGA，再次证实 *pgsA* 为 *γ*-PGA 合成关键基因。

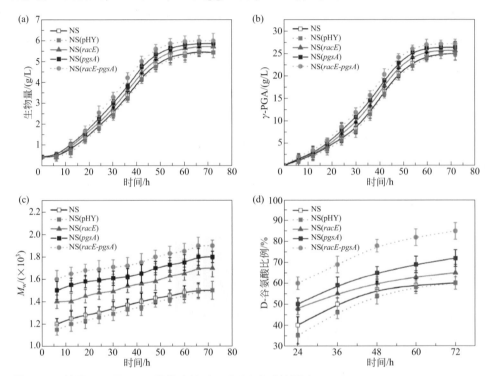

图3-39 基因*racE*及*pgsA*强化表达对*γ*-PGA合成的影响
（a）细胞生长量；（b）*γ*-PGA产量；（c）*γ*-PGA分子量；（d）*γ*-PGA立体化学组成

表3-9 基因*racE*及*pgsA*的敲除及回补对*γ*-PGA合成的影响

菌株	生物量 / (g/L)	*γ*-PGA / (g/L)	M_w / (×10³)	D-谷氨酸比例 /%
NS	5.42±0.36	24.95±0.36	1500～1600	60
NS（△*racE*）	4.64±0.32	19.43±0.34	1100～1200	52
NS（△*pgsA*）	6.21±0.32	0	0	0
NS（△*racE*）-E	5.39±0.34	24.92±0.33	1500～1600	61
NS（△*pgsA*）-A	5.40±0.28	24.95±0.32	1500～1600	60

3. 耦合表达基因 *racE*、*pgsA* 及 *pgdS* 对 γ-PGA 分子量的影响

虽然通过 *racE* 和 *pgsA* 的强化表达已经优化了 γ-PGA 中 D- 谷氨酸单体比例，但其中 D- 谷氨酸与 L- 谷氨酸单体在链上的特异性分布却尚不明确。因此，为了进一步验证 γ-PGA 中 D- 谷氨酸单体比例上调是否会促进降解酶 PgdS 水解 γ-PGA 的速率，通过组合表达 *racE-pgdS*、*pgsA-pgdS* 和 *racE-pgsA-pgdS*，分别调控 γ-PGA 立体化学构型和耦合 γ-PGA 的降解过程（图 3-40）。结果表明，NS（*racE-pgdS*）、NS（*pgsA-pgdS*）和 NS（*racE-pgsA-pgdS*）的菌体生物量和对照菌株并无差异。此外，三株重组菌株的 γ-PGA 产量分别增加到（27.12±0.35）g/L、（27.82±0.33）g/L 和（28.32±0.28）g/L。最后，NS（*racE-pgdS*）、NS（*pgsA-pgdS*）和 NS（*racE-pgsA-pgdS*）产生的 γ-PGA 的分子量分别成功地降低到 16000～18000、14000～16000 和 12000～14000，远低于对照菌株 NS（PHpaⅡ）（20000～30000）。与表达单一基因 *racE* 或 *pgsA* 相比，两个基因的共同表达得到的 γ-PGA 的分子量更低。这些结果表明调控 γ-PGA 的立体化学构型是解淀粉芽孢杆菌合成低分子量 γ-PGA 的有效措施。值得注意的是，菌株 NS（*pgsA-pgdS*）产生的 γ-PGA 的分子量低于 NS（*racE-pgdS*）合成的 γ-PGA，进一步证实 *pgsA* 对 γ-PGA 立体化学构型调节的促进作用更为显著。

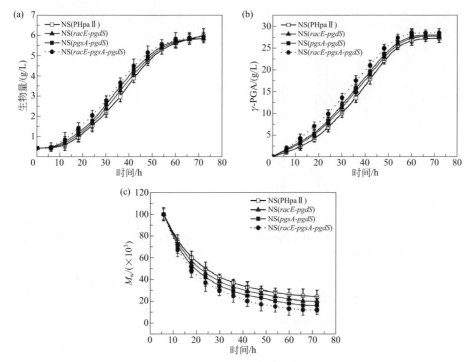

图3-40 组合表达基因 *racE*、*pgsA* 及 *pgdS* 对细胞生长（a）、γ-PGA产量（b）以及 γ-PGA分子量（c）的影响

鉴于 *pgsA* 对 *γ*-PGA 立体化学组成的调节作用明显优于 *racE*，优化后的 *pgsA* 来源更有利于合成低分子量的 *γ*-PGA。因此，研究了不同芽孢杆菌来源的 *pgsA* 基因对 *γ*-PGA 合成的影响，替换不同芽孢杆菌来源 *pgsA* 基因对 *γ*-PGA 分子量产生了较大的影响。将 *pgsA* 替换为枯草芽孢杆菌和地衣芽孢杆菌来源的基因时，重组菌体的细胞干重和 *γ*-PGA 产量与对照菌株并无显著差异，然而过表达巨大芽孢杆菌和短小芽孢杆菌的 *pgsA* 时，细胞干重和 *γ*-PGA 产量略有下降。炭疽芽孢杆菌来源的 *pgsA* 过表达促使菌体细胞干重和 *γ*-PGA 产量分别提高到（6.12±0.25）g/L 和（28.35±0.32）g/L。此外，进一步测定了不同来源 *pgsA* 的表达对 *γ*-PGA 分子量的影响。结果如图 3-41 所示，表达枯草芽孢杆菌和地衣芽孢杆菌 *pgsA* 的菌株产生的 *γ*-PGA 的分子量分别为 14000～18000 和 18000～25000，而过表达巨大芽孢杆菌和短小芽孢杆菌来源 *pgsA* 时，重组菌株合成的 *γ*-PGA 的分子量则分别为 120000～140000 和 575000～623000。当表达炭疽芽孢杆菌来源的 *pgsA* 时，合成的 *γ*-PGA 的分子量最低，达到 6000～8000。该研究有助于拓宽生物合成 *γ*-PGA 的分子量分布范围，促进 *γ*-PGA 在不同领域中的应用[42]（图 3-42）。

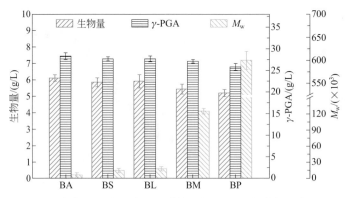

图3-41 替换不同来源的*pgsA*基因对*γ*-PGA合成的影响

BA—过表达炭疽芽孢杆菌来源的*pgsA*重组菌株；BS—过表达枯草芽孢杆菌来源的*pgsA*重组菌株；BL—过表达地衣芽孢杆菌来源的*pgsA*重组菌株；BM—过表达巨大芽孢杆菌来源的*pgsA*重组菌株；BP—过表达短小芽孢杆菌来源的*pgsA*重组菌株

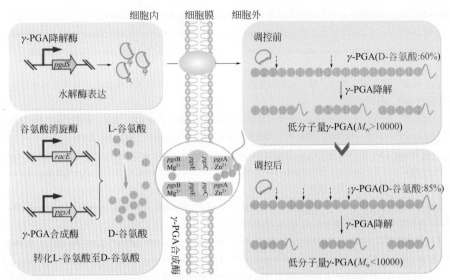

图3-42 基于γ-PGA立体化学构型调控合成超低分子量γ-PGA示意图

红色箭头表示相应基因强化表达，黑色虚线箭头表示降解酶的拟水解位点

参考文献

[1] Hezayen F, Rehm B, Eberhardt R, et al. Polymer production by two newly isolated extremely halophilic archaea: application of a novel corrosion-resistant bioreactor [J]. Applied Microbiology and Biotechnology, 2000, 54(3):319-325.

[2] Candela T, Moya M, Haustant M, et al. Fusobacterium nucleatum, the first Gram-negative bacterium demonstrated to produce polyglutamate [J]. Canadian Journal of Microbiology, 2009, 55(5):627-632.

[3] Bovarnick M. The formation of extracellular *d* (−)-glutamic acid polypeptide by *Bacillus subtilis* [J]. Journal of Biological Chemistry, 1942, 145(2):415-424.

[4] Xu H, Jiang M, Li H, et al. Efficient production of poly (γ-glutamic acid) by newly isolated *Bacillus subtilis* NX-2 [J]. Process Biochemistry, 2005, 40(2):519-523.

[5] Zeng W, Lin Y, Qi Z, et al. An integrated high-throughput strategy for rapid screening of poly (γ-glutamic acid)-producing bacteria [J]. Applied Microbiology and Biotechnology, 2013, 97(5):2163-2172.

[6] Cheng C, Asada Y, Aida T. Production of γ-polyglutamic acid by *Bacillus licheniformis* A35 under denitrifying conditions [J]. Agricultural and Biological Chemistry, 1989, 53(9):2369-2375.

[7] Zhang H, Zhu J, Zhu X, et al. High-level exogenous glutamic acid-independent production of poly-(γ-glutamic acid) with organic acid addition in a new isolated *Bacillus subtilis* C10 [J]. Bioresource Technology, 2012, 116:241-246.

[8] Cao M, Geng W, Liu L, et al. Glutamic acid independent production of poly-γ-glutamic acid by *Bacillus amyloliquefaciens* LL3 and cloning of *pgsBCA* genes[J]. Bioresource Technology, 2011, 102(5):4251-4257.

[9] Peng Y, Jiang B, Zhang T, et al. High-level production of poly(γ-glutamic acid) by a newly isolated glutamate-

independent strain, *Bacillus methylotrophicus* [J]. Process Biochemistry, 2015, 50(3):329-335.

[10] Qiu Y, Sha Y, Zhang Y, et al. Development of Jerusalem artichoke resource for efficient one-step fermentation of poly-(*γ*-glutamic acid) using a novel strain *Bacillus amyloliquefaciens* NX-2S [J]. Bioresource Technology, 2017, 239:197-203.

[11] 徐虹，邱益彬，李莎，等．一株解淀粉芽孢杆菌及其在联产细菌纤维素和 *γ*- 聚谷氨酸中的运用 [P]: CN106047780A. 2016-08-22.

[12] 汤宝．新型生物反应器研制及用于低值原料发酵生产 *γ*- 聚谷氨酸 [D]．南京：南京工业大学，2016.

[13] 石宁宁．*γ*- 聚谷氨酸的代谢机理及代谢通量分析 [D]．南京：南京工业大学，2007.

[14] Wu Q , Xu H , Shi N , et al. Improvement of poly(*γ*-glutamic acid) biosynthesis and redistribution of metabolic flux with the presence of different additives in *Bacillus subtilis* CGMCC 0833[J]. Applied Microbiology and Biotechnology, 2008, 79(4):527-535.

[15] Konings W, Bisschop A, Daatselaar M. Transport of L-glutamate and L-aspartate by membrane vesicles of *Bacillus subtilis* W 23 [J]. FEBS Letters, 1972, 24(3):260-264.

[16] Peddie C J, Cook G M, Morgan H W. Sodium-dependent glutamate uptake by an alkaliphilic, thermophilic *Bacillus* strain, TA2. A1 [J]. Journal of Bacteriology, 1999, 181(10):3172-3177.

[17] Tolner B, Ubbink-Kok T, Poolman B, et al. Characterization of the proton/glutamate symport protein of *Bacillus subtilis* and its functional expression in *Escherichia coli* [J]. Journal of Bacteriology, 1995, 177(10):2863-2869.

[18] Ashiuchi M, Kamei T, Baek D H, et al. Isolation of *Bacillus subtilis* (*chungkookjang*), a poly-*γ*-glutamate producer with high genetic competence [J]. Applied Microbiology and Biotechnology, 2001, 57(5):764-769.

[19] Ashiuchi M, Nawa C, Kamei T, et al. Physiological and biochemical characteristics of poly *γ*-glutamate synthetase complex of *Bacillus subtilis* [J]. European Journal of Biochemistry, 2001, 268(20):5321-5328.

[20] Kimura K, Tran LS P, Do TH, et al. Expression of the *pgsB* encoding the poly-gamma-DL-glutamate synthetase of *Bacillus subtilis* (natto) [J]. Bioscience, Biotechnology, and Biochemistry, 2009, 73(5):1149-1155.

[21] Tomsho J W, Moran R G, Coward J K. Concentration-dependent processivity of multiple glutamate ligations catalyzed by folyl poly-*γ*-glutamate synthetase [J]. Biochemistry, 2008, 47(34):9040-9050.

[22] Vetting M W, de Carvalho L P S, Yu M, et al. Structure and functions of the GNAT superfamily of acetyltransferases [J]. Archives of Biochemistry and Biophysics, 2005, 433(1):212-226.

[23] Nordlund P, Eklund H. Di-iron-carboxylate proteins [J]. Current Opinion in Structural Biology, 1995, 5(6):758-766.

[24] Ashiuchi M, Yamashiro D, Yamamoto K. *Bacillus subtilis* EdmS (formerly PgsE) participates in the maintenance of episomes [J]. Plasmid, 2013, 70(2):209-215.

[25] Candela T, Fouet A. Poly-gamma-glutamate in bacteria [J]. Molecular Microbiology, 2006, 60(5):1091-1098.

[26] Jinek M, Chylinski K, Fonfara I, et al. A programmable dual-RNA-guided DNA endonuclease in adaptive bacterial immunity [J]. Science, 2012, 337(6096):816-821.

[27] Qiu Y, Zhu Y, Sha Y, et al. Development of a robust *Bacillus amyloliquefaciens* cell factory for efficient poly(*γ*-glutamic acid) production from *Jerusalem artichoke* [J]. ACS Sustainable Chemistry & Engineering, 2020, 8(26):9763-9774.

[28] Qiu Y, Zhu Y, Zhan Y, et al. Systematic unravelling of the inulin hydrolase from *Bacillus amyloliquefaciens* for efficient conversion of inulin to poly-(*γ*-glutamic acid) [J]. Biotechnology for Biofuels, 2019, 12(1):1-14.

[29] Do T H, Suzuki Y, Abe N, et al. Mutations suppressing the loss of *DegQ* function in *Bacillus subtilis* (natto) poly-*γ*-glutamate synthesis [J]. Applied and Environmental Microbiology, 2011, 77(23):8249-8258.

[30] Feng J, Gu Y, Sun Y, et al. Metabolic engineering of *Bacillus amyloliquefaciens* for poly-gamma-glutamic acid

聚氨基酸功能高分子

(γ-PGA) overproduction[J]. Microbial Biotechnology, 2014, 7(5): 446-455.

[31] Sha Y, Qiu Y, Zhu Y, et al. CRISPRi-based dynamic regulation of hydrolase for synthesis of poly-γ-glutamic acid with variable molecular weights[J]. ACS Synthetic Biology, 2020, 9(9):2450-2459.

[32] Xu F, Yuan Q P, Zhu Y. Improved production of lycopene and β-carotene by *Blakeslea trispora* with oxygen-vectors [J]. Process Biochemistry, 2007, 42(2):289-293.

[33] Dikshit K L, Webster D A. Cloning, characterization and expression of the bacterial globin gene from *Vitreoscilla* in *Escherichia coli* [J]. Gene, 1988, 70(2):377-386.

[34] Kallio P T, Jin K D, Tsai P S, et al. Intracellular expression of *Vitreoscilla hemoglobin* alters *Escherichia coli* energy metabolism under oxygen-limited conditions [J]. European Journal of Biochemistry, 1994, 219(1-2):201-208.

[35] 徐虹，冯小海，周哲，等．一种发酵生产 γ- 聚谷氨酸的柱式固定化反应器及其工艺 [P]. CN103194374A. 2013-07-10.

[36] Luo Z, Guo Y, Liu J, et al. Microbial synthesis of poly-γ-glutamic acid: current progress, challenges, and future perspectives [J]. Biotechnology for Biofuels, 2016, 9(1):1-12.

[37] Yao J, Jing J, Xu H, et al. Investigation on enzymatic degradation of γ-polyglutamic acid from *Bacillus subtilis* NX-2 [J]. Journal of Molecular Catalysis B: Enzymatic, 2009, 56(2-3):158-164.

[38] Tian G, Fu J, Wei X, et al. Enhanced expression of *pgdS* gene for high production of poly-γ-glutamic aicd with lower molecular weight in *Bacillus licheniformis* WX-02 [J]. Journal of Chemical Technology & Biotechnology, 2014, 89(12):1825-1832.

[39] 徐虹，沙媛媛，李莎，等．一种重组解淀粉芽孢杆菌及其构建方法和应用 [P]: CN201810537614.1. 2018-10-09.

[40] Sha Y, Zhang Y, Qiu Y, et al. Efficient biosynthesis of low-molecular-weight poly-γ-glutamic acid by stable overexpression of PgdS hydrolase in *Bacillus amyloliquefaciens* NB [J]. Journal of Agricultural and Food Chemistry, 2018, 67(1):282-290.

[41] Sawada K, Araki H, Takimura Y, et al. Poly-L-gamma-glutamic acid production by recombinant *Bacillus subtilis* without *pgsA* gene [J]. Amb Express, 2018, 8(1):1-11.

[42] Sha Y, Huang Y, Zhu Y, et al. Efficient biosynthesis of low-molecular-weight poly-γ-glutamic acid based on stereochemistry regulation in *Bacillus amyloliquefaciens* [J]. ACS Synthetic Biology, 2020, 9(6):1395-1405.

[43] Goto A, Kunioka M. Biosynthesis and hydrolysis of poly (γ-glutamic acid) from *Bacillus subtilis* IFO 3335[J]. Biosci Biotechnol Biochem, 1992, 56(7): 1031-1035.

第四章
$\gamma-$ 聚谷氨酸在农业上的应用

聚氨基酸在植物促生领域的研究最早可追溯到 20 世纪 90 年代，美国 Donlar 公司首次报道化学合成的聚天冬氨酸能提高植物对氮、磷、钾的吸收，促进作物生长 [1]。但当时聚氨基酸生产成本高，限制了其在农业领域广泛应用，以致此后近 10 年时间，鲜有聚氨基酸在农业上应用及其对作物的促生机制等的报道。2000 年以后，本书著者团队在国内最早开始研究 γ-PGA 的全生物合成技术，开展了菌株选育、代谢调控、分子量设计、适应性反应器开发等一系列工作，在其可控合成方面取得了突破性进展，并推进了 γ-PGA 生物制造的产业落地，相关工作成果获得了国家技术发明二等奖（功能性高分子聚氨基酸生物制备关键技术与产业化应用）。该技术的应用，大幅降低了 γ-PGA 生产成本，国内陆续有学术团队开始重新关注 γ-PGA 的农业应用研究。2004 年本书著者团队首次报道了 γ-PGA 高吸水材料在土壤中有较强的保水能力，有明显的抗旱促苗效应，在聚乙二醇模拟干旱条件下，γ-PGA 可明显提高小麦和玉米的发芽率 [2]。2008 年华中农业大学也报道了 γ-PGA 具有生防和肥料增效的作用 [3]。2013 年，本书著者团队又报道了 γ-PGA 具有提高小麦、油菜等作物的氮素利用率，促进作物增产的效果 [4,5]。

随后，本书著者团队针对 γ-PGA 对作物的促生机制开展了系列研究：2014 年发现 γ-PGA 通过 Ca^{2+}/CaM（钙调蛋白）信号途径来调节植物氮代谢的关键酶活性，提高了植物对氮素的吸收和同化，进而促进植物的生长，从代谢水平阐释了 γ-PGA 对植物氮代谢的调节作用，同时发现当 γ-PGA 的分子量为 2000 左右时，其对作物的促生效用最佳；2016 年，发现 NaCl 胁迫条件下，γ-PGA 可使油菜苗的 K^+/Na^+ 值、脯氨酸含量、抗氧化酶活性显著提高，丙二醛含量显著降低，增强了油菜苗在盐胁迫下的耐受能力，这成为 γ-PGA 提高作物抗盐能力的首例报道 [6]；随后，利用基因芯片技术探索了 γ-PGA 对拟南芥基因转录的影响，结果显示拟南芥中 299 个基因受 γ-PGA 显著调节，这些差异基因主要涉及油菜素甾醇生物合成、α- 亚麻酸代谢、苯丙素生物合成和氮代谢等生物途径，在转录层面解释了 γ-PGA 促进植物生长和增强植物抗盐性的机制 [7]；2017 年，通过荧光标记 γ-PGA（FITC-PGA）的示踪试验发现，γ-PGA 仅作用在植物的根部，它没有被转运至叶片，并且 γ-PGA 不能穿过细胞膜进入细胞质，而是贴附在细胞膜表面，通过激发产生 H_2O_2 和 Ca^{2+} 交互信号提高油菜苗的抗盐能力。自此，基本揭示了 γ-PGA 在增强植物抗逆促生过程中的作用机制。

2018 年农业农村部在十三届全国人大一次会议第 4300 号建议答复中公开提出推进化肥减量增效可积极使用 γ-PGA。这意味着，γ-PGA 作为一种在农业种植领域具有积极效用的生物材料，正式受到了国家农业主管部门的认可和推广。此后，随着国家大力推进农业供给侧结构性改革，倡导有机农业、绿色农业、生态农业，国内外农化企业纷纷大力投入生物制剂，γ-PGA 凭借其在增效肥和生物刺激素产品中的突出效果和强大功能，成为受人欢迎的明星产品。

第一节
γ-聚谷氨酸作为土壤保水材料的应用

我国干旱、半干旱地区约占国土面积的一半以上，平均年受旱面积达 200 万～270 万平方千米，即使在非干旱区，也经常受到季节性干旱的影响[8]。干旱是限制我国农业发展的主要因素，由此造成的损失位于各种自然灾害之首。干旱还对植树种草等生态建设工程的实施及效益产生不利影响。因此，开发科学的抗旱调控技术，一直是农业生产和生态建设中迫切需要解决的重大课题。施用抗旱保水剂是植物抗旱调控技术的重要组成部分，其中高吸水树脂的应用已日益受到关注。国内外的试验研究表明，高吸水树脂由于保水能力强，在干旱环境下能将所吸收水分通过扩散释放，并具有反复吸水和渗水的特性，对干旱和半干旱地区的农、林、牧业具有重要的意义[9-12]。另外，高吸水树脂对改良土壤、促进土壤中团粒结构的形成、增强土壤通透性、防止土壤侵蚀具有独特作用。目前，高吸水树脂主要用于种子涂层、苗木根系涂层和种子造粒，可明显提高种子出苗率、苗木移植成活率，促进植物生长发育，增加农业产量[13,14]。

迄今为止，国内外在抗旱节水方面的高吸水树脂研究主要集中于聚丙烯酸盐及其聚合体，而 γ-PGA 在抗旱节水方面的应用研究报道较少。γ-PGA 吸水树脂为新一代生物聚合高效吸水材料，它具有两个特点：一是可生物降解，在使用一定时间后可降解为谷氨酸，成为肥料回归于土壤中，避免造成土壤恶化；二是来自生物质原料，而非石油资源，具有可持续性。本节将主要探讨 γ-PGA 吸水树脂在土壤中的一些基本特性及其在农业方面的初步应用[15]。

一、γ-聚谷氨酸高吸水树脂的制备及特性表征

1. γ-聚谷氨酸高吸水树脂的制备原理及工艺

本书著者团队建立了一套以乙二醇缩水甘油醚作为交联剂制备 γ-PGA 吸水树脂的工艺，并对其制备工艺条件、吸水特性进行了研究。在酸性条件下，氢离子首先与乙二醇缩水甘油醚两端的环氧基团结合形成氢离子化的基团，然后

γ-PGA 的羧基对氢离子化的环氧基亲核加成进攻，最后再脱去氢离子，整个反应历程为 S_N2 类型，其反应式如图 4-1 所示。

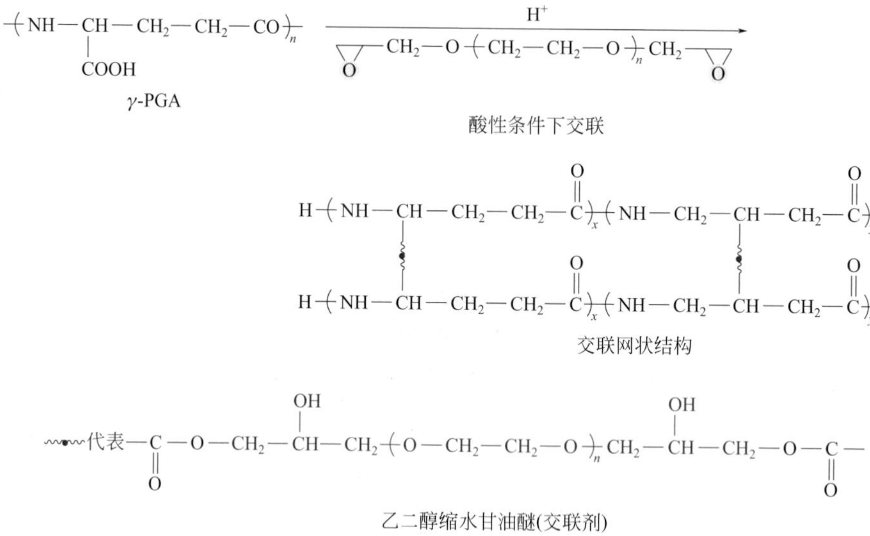

图4-1　乙二醇缩水甘油醚与γ-PGA反应式

本书著者团队确定了 γ-PGA 吸水树脂制备的最优工艺：γ-PGA 浓度 120g/L，乙二醇缩水甘油醚用量为 γ-PGA 的 18.75%，在 pH 5.0、60℃条件下反应 44～48h，即可得到吸水率为 950g/g 的高吸水性树脂[16]。

2．γ-聚谷氨酸吸水树脂的吸水特性

本书著者团队对 γ-PGA 吸水树脂在不同介质、不同 pH、不同粒度、不同温度、不同压力下的吸水特性进行了测试，发现其具有如下特性。

（1）γ-PGA 吸水树脂对蒸馏水的吸水率为 950g/g，对生理盐水的吸水率为 55g/g，约是市售聚丙烯酸吸水树脂的 2 倍。

（2）溶液的 pH 在 6～9 之间时，该树脂吸水率变化不大。在此之外，吸水率会急剧降低。γ-PGA 吸水树脂在电解质溶液中，吸水率会大幅度降低。在同一种电解质中，随电解质浓度的提高，树脂吸水率下降。在电解质浓度相同时，树脂对高价电解质溶液的吸水率低于低价电解质溶液的吸水率。树脂对不同介质的吸水率相差很大，吸收去离子水（950g/g）最大，自来水（670g/g）次之，吸收盐溶液能力较差。

（3）不同粒度的树脂吸水速率不同，粒度小的树脂吸水速率快于粒度大的。但颗粒太细，吸水时有起团的现象。粒度在 20 目至 100 目之间，当吸水达到饱

和时，其吸水速率几乎不变。

（4）γ-PGA 吸水树脂在 27℃常温下放置 4 天后保水率为 89%，7 天后保水率为 61%，10 天以上保水率恒定在 53%。当加载 35gf（1gf=9.80665×10^{-3}N，下同）压力时，保水率为 90%；当加载 300gf 压力时，保水率为 72%，远优于纸纤维的保水能力。可见，γ-PGA 树脂在常温常压下以及加压条件下均具有良好的保水能力。

（5）γ-PGA 吸水树脂具有较好的热稳定性，在 80℃以下受热后的树脂吸水率变化不大。

二、γ-聚谷氨酸高吸水树脂的应用效果评价

1. γ- 聚谷氨酸吸水树脂的保湿效果评价

（1）切花保鲜实验　以市售非洲菊、玫瑰、唐菖蒲、菊花、康乃馨、紫罗兰、香雪兰等七种鲜切花为材料，以 γ-PGA 吸水树脂水浸液为保鲜剂开展切花保鲜试验。将市售的 7 种鲜花混合置于盛有 20mL γ-PGA 树脂水浸液的塑料袋中，扎紧袋口，对照切花置于盛有 20mL 水的扎紧的塑料袋中。隔日观测花、叶、茎的状态，试验期间的日平均气温为 27.8℃。实验结果见表 4-1，结果表明，γ-PGA 树脂水浸液的切花保鲜效果明显，说明 γ-PGA 吸水树脂具有较好的保湿效果。

表4-1　γ-PGA 树脂水浸液的切花保鲜试验

花卉名称	处理2天	对照	处理4天	对照	处理6天	对照
非洲菊	鲜艳正常	茎折	基本正常	花瓣萎蔫	略显萎蔫	花严重萎蔫
玫瑰	鲜艳正常	花下垂	基本正常	茎折	略显萎蔫	完全萎蔫
唐菖蒲	鲜艳正常	花凋谢	基本正常	花全凋谢	略显萎蔫	花凋谢、茎干枯
菊花	鲜艳正常	花瓣微垂	基本正常	花瓣萎蔫	略显萎蔫	花全萎蔫
康乃馨	鲜艳正常	花色变深	基本正常	花瓣部分萎蔫	略显萎蔫	花全萎蔫
香雪兰	鲜艳正常	下部花萎蔫	基本正常	花全凋谢	略显萎蔫	花干枯
紫罗兰	鲜艳正常	叶萎蔫	基本正常	叶下垂、花开始凋谢	略显萎蔫	花凋谢

（2）土壤吸水实验　表 4-2 是在盆栽条件下，土壤质量湿度分别为 10%、20% 和 30%，材料埋深 3.0cm 条件时 γ-PGA 的吸水率。γ-PGA 吸水树脂在不同土壤质量湿度下的吸水率有随土壤水分含量增加呈明显的上升趋势，但吸水率已比在蒸馏水条件下显著降低。这显然是由于土壤颗粒对土壤水分的吸附力造成的。供试验的土壤为中壤土，三种土壤质量湿度的农业水分常数大致分别为土壤凋萎湿度、70% 田间持水量和田间持水量。由此说明，γ-PGA 吸水树脂在土壤中的实际吸水率是随土壤水分含量不同而变化的，γ-PGA 吸水树脂在土壤中的实际吸水率在 100 倍以内。

表4-2　γ-PGA吸水树脂在不同土壤质量湿度下的吸水率测定结果

土壤质量湿度/%	γ-PGA吸水树脂施用量/g	树脂埋深/cm	吸水时间/h	吸水质量/g	吸水率/倍
10	0.61	3.0	56	18.0	29.5
20	0.43	3.0	56	18.6	43.3
30	0.44	3.0	56	35.6	80.9

2. γ-聚谷氨酸吸水树脂对种子出苗率的影响

（1）直接拌土试验的结果　表4-3是在模拟不同降水量的盆栽试验条件下，以γ-PGA吸水树脂1g拌土100g面施500cm^{2}土面时4种植物出苗率的测定结果。γ-PGA树脂拌土面施对不同粒型种子的出苗率都有比较明显的提升效果，其中小麦和玉米等出土能力较强的单子叶植物在低降水条件下的效果最为明显，如小麦在5mm降水量模拟条件下，拌土面施γ-PGA树脂的出苗率要比对照高出14倍多，玉米的出苗率也高43%。双子叶植物和小粒种子的效果相对较低。

表4-3　γ-PGA树脂直接拌种对4种植物的出苗率和苗高的影响

模拟降水量/mm	γ-PGA处理	玉米		大豆		小麦		三叶草	
		出苗率/%	苗高/cm	出苗率/%	苗高/cm	出苗率/%	苗高/cm	出苗率/%	苗高/cm
30	拌土面施	94.0	7.2	58.0	4.9	94.0	6.8	52.4	5.2
	CK	88.0	7.0	40.0	5.1	89.0	4.2	49.2	3.6
15	拌土面施	88.0	6.8	54.0	5.0	90.0	6.9	43.8	4.2
	CK	64.0	6.8	32.0	4.7	89.0	4.1	38.4	4.0
5	拌土面施	86.0	6.7	0.0	—	57.0	6.5	0.0	—
	CK	60.0	5.4	0.0	—	4.0	3.0	0.0	—

注：CK表示对照，下同。

（2）PEG试剂模拟试验的结果　聚乙二醇（PEG）试剂的分子量为6000，是一种不能被植物根系吸收的大分子试剂，其化学性能稳定。采用PEG配制的不同浓度的溶液模拟土壤持水力的大小，是植物生理学研究中经常用来测定植物根系吸水力的一种方法。表4-4的结果表明，除玉米外，小麦和黑麦草在1/6 PEG浓度下，用γ-PGA拌种的植物出苗率已明显高于对照，在1/3 PEG浓度时，小麦的出苗率是对照的2.91倍、黑麦草是对照的8.01倍，在2/3 PEG浓度下，对照处理的三种植物因已无法从溶液中吸收水分而不能发芽，而用γ-PGA拌种的小麦和黑麦草种子仍具有一定的吸水力，分别有9.0%和7.0%的发芽率。说明γ-PGA在土壤中的吸水、保水力是显著的。玉米的γ-PGA拌种效果不明显的原因是种子不易黏着γ-PGA粉末，可见γ-PGA粉末的种子包衣技术也是需要进一步研究的课题。

表4-4 不同PEG试剂浓度下γ-PGA拌种的植物出苗率

PEG浓度	植物出苗率/%					
	小麦		玉米		黑麦草	
	拌种	CK	拌种	CK	拌种	CK
蒸馏水	88.89	91.11	84.44	82.22	75.56	73.33
1/12 PEG	68.89	73.33	77.78	86.67	77.78	66.67
1/6 PEG	68.89	57.78	60.00	66.67	46.67	17.78
1/3 PEG	51.78	17.78	24.44	24.44	17.78	2.22
2/3 PEG	9.0	0.0	0.0	0.0	7.0	0.0
PEG原液	0.0	0.0	0.0	0.0	0.0	0.0

（3）γ-PGA水浸液的保水和释放效果试验结果 为研究γ-PGA吸收水分后的保水和释放能力，进行了在干土中直接施用γ-PGA水浸液的小麦根箱试验，施用量分别为150mL、300mL和500mL，相当于5.0mm、10.0mm和16.5mm日降水量，采用根箱试验的目的是观测小麦根系的生长情况，试验结果如表4-5。

表4-5 γ-PGA水浸液的小麦根箱试验结果

处理	相当于降水量/mm	出苗率/%	苗高/cm	根系生长状况	
				最大深度/cm	根数/条
水浸液500mL（处理1）	16.5	91.0	12.0	24.3	14
水浸液300mL（处理2）	10.0	82.0	11.4	20.0	10
水浸液150mL（处理3）	5.0	80.0	9.5	18.5	8
浇水250mL（对照）	8.3	55.0	6.1	16.0	8

结果表明，施用相当于5.0mm日降水量的水浸液的小麦出苗率为80.0%，比浇相当于8.3mm水的小麦出苗率提高45.5%；由于出苗提前，苗高增加55.7%；根系的最大深度也加深15.6%。随着γ-PGA水浸液用量的增加，出苗率、苗高、根系最大深度和根数进一步提高。这一结果证明，γ-PGA水浸液具有较强的保水能力，在土壤中能缓慢释放，提高土壤水分的有效性。

第二节
γ-聚谷氨酸作为肥料增效剂的应用

化肥是重要的农业生产资料，是粮食的"粮食"。化肥在促进粮食和农业生产发展中起到了不可替代的作用，但也存在化肥过量施用、盲目施用等问题，带来了成本的增加和环境的污染，亟须改进施肥方式，提高肥料利用率，促进农业可持续发展[18]。为此，农业部于2015年制定了《到2020年化肥使用量零增长行动方案》。截至2020年底，我国化肥减量增效已顺利实现预期目标，化肥利用率明显提升，促进种植业高质量发展效果明显。经测算，2020年我国水稻、小麦、玉米三大粮食作物化肥利用率为40.2%，比2015年提高了5个百分点。在这场化肥零增长行动中，肥料增效剂发挥了不可磨灭的功劳。肥料增效剂，是一类以增加养分有效性为目的的活性物质，它可以通过固持氮和活化土壤中难以利用的磷、钾元素来增加对作物养分的供给，并在调节植物生理功能中起到一定作用。γ-PGA是近10年来开发的一种能够调节土壤理化性质，提高作物对肥料养分吸收、利用的新型肥料增效剂，它具有生物肥的长效性、有机肥的稳效性和微肥的增效性，大量应用实例表明其具有添加量少、使用成本低、促生长效果明显等优点。

一、含γ-聚谷氨酸肥料在不同作物上的应用效果及肥料利用率评价

为了确定生物高分子γ-PGA对作物产量和肥料利用率的作用效果，本书著者团队在小麦、水稻、白菜、葡萄等不同作物上开展了γ-PGA肥料应用研究，分析了γ-PGA施用对作物产量、品质以及肥料利用率的影响[19]。

1. 含γ-聚谷氨酸尿素在小麦上的应用

本书著者团队分别采用掺混和包膜两种方式制备了含γ-PGA尿素，其中γ-PGA掺混尿素（PGAU1）制备方法为：将尿素磨粉后，利用转鼓式混合器与γ-PGA按照1000∶1的比例充分混合，再用造粒机重新造粒；γ-PGA包膜尿素（PGAU2）制备方法为：使用肥料包膜机将100mL的γ-PGA溶液（20g/L）包裹在2kg的尿素表面，并烘干。供试小麦种子为宁麦13。本实验共设如表4-6所示的6个处理[20]。

表4-6　盆栽小麦实验设计

处理编号	处理方式	氮素施用量
na	不施氮肥	0
nb	施用尿素	150mg/kg土
nc	施用PGAU1	150mg/kg土
nd	施用PGAU2	150mg/kg土
ne	较nc减施15% PGAU1	127.5mg/kg土
nf	较nd减施15% PGAU2	127.5mg/kg土

实验结果如表 4-7 所示，含 γ-PGA 尿素明显促进了小麦的生长，在成熟期提高了每盆分蘖数、千粒重、穗粒数和每盆种子总重。施用 PGAU2 后小麦产量显著提高了 11.15%。与对照 nb 相比，即使减少施用 15% 的氮肥时，含 γ-PGA 尿素施用仍可以提高小麦产量 1.82% ~ 2.05%。说明正常施肥条件下，尿素中添加 γ-PGA 可以显著提高小麦产量，并且可以在保证作物产量不减少的情况下减少氮肥施用量，是一种高效的肥料增效剂。γ-PGA 还明显提高了小麦中总蛋白和可溶性淀粉的含量（图 4-2），与对照（nb）相比，施用含 γ-PGA 尿素显著提高了小麦籽粒蛋白含量 3.88% ~ 6.75%，提高了淀粉含量 0.11% ~ 1.95%。

表4-7　小麦盆栽试验中不同处理条件下小麦的生长状况

处理编号	每盆分蘖数	千粒重/g	穗粒数	每盆种子总重/g
na	8.50±1.00[b]	26.49±1.95[b]	18.05±0.75[c]	4.06±0.76[c]
nb	12.75±0.50[a]	28.31±0.96[a]	24.35±0.41[b]	8.79±0.61[b]
nc	13.50±0.58[a]	28.51±0.87[a]	25.30±0.30[a]	9.73±0.27[a]
nd	13.75±0.96[a]	28.36±0.63[a]	25.07±0.67[ab]	9.77±0.41[a]
ne	13.00±0.82[a]	28.24±0.69[a]	24.37±0.56[b]	8.95±0.28[b]
nf	13.00±1.15[a]	28.15±0.85[a]	24.52±0.54[ab]	8.97±0.39[ab]

注：表中上角 a、b、c 代表存在显著性差异。

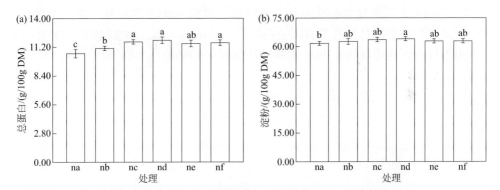

图4-2　不同施肥处理对小麦总蛋白含量（a）和淀粉含量（b）的影响
DM—dry mass，干物质；a、b、c 等字母代表存在显著性差异，下同

此外，γ-PGA 也显著提高了秸秆和籽粒干重以及籽粒的氮浓度（表 4-8）。在正常施氮条件下，与对照 nb 相比，施用含 γ-PGA 尿素分别提高了秸秆和籽粒干重以及籽粒的氮浓度 9.38% ~ 9.58%、11.07% ~ 11.53% 和 5.35% ~ 6.79%，氮肥利用率提高了 11.81% ~ 14.00%。并且当氮素缺乏时（ne、nf），γ-PGA 对氮肥利用率的提高效果更加明显。

表4-8　γ-PGA对盆栽小麦氮肥利用率的影响

处理编号	施氮量/（mg/盆）	干物质/g		氮浓度/（g/kg）		氮吸收量/（mg/盆）	氮肥利用率/%
		秸秆	籽粒	秸秆	籽粒		
na	0.00	13.06±0.60^c	4.06±0.76^c	4.92±0.58^a	18.54±0.77^c	139.21±7.68^c	—
nb	150.00	24.64±0.96^b	8.76±0.61^b	5.46±0.47^a	19.45±0.37^b	305.29±15.96^b	44.29
nc	150.00	26.95±1.26^a	9.73±0.27^a	5.57±0.38^a	20.49±0.34^a	349.60±19.71^a	56.10
nd	150.00	27.00±0.87^a	9.77±0.41^a	5.60±0.33^a	20.77±0.58^a	354.12±21.06^a	57.31
ne	127.50	24.65±0.74^{ab}	8.95±0.28^b	5.51±0.34^a	20.21±0.57^{ab}	322.02±9.01^b	57.35
nf	127.50	24.79±0.79^{ab}	8.97±0.39^{ab}	5.52±0.35^a	20.33±0.41^a	325.01±7.39^b	58.29

注：表中上角字母a、b、c代表存在显著性差异。

随着小麦的生长，土壤中 NH_4^+-N 和 NO_3^--N 的含量逐渐降低（图4-3）。施用含 γ-PGA 尿素后提高了整个小麦生育期的 NH_4^+-N 含量，土壤 NO_3^--N 含量除了分蘖期外都比对照组高，SMBN（soil microbial biomass nitrogen，土壤微生物氮）含量除开花期外均比对照组增加了。说明 γ-PGA 可以改变土壤中各形态氮素含量，特别是提高作物生长前期土壤中 NH_4^+-N 含量以及土壤微生物对无机氮的固定[21]。

2．γ-聚谷氨酸增效复合肥在水稻上的应用

本书著者团队于 2011 年 6 月至 2011 年 11 月在江苏省句容市戎岗头村，开展了 γ-PGA 增效复合肥在水稻上的试验。供试 γ-PGA 增效复合肥和增效尿素均由南京轩凯生物科技股份有限公司提供，其中氮、磷、钾含量均为 15%，γ-PGA 添加量为肥料质量的 0.3%。实验设计如表 4-9 所示。

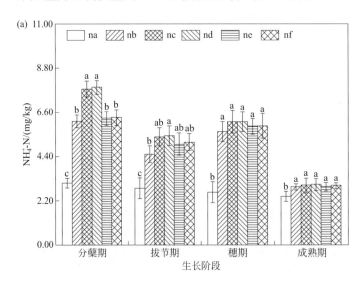

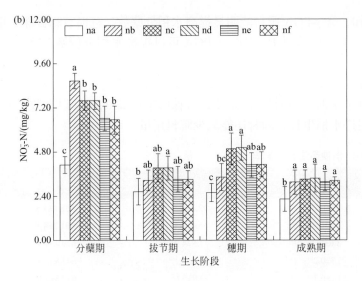

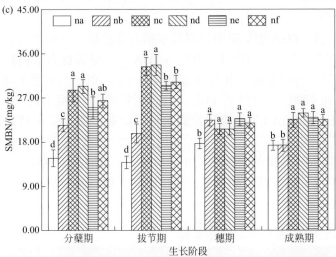

图4-3 盆栽小麦土壤中NH$_4^+$-N（a）、NO$_3^-$-N（b）和SMBN（c）含量的变化

a、b、c、d代表存在显著性差异

表4-9 水稻小区试验设计

处理编号	处理
T$_1$	45%普通复合肥基肥+分蘖肥普通尿素+穗肥普通尿素，CK1
T$_2$	减少施用10%质量（45%普通复合肥基肥+分蘖肥普通尿素+穗肥普通尿素），CK2
T$_3$	45%增效复合肥基肥+分蘖肥增效尿素+穗肥增效尿素
T$_4$	减少施用10%质量（45%增效复合肥基肥+分蘖肥增效尿素+穗肥增效尿素）
T$_5$	减少施用20%质量（45%增效复合肥基肥+分蘖肥增效尿素+穗肥增效尿素）

由表 4-10 可知，含 γ-PGA 肥料能明显提高水稻分蘖数、总根数和百株鲜重。在不减施肥料条件下，与对照 T_1 相比，γ-PGA 可以提高水稻分蘖数 12.5%、总根数 7.2%、百株鲜重 6.4%。当减少施用 10% 质量的肥料（T_4）时，与 T_2 相比，γ-PGA 仍然可以提高分蘖数 13.8%、总根数 11.9%、百株鲜重 6.9%。当减少施用 20% 质量的肥料（T_5）时，与对照 T_1 相比，百株鲜重提高 0.2%。以上数据表明 γ-PGA 可以明显促进水稻生长，同时还能减少肥料用量。

表4-10　γ-PGA对水稻秧苗生长的影响

处理编号	分蘖数 /（株/m²）	总根数 /根	百株鲜重 /g
T_1	3.2±0.2[ab]	72.3±4.5[a]	638.4±4.5[a]
T_2	2.9±0.3[b]	65.4±4.1[b]	601.2±4.1[b]
T_3	3.6±0.2[a]	77.5±4.9[ab]	679.4±4.9[ab]
T_4	3.3±0.2[ab]	73.2±5.3[ab]	642.8±5.3[ab]
T_5	3.2±0.3[ab]	72.9±5.6[ab]	639.5±5.6[ab]

注：表中上角字母 a、b 代表存在显著性差异。

由表 4-11 可知，含 γ-PGA 肥料能明显提高水稻有效穗数、穗粒数和水稻产量。在不减施肥料的情况下，与对照 T_1 相比，γ-PGA 可以显著提高水稻有效穗数 2.5%、穗粒数 4.2%。当减少施用 10% 质量的肥料（T_4）时，与对照 T_2 相比，穗粒数提高 10.1%。与不减肥料对照 T_1 相比，γ-PGA（T_3）提高水稻千粒重 1.1%。与减肥料对照 T_2 相比，γ-PGA（T_4）可以提高水稻千粒重 2.8%，使水稻籽粒更加饱满。在不减施肥料的情况下，与对照 T_1 相比，γ-PGA 可以显著提高水稻产量 14.5%。当减少施用 20% 质量的肥料（T_5）时，γ-PGA 比对照 T_1 产量提高 0.2%，这说明 γ-PGA 施用不仅可以提高水稻产量，还可以减少肥料使用量，对于水稻是一种高效的肥料增效剂。

表4-11　γ-PGA对水稻的产量及其构成因素的影响

处理编号	有效穗数 /（×10⁴/hm²）	穗粒数 /穗	千粒重 /g	产量 /（kg/hm²）
T_1	331.3±10.1[abc]	118.2±2.3[bc]	26.3±0.6[a]	6689.4±332.4[bc]
T_2	320.3±8.7[bc]	110.3±2.8[d]	25.1±0.3[a]	5793.7±384.5[d]
T_3	339.7±9.3[a]	123.2±1.9[a]	26.6±0.6[a]	7658.9±293.7[a]
T_4	338.0±11.0[ab]	121.4±2.4[ab]	25.8±0.5[a]	7304.8±304.6[ab]
T_5	314.7±7.3[c]	119.7±2.7[abc]	24.9±1.8[a]	6705.1±384.7[bc]

注：表中上角字母代表存在显著性差异。

本书著者团队进一步考察了 γ-PGA 对水稻籽粒品质的影响，发现含 γ-PGA 肥料能显著提高水稻总蛋白和淀粉的含量（图 4-4）。施用 γ-PGA 增效肥料（T_3），与对照 T_1 相比，γ-PGA 提高了水稻籽粒蛋白含量 7.7%、淀粉含量 4.93%。当减少施用 20% 质量的肥料（T_5）时，与对照 T_1 相比，γ-PGA 可以提高水稻籽粒蛋白含量 1.4%、淀粉含量 1.0%。

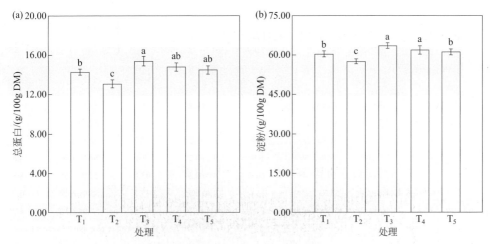

图4-4　γ-PGA对水稻籽粒总蛋白（a）和淀粉（b）的影响
a、b、c代表存在显著性差异

3. γ-聚谷氨酸增效尿素在白菜上的应用

供试白菜品种为七宝青，为不结球白菜，实验共设计 7 个处理，如表 4-12 所示[4]。

表4-12　盆栽白菜方案设计

处理编号	施肥处理
1	不施氮肥（CK1）
2	尿素（CK2）
3	含0.4% γ-PGA尿素
4	含2.5% γ-PGA尿素
5	含6.0% γ-PGA尿素
6	含12% γ-PGA尿素
7	减施15%质量的含2.5% γ-PGA尿素

结果表明施用含 γ-PGA 尿素对白菜植株株高、叶绿素含量、地下部鲜重、地上部鲜重都有明显的促进作用（表 4-13）。γ-PGA 尿素能够促进白菜根部的发育，使根增粗、增大，尿素中 γ-PGA 含量越大，促进作用越明显，施用含 6.0%、12% γ-PGA 的尿素后，白菜的地下部鲜重比 CK2 分别提高 43.8%、37.5%，且达到了显著性差异。当 γ-PGA 尿素减少施用 15% 质量（处理 7）时，白菜叶绿素含量、地上部鲜重仍有显著提高，分别较 CK2 提高 13.2%、4.2%，这说明 γ-PGA

可以促进白菜的生长，并且在减施肥料条件下对白菜的增产效果仍很明显。此外，由图4-5可知，施用含 γ-PGA 尿素还可以明显降低白菜硝酸盐含量、增加维生素 C 含量，提高了白菜的品质[23]。

表4-13　γ-PGA对盆栽白菜生长特性及产量的影响

处理编号	株高/cm	叶绿素相对值		地下部鲜重		地上部鲜重	
		CCI	较CK2变化率/%	/g	较CK2变化率/%	/g	较CK2变化率/%
1（CK1）	7.6±0.4^b	22.6±2.5^d	—	2.7±0.2^c	—	33.0±2.4^c	—
2（CK2）	11.3±0.9^a	49.1±5.1^c	—	3.2±0.4^bc	—	52.4±2.9^b	—
3	11.4±0.7^a	50.9±1.9^bc	3.7	3.2±0.2^bc	0	56.6±3.2^a	8.0
4	12.0±1.5^a	52.0±1.5^bc	5.9	3.5±0.2^b	9.4	56.9±1.0^a	8.6
5	12.2±1.2^a	59.3±3.4^a	20.8	4.6±0.3^a	43.8	57.0±1.5^a	8.8
6	11.9±1.5^a	55.8±3.1^abc	13.6	4.4±0.5^a	37.5	55.9±1.0^ab	6.7
7	11.6±1.2^a	55.6±4.5^abc	13.2	3.4±0.1^b	6.25	54.6±2.7^ab	4.2

注：表中上角字母 a、b、c、d 代表存在显著性差异。CCI 值是叶绿素含量指数是 Chlorophyll Content Index 缩写。

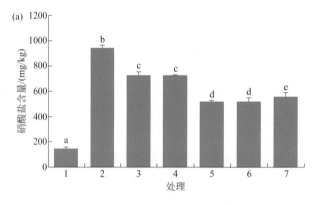

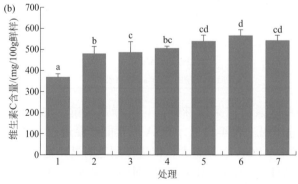

图4-5　γ-PGA对白菜硝酸盐（a）和维生素C（b）含量的影响
字母 a、b、c、d 表示差异显著（$P < 0.05$）

表 4-14 为 γ-PGA 对氮肥利用率的影响，其结果说明 γ-PGA 可以明显提高白菜的氮含量和氮肥利用率。当尿素中 γ-PGA 添加量为 6% 时，氮肥利用率提高了 10.6%；当含 γ-PGA 尿素减少施用 15% 质量时，氮肥利用率仍然提高了 10.2%，这再次说明 γ-PGA 可以提高尿素氮肥利用率，尤其在减施氮肥的情况下肥料利用率提高效果更明显。

表4-14　γ-PGA对氮肥利用率的影响

处理编号	全氮/（g/kg）	氮吸收量/（mg/盆）	比CK1多吸收量/mg	氮肥利用率/%	较CK2氮肥利用率提高/%
1（CK1）	24.4±1.2ᵉ	205.1±6.2ᵉ	—	—	—
2（CK2）	39.4±1.3ᶜ	341.1±8.1ᵈ	136.0	36.3	—
3	40.4±2.4ᵇᶜ	356.1±7.7ᵇᶜ	151.0	40.2	3.9
4	41.6±1.6ᵃᵇᶜ	367.6±12.4ᵃᵇ	162.5	43.3	7.0
5	42.3±1.0ᵃᵇ	381.1±2.6ᵃ	176.0	46.9	10.6
6	43.4±1.4ᵃ	371.6±10.8ᵃ	166.5	44.4	8.1
7	32.1±2.1ᵈ	353.2±7.1ᶜᵈ	148.1	46.5	10.2

注：表中上角字母 a、b、c、d、e 代表存在显著性差异。

据报道氮肥进入土壤后，其转化与运移具有十分复杂的物理 - 化学 - 生物学的过程 [24]。由图 4-6 可知，正常施氮下，γ-PGA 可以明显提高土壤中铵态氮的含量，土壤铵态氮的含量与 γ-PGA 基施量呈正相关关系。所有处理的土壤中硝态氮含量都较低，处理组比对照组硝态氮含量低有可能是 γ-PGA 促进了白菜根系的生长，被白菜吸收的硝态氮也就增加，还可能是 γ-PGA 改善了土壤微生物区系，土壤微生物的还原能力增强，硝酸盐还原量增加。

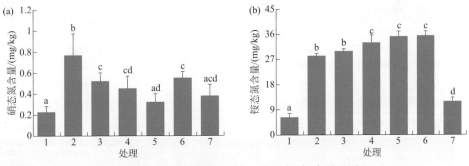

图4-6　γ-PGA对白菜收获后土壤硝态氮（a）、铵态氮（b）的影响
字母a、b、c、d表示差异显著（$P < 0.05$）

4. 含 γ- 聚谷氨酸叶面肥在葡萄上的应用

供试葡萄品种为美人指（*Vitis viniera* 'Manicure Finger'），开展叶面肥效实

验，按表4-15共设4个处理。

表4-15 葡萄应用实验方案设计

处理编号	处理
T_1	清水喷施，CK
T_2	普通叶面肥
T_3	γ-PGA叶面肥1（γ-PGA含量1.5%）
T_4	γ-PGA叶面肥2（γ-PGA含量3%）

表4-16～表4-18分别为不同叶面肥处理对葡萄产量及糖分含量、可溶性固形物含量、可滴定酸度、维生素C含量等葡萄品质指标的影响。实验表明，含γ-PGA叶面肥不仅可以显著增加葡萄产量，还可以明显提高葡萄中蔗糖、葡萄糖、果糖的含量，增加葡萄可溶性固形物含量和维生素C含量，降低葡萄可滴定酸度，既改善了葡萄的口感，也提高了其营养价值，整体提升了葡萄品质。

表4-16 不同叶面肥对葡萄产量的影响

处理编号	小区产量 /（kg/30m²）	葡萄产量	
		/（kg/亩）	较T_1变化率/%
T_1	67.6 ± 0.9^b	1502.3 ± 20.4^b	—
T_2	69.9 ± 1.5^b	1553.4 ± 33.8^b	3.4
T_3	72.8 ± 0.8^a	1617.9 ± 31.1^a	7.7
T_4	73.4 ± 0.8^a	1631.2 ± 26.7^a	8.6

注：1. 表中上角字母a、b代表存在显著性差异。
2.1亩=666.67m²，下同。

表4-17 不同叶面肥对葡萄中各糖分含量变化的影响

处理编号	蔗糖		葡萄糖		果糖	
	/（g/100g FW）	较T_1变化率/%	/（g/100g FW）	较T_1变化率/%	/（g/100g FW）	较T_1变化率/%
T_1	0.2 ± 0^a	—	4.3 ± 0.2^c	—	3.6 ± 0.5^c	—
T_2	0.3 ± 0.1^a	50.0	5.0 ± 0.4^{bc}	16.3	4.3 ± 0.4^{bc}	19.4
T_3	0.3 ± 0.1^a	50.0	5.3 ± 0.5^b	23.3	4.6 ± 0.3^{ab}	27.8
T_4	0.3 ± 0^a	50.0	6.3 ± 0.4^a	46.5	5.3 ± 0.4^a	47.2

注：表中上角字母a、b、c代表存在显著性差异。

表4-18 不同叶面肥对葡萄中可溶性固形物含量、可滴定酸度、维生素C含量的影响

处理编号	可溶性固形物含量		可滴定酸度		维生素C含量	
	/%	较T_1变化率/%	/（mmol/100g）	较T_1变化率/%	/（mg/100g鲜样）	较T_1变化率/%
T_1	19.4 ± 0.7^b	—	6.0 ± 0.5^a	—	116.7 ± 7.6^a	—
T_2	20.6 ± 0.8^b	6.2	5.6 ± 0.4^{ab}	-6.7	126.7 ± 5.1^a	8.6
T_3	22.3 ± 0.6^a	15.0	5.4 ± 0.3^{ab}	-10.0	128.3 ± 9.6^a	9.9
T_4	22.9 ± 0.9^a	18.0	5.0 ± 0.2^b	-16.7	126.0 ± 5.3^a	8.0

注：表中上角字母a、b代表存在显著性差异。

二、γ-聚谷氨酸提高肥效的作用机制

1. γ-聚谷氨酸影响了土壤氮库的周转

在农业种植过程中，施入土壤的尿素首先被脲酶分解为 NH_4^+，随后 NH_4^+ 又进一步被转化为 NO_3^-。NH_4^+ 的固定与释放对肥料氮素的利用起着重要的作用[25]。为了从土壤氮素循环的层面探讨 γ-PGA 增强氮肥利用的作用机制，本书著者团队以盆栽油菜作为实验对象，考察了施用含 γ-PGA 肥料对油菜栽培土壤中氮素循环的影响[26]。

研究发现 γ-PGA 施用后，油菜生长早期土壤中硝态氮含量降低，而铵态氮、微生物氮及固定态铵的水平提高（图4-7），这表明 γ-PGA 施用早期，提高了土壤对铵态氮、微生物氮及固定态铵的储藏能力，促进了植物对硝态氮的吸收。γ-PGA 是一种阴离子聚合物，其侧链含有大量的羧基基团。在肥料施入后的早期，土壤中的 NH_4^+ 可以被 γ-PGA 大量羧基携带的电荷所吸附，也可以直接与羧基基团上的结合位点结合。后期随着 γ-PGA 的降解，这些被吸附的 NH_4^+ 又可以被释放出来。因此，γ-PGA 可以在作物生长早期固定更多的 NH_4^+，减少了氮素的损失，从而提高了氮肥利用率，增加了作物产量。

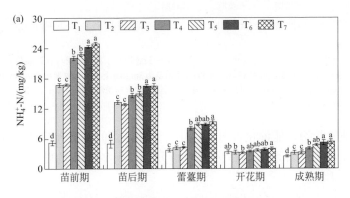

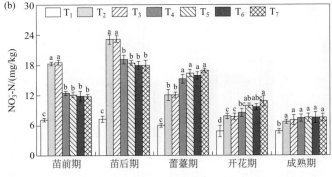

图4-7

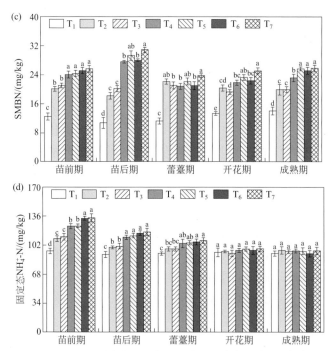

图4-7　γ-PGA对油菜不同生育期栽培土壤中NH$_4^+$-N（a）、NO$_3^-$-N（b）、SMBN（c）以及固定态铵（d）含量的影响

字母a、b、c、d代表存在显著性差异。T$_1$—不施氮肥，空白对照；T$_2$—只施尿素；T$_3$—尿素与谷氨酸掺混，谷氨酸施用量为3mg/kg土；T$_4$—尿素与低剂量γ-PGA掺混，γ-PGA施用量为3mg/kg土；T$_5$—尿素与高剂量γ-PGA掺混，γ-PGA施用量为10mg/kg土；T$_6$—γ-PGA包膜尿素1，γ-PGA用量为尿素质量的0.9%；T$_7$—γ-PGA包膜尿素2，γ-PGA用量为尿素质量的3.1%

土壤脲酶是一种酰胺酶，能催化含氮有机化合物中肽键的水解和断裂，脲酶活性可以作为一种土壤有机氮转化的指标[28]。研究也发现γ-PGA的施用增强了土壤脲酶的活性（图4-8）。

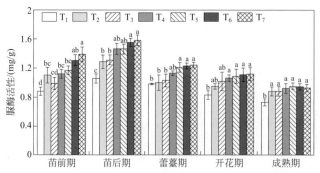

图4-8　γ-PGA对油菜不同生育期栽培土壤中脲酶活性的影响

字母a、b、c、d代表存在显著性差异

施入土壤后，γ-PGA 与土壤中的黏土矿物以及土壤微生物一样，均可以固定和释放出 NH_4^+，就像储藏氮素的蓄电池。可以将这三者假设组成为一个库，称为"NH_4^+ 周转库"（图 4-9）。NH_4^+ 在"NH_4^+ 周转库"与无机氮库之间可以进行自由的动态循环，当无机氮库中缺少无机氮素时，NH_4^+ 可以由"NH_4^+ 周转库"流入无机氮库，供植物生长所用，反之亦然。更多的无机氮素在作物生长的前期被土壤中的 γ-PGA、黏土矿物以及土壤微生物所固定，这些被固定的氮在作物生长的中后期又逐渐被释放出来供作物生长所用。因此，γ-PGA 可以提高"NH_4^+ 周转库"的容量，减少氮素的流失，从而提高肥料利用率。

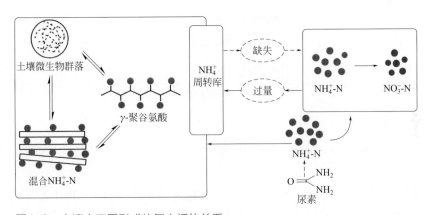

图4-9　土壤中不同形式的氮之间的关系
绿色圆圈表示强固定态铵；红色圆圈表示弱固定态铵或可交换的铵离子；蓝色圆圈表示硝态氮

2. γ-聚谷氨酸调控了土壤微生物群落

　　土壤微生物对于土壤功能的维持起着重要的作用，较高的土壤微生物多样性对于提高土壤生产的稳定性、生产力和生态系统的可持续发展具有积极作用。土壤中大部分养分转化都是受微生物驱动的，微生物通过分泌有机酸、酶使土壤中不能被植物根系吸收利用的难溶性有机养分活化成为可被植物根系吸收利用的形态[29]。常见的氮、磷、钾三种肥料元素，其在土壤中的有效性都可以在一定程度上被微生物提高，例如土壤中存在的固氮菌能直接将 N_2 还原为 NH_3 供其他非固氮生物直接利用；土壤中存在的溶磷菌能够分泌有机酸、磷酸酶和质子将植物难以利用的磷转化为可利用形态的磷；土壤中存在的解钾菌能从硅酸盐中溶解出钾。γ-PGA 本身就是微生物分泌的天然高分子，它是否能够通过影响土壤微生物群落结构进而影响土壤养分的利用度呢？为此本书著者团队开展了相关研究[30]。

　　为了证实上述猜想，本书著者团队以番茄（合作 903）作为种植材料，根施不同剂量的 γ-PGA，即 0mg/kg 土（CK）、20mg/kg 土（P20）、50mg/kg 土（P50）和 100mg/kg 土（P100），种植 4 周后取样根际土，提取土壤 DNA，以细菌 16S rDNA V4-V5区域为靶点，对番茄植株根际土壤DNA扩增产物进行测序，研究施加γ-PGA对根际土壤细菌群落的影响。

PCoA（principal coordinates analysis，主坐标分析）分析表明不同处理之间的土壤微生物存在显著差异。施加γ-PGA对番茄根际土壤微生物菌群的结构产生影响，并且剂量越高影响越明显（图4-10）。

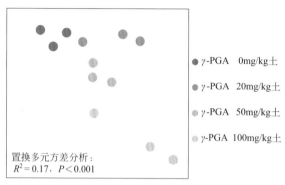

图4-10 不同剂量γ-PGA对土壤微生物组成的影响

通过序列比对，确定了土壤微生物分类地位（图4-11），其中变形菌门（Proteobacteria）为优势菌门（占各处理组菌门的42.12%～48.58%），其次为蓝菌门（Cyanobacteria）（18.54%～23.35%）、酸杆菌门（Acidobacteria）（7.02%～12.55%）和放线菌门（Actinobacteria）（7.77%～11.49%）。

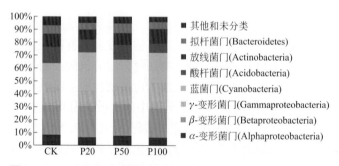

图4-11 不同处理中土壤微生物细菌主要门的丰度

与对照组相比，P100处理组中变形菌门丰度提高，有文献报道变形菌门在固氮和降解多环芳烃方面发挥重要作用。除此之外，该处理组中放线菌门的丰度也有所提高，放线菌门广泛存在于土壤和水体环境中，并可促进腐殖质的分解或形成。上述结果表明，γ-PGA 的应用不会影响优势细菌种类，但会改变它们的相对丰度。

为了进一步研究 γ-PGA 对根际土壤中细菌属的影响，本书著者团队对丰度超过 0.1% 的细菌属进行了热图分析（图 4-12），这些细菌属虽然种类较少，但其平均相对丰度占全部序列数的 96.77%。

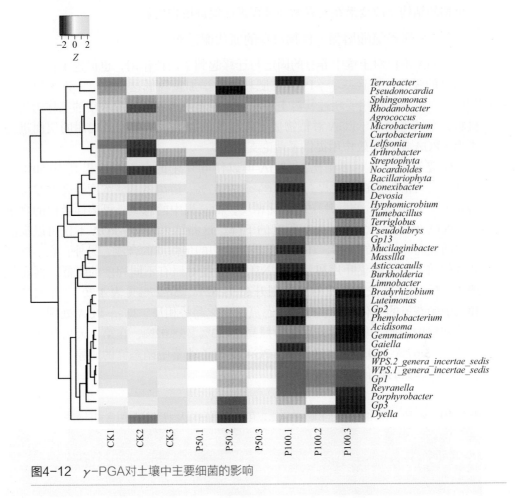

图4-12　γ-PGA对土壤中主要细菌的影响

热图分析结果表明主要细菌属的相对丰度在不同处理间存在差异，而在 P100 处理组富集的菌属中：地杆菌属（*Terrabacter*）与土壤重金属修复相关；假诺卡菌属（*Pseudonocardia*）主要与纤维素降解、抗生素合成有关，也有报道称其可产生一些重要的酶类和维生素；鞘氨醇单胞菌属（*Sphingomonas*）可促进残留污染物的分解代谢；而罗河杆菌属（*Rhodanobacter*）多与降解氨氮有关；短小杆菌属（*Curtobacterium*）可以根内定植并提高宿主植物的耐盐胁迫能力；节杆菌（*Arthrobacter*）是邻苯二甲酸二正丁酯（DBP）的常见响应者。

综上所述，施加 γ-PGA 可以显著改变植物根际土壤微生物群落结构，并且根际土壤的主要微生物对 γ-PGA 表现出显著的响应，其中例如根瘤菌属、鞘氨醇单胞菌属等潜在益生菌的丰度均显著提高。这表明，γ-PGA 可以通过调节土壤微生物的结构，改变潜在元素循环过程进而促进植物生长。

3. γ- 聚谷氨酸增强了作物自身的氮代谢过程

γ-PGA 不仅对土壤中养分的固定与迁移起到了调控作用，也促进了植物本身对养分的吸收，并且基于 γ-PGA 在肥料中的添加量较低这一考量，许多研究者相信其对植物的作用要超过其对土壤的功能。本书著者团队以水培油菜作为研究材料，系统考察了 γ-PGA 对植物氮生理过程的影响，从植物氮代谢的层面进一步为 γ-PGA 肥料增效作用提供了理论支撑。

研究发现，与对照相比，γ-PGA 可以使叶片中的总氮浓度提高 10.50% ～ 16.06%、可溶性蛋白浓度提高 10.30% ～ 26.57%、游离氨基酸浓度提高 8.22% ～ 19.80%（表 4-19）。与叶片中的情况相反，油菜根中的总氮、可溶性蛋白的含量在 γ-PGA 处理后都发生了不同程度的下降。这些结果表明 γ-PGA 不仅可以提高根中的氮向叶片中的转移，还可以促进叶片中的蛋白质的合成。另外，在 γ-PGA 处理的前 2 天，油菜叶片和根中的 NH_4^+-N 浓度对照有不同程度的降低，而在处理 4 天后 NH_4^+-N 浓度却比对照分别升高 91.62%、56.27%（表 4-20）。然而叶片和根中硝态氮的变化趋势正好与铵态氮的变化趋势相反，即：γ-PGA 处理 2 天后叶片和根中的硝态氮含量分别比对照高 23.13%、38.02%，在第 4 天后却比对照降低了 13.67%、30.97%。这表明 γ-PGA 促进了油菜中硝态氮的还原，促进了硝态氮向铵态氮的转化。

表4-19　γ-PGA对油菜叶子和根中总氮、可溶性蛋白以及游离氨基酸含量的影响

处理后时间/d	处理	叶子			根		
		总氮/（mg/g DW）	可溶性蛋白/（mg/g FW）	游离氨基酸/（mg/100g FW）	总氮/（mg/g DW）	可溶性蛋白/（mg/g FW）	游离氨基酸/（mg/100g FW）
2	对照	39.42±2.11e	7.36±0.42e	42.46±2.81f	35.25±2.59a	8.12±0.41de	34.68±3.31e
	γ-PGA	43.56±2.45bc	8.29±0.51d	45.95±2.22f	32.15±1.94ab	7.03±0.56f	35.74±2.73e
4	对照	41.73±2.19c	8.74±0.43cd	54.32±3.14e	34.96±1.58a	9.07±0.52c	47.89±2.49d
	γ-PGA	46.78±2.20ab	9.64±0.54bc	59.95±3.42d	31.27±2.09bc	7.84±0.47ef	49.63±3.31d

处理后时间/d	处理	叶子			根		
		总氮/(mg/g DW)	可溶性蛋白/(mg/g FW)	游离氨基酸/(mg/100g FW)	总氮/(mg/g DW)	可溶性蛋白/(mg/g FW)	游离氨基酸/(mg/100g FW)
6	对照	44.26±2.53^{bc}	9.91±0.50^{b}	74.65±4.38^{c}	30.36±1.25^{bc}	10.36±0.53^{ab}	58.75±3.80^{c}
	γ-PGA	49.87±3.23^{a}	11.93±0.55^{a}	89.43±2.9^{a}	26.58±2.06^{d}	9.67±0.49^{bc}	64.72±2.76^{b}
8	对照	43.83±2.69^{bc}	9.37±0.32^{bc}	79.94±3.46^{bc}	31.28±1.68^{bc}	11.16±0.34^{a}	60.64±3.05^{bc}
	γ-PGA	49.29±3.07^{a}	11.86±0.53^{a}	91.40±2.92^{a}	28.03±1.34^{cd}	9.85±0.57^{bc}	65.83±2.81^{b}
10	对照	41.21±2.67^{c}	9.01±0.58^{bcd}	82.46±2.57^{b}	32.87±2.58^{ab}	10.05±0.44^{b}	73.40±3.84^{a}
	γ-PGA	47.83±3.12^{ab}	11.37±0.47^{a}	92.43±2.89^{a}	29.26±1.24^{bcd}	8.94±0.61^{cd}	76.46±3.92^{a}

注：表中上角字母 a、b、c、d、e、f 代表存在显著性差异。

表4-20　γ-PGA对油菜叶子和根中铵态氮和硝态氮含量的影响

处理后时间/d	处理	叶子			根		
		NH_4^+-N浓度/(mg/kg)	NO_3^--N浓度/(mg/kg)	NH_4^+-N/NO_3^--N	NH_4^+-N浓度/(mg/kg)	NO_3^--N浓度/(mg/kg)	NH_4^+-N/NO_3^--N
2	对照	119.44±12.43^{c}	918.53±74.19^{bc}	0.130^{c}	72.47±10.61^{ab}	393.71±78.72^{bc}	0.184^{c}
	γ-PGA	83.42±17.43^{d}	1130.98±78.61^{a}	0.074^{d}	48.75±8.11^{c}	543.38±73.51^{a}	0.090^{e}
4	对照	81.95±18.98^{d}	1138.57±85.17^{a}	0.072^{d}	52.75±9.05^{bc}	482.36±61.38^{ab}	0.109^{de}
	γ-PGA	157.03±14.86^{ab}	982.97±81.96^{b}	0.160^{bc}	82.43±9.67^{a}	332.97±69.87^{bc}	0.248^{b}
6	对照	131.35±17.47^{bc}	993.30±86.66^{b}	0.132^{c}	51.73±9.83^{bc}	383.46±70.98^{bc}	0.135^{d}
	γ-PGA	185.73±22.65^{a}	823.51±70.87^{c}	0.226^{a}	86.47±14.40^{a}	295.63±79.19^{c}	0.292^{a}
8	对照	167.14±19.74^{ab}	896.75±76.06^{bc}	0.186^{b}	55.87±10.20^{bc}	320.37±75.98^{c}	0.174^{cd}
	γ-PGA	190.08±21.19^{a}	848.32±70.05^{bc}	0.224^{a}	64.72±8.97^{abc}	360.47±77.05^{bc}	0.180^{c}
10	对照	162.73±22.37^{ab}	790.39±72.54^{c}	0.206^{ab}	70.57±9.61^{ab}	310.07±77.18^{c}	0.228^{bc}
	γ-PGA	194.09±21.33^{a}	936.89±80.68^{bc}	0.207^{ab}	63.67±10.09^{abc}	380.71±76.91^{bc}	0.167^{cd}

注：表中上角字母 a、b、c、d 代表存在显著性差异。

　　为验证上述推论，继续考察了 γ-PGA 对氮代谢关键酶硝酸还原酶（NR）、谷氨酰胺合成酶（GS）、谷氨酸合成酶（GOGAT）和谷氨酸脱氢酶（GDH）的影响，发现 γ-PGA 处理 2 天后油菜叶片和根中的 NR 活性分别比对照降低 7.30%、4.20%，但在第 4 天后又比对照分别提高了 6.37%、12.77%（图 4-13），这与前文中硝态氮和铵态氮的含量的变化是一致的，说明 γ-PGA 是通过提高叶片中 NR 的活性来促进植株对硝酸盐的还原。在高等植物中，GS/GOGAT 和 GDH 这两条氨同化途径同时存在，其中 GS/GOGAT 途径被认为是植物体内氨同化的主要途径，而 GDH 途径则在解除氨中毒过程中发挥着独特的生理作用。γ-PGA 施用后油菜叶片和根中 GS、GOGAT 和 GDH 的活性都提高了。这说明 γ-PGA 并未改变植株的氨同化途径，而是通过提高 GDH 的活性来增强植物解除氨中毒的能力，从而促进对硝态氮的还原和对氨的同化作用。

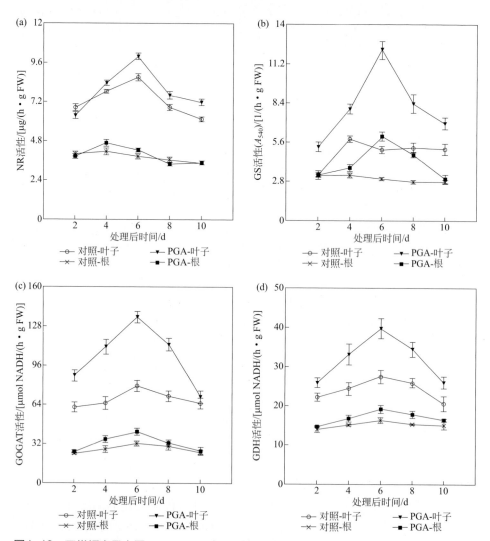

图4-13　正常钙离子水平下，γ-PGA处理对氮代谢关键酶NR（a）、GS（b）、GOGAT（c）和GDH（d）的影响

　　考虑到 γ-PGA 是一种高分子生物聚合物，一般难以直接被植物吸收并转运进入胞质内发挥功能，因此推测其对植物氮代谢的调控很有可能是通过信号物质介导发生的。一般认为，钙（Ca）作为植物信号转导中普遍存在的第二信使，参与调节多种重要的植物生理和生化过程，在植物氮代谢过程中发挥着关键作用[32]。

实验发现，施用 γ-PGA 对油菜叶片亚细胞组分中钙的分布确实具有很大的影响（图 4-14）。γ-PGA 处理 24h 后，叶片细胞壁和细胞器（包括液泡和线粒体等）中的钙离子浓度显著降低，细胞总钙浓度的 64.29% ～ 73.49% 聚集到细胞质中，说明 γ-PGA 促进了早期（0 ～ 24h）胞外钙离子向细胞质的内流以及细胞器中的钙离子向细胞质中的释放，从而激活了 Ca²⁺ 信号介导的相关生理和生长反应。但由于细胞质中较高浓度的钙离子对植物是有害的，因此 γ-PGA 处理引发的细胞质液中钙瞬变的时间比较短，过量的钙离子在 24h 后又被迅速转移到胞内钙库或细胞外，使细胞器中的钙离子浓度又逐渐恢复到初始状态。γ-PGA 处理 96h 后亚细胞结构中各组分中的钙离子基本处于静态平衡。

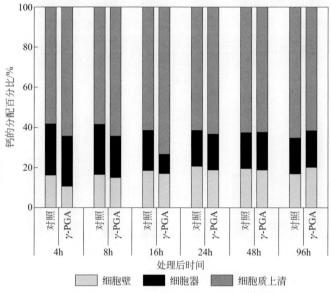

图4-14 正常钙离子水平下，油菜叶片中钙的亚细胞分布的变化

植物对 Ca²⁺ 的吸收主要发生在根部，并且其转运依赖 Ca²⁺-ATPase，因此本书著者团队研究了 γ-PGA 处理对根细胞 Ca²⁺-ATPase 活性的影响。实验发现，γ-PGA 处理可以显著提高油菜根细胞质膜、液泡膜、内质网和线粒体膜中 Ca²⁺-ATPase 活性（图 4-15）。与对照相比，γ-PGA 处理可以提高油菜根细胞质膜中的 Ca²⁺-ATPase 活性 51.87% ～ 96.36%、提高根细胞液泡膜 Ca²⁺-ATPase 活性 21.39% ～ 64.67%、提高内质网膜中的 Ca²⁺-ATPase 活性 17.20% ～ 56.97%，这表明 γ-PGA 可以通过提高质膜和细胞器膜上的 Ca²⁺-ATPase 活性来调节植物细胞内的钙稳态。为了确认 γ-PGA 激发的 Ca²⁺ 信号参与了调节植物氮代谢过程，进一步利用钙离子阻断剂开展了验证实验。与单独施用 γ-PGA 相比，γ-PGA 与 Ca²⁺

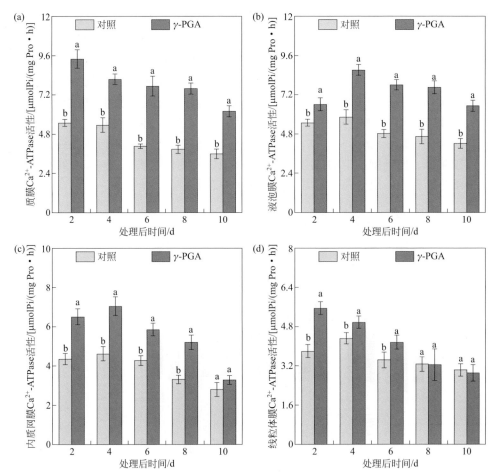

图4-15　正常钙条件下，γ-PGA处理对油菜根细胞质膜（a）、液泡膜（b）、内质网膜（c）和线粒体膜（d）中Ca²⁺-ATPase的影响

字母a、b代表存在显著性差异；Pi—无机磷酸盐；Pro—蛋白质

阻断剂 EGTA（ethylene glycol tetraacetic acid，乙二醇四乙酸）、VERA（Verapamil，维拉帕米）和 LaCl₃ 联合施用显著抑制了 γ-PGA 诱导的胞质游离钙离子浓度和氮代谢关键酶的活性的提升［图 4-16（a）］。类似地，与单独施用 γ-PGA 相比，γ-PGA 与 CaM 拮抗剂 TFP（trifluoperazine，三氟拉嗪）和 CPZ（chlorpromazine，氯丙嗪）的联合施用显著降低了 γ-PGA 诱导的 CaM 含量和氮代谢关键酶的活性提高［图 4-16（b）］。一般来说，当细胞内 Ca²⁺ 浓度升高时，Ca²⁺ 会结合到钙调蛋白 CaM 的 EF 手型结构域上破坏钙调素结合蛋白的氢键网络，释放钙调素结合结构域，结合了钙离子的钙调素再结合到钙调素结合蛋白上，从而将信号转导下去。Ca²⁺-CaM 信号系统涉及多种外界刺激，比如渗透胁迫、激素、多肽等，

进而影响植物的生长。在本书著者团队的研究中 γ-PGA 可以明显提高油菜胞质游离 Ca^{2+} 浓度、CaM 和氮代谢关键酶的活性，并且由 γ-PGA 诱导的胞质钙离子、钙调蛋白以及氮代谢关键酶的提高可以被阻断剂所阻断。这表明 Ca^{2+}-CaM 信号途径对 γ-PGA 促进植物氮代谢的调节作用是必需的。因此推断，γ-PGA 可以通过 Ca^{2+}-CaM 信号途径来调节植物的氮代谢，进而提高植物对养分的利用效率。

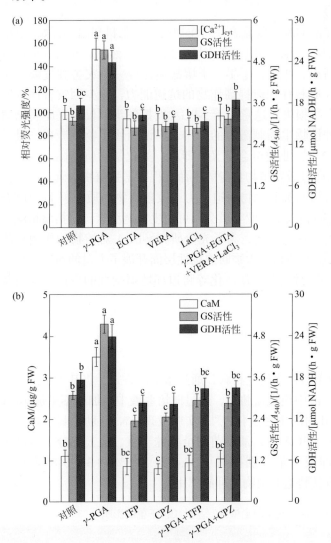

图4-16 不同外源钙离子阻断剂对胞质游离钙离子浓度（a）、CaM含量（b）和氮代谢关键酶活性的影响

FW—fresh weight，鲜重；字母a、b、c代表存在显著性差异

第三节
γ - 聚谷氨酸作为植物生物刺激素的应用

自发现肥料中添加 γ-PGA 可以显著提高作物产量和肥料利用率开始，γ-PGA 被作为一种高效的肥料增效剂在国内农资市场方兴未艾。然而，在一些应用场景中发现，当作物遭受高温、寒潮、干旱、土壤盐渍化等一些灾害性气候或土壤问题时，施用含 γ-PGA 肥料往往能提高作物的抗逆能力，减少因灾害性气候和劣化土壤造成的作物产量损失。这意味着 γ-PGA 发挥的绝不仅仅是肥料增效的作用，更有可能是一种植物生物刺激素的作用。所谓植物生物刺激素，最早于 2011 年由欧洲生物刺激素行业委员会定义，即：一类化学物质或微生物，当用于植物或植物根际后能通过激发植物自身的生命过程来增强植物对营养物质的吸收及利用效率或提高植物的抗非生物胁迫能力或改善作物品质[33]。目前已有一些生物聚合物被欧洲生物刺激素行业委员会认可为生物刺激素，包括腐植酸、几丁质、寡糖类及其衍生物等。因此，为了充分研究 γ-PGA 对植物的作用功能与机制，本书著者团队从影响植物非生物胁迫抗性层面开展了大量的研究工作，确认了 γ-PGA 具有提高作物对低温、盐渍化等胁迫环境耐受性的作用，并对其效应机制进行了深入解析。

一、提高植物盐胁迫抗性

本书著者团队以油菜苗作为研究材料，通过水培的方式，将其根部浸没在含 100mmol/L NaCl 的营养液中模拟盐胁迫，通过向培养液中施加或不施加 γ-PGA，考察油菜苗在处理后 6d 内的生理变化[6,34]。实验发现，NaCl 胁迫显著抑制了油菜苗的生长，但施用了 γ-PGA 后，油菜苗的全植株干重、地上部分干重即茎叶干重、地下部分干重即根干重分别提高了 37.4%、38.8% 和 34.1%（表 4-21），说明 γ-PGA 确实能缓解盐胁迫对植物的抑制作用。

表4-21　NaCl胁迫下 γ-PGA 对油菜苗全植株、茎叶和根干重的影响

干重	处理时间/h	CK	γ-PGA	NaCl	NaCl+γ-PGA
	48	0.438 ± 0.018^a	0.454 ± 0.019^a	0.366 ± 0.017^b	0.400 ± 0.021^b
全植株/g	96	0.475 ± 0.024^a	0.509 ± 0.022^a	0.269 ± 0.010^c	0.299 ± 0.011^b
	144	0.515 ± 0.020^b	0.557 ± 0.021^a	0.147 ± 0.007^d	0.202 ± 0.010^c

干重	处理时间/h	CK	γ-PGA	NaCl	NaCl+γ-PGA
茎叶/g	48	0.356 ± 0.012^a	0.364 ± 0.016^a	0.304 ± 0.013^b	0.326 ± 0.011^b
	96	0.390 ± 0.014^a	0.417 ± 0.014^a	0.212 ± 0.008^c	0.234 ± 0.009^b
	144	0.426 ± 0.016^b	0.460 ± 0.013^a	0.103 ± 0.010^d	0.143 ± 0.013^c
根/g	48	0.082 ± 0.007^a	0.090 ± 0.008^a	0.062 ± 0.006^c	0.074 ± 0.007^b
	96	0.085 ± 0.006^a	0.092 ± 0.009^a	0.057 ± 0.001^c	0.065 ± 0.002^b
	144	0.089 ± 0.009^a	0.097 ± 0.005^a	0.044 ± 0.003^c	0.059 ± 0.005^b

注：表中上角字母 a、b、c、d 代表存在显著性差异。

　　一般来说，在高盐环境中，植物生物量的提高与其生理状态有关，生物量的增加意味着植物体内的离子分布更合理，所受的活性氧（ROS）毒害更少，其自身渗透调节能力更强。因此，γ-PGA 能缓解盐胁迫导致的生物量降低，说明其对油菜苗的离子平衡、渗透调节、ROS 清除等生理过程产生了影响。

　　植物受到 NaCl 胁迫时，环境中的 Na^+ 会取代 K^+ 转运进入细胞内，从而降低细胞内的 K^+/Na^+ 值，对细胞产生毒害[35]。γ-PGA 减缓了 NaCl 胁迫引发的 K^+/Na^+ 值的降低（图 4-17），说明 γ-PGA 能通过缓解 Na^+ 毒性促进高盐环境中油菜

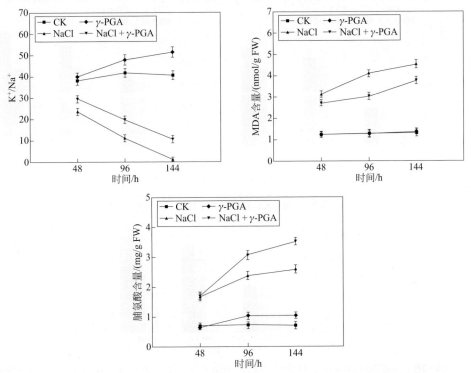

图4-17 NaCl 胁迫下 γ-PGA 对油菜苗叶片中 K^+/Na^+ 值、MDA 含量、脯氨酸含量的影响

苗的生长。另外，高盐胁迫还会引起大量 ROS 在植物细胞内积累，从而进一步造成对细胞的氧化胁迫。由过剩的 ROS 引起的膜脂氧化一般被认为是高盐胁迫对细胞的主要伤害。MDA 就是膜脂过氧化的产物，通常细胞内的 MDA 浓度能直接反映 ROS 对植物细胞的伤害程度[36]。实验发现，γ-PGA 能显著抑制高盐胁迫导致的 MDA 含量增加［图 4-17（b）］，这说明 γ-PGA 对盐胁迫环境下 ROS 的清除起着积极的作用。为了进一步验证这一观点，考察了 γ-PGA 对 SOD、CAT、POD 三种抗氧化酶活性的影响。这三种酶是植物体内清除过剩 ROS 的主要酶系，植物在受到盐胁迫后能够通过增强这三种抗氧化酶来缓解盐胁迫引起的氧化胁迫。NaCl 胁迫环境下，γ-PGA 能显著提高油菜苗叶片中三种抗氧化酶的活性（图 4-18），这说明在高盐胁迫环境中 γ-PGA 增强了油菜苗清除过剩 ROS 的能力，从而降低了膜脂的氧化程度，减少了胞内 MDA 的产生。此外，在高盐环境中，植物还会通过积累渗透调节物质来应对胁迫引发的胞内外渗透压失衡，对于大部分植物，在细胞内积累脯氨酸等小分子渗透调节物质是应对

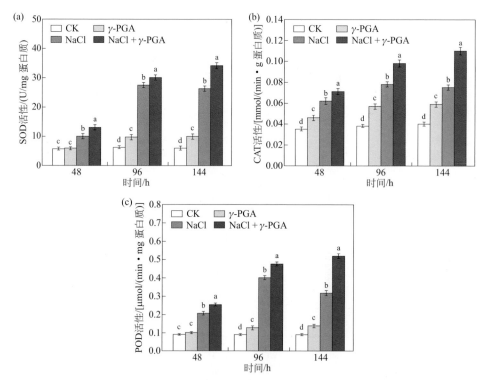

图4-18 NaCl胁迫下γ-PGA对油菜苗叶片中SOD（a）、CAT（b）和POD（c）活性的影响
字母a、b、c、d代表存在显著性差异

渗透压失衡的主要策略[37-39]。研究中发现，即使在非胁迫环境中，γ-PGA 也能促进油菜苗叶片中脯氨酸的积累［图 4-17（c）］，这种增强脯氨酸积累的作用在高盐环境中则更为明显。脯氨酸除了是一种小分子渗透调节物质外，还能作为信号分子来调控离子平衡、稳定细胞酶活，以及启动特定基因的表达，这些对植物应对高盐环境至关重要。Khedr 等人[40]发现，脯氨酸能够诱导盐胁迫相关蛋白的表达；Sobahan 等人[41]发现外源施用脯氨酸能够有效抑制盐胁迫环境中植物对 Na^+ 的吸收，增强植物对 K^+ 的吸收，提高细胞内的 K^+/Na^+ 值；Yan[42]报道外源施用脯氨酸还能提高 SOD、CAT、POD 等抗氧化酶的活力，从而降低胁迫环境中植物细胞内的 ROS 水平。因此推测，γ-PGA 能够缓解油菜苗遭受 NaCl 胁迫时的 Na^+ 毒害以及氧化伤害，与其促进油菜苗细胞内的脯氨酸积累有关。

　　作为一种多功能氨基酸，脯氨酸在植物抗逆中起着重要的作用，为此，研究了 γ-PGA 对脯氨酸代谢相关基因表达的影响，进一步分析 γ-PGA 提高油菜苗抗盐胁迫能力的可能机制。在植物体内，脯氨酸合成的关键酶是 P5CS，脯氨酸代谢的关键酶是 PDH。在高盐环境中，植物能够通过增强 P5CS 基因的表达以及降低 PDH 基因的表达来积累脯氨酸，从而实现对自身细胞的保护。并且研究发现过表达 P5CS 编码基因可以显著提高植物的抗盐胁迫能力。尽管在本研究中（图 4-19），γ-PGA 提高了 *BnP5CS1* 和 *BnP5CS2* 基因在高盐环境中的表达量，但是只有 *BnP5CS2* 在非胁迫条件时受 γ-PGA 诱导呈现上调表达。另外，*BnPDH* 在非胁迫条件时也受到 γ-PGA 的抑制而降低了表达量，这说明 γ-PGA 是通过影响 *BnP5CS2* 和 *BnPDH* 基因的表达，来实现增强油菜苗细胞内脯氨酸积累的。

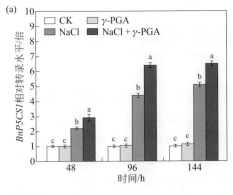
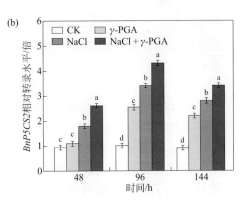

图4-19

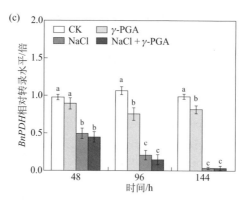

图4-19 NaCl胁迫下γ-PGA对油菜苗叶片中*BnP5CS1*（a）、*BnP5CS2*（b）和*BnPDH*（c）转录影响

字母a、b、c、d代表存在显著性差异

二、提高植物低温胁迫抗性

以油菜苗作为研究对象，通过人工气候箱模拟低温胁迫环境，考察了低温胁迫条件下γ-PGA对油菜苗生长、生理以及相关基因表达的影响[43]。

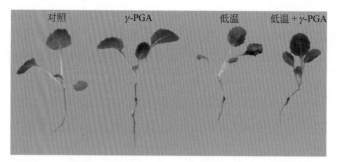

图4-20 常温及低温胁迫下，γ-PGA对油菜苗生长形态的影响

图4-20是油菜苗在处理144h后的形态照片。在常温（25℃）条件下，油菜苗生长较为旺盛，特别是γ-PGA组中，油菜苗最为鲜绿。受到低温（4℃）胁迫后，油菜苗出现了明显的叶片萎蔫（低温组），同样在低温环境下，低温+γ-PGA组中的油菜苗则未出现显著的萎蔫现象。如表4-22所示，在常温时，γ-PGA的施用提高了油菜苗的鲜重及叶绿素含量，在施加处理144h后，与对照组相比，γ-PGA组中油菜苗的鲜重和叶绿素含量分别提高了11.0%和17.9%。在低温胁迫下，油菜苗的生长受到显著的抑制，在施加处理144h后，与对照组相比，低温

组中油菜苗的鲜重和叶绿素含量分别降低了 45.9% 和 55.5%。但是，在施加处理 144h 后，与低温组相比，低温 +γ-PGA 组中油菜苗的鲜重和叶绿素含量分别提高了 24.5% 和 50.9%。因此，γ-PGA 能显著缓解低温胁迫对油菜苗生长的抑制。

表4-22 常温及低温条件下，γ-PGA对油菜苗鲜重及叶绿素含量的影响

处理后时间/h	鲜重/g				叶绿素含量/（mg/g FW）			
	对照	γ-PGA	低温	低温+γ-PGA	对照	γ-PGA	低温	低温+γ-PGA
24	0.680± 0.043[a]	0.684± 0.045[a]	0.568± 0.038[b]	0.608± 0.044[b]	2.015± 0.129[a]	2.197± 0.121[a]	1.869± 0.102[b]	2.013± 0.106[b]
48	0.689± 0.039[a]	0.693± 0.043[a]	0.509± 0.033[b]	0.579± 0.037[b]	2.178± 0.136[a]	2.368± 0.113[a]	1.782± 0.121[b]	2.016± 0.121[b]
72	0.695± 0.048[a]	0.704± 0.037[a]	0.482± 0.031[b]	0.554± 0.031[b]	2.369± 0.129[a]	2.607± 0.130[a]	1.633± 0.116[c]	1.929± 0.114[b]
96	0.702± 0.045[a]	0.721± 0.046[a]	0.454± 0.026[b]	0.547± 0.035[c]	2.587± 0.114[b]	2.898± 0.124[a]	1.498± 0.129[d]	1.852± 0.134[c]
120	0.726± 0.044[a]	0.806± 0.051[a]	0.450± 0.028[b]	0.549± 0.030[c]	2.617± 0.115[b]	3.106± 0.125[a]	1.281± 0.115[d]	1.808± 0.121[c]
144	0.828± 0.041[b]	0.919± 0.042[a]	0.448± 0.024[d]	0.558± 0.031[c]	2.649± 0.121[b]	3.124± 0.133[a]	1.179± 0.120[d]	1.779± 0.116[c]

注：表中上角字母a、b、c、d代表存在显著性差异。

为了进一步阐释 γ-PGA 提高油菜苗低温耐受能力的机制，考察了 γ-PGA 对油菜苗在低温条件下的生理特性的影响。与盐胁迫下的实验结果类似，低温胁迫下 γ-PGA 显著抑制了 MDA 含量增加［图 4-21（a）］，增强了 SOD、CAT、POD 等抗氧化酶的活性（图 4-22），提高了细胞清除 ROS 的能力，缓解了低温胁迫对植物造成的氧化伤害。并且，在低温环境下，γ-PGA 也促进了脯氨酸在植物细胞内的积累［图 4-21（b）］，从而提高了细胞的渗透调节能力。

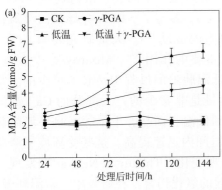 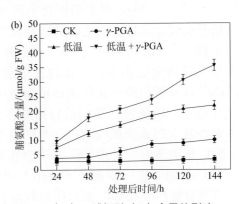

图4-21 低温胁迫下，γ-PAG对油菜苗叶片内MDA（a）、脯氨酸（b）含量的影响

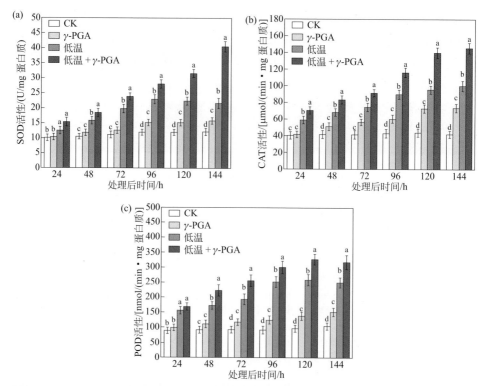

图4-22 低温环境下，γ-PAG对叶片内SOD（a）、CAT（b）、POD（c）活性的影响
字母a、b、c、d代表存在显著性差异

那么，γ-PGA 引起的植物生理变化是如何发生的呢？植物响应 γ-PGA 的信号途径是怎样的？之前的研究发现，Ca^{2+} 参与了 γ-PGA 介导的白菜氮代谢增强，γ-PGA 可以诱导 Ca^{2+} 由胞外向胞内流动[45]。大量研究表明，Ca^{2+} 信号在植物响应非生物胁迫过程中起着重要的作用[46]。Monroy 等[47,48] 发现，Ca^{2+} 以及蛋白磷酸化作用在植物适应低温胁迫的过程中是必不可少的。常温环境中，植物细胞质内的自由 Ca^{2+} 含量是非常少的，大部分的 Ca^{2+} 都被固定在液泡内或细胞间质内。当细胞受到低温、高盐、干旱等来自环境的刺激时，细胞质内的自由 Ca^{2+} 水平会在短时间内迅速提高。这些受环境刺激激活的 Ca^{2+} 则会进一步调控下游靶点的生理变化。Thakur 和 Nayyar[49] 发现，给鹰嘴豆施用外源 Ca^{2+} 能够缓解低温引起的氧化伤害。在研究中，常温环境下，γ-PGA 引起了油菜苗细胞内 Ca^{2+} 水平的波动，低温环境下，γ-PGA 则增强了

胞质 Ca^{2+} 水平的波动，这说明 Ca^{2+} 作为一种调控信号，参与了 γ-PGA 介导的油菜苗抗低温胁迫能力的提高。有趣的是，低温刺激同样引起了 Ca^{2+} 向胞质内流动，但在不施用 γ-PGA 的情况下，低温刺激引起的胞质 Ca^{2+} 含量增加始终处在较高水平，无法回到静息状态。尽管 Ca^{2+} 是植物响应低温胁迫的重要信号分子，但如果胞质内的 Ca^{2+} 长期处于较高水平，将会打破胞内 ADP 到 ATP 的代谢平衡，对细胞造成毒害。因此，低温环境中，γ-PGA 既可以促进 Ca^{2+} 向胞质内流动，完成信号转导任务，又可以确保胞质内的 Ca^{2+} 外流到细胞间质或液泡内，减轻胞质 Ca^{2+} 滞留对细胞产生的毒害。胞质 Ca^{2+} 的外流与 Ca^{2+}-ATPase 相关，它们能迅速地将胞质 Ca^{2+} 泵入到液泡内或细胞间质进行存贮。Ca^{2+}-ATPase 主要位于质膜和液泡膜上，它们对于长期维持胞质 Ca^{2+} 平衡起着重要作用。在研究中，持续的低温胁迫会逐渐降低 Ca^{2+}-ATPase 的活性，从而导致低温胞质内受低温刺激而增加的 Ca^{2+} 无法正常排出胞质，对细胞产生毒害。γ-PGA 则有助于在低温环境中稳定 Ca^{2+}-ATPase 的活性，保证受低温刺激而增加的胞质 Ca^{2+} 能顺利被转运出细胞质，使这些 Ca^{2+} 在完成信号转导的任务后减少其对细胞的毒害。另外，为了进一步证实 γ-PGA 激发的 Ca^{2+} 波动是否参与了 γ-PGA 诱导的油菜苗的抗低温能力提高，继续考察了 γ-PGA 对 Ca 依赖的蛋白激酶（CPKs）的编码基因的转录水平的影响。CPKs 是 Ca^{2+} 信号感受蛋白，同时具有 Ca 信号感知和激酶活性两个功能，它们在植物的生长发育及应对多种环境胁迫的过程中起着至关重要的作用。在多变的环境中，CPKs 途径是植物适应环境调整胞内代谢的重要策略。当植物感受到低温、高盐、干旱等来自环境的刺激时，CPKs 就会被激活，它们则进一步地调控 ROS 代谢、酶活变化、渗透调节物质的积累以及相关基因的表达 [50]。已经证实，不同的非生物刺激可以激活不同的 CPKs，通常过表达 CPKs 编码基因有助于提高转基因植物的环境适应性 [51]。*BnCPK4*、*BnCPK5*、*BnCPK9* 是油菜苗中负责响应低温胁迫的 CPKs 编码基因 [52]。无论在常温环境下还是低温环境中，γ-PGA 均显著提高了这三个基因的转录水平。由于这些 CPKs 是 Ca^{2+} 感受蛋白，因此其编码基因的转录上调很有可能是受到了 γ-PGA 激发的胞质 Ca^{2+} 增加的影响。综上，本书著者团队得出，γ-PGA 增强油菜苗抗低温性的机制可能如图 4-23 所示：γ-PGA 首先激发 Ca^{2+} 流向细胞质，激活了 CPKs（CPK4、CPK5 和 CPK9），这些 CPKs 进一步调控下游靶点，提高了抗氧化酶的活性并促进了脯氨酸的积累，从而增强了油菜苗的 ROS 清除能力和细胞渗透调节能力，减轻了胁迫导致的蛋白损伤及膜脂过氧化，最终提高了油菜苗的低温抗性。

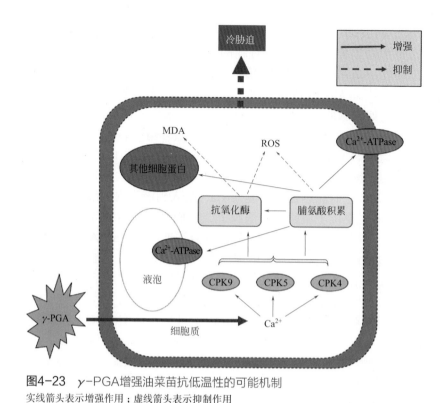

图4-23 γ-PGA增强油菜苗抗低温性的可能机制
实线箭头表示增强作用；虚线箭头表示抑制作用

三、γ-聚谷氨酸促进植物抗逆的信号机制

1. γ-聚谷氨酸在植物根组织的作用位点

想要弄清楚 γ-PGA 的诱导抗逆机制，首先需要确定 γ-PGA 在植物体内的作用位点。γ-PGA 是一种由微生物分泌的异型多肽，其分子量最高可达 20 万。本书著者团队的研究发现 γ-PGA 分子量在 2000 时对作物具有最优的促生抗逆效果，而对于植物来说，这样的大分子化合物很难被根系直接吸收利用。本书著者团队发现荧光标记后的 γ-PGA 尽管可以进入到植物根部，但却无法进入到根细胞细胞质内，这说明 γ-PGA 确实不能以多肽的形式被细胞吸收利用，见图 4-24。γ-PGA 是一种极性较强的水溶性高分子，对于植物细胞来说，若细胞膜上不存在其转运蛋白，其作为一种非脂溶性的大分子物质确实很难穿越细胞膜屏障。此外，荧光标记后的 γ-PGA 不仅能吸附在细胞膜表面，还与未标记的 γ-PGA 存在位点竞争，这说明 γ-PGA 可能在膜上存在结合位点。γ-PGA 因侧链有大量—COO⁻ 基团而成电负性，与细胞膜自身电性相同，而荧光标记后的 γ-PGA 却能吸附在细胞

表面，这也进一步地说明膜上极有可能存在γ-PGA的结合位点，这需要在将来的实验中进一步研究。实际上，γ-PGA并不是唯一具有促进植物生长作用的天然大分子。据报道，一些多糖类物质也能促进植物生长，而且不被植物以多聚物的形式吸收，它们包括葡聚寡糖、几丁质寡糖以及一些糖肽类[53,54]。这些寡糖类均被发现能与植物细胞膜上的特定蛋白结合，激发植物防御信号，增强植物的抗病抗逆能力。因此推测，γ-PGA也是通过激发相应的抗逆信号来实现其诱导抗逆作用。

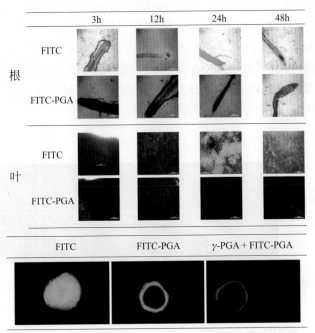

图4-24 荧光标记γ-PGA（FITC-PGA）在油菜中的示踪

2. 植物根部响应γ-聚谷氨酸的信号机制

既然γ-PGA是通过激发抗逆信号来调节植物逆境中的生理变化的，那么γ-PGA激发了植物体内的哪些信号？这些信号途径又是怎样的呢？

（1）植物根部响应γ-聚谷氨酸的H_2O_2信号　在植物众多的信号分子当中，H_2O_2作为活性氧（ROS）中最为稳定的分子，常常出现在胞内信号途径中的早期信号响应过程中，在植物的生长发育及环境响应过程中都起着至关重要的作用[55]。本书在前文中也已经提到，γ-PGA能够提高SOD、CAT、POD等抗氧化酶的活性。这些抗氧化酶活性通常受H_2O_2的诱导，并参与H_2O_2的清除系统，这说明植物在响应γ-PGA的过程中很有可能有H_2O_2信号的参与。H_2O_2是植物重要的信号分子，植物在应对气候变化、病菌入侵以及化学试剂胁迫等情况时通常产生 H_2O_2 信号来维护自身生长，并且 H_2O_2 通常是植物应对这些变化的早期响应信号[56,57]。据报道，一些具有植物生长调控作用的多聚化合物通常是激发 H_2O_2 信号来实现其功能[58]。γ-PGA 既然不能进入到胞质内，也很有可能通过 H_2O_2 信号完成其功能。

研究发现，γ-PGA 提高了油菜苗根部 H_2O_2 的浓度，并且在 10d 取样期内 H_2O_2 始终处于较高水平（图4-25），这说明 γ-PGA 激发的 H_2O_2 信号不是一种瞬时现象，而是对油菜苗具有长期的影响[59]。同时，γ-PGA 并未对油菜苗的 MDA 含量产生显著影响，进一步说明了 γ-PGA 激发的 H_2O_2 浓度提高是一种信号，不会对油菜苗本身产生毒害。研究还发现，H_2O_2 信号阻断剂 DPI 不仅能抑制 γ-PGA 激发的 H_2O_2 含量提高，还能抑制 γ-PGA 诱导的 T-AOC 和脯氨酸含量增加（图4-26）。T-AOC 和脯氨酸含量增加是 γ-PGA 增强油菜苗抗逆性的重要生理体现，通过抑制 H_2O_2 信号，便能抑制 γ-PGA 诱导的 T-AOC 和脯氨酸含量增加，进一步说明 γ-PGA 确实是通过 H_2O_2 信号增强了油菜苗的抗逆性。

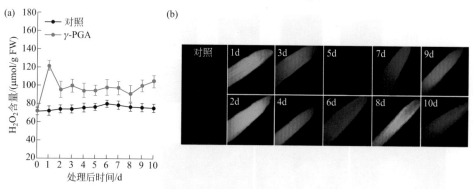

图4-25 γ-PGA对油菜苗根部H_2O_2含量的影响
（a）根部H_2O_2浓度的定量测定；（b）根部H_2O_2的荧光染色

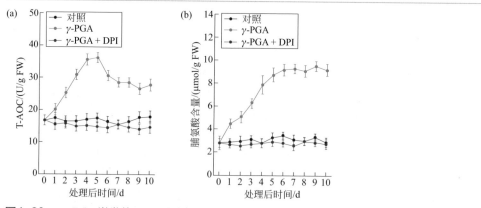

图4-26 γ-PGA激发的H_2O_2对油菜苗总抗氧化能力（a）和脯氨酸含量（b）的影响

有趣的是，当对 H_2O_2 信号进行组织定位时发现，γ-PGA 激发的 H_2O_2 信号能从根组织传递到叶组织中，但 γ-PGA 对茎组织中的 H_2O_2 浓度并无影响（图4-27），说明 γ-PGA 激发的 H_2O_2 信号出现了跨越式的传递。据报道，在植物体内不同的外界刺激激发的 H_2O_2 信号在距离信号源 $4 \sim 8cm$ 的范围外可以被过氧化氢酶清除 [60]。由于植物具有较高的 H_2O_2 清除能力，如果在信号传递的途径中没有持续的 H_2O_2 产生，要想实现 H_2O_2 信号的长距离转运是非常困难的 [61]。γ-PGA 仅仅作用在细胞膜表面，其产生的 H_2O_2 信号在由根向叶的传导过程中很有可能被过氧化氢酶清除，这也是不能在茎部检测到 H_2O_2 信号变化的原因。而叶部产生的 H_2O_2 变化一定是通过其他信号激发的，也就是说，γ-PGA 在根部激发的 H_2O_2 信号只是作为早期信号在行使功能，它或许通过将信号传递给下游靶信号，再通过下游信号传递至叶部，从而激发叶部的 H_2O_2 信号 [62]。

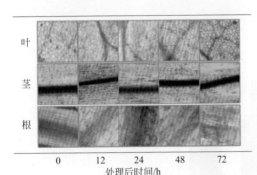

图4-27 H_2O_2在油菜苗全植株中的组织染色

（2）γ- 聚谷氨酸激发根部 H_2O_2 信号向 Ca^{2+} 信号的传导　前文已经提到，Ca^{2+} 信号也参与了油菜苗中 γ-PGA 介导的诱导抗逆性，这意味着，H_2O_2 信号与 Ca^{2+} 信号之间可能存在着交互关联。目前，关于 H_2O_2 与 Ca^{2+} 信号在植物细胞中的关系至少存在两种交互模式：Ca^{2+} 信号诱导 H_2O_2 产生；H_2O_2 诱导 Ca^{2+} 释放。对于前一种模式，Ca^{2+} 可以通过激活 NADPH 氧化酶来促进植物细胞产生 H_2O_2；对于后一种模式，H_2O_2 可以直接激活细胞膜上的 Ca^{2+} 通道或 Ca^{2+} 泵来增加 Ca^{2+} 的吸收 [63,64]。实验发现，无论根部还是叶部的 Ca^{2+} 浓度都受到 γ-PGA 激发的 H_2O_2 信号的调控，而只有叶部的 H_2O_2 信号受到 γ-PGA 释放的 Ca^{2+} 信号调控（图 4-28）。因此推测在油菜苗响应 γ-PGA 的过程中，H_2O_2 是上游信号，而 Ca^{2+} 是一种中间信号。

利用非损伤微测系统（NMT）在根尖和茎切面的检测结果进一步证实了上述结论（图 4-29）。在根尖，γ-PGA 增强了 H_2O_2 的外流和 Ca^{2+} 的内流，而 Ca^{2+} 的内流可以被 DPI 抑制，H_2O_2 的外流却不能被 Gd^{3+} 阻断，这就表明在根部 Ca^{2+}

信号是被 H_2O_2 激活的。有研究表明，H_2O_2 确实能够通过超极化激活 Ca^{2+} 渗透通道来促进 Ca^{2+} 吸收[65,66]。在茎切面，γ-PGA 增加了 Ca^{2+} 的外流，这说明 Ca^{2+} 信号正由茎向叶传递。同时，在茎切面，γ-PGA 并未影响 H_2O_2 信号的流动，这说明 γ-PGA 激发的叶部 H_2O_2 含量的提高很有可能是 Ca^{2+} 信号引起的。Ca^{2+} 从胞内向胞外流动依赖的是 Ca^{2+}-ATPase，而 γ-PGA 确实能提高油菜苗细胞膜上 Ca^{2+}-ATPase 的活性。另外，H_2O_2 信号阻断剂 DPI 能够抑制 γ-PGA 激发的茎切面 Ca^{2+} 外流，说明茎中的 Ca^{2+} 信号受到根部 H_2O_2 信号的调控。因此推测 γ-PGA 激发的信号途径：在根部的信号顺序为 γ-PGA $\rightarrow H_2O_2 \rightarrow Ca^{2+}$；$Ca^{2+}$ 从根部经茎部被转运至叶部；在叶部，通过 $Ca^{2+} \rightarrow H_2O_2$ 途径，Ca^{2+} 再次激活 H_2O_2 信号。在叶部，被激活的 H_2O_2 能够通过影响细胞的生理变化，促进油菜苗生长，调控油菜苗应对环境变化。

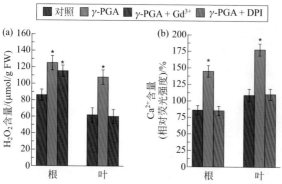

图4-28　根和叶片中γ-PGA激发的H_2O_2（a）和Ca^{2+}（b）信号分别对Gd^{3+}（Ca^{2+}信号抑制剂）和DPI（H_2O_2信号抑制剂）的响应（$P \leqslant 0.05$，$n=2$）

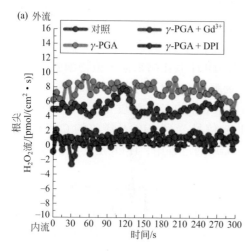

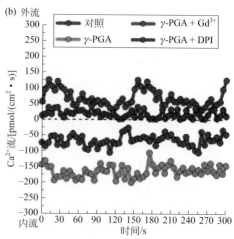

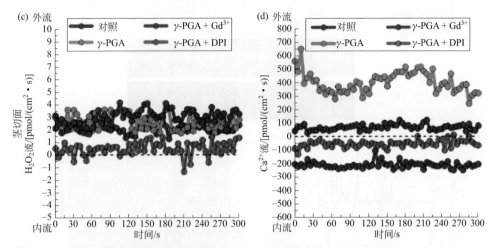

图4-29　γ-PGA激发的根尖和茎切面的信号流在信号抑制剂作用下的变化

（a）根尖H_2O_2信号流在不同信号抑制剂下的变化；（b）根尖Ca^{2+}信号流在不同信号抑制剂下的变化；（c）茎切面H_2O_2信号流在不同信号抑制剂下的变化；（d）茎切面Ca^{2+}信号流在不同信号抑制剂下的变化

　　（3）γ- 聚谷氨酸启动 H_2O_2 信号迸发的分子机制　　既然 γ-PGA 是通过启动 H_2O_2 信号迸发来提高油菜苗抗逆性的，那么 γ-PGA 是如何启动 H_2O_2 信号迸发的呢？在植物细胞中，H_2O_2 作为一种重要的生理调控分子，存在于多种细胞器内，包括叶绿体、线粒体、质膜和过氧化物酶体等[67]。考虑到 γ-PGA 不能被转运进细胞质，因此它很有可能是通过与质膜作用激发 H_2O_2 产生的。质膜上的 NADPH 氧化酶近年来已被作为植物细胞响应环境刺激时产生 H_2O_2 信号的主要酶系[68]。DPI 等 NADPH 氧化酶抑制剂可以抑制或减少植物细胞响应生物或非生物胁迫时 H_2O_2 含量的提高[69]。研究（图 4-30）发现：γ-PGA 可以在 30s 内迅速增加根原生质体内的 H_2O_2 含量，并且这种现象可以被 DPI 抑制；NMT 系统对根原生质体细胞的检测结果也发现，γ-PGA 确实能引起瞬时且剧烈的 H_2O_2 信号波动，这种波动同样可以被 DPI 抑制。这些结果说明 γ-PGA 激发 H_2O_2 信号与质膜上的 NADPH 氧化酶有关。为此，进一步考察了 γ-PGA 对根细胞膜上 NADPH 氧化酶编码基因（*Rboh A* ～ *Rboh J*）转录的影响［图 4-30（c）］。尽管有 10 个基因编码 NADPH 氧化酶，但这些基因在不同的组织以及应对不同的外界刺激时，表达情况也各有不同。根部的 *Rboh D* 和 *Rboh F* 的转录水平受 γ-PGA 影响显著上调。目前，在油菜苗中对这两个基因的报道很少，主要研究都集中在模式植物拟南芥中。据报道，*AtRboh D* 和 *AtRboh F* 在拟南芥中参与了多种环境胁迫响应过程，在 H_2O_2 产生中起着重要的作用。综上所述，γ-PGA 通过上调表达 *Rboh D* 和 *Rboh F* 的表达激发了 H_2O_2 的信号，其在根部的信号激发途径如图 4-31 所示。

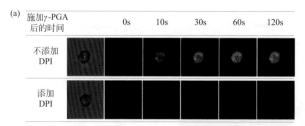

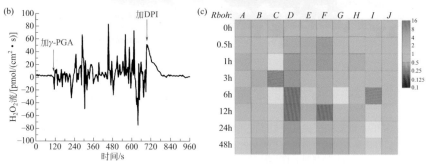

图4-30 γ-PGA激发的H₂O₂信号与NADPH氧化酶的关系

（a）荧光法监测γ-PGA激发的H₂O₂在原生质体的瞬时迸发；（b）非损伤微测系统实时监测γ-PGA激发的原生质体的实时H₂O₂信号流；（c）γ-PGA对根细胞膜上NADPH氧化酶基因转录的影响

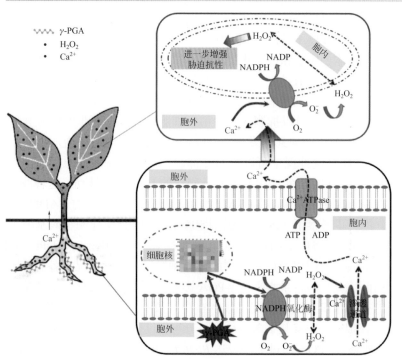

图4-31 油菜苗根部响应γ-PGA的信号途径

3．植物叶片中响应 γ - 聚谷氨酸的信号途径

如上文所述，γ-PGA 并不能被植物吸收并转运至叶片，而是通过一系列的信号传递来实现其功能的。上文主要阐述了 γ-PGA 在根部激发的 H_2O_2 信号和 Ca^{2+} 信号，以及这两种信号由根到叶的传递模式，那么 γ-PGA 激发的信号是如何在叶片中传递的呢？

（1）叶片中的 Ca^{2+}、H_2O_2、油菜素内酯和茉莉酸 4 种信号分子参与了对 γ-聚谷氨酸的响应　实验发现，除了 Ca^{2+} 和 H_2O_2 两种信号分子外，油菜素内酯和茉莉酸也参与了 γ-PGA 诱导的油菜苗叶片中脯氨酸积累和 T-AOC 提高（图 4-32，图 4-33）[70]。

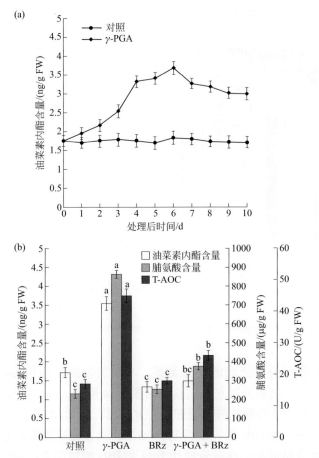

图4-32　油菜素内酯在油菜苗叶片响应 γ-PGA过程中的作用

（a）γ-PGA对叶片中油菜素内酯含量的影响；（b）油菜素内酯合成抑制剂BRz对 γ-PGA诱导的油菜素内酯含量增加、脯氨酸积累及总抗氧化能力提高的影响

字母a、b、c代表存在显著性差异

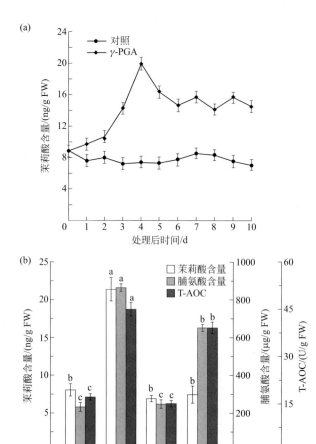

图4-33 茉莉酸在油菜苗叶片响应γ-PGA过程中的作用

（a）γ-PGA对叶片中茉莉酸含量的影响；（b）茉莉酸合成抑制剂IBU对γ-PGA诱导的茉莉酸含量增加、脯氨酸积累及总抗氧化能力提高的影响

字母a、b、c代表存在显著性差异

为进一步研究这四种信号分子之间的互作关系，本书著者团队使用Gd^{3+}、DPI、BRz、IBU四种信号阻断剂来开展互作实验。如图4-34所示，Gd^{3+}、BRz、DPI和IBU都能抑制γ-PGA诱导的脯氨酸积累和T-AOC提高。不同的是，在单独使用这些信号抑制剂时Gd^{3+}和IBU能完全抑制γ-PGA的诱导抗逆效果而DPI和BRz仅能部分抑制。有意思的是，在联合使用BRz和IBU的情况下，γ-PGA的诱导抗逆效果也被完全抑制。此外，在图4-34（a）中，DPI、BRz和IBU对γ-PGA诱导的叶片中Ca^{2+}增加仅有轻微的抑制作用；在图4-34（b）中，Gd^{3+}完全抑制了γ-PGA诱导的叶片中H_2O_2含量增加，单独使用BRz和IBU则对H_2O_2

含量仅有部分抑制效果，而 BRz 和 IBU 联合使用却可以大大地抑制 H_2O_2 含量增加；在图 4-34（c）和图 4-34（d）中，Gd^{3+} 和 DPI 都可以完全抑制 γ-PGA 诱导的油菜素内酯积累和茉莉酸积累，IBU 对油菜素内酯积累无显著影响，同样地，BRz 对茉莉酸积累也无显著影响。这表明，在 γ-PGA 诱导油菜苗叶片脯氨酸积累以及 T-AOC 提高的过程中，Ca^{2+} 在其他三种信号的上游，油菜素内酯和茉莉酸是同一级信号，这两种信号可以调控 H_2O_2 信号，又受 H_2O_2 信号的调控。

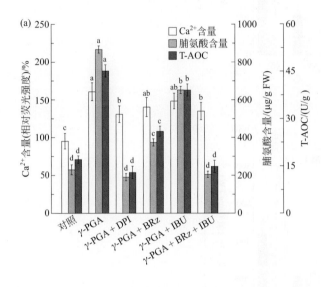

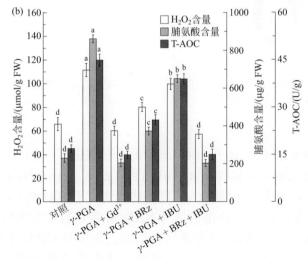

图4-34

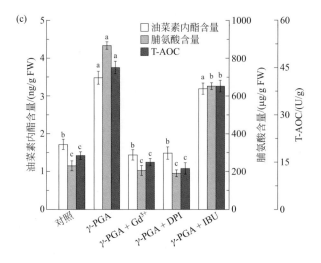

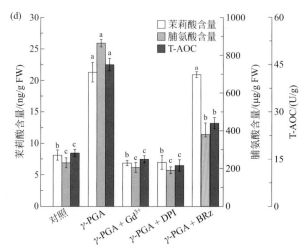

图4-34　γ-PGA诱导的油菜叶片中Ca^{2+}、H$_2$O$_2$、油菜素内酯、茉莉酸之间的调控关系

字母a、b、c、d代表存在显著性差异

（2）叶片中γ-PGA激发的Ca^{2+}调控H$_2$O$_2$产生的分子机制　一般来说，H$_2$O$_2$主要通过NADPH氧化酶（又被叫作RBOH蛋白）产生。NADPH氧化酶可以通过几个途径被Ca^{2+}激活，包括：Ca^{2+}直接结合到位于NADPH氧化酶N末端的EF臂模块；通过Ca^{2+}结合蛋白诱导NADPH氧化酶发生磷酸化作用[71]。Ca^{2+}信号通常是被几种Ca^{2+}结合蛋白解码的，主要是CaM、CBL以及CPK。γ-PGA能够引起叶片胞质内Ca^{2+}的波动，这些波动可以被Ca^{2+}结合蛋白解码，并传递给下游靶信号。为了研究叶片中γ-PGA激发的信号由

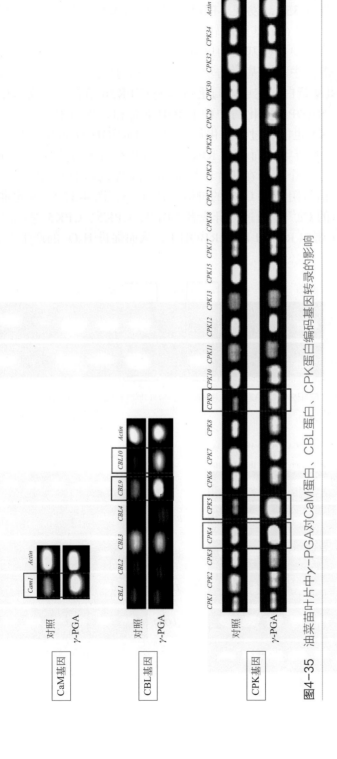

图4-35 油菜苗叶片中γ-PGA对CaM蛋白、CBL蛋白、CPK蛋白编码基因转录的影响

Ca²⁺ 传递给 H₂O₂ 的机制，本书著者团队对 Ca²⁺ 结合蛋白编码基因的转录情况进行研究（图 4-35），发现 γ-PGA 上调了 *CaM1*、*CBL9*、*CBL10*、*CPK4*、*CPK5* 以及 *CPK9* 等 6 个基因的转录。尽管这些基因的功能在油菜中尚未被明确研究，但油菜中这些基因的序列与模式植物拟南芥中对应基因的序列高度同源，而拟南芥中对应基因的功能研究则相对较多。在这些基因中，基因 *CBL9* 编码 CBL9 蛋白，它可以与蛋白激酶 CIPK26 结合，形成的复合物能够调控拟南芥中 NADPH 氧化酶中的 RBOH F 蛋白，促进 H₂O₂ 的产生[72]。蛋白 CPK4 和 CPK5 也能通过磷酸化作用使蛋白 RBOH D 和 RBOH F 发生磷酸化来促进 H₂O₂ 的产生。而蛋白 RBOH D 和 RBOH F 分别由基因 *Rboh D* 和 *Rboh F* 编码，这两个基因在叶片中均受到 γ-PGA 的影响上调转录，且它们的上调受到 Ca²⁺ 信号阻断剂 Gd³⁺ 的抑制（图 4-36，图 4-37）。因此推测，叶片中 γ-PGA 激发的 Ca²⁺ 能通过自身或者 CBL9、CPK5、CPK5 等 Ca²⁺ 结合蛋白调控 H₂O₂ 产生蛋白 RBOH D 和 RBOH F，从而促进 H₂O₂ 的产生。

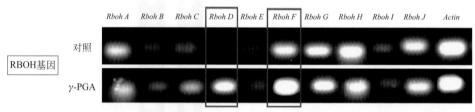

图4-36　油菜苗叶片中γ-PGA对RBOH蛋白（NADPH氧化酶）编码基因转录的影响

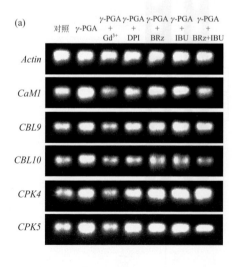

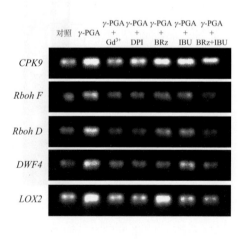

(b)

IOD比值	对照	γ-PGA	γ-PGA+Gd^{3+}	γ-PGA+DPI	γ-PGA+BRz	γ-PGA+IBU	γ-PGA+BRz+IBU
CaM1/Actin	0.68±0.08	1.15±0.05	0.58±0.07	0.73±0.04	0.94±0.07	0.85±0.05	0.64±0.06
CBL9/Actin	0.63±0.03	0.82±0.05	0.57±0.05	0.76±0.06	0.92±0.07	0.97±0.06	0.84±0.03
CBL10/Actin	0.54±0.08	0.88±0.04	0.51±0.04	0.56±0.07	0.78±0.04	0.73±0.04	0.41±0.05
CPK4/Actin	0.71±0.07	0.99±0.11	0.59±0.08	0.94±0.09	1.20±0.10	1.24±0.11	1.29±0.13
CPK5/Actin	0.82±0.07	1.23±0.10	0.82±0.06	1.14±0.09	1.03±0.10	1.02±0.09	0.80±0.05
CPK9/Actin	0.38±0.06	0.73±0.04	0.44±0.06	0.52±0.07	0.63±0.04	0.64±0.03	0.48±0.04
Rboh D/Actin	0.19±0.03	0.38±0.04	0.19±0.04	0.18±0.04	0.28±0.03	0.25±0.02	0.13±0.02
Rboh F/Actin	0.17±0.02	0.45±0.04	0.16±0.03	0.13±0.03	0.29±0.04	0.29±0.03	0.14±0.02
DWF4/Actin	0.16±0.02	0.49±0.04	0.22±0.02	0.18±0.04	0.19±0.04	0.37±0.02	0.16±0.04
LOX2/Actin	0.52±0.08	0.82±0.06	0.56±0.05	0.52±0.04	0.80±0.07	0.50±0.04	0.36±0.06

图4-37 信号阻断剂Gd^{3+}、DPI、BRz、IBU对γ-PGA诱导的基因*CaM1*、*CBL9*、*CBL10*、*CPK4*、*CPK5*、*CPK9*、*Rboh D*、*Rboh F*、*DWF4*、*LOX2*转录上调的影响
（a）转录差异凝胶电泳图；（b）IOD比值

（3）H$_2$O$_2$信号调控植物抗逆生理的分子机制　作为一种信号分子，H$_2$O$_2$能够直接调控一些与植物防御以及植物激素合成相关的多个基因的表达。γ-PGA诱导了叶片中油菜素内酯和茉莉酸的积累，同时也诱导了基因*DWF4*和*LOX2*的转录上调，而γ-PGA的这些诱导效应均可以被H$_2$O$_2$信号抑制剂DPI抑制，这说明H$_2$O$_2$可以调控γ-PGA诱导的油菜素内酯和茉莉酸。油菜素内酯和茉莉酸均已被证实在植物响应各种非胁迫的过程中起着非常重要的作用[71]。在生产上，外源施用油菜素内酯或茉莉酸已被作为增强作物应对高盐或低温胁迫的有效手段。研究表明，油菜素内酯和茉莉酸诱导的作物抗逆性提高是通过H$_2$O$_2$介导的，这就意味着H$_2$O$_2$信号也存在于油菜素内酯和茉莉酸信号途径下游。当油菜素内酯和茉莉酸两种信号的抑制剂BRz和IBU同时使用时，γ-PGA诱导的H$_2$O$_2$增加则被大部分抑制［图4-34（b）］，说明γ-PGA诱导的H$_2$O$_2$大部分是通过油菜素内酯和茉莉酸调控产生的。据报道，油菜素内酯和茉莉酸确实能通过增强NADPH氧化酶的活性促进植物细胞中H$_2$O$_2$水平的提高。而本书著者团队的研究也证实了这一点，联合使用BRz和IBU也同时可以抑制γ-PGA诱导的*Rboh D*和*Rboh F*的上调转录（图4-37）。作为功能性信号分子，在几种作物中H$_2$O$_2$均已被证实能调控脯氨酸积累以及增强抗氧化酶活性。据报道，在玉米苗中，H$_2$O$_2$能够及时迅速地提高脯氨酸合成途径上吡咯啉-5-羧酸合成酶（P5CS）和谷氨酸脱氢酶的活性并上调吡咯啉-5-羧酸合成酶的基因表达，促进叶片中脯氨酸的积累。在渗透胁迫下，对黄瓜外源施用H$_2$O$_2$还可以提高其抗氧化酶活性，保护叶绿体超微结构。另外，实验发现γ-PGA诱导的*CaM1*、*CBL10*、*CPK9*基因的上调转录也受到DPI的抑制（图4-37），这说明H$_2$O$_2$也参与了调控部分Ca^{2+}结合蛋白。据报道，在玉米中使用H$_2$O$_2$处理确实能显著提高*CaM1*基因的表达以及CaM蛋白的含量，同时叶绿体和胞质内抗氧化酶的活性也被提高。Kang和Nem的研究发

现，油菜素内酯诱导的 H_2O_2 能够在盐胁迫下促进拟南芥的 *CBL10* 基因的表达。在拟南芥中，CBL10-CIPK24 复合体能够调控叶子和根部液泡膜上的 Na^+ 平衡。最近的研究发现，*CBL10* 能直接与 AKT1 作用，调控细胞内的 K^+ 平衡[73]。因此，γ-PGA 提高了盐胁迫下油菜苗叶片内的 K^+/Na^+ 值也可能与 γ-PGA 诱导的 *CBL10* 基因上调有关。另外，Zhang 等人[52]的研究发现油菜的 *CPK9* 基因在非生物胁迫下呈现上调表达，说明 *CPK9* 参与了油菜抗胁迫的过程。因此，γ-PGA 诱导的 H_2O_2 可以通过调控一些 Ca^{2+} 结合蛋白来提高油菜苗的抗逆性。

（4）叶片内响应 γ- 聚谷氨酸的信号途径模型（图 4-38） 综上，叶片内响应 γ-PGA 的信号可以归纳为：Ca^{2+} 首先受 γ-PGA 的信号激发呈现浓度上的波动变化，被激活的 Ca^{2+} 通过 Ca^{2+} 结合蛋白（CBL9、CPK4、CPK5）进一步激发 H_2O_2 的产生；H_2O_2 通过对油菜素内酯和茉莉酸合成关键基因（*DWF4*、*LOX2*）的调控，又促进了油菜素内酯和茉莉酸的积累；油菜素内酯和茉莉酸则通过影响 NADPH 氧化酶再次增强了 H_2O_2 的产生；最后 H_2O_2 诱导抗氧化酶活性提高，促进脯氨酸积累，并增强了一些 Ca^{2+} 结合蛋白（CaM、CBL10、CPK9）的活性，最终实现油菜苗抗逆性提高。

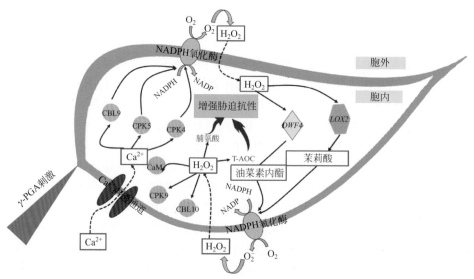

图4-38 叶片内响应 γ-PGA 提高抗逆性的信号途径
实线表示靶向作用；虚线表示跨膜移动

4. 植物识别 γ- 聚谷氨酸的感受蛋白

如上文所述，γ-PGA 并不能被转运进入细胞质，荧光标记 γ-PGA 的染色结果也表明，γ-PGA 是贴附在细胞膜上行使其功能的。那么，植物细胞是如何识别

γ-PGA 并产生抗逆信号的呢？本书著者团队通过 Pull-Down 实验发现，固定化的 γ-PGA 确实能钩挂着一些植物膜蛋白，又通过肽质量指纹谱图技术分离出 15 种可与 γ-PGA 结合的肽段（表 4-23）。利用 Cell-Ploc 网站对这些肽段的分析发现，只有一个肽段位于细胞膜上，即牛心果碱氧化酶。

表4-23　γ-PGA结合蛋白的质谱鉴定及亚细胞定位

编号	蛋白编码	预测蛋白	亚细胞定位
1	XP_013726841.1	类黑芥子酶4	液泡
2	XP_013726833.1	类黑芥子酶4	液泡
3	XP_013752520.1	类黑芥子酶4	液泡
4	XP_013721889.1	类β-葡萄糖苷酶BoGH3B	叶绿体/线粒体/过氧化物酶体
5	XP_013690187.1	α-木糖苷酶1	细胞壁
6	XP_013710075.1	乙酰辅酶A羧化酶1	线粒体
7	XP_013652888.1	类枯草杆菌蛋白酶SBT1.7	细胞壁
8	XP_013722295.1	类5-甲基四氢叶酸-甜菜碱同型半胱氨酸甲基转移酶1	叶绿体
9	XP_013676054.1	类5-甲基四氢叶酸-甜菜碱同型半胱氨酸甲基转移酶1	叶绿体
10	XP_013657078.1	类枯草杆菌蛋白酶SBT5.3	细胞壁
11	XP_013706465.1	类60S核糖体蛋白L3-1	细胞质
12	XP_013742011.1	类60S核糖体蛋白L15-1	叶绿体
13	XP_013717456.1	牛心果碱氧化酶	细胞膜
14	XP_013734056.1	类腺苷高半胱氨酸同工酶X1	叶绿体/线粒体/过氧化物酶体
15	XP_013660382.1	内切葡聚糖酶17	细胞壁

牛心果碱氧化酶是催化苄基异喹啉（类）生物碱合成过程中的关键酶，催化牛心果碱生成金黄紫堇碱。它催化的反应为：(S)- 牛心果碱 + $O_2 \longrightarrow$ 金黄紫堇碱 + H_2O_2，是一种黄素蛋白类氧化酶[75]。目前对于牛心果碱氧化酶的报道相对较少，但是已有一些研究表明，其在植物应对非生物胁迫的过程中起着重要的作用。Seki 等人[75] 利用全长 cDNA 微阵列技术在拟南芥中研究响应干旱、低温以及高盐胁迫的基因表达，发现编码牛心果碱氧化酶的基因出现了上调表达；Galletti 等人[76] 研究发现，一些生物刺激素包括壳聚半乳糖醛酸、一种细菌鞭毛多肽 flg22、β- 葡聚糖等能够激发牛心果碱氧化酶的上调表达，参与这些激发子引起的活性氧迸发。因此，γ-PGA 对植物的诱导抗逆性，很有可能与其和牛心果碱氧化酶的结合有关。此外，前文中也已提到，γ-PGA 诱导的抗逆信号始于激发根部产生的 H_2O_2 信号，尽管发现 γ-PGA 调控了 H_2O_2 的主要产生酶 NADPH 氧化酶的表达，但并未检测到 NADPH 氧化酶与 γ-PGA 存在结合互作。因此 NADPH 氧化酶可能并不是 γ-PGA 激发的 H_2O_2 信号的第一来源。而牛心果碱氧

化酶也是催化 H_2O_2 产生的酶，并且可以与 γ-PGA 互作，由此本书著者团队推测，γ-PGA 可能首先与牛心果碱氧化酶发生互作关系，进而激发 H_2O_2 产生，而产生的 H_2O_2 作为调控信号可以通过调控 NADPH 氧化酶进一步将 H_2O_2 放大并进入下游调控。这种推测需要将来通过实验进一步验证。

受限于膜蛋白的特殊性以及本书著者团队提取工艺的限制性，在进行 Pull-Down 实验时，提取的膜蛋白中不可避免地混进了胞外分泌蛋白和胞内蛋白。考虑到 γ-PGA 无法进入细胞质内部，因此未对胞内蛋白开展研究，但是在被钩挂的蛋白中，有三种细胞壁蛋白也会与 γ-PGA 发生结合互作，即 α- 木糖苷酶 1（alpha-xylosidase 1）、类枯草杆菌蛋白酶（subtilisin-like protease SBT1.7，subtilisin-like protease SBT5.3）、内切葡聚糖酶（endoglucanase 17）。这说明 γ-PGA 对植物细胞的影响不仅仅是发生在膜上，而且还有可能发生在细胞壁上。尽管尚不清楚 γ-PGA 是如何通过这三种酶影响植物生理的，但这三类酶都是植物防御反应系统的重要参与者，特别是类枯草杆菌蛋白酶和内切葡聚糖酶。而这三种蛋白是否能与 γ-PGA 共同影响植物细胞生理也需要进一步的实验验证。

第四节
γ-聚谷氨酸作为金属钝化剂应对农田重金属胁迫

土壤是人类赖以生存的物质基础，土壤的状况直接或间接地关系着全人类的命运。随着社会的发展、人类活动的增加，大量土壤遭到污染，其中最严重的是重金属污染[77]。在中国，农田土壤污染率达到 19.4%。重金属污染的危害不仅改变了土壤的理化性质，还通过食物链直接危害人类健康。因此，寻找一种经济环保的新型改良剂来治理重金属污染是十分必要的。

本书前文已经提及，γ-PGA 作为一种生物大分子，侧链上含有大量的羧基基团，具有很强的金属螯合能力，可作为絮凝剂用于污水处理，因此也具有用于改良土壤重金属污染的潜质。那么，γ-PGA 是否可以作为一种金属钝化剂，使重金属离子在土壤中也出现"絮凝"，从而减少对农作物的毒害，降低农作物对重金属的富集呢？为此，本书著者团队开展了相关应用研究，将 γ-PGA 用于含有 Pb、Cd、Cr、Cu 等重金属污染的土壤，探究其在缓解重金属对作物毒害方面的影响，并解析了 γ-PGA 重金属螯合物的性质，最后还研究了 γ-PGA 对重金属污染土壤微生物生物量、微生物种群结构多样性以及土壤酶活的影响[74]。

一、缓解土壤重金属对作物的毒害作用

为了研究 γ-PGA 是否有助于缓解重金属胁迫对黄瓜幼苗生长的毒害作用，以黄瓜苗作为应用材料，分别向土壤中混入 400mg/kg Pb、40mg/kg Cd、750mg/kg Cr、250mg/kg Cu 模拟不同重金属污染土壤，再通过灌根的方式浇入不同浓度的 γ-PGA 和谷氨酸（Glu），考察 γ-PGA 和谷氨酸（Glu）对黄瓜种子在 Pb、Cd、Cr、Cu 胁迫下萌发的生长指标的变化[44]。由图 4-39、表 4-24 中可以看出，Pb、Cd、Cr、Cu 处理组黄瓜幼苗的地下部长度、地上部长度和鲜重显著低于对照组。过量的重金属会引起植物体内复杂的生理变化。植物生长抑制是重金属胁迫的一

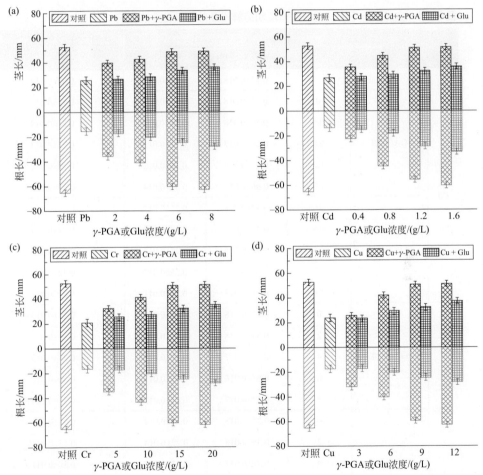

图4-39 金属Pb（a）、Cd（b）、Cr（c）、Cu（d）胁迫下，γ-PGA和谷氨酸对黄瓜幼苗长势的影响

种常见生理效应，其通常表现为根会缩短、增厚，或发育不全。γ-PGA 可以有效地缓解重金属对黄瓜幼苗的生长抑制。随着 γ-PGA 浓度的增加，重金属对黄瓜幼苗生长的抑制作用逐渐消除，尤其是对地上部分的抑制作用。可以看出当 Pb 组 γ-PGA 浓度达到 6g/L 时，Cd 组 γ-PGA 浓度达到 1.2g/L 时，Cr 组 γ-PGA 浓度达到 15g/L 时，Cu 组 γ-PGA 浓度达到 9g/L 时，黄瓜幼苗所受的生长抑制达到最小。与对照组相比，γ-PGA 促进了金属胁迫下黄瓜幼苗的生长，而谷氨酸对缓解金属胁迫诱导的抑制作用不明显。这说明 γ-PGA 在减轻重金属胁迫方面比谷氨酸单体更为有利。结果表明，γ-PGA 有效地减轻了黄瓜幼苗在金属胁迫下的毒害作用。

表4-24　金属胁迫下γ-PGA对黄瓜幼苗鲜重及叶绿素含量的影响

处理			叶绿素含量/（mg/gFW）		鲜重/g
			Chl-a	Chl-b	
对照组			0.77±0.018	0.46±0.014	0.33±0.014
Cd	γ-PGA/（g/L）	0	0.43±0.018	0.21±0.014	0.17±0.014
		0.4	0.52±0.018	0.26±0.014	0.21±0.014
		0.8	0.58±0.017	0.31±0.013	0.25±0.013
		1.2	0.65±0.016	0.38±0.012	0.29±0.012
		1.6	0.66±0.017	0.39±0.014	0.29±0.013
	Glu/（g/L）	0	0.43±0.018	0.21±0.014	0.17±0.014
		0.4	0.45±0.016	0.22±0.013	0.18±0.012
		0.8	0.48±0.015	0.24±0.015	0.20±0.013
		1.2	0.50±0.016	0.25±0.014	0.22±0.014
		1.6	0.51±0.014	0.25±0.011	0.22±0.011
Pb	γ-PGA/（g/L）	0	0.37±0.018	0.18±0.014	0.15±0.014
		2	0.54±0.018	0.32±0.012	0.19±0.012
		4	0.58±0.017	0.39±0.013	0.25±0.013
		6	0.65±0.016	0.42±0.015	0.30±0.012
		8	0.67±0.017	0.44±0.013	0.31±0.014
	Glu（g/L）	0	0.37±0.018	0.18±0.014	0.15±0.014
		2	0.38±0.018	0.22±0.014	0.17±0.014
		4	0.41±0.017	0.25±0.013	0.19±0.011
		6	0.43±0.016	0.28±0.012	0.20±0.012
		8	0.45±0.017	0.29±0.012	0.21±0.012

| 处理 | | | 叶绿素含量/（mg/gFW） | | 鲜重/g |
			Chl-a	Chl-b	
Cr	γ-PGA（g/L）	0	0.39±0.017	0.19±0.014	0.15±0.014
		5	0.51±0.018	0.28±0.013	0.17±0.015
		10	0.58±0.016	0.38±0.013	0.24±0.013
		15	0.67±0.016	0.42±0.012	0.30±0.013
		20	0.69±0.017	0.45±0.013	0.32±0.014
	Glu（g/L）	0	0.39±0.016	0.19±0.014	0.15±0.014
		5	0.40±0.018	0.21±0.013	0.15±0.014
		10	0.43±0.016	0.24±0.013	0.17±0.012
		15	0.45±0.017	0.29±0.012	0.19±0.012
		20	0.45±0.017	0.28±0.014	0.21±0.012
Cu	γ-PGA（g/L）	0	0.41±0.018	0.21±0.013	0.16±0.014
		3	0.50±0.017	0.25±0.014	0.20±0.012
		6	0.57±0.016	0.32±0.013	0.24±0.014
		9	0.64±0.016	0.39±0.013	0.29±0.012
		12	0.67±0.017	0.43±0.014	0.31±0.013
	Glu（g/L）	0	0.41±0.018	0.21±0.013	0.16±0.014
		3	0.43±0.017	0.22±0.014	0.18±0.012
		6	0.45±0.015	0.23±0.015	0.21±0.013
		9	0.49±0.016	0.25±0.013	0.22±0.014
		12	0.51±0.015	0.27±0.011	0.23±0.012

为了阐明 γ-PGA 减轻重金属毒害作用的机制，对黄瓜苗组织内的 Pb、Cd、Cr、Cu 分布进行了测定。如图 4-40 所示，Pb、Cd、Cr、Cu 胁迫下黄瓜幼苗的金属含量显著高于对照组。而且，黄瓜幼苗根系中 Pb、Cd、Cr、Cu 含量显著高于对照。在整个植物中，根系是重金属积累的主要场所。金属胁迫下，根保留了大部分的重金属，只有相对少量的重金属（约 10%）被运送到芽。重金属的吸收和细胞内金属平衡的维持受特定转运蛋白活性的控制。随着 γ-PGA 浓度的增加，植物体内的 Pb、Cd、Cr、Cu 含量逐渐减少，相反随着谷氨酸浓度的增加植物体内的 Pb、Cd、Cr、Cu 含量则逐渐增加。由此看出，γ-PGA 组和谷氨酸组呈现出相反的效果。与 Pb、Cd、Cr、Cu 组相比，Pb+ 6g/L γ-PGA 组和 Cd + 1.2g/L γ-PGA 的茎中金属含量分别降低了 74.13% 和 38.65%，根中分别降低了 42.78% 和 51.40%；Cr+ 15g/L γ-PGA 组和 Cu + 9g/L γ-PGA 的茎中金属含量分别降低了

81.26% 和 45.34%，根中分别降低了 49.87% 和 55.78%。结果表明，γ-PGA 抑制了黄瓜幼苗对 Pb、Cd、Cr、Cu 的吸收。已有研究发现 γ-PGA 能有效螯合各种金属离子，其中包括 Ni^{2+}、Cu^{2+}、Zn^{2+}、Cr^{3+} 等。根据 γ-PGA 螯合重金属离子的特性，它作为一种高效的生物吸附材料被广泛应用于废水处理工业中，可以有效地去除废水中的 Cu^{2+}。因此，在 γ-PGA 组中观察到的金属含量减少可能是由于 γ-PGA 对 Pb^{2+}、Cd^{2+}、Cr^{3+}、Cu^{2+} 的吸附，使它们从游离态转变为螯合态。而 γ-PGA 不能以聚合物的形式直接被植物吸收，从而降低了黄瓜幼苗对重金属的吸收。

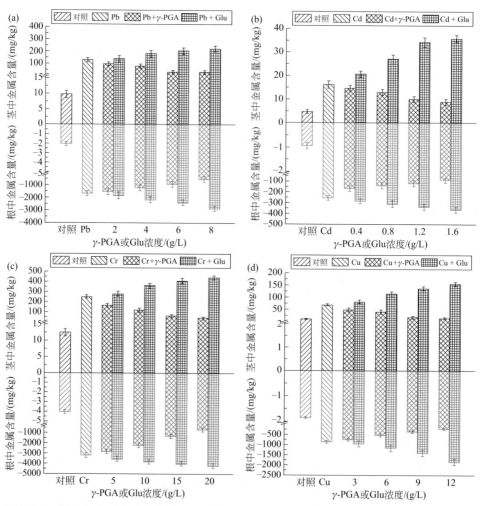

图4-40 金属Pb（a）、Cd（b）、Cr（c）、Cu（d）胁迫下，γ-PGA和谷氨酸对黄瓜幼苗体内金属含量的影响

二、γ-聚谷氨酸与Pb、Cd、Cr、Cu螯合物的理化表征

为了研究 γ-PGA 与 Pb^{2+}、Cd^{2+}、Cr^{3+}、Cu^{2+} 的螯合机制，首先观察了 γ-PGA 在水溶液中与 Pb^{2+}、Cd^{2+}、Cr^{3+}、Cu^{2+} 的螯合反应。如图4-41所示，在含有 Pb^{2+}、Cd^{2+}、Cr^{3+}、Cu^{2+} 的水溶液中加入 γ-PGA 后产生了絮状沉淀。这说明 Pb^{2+}、Cd^{2+}、Cr^{3+}、Cu^{2+} 与 γ-PGA 反应后从自由态转化为沉淀。Ho 等人将这个过程解释为 γ-PGA 与 Pb^{2+} 和 Cd^{2+} 的螯合作用从可溶性线型随机卷曲转变成不溶性包封聚集体，随后析出。

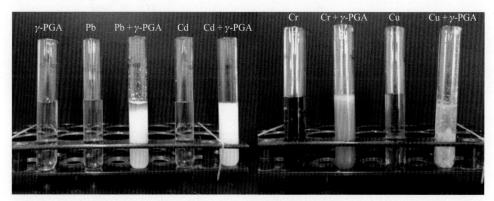

图4-41　γ-PGA与Pb^{2+}、Cd^{2+}、Cr^{3+}、Cu^{2+}在水溶液中的反应

采用红外光谱对 γ-PGA 金属螯合物进行了表征。图4-42 显示了 γ-PGA、γ-PGA-Pb、γ-PGA-Cd、γ-PGA-Cr、γ-PGA-Cu 的红外光谱，可以看出，在 2500～3600cm^{-1} 处的宽带显示了 O—H 重叠，N—H 和 C—H 伸缩振动；在 3286.53cm^{-1} 处显示 N—H 拉伸；在 2934.72cm^{-1} 处显示 CH$_2$ 和 CH 基团的 C—H 拉伸；在 2612.15cm^{-1} 处显示羧基的 O—H 拉伸；在 1731.07cm^{-1} 处显示羧基的 C＝O 伸缩；宽带 1658.12～1537.44cm^{-1} 处显示了酰胺Ⅰ的 C＝O 伸缩，羧酸阴离子（COO$^-$）、酰胺Ⅱ的 N—H/N—N 变形，以及各种分子内相互作用的重叠；在 1451.79cm^{-1} 和 1334.22cm^{-1} 处显示了 CH$_2$ 和 C—H 弯曲；在 1420.39cm^{-1} 和 959.53cm^{-1} 处显示羧基的 O—H 弯曲；在 1270.58cm^{-1} 处显示酰胺Ⅲ的 N—H/C—H 变形；在 1222.76cm^{-1} 处显示 O—C 拉伸；在 1160.91cm^{-1} 处显示 C—N 拉伸；在 702.71cm^{-1} 处显示 N—H 弯曲。Inbaraj 等人发现 γ-PGA-Hg 的红外光谱在 1658.12～1537.44cm^{-1} 处的宽带区发生了显著变化。而 γ-PGA-Pb、γ-PGA-Cd、γ-PGA-Cr、γ-PGA-Cu 的红外光谱显示，在 1582cm^{-1}、1573cm^{-1}、1587cm^{-1}、1603cm^{-1} 处分别观察到了特征峰，表明在 1658.12～1537.44cm^{-1} 处的宽带区发生了变化。这些结果表明了 γ-PGA-Pb、γ-PGA-Cd、γ-PGA-Cr、γ-PGA-Cu 的形成。特征峰的偏移说明了 γ-PGA 通过侧

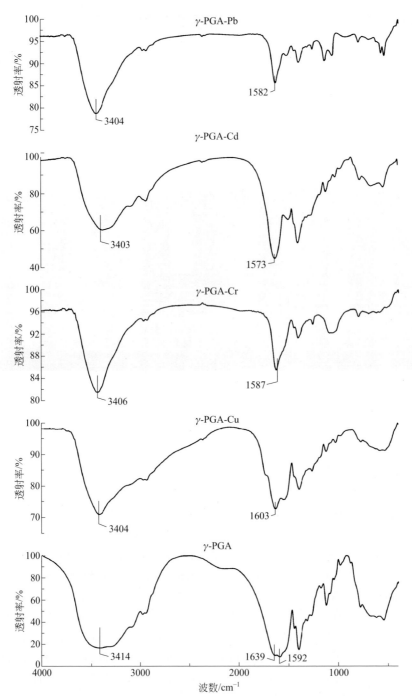

图4-42 γ-PGA与Pb^{2+}、Cd^{2+}、Cr^{3+}、Cu^{2+}螯合体的红外光谱表征

链上羧酸的氢离子与 Pb^{2+}、Cd^{2+}、Cr^{3+}、Cu^{2+} 的离子交换，使 Pb^{2+}、Cd^{2+}、Cr^{3+}、Cu^{2+} 吸附在 γ-PGA 上。同时，γ-PGA-Pb、γ-PGA-Cd、γ-PGA-Cr、γ-PGA-Cu 在 $3414cm^{-1}$ 的峰强度略低于 γ-PGA。目前，已经报道了一些 γ-PGA 与重金属配位的研究。这些研究表明，Cu^{2+} 与 γ-PGA 上羧酸基团相互作用，同时在酰胺键中形成短暂的 N 键，而 Mn^{2+} 只与羧酸基团相互作用。还有研究表明，金属吸附在如 γ-PGA 的聚电解质上可能有两种机制：①金属与羧酸位的直接相互作用；②由静电基团产生的静电势保留了重金属离子。

为了进一步了解 γ-PGA 与不同重金属螯合的用量，本书著者团队对上述重金属与 γ-PGA 的螯合率进行了分析。结果如图 4-43 所示，γ-PGA 与 Pb^{2+}、Cd^{2+}、Cr^{3+}、Cu^{2+} 的螯合率各不相同。其中 γ-PGA 对 Pb^{2+} 的螯合率为 27.26%，对 Cd^{2+} 的螯合率为 14.28%，对 Cr^{3+} 的螯合率为 18.07%，对 Cu^{2+} 的螯合率为 12.73%。这说明，1g γ-PGA 能螯合 0.27g Pb、0.14g Cd、0.18g Cr、0.13g Cu。由于 Pb、Cd、Cr、Cu 之间的原子量存在很大差异，可能在与 γ-PGA 形成配位体时所占的空间位阻不同，所以显示出不同的螯合率。

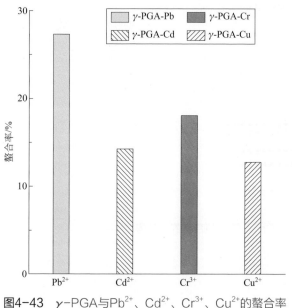

图4-43 γ-PGA与Pb^{2+}、Cd^{2+}、Cr^{3+}、Cu^{2+}的螯合率

γ-PGA 是一种天然高分子聚合物，是由 D- 和 L- 谷氨酸的单体通过 α- 氨基和 γ- 羧酸官能团之间的酰胺键（ $+NH—CH(COOH)—(CH_2)_2—CO+_n$ ）链接的，是可生物降解的[17,22,27,31]。如果 γ-PGA 金属螯合物易被降解，那么 γ-PGA 作为重

金属钝化剂的意义就会降低。因此，研究 γ-PGA 与 Pb^{2+}、Cd^{2+}、Cr^{3+}、Cu^{2+} 的螯合物的降解率是十分重要的。如图 4-44 所示，γ-PGA-Pb、γ-PGA-Cd、γ-PGA-Cr、γ-PGA-Cu 的降解十分缓慢。在最初的 5 周里，γ-PGA 金属螯合物降解迅速，约 20%，随后在接下来的 23 周里，只有 2% ～ 5% 被降解，降解速率逐渐降低。最终 γ-PGA-Cd 的降解率为 24.72%，γ-PGA-Pb 的降解率为 22.56%，γ-PGA-Cr 的降解率为 20.89%，γ-PGA-Cu 的降解率为 26.13%。在 6 个多月时间里，γ-PGA 金属螯合物的降解量逐渐减少，最终基本保持不变，并且在整个降解实验中土壤溶液的 pH 值保持在 6.5 左右。在自然环境下，γ-PGA 会被微生物降解为小分子的低聚谷氨酸，但 γ-PGA 金属螯合物降解后释放出的游离重金属对微生物有毒害作用，导致土壤微生物活性下降，抑制其生长。许多重金属对生物配体如磷酸、嘌呤、嘧啶和核酸具有很强的亲和力，有的还可以扰乱细胞代谢或与细胞膜结合。因此，γ-PGA 金属螯合物的降解速率逐渐降低。总之，γ-PGA 金属螯合物没有迅速被降解，并且保持了相对的稳定。

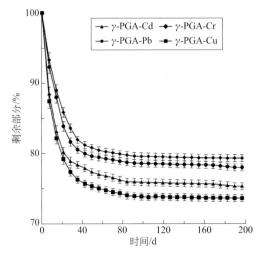

图4-44 γ-PGA与Pb^{2+}、Cd^{2+}、Cr^{3+}、Cu^{2+}螯合物的降解率

参考文献

[1] 陈雷，吴有庭. 聚天冬氨酸的生产及其在日用化学品中的应用 [J]. 精细石油化工进展，2019, 20(6): 51-53.

[2] 张新民，姚克敏，徐虹. 新型高效吸水材料 (γ-PGA) 的农业应用研究初报 [J]. 南京气象学院学报，2004 (2): 224-229.

[3] 舒芹. 聚 γ- 聚谷氨酸的提取及其在肥料中的应用 [D]. 武汉：华中农业大学，2008.

[4] 许宗奇，万传宝，许仙菊，等. 肥料增效剂 γ- 聚谷氨酸对小青菜产量和品质的影响 [J]. 生物加工过程，2012, 10(1): 58-62.

[5] 李华山，雷鹏，许宗奇，等. 耐盐促生 Agrobacterium sp.DF-2 增强黄瓜幼苗耐盐性的研究 [J]. 江苏农业学报，2017, 33(3): 654-661.

[6] Peng L, Xu Z, Liang J, et al. Poly (γ-glutamic acid) enhanced tolerance to salt stress by promoting proline accumulation in Brassica napus L[J]. Plant Growth Regulation, 2016, 78(2): 233-241.

[7] Xu Z Q,Lei P, Feng X H et al. Analysis of the metabolic pathways affected by poly (γ-glutamic acid) in Arabidopsis thaliana based on gene chip microarray[J]. Journal of Agricultural and Food Chemistry, 2016, 64(32): 6257-6266.

[8] 山仑，邓西平，康绍忠. 我国半干旱地区农业用水现状及发展方向 [J]. 水利学报，2002 (9): 27-31.

[9] 李景生，黄韵珠. 土壤保水剂的吸水保水性能研究动态 [J]. 中国沙漠 1996(1): 86-91.

[10] 李晋军，崔凤萍. BP 抗旱保水剂玉米盆栽试验初报 [J]. 山西水土保持科技，1999(4): 11-13.

[11] 赵永贵. 保水剂的开发及应用进展 [J]. 中国水土保持，1995 (5): 52-54.

[12] 赵广才，刘利华. 不同墒情下保水剂对小麦、玉米出苗及幼苗的影响 [J]. 北京农业科学，1994 (1): 25-27.

[13] 陈岩，张希财. 保水剂拌种对玉米苗期性状的影响 [J]. 辽宁农业科学，1994 (4): 56-40.

[14] 杨静静，王秀峰，魏珉，等. 保水剂吸水、释水及吸肥特性研究 [J]. 山东农业大学学报（自然科学版），2016, 47(5): 696-700.

[15] 张新民. γ- 聚谷氨酸及高吸水树脂的制备研究 [D]. 南京：南京工业大学，2003.

[16] 张新民，游庆红，徐虹，等. 生物可降解型聚谷氨酸高吸水树脂的制备 [J]. 高分子材料科学与工程，2003 (2): 203-205.

[17] 吉美萍，庞艳波，付丽丽，等. γ- 聚谷氨酸基因工程研究进展与展望 [J]. 中国生物工程杂志，2016, 36(6): 107-118.

[18] Datta S P, Datta S P. Labile soil organic carbon, soil fertility, and crop productivity as influenced by manure and mineral fertilizers in the tropics[J]. Journal of Plant Nutrition and Soil Science, 2010, 173(5): 715-726.

[19] 许宗奇. 生物高分子 γ- 聚谷氨酸的农业应用及作用机理研究 [D]. 南京：南京工业大学，2014.

[20] Xu Z, Wan C,Xu X, et al. Effect of poly (γ-glutamic acid) on wheat productivity, nitrogen use efficiency and soil microbes[J]. Journal of soil science and plant nutrition, 2013, 13(3):744-755.

[21] Pang J, Stephen P, Rebetzke G J, et al. The influence of shoot and root size on nitrogen uptake in wheat is affected by nitrate affinity in the roots during early growth[J]. Functional Plant Biology, 2015, 42(12):1179-1189.

[22] 杜沛. γ- 聚谷氨酸高产菌株的选育及发酵条件的优化 [D]. 开封：河南大学，2010.

[23] 万传宝. 肥料增效剂 γ- 聚谷氨酸的施用优化研究 [D] 南京：南京工业大学，2013.

[24] 刘来华，李韵珠，綦雪梅，等. 冬小麦水氮有效利用的研究 [J]. 中国农业大学学报，1996(5): 67-73.

[25] Chen F, Mi G. Comparison of nitrogen accumulation and nitrogen utilization efficiency between elite inbred lines and the landraces of maize[J]. Acta Agriculturae Scandinavica Section B - Soil & Plant Science, 2012, 62(6):1-5.

[26] Xu Z, Lei P, Feng X, et al. Effect of poly (γ-glutamic acid) on microbial community and nitrogen pools of soil[J]. Acta Agriculturae Scandinavica Section B-Soil & Plant Science, 2013,63(8):657-668.

[27] 陈咏竹. γ- 多聚谷氨酸生产菌的诱变选育及重金属吸附的应用研究 [D]. 成都：四川大学，2005.

[28] Zaman M, Nguyen M L, Blennerhassett J D, et al. Reducing NH_3, N_2O and NO_3-N losses from a pasture soil with urease or nitrification inhibitors and elemental S-amended nitrogenous fertilizers [J]. Biology&Fertility of Soils, 2008, 44(5): 693-705.

[29] 王光华，金剑，徐美娜，等. 植物、土壤及土壤管理对土壤微生物群落结构的影响 [J]. 生态学杂志，2006, 25(5): 550-556.

[30] 严文辉. 高分子材料γ-聚谷氨酸促进番茄生长的微生物机制 [D]. 南京：南京工业大学，2022.

[31] 毕明月. 高分子聚合物γ-聚谷氨酸的提取纯化及其应用研究 [D]. 哈尔滨：哈尔滨商业大学，2017.

[32] Zhang H C, Yin W L, Xia X L. The mechanism of Ca^{2+} signal transduction under abiotic stresses in plants[J]. Chinese Bulletin of Botany,2007, 24(1): 114-121.

[33] 谢尚强，王文霞，张付云，等. 植物生物刺激素研究进展 [J]. 中国生物防治学报，2019, 35(3): 487-446.

[34] 雷鹏. γ-聚谷氨酸诱导的油菜苗抗逆效应及机理解析 [D]. 南京：南京工业大学，2017.

[35] Djanaguiraman M, Prasad P.Effects of salinity on ion transport, water relations and oxidative damage// Ecophysiology and Responses of Plants Under Salt Stress[M]. New York: Springer, 2013: 89-114.

[36] Yao C, Mahmood M,Noor B, et al. In vitro rice shoot apices as simple model to study the effect of NaCl and the potential of exogenous proline and glutathione in mitigating salinity stress[J]. Plant Growth Regulation,2015,75:771-781.

[37] Szabados L, Savouré. A Proline: a multifunctional amino acid[J]. Trends in Plant Science, 2010, 15(2):89-97.

[38] Ashraf M, Foolad M R. Roles of glycine betaine and proline in improving plant abiotic stress resistance [J]. Environmental & Experimental Botany, 2007, 59(2): 206-216.

[39] Parida A K, Das A B. Salt tolerance and salinity effects on plants: a review [J]. Ecotoxicol Environ Saf, 2005, 60(3): 324-349.

[40] Khedr A, Abbas M A, Wahid A, et al. Proline induces the expression of salt-stress-responsive proteins and may improve the adaptation of *Pancratium moritimum* L. to salt-stress [J]. Journal of Experimental Botany, 2015, 54(392): 2553-2562.

[41] Sobahan A D, Arias C R, Okuma E, et al. Exogenous proline and glycinebetaine suppress apoplastic flow to reduce Na$^+$ uptake in rice seedlings [J]. Bioscience, Biotechnology, and Biochemistry, 2009, 73(9): 2037-2042.

[42] Yan Z. Effects of proline on photosynthesis, root reactive oxygen species (ROS) metabolism in two melon cultivars (*Cucumis melo* L.) under NaCl stress[J]. African Journal of Biotechnology, 2011, 10(80): 18381-18390.

[43] Lei P, Xu Z, Ding Y, et al. Effect of poly (γ-glutamic acid) on the physiological responses and calcium signaling of rape seedlings (*Brassica napus* L.) under cold stress[J]. Journal of Agricultural & Food Chemistry, 2015, 63(48):10399-10406.

[44] Pang X, Lei P, Feng X, et al. Poly-γ-glutamic acid, a bio-chelator, alleviates the toxicity of Cd and Pb in the soil and promotes the establishment of healthy *Cucumis sativus* L. seedling[J]. Environmental Science and Pollution Research, 2018, 25(20):19975-19988.

[45] Xu Z, Lei P, Feng X, et al. Calcium involved in the poly (γ-glutamic acid)-mediated promotion of Chinese cabbage nitrogen metabolism[J]. Plant Physiology and Biochemistry, 2014, 80:144-152.

[46] Giannini J L, Pushnik J C, Briskin D P, et al. Fluoride effects on the plasma membrane ATPase of sugarbeet[J]. Plant Ence, 2015, 53(1):39-44.

[47] Monroy A F, Veena SW, Dhindsa S R, et al. Low temperature signal transduction during cold acclimation: protein phosphatase 2A as an early target for cold-inactivation[J]. Plant Journal, 1998, 13(5): 653-660.

[48] Monroy A F, Dhindsa R S. Low-temperature signal transduction: induction of cold acclimation-specific genes of alfalfa by calcium at 25 degrees C.[J]. The Plant Cell, 1995, 7(3):321-331.

[49] Thakur P, Nayyar H. Facing the cold stress by plants in the changing environment: sensing, signaling, and defending mechanisms// Plant Acclimation to Environmental Stress [M].New York: Springer, 2013:29-69.

[50] Boudsocq M, Sheen J. CDPKs in immune and stress signaling[J]. Trends in Plant Science, 2013, 18(1):30-40.

[51] Saijo Y, Hata S, Kyozuka J, et al. Over-expression of a single Ca^{2+}-dependent protein kinase confers both cold and salt/drought tolerance on rice plants[J]. Plant Journal, 2010, 23(3):319-327.

[52] Zhang H, Liu W Z, Zhang Y, et al. Identification, expression and interaction analyses of calcium-dependent protein kinase (CPK) genes in canola (*Brassica napus* L) [J]. Bmc Genomics, 2014, 15(1):211.

[53] Wendehenne D, Binet M N, Blein J P, et al. Evidence for specific, high-affinity binding sites for a proteinaceous elicitor in tobacco plasma membrane[J]. Febs Letters, 1995, 374(2):203-207.

[54] Yoshikawa M, Keen N T,Wang M C.A Receptor on soybean membranes for a fungal elicitor of phytoalexin accumulation[J]. Plant Physiology,1983,76(2):497-506.

[55] 李师翁，薛林贵，冯虎元，等. 植物中的 H_2O_2 信号及其功能 [J]. 中国生物化学与分子生物学报，2007，23(10):804-810.

[56] Gong B, Miao L, Kong W, et al. Nitric oxide, as a downstream signal, plays vital role in auxin induced cucumber tolerance to sodic alkaline stress[J]. Plant Physiology & Biochemistry, 2014, 83:258-266.

[57] Apel K, Hirt H. Reactivle Oxygen Species: metabolism, oxidative stress, and signal transduction[J]. Annual Review of Plant Biology, 2004, 55(1):373-399.

[58] Kwon C, Kwon K, Chung I K, et al. Characterization of single stranded telomeric DNA-binding proteins in cultured soybean (*Glycine max*) cells[J]. Molecules & Cells, 2004, 17(3):503-508.

[59] Lei P, Pang X, Feng X, et al. The microbe-secreted isopeptide poly-γ-glutamic acid induces stress tolerance in *Brassica napus* L. seedlings by activating crosstalk between H_2O_2 and Ca^{2+}[J]. Scientific Reports, 2017, 7:41618.

[60] Miller G, Schlauch K, Tam R, et al. The plant NADPH oxidase RBOHD mediates rapid systemic signaling in response to diverse stimuli[J]. Science Signaling, 2009, 2(84):ra45.

[61] Bienert G P, Schjoerring J K, Jahn T P. Membrane transport of hydrogen peroxide[J]. Biochimica et Biophysica Acta, 2006, 1758(8):994-1003.

[62] Mittler R, Vanderauwera S, Suzuki N, et al. ROS signaling: the new wave[J]. Trends in Plant Science, 2011, 16(6):300-309.

[63] Hu X, Jiang M, Zhang J, et al. Calcium-calmodulin is required for abscisic acid-induced antioxidant defense and functions both upstream and downstream of H_2O_2 production in leaves of maize (*Zea mays*) plants[J]. New Phytologist, 2010, 173(1): 27-38.

[64] Gordeeva V A, Zvyagilskaya A R, Labas A Y, et al. Cross-talk between reactive oxygen species and calcium in living cells[J]. Biochemistry, 2003, 68: 1077-1080.

[65] Sun J, Wang M, Ding M, et al. H_2O_2 and cytosolic Ca^{2+}signals triggered by the PM H^+ -coupled transport system mediate K^+/Na^+ homeostasis in NaCl-stressed *Populus euphratica* cells[J]. Plant, Cell & Environment, 2010, 33(6):943-958.

[66] Mori I C. Reactive oxygen species activation of plant Ca^{2+} channels. a signaling mechanism in polar growth, hormone transduction, stress signaling, and hypothetically mechanotransduction[J]. Plant Physiology, 2004, 135(2):702-708.

[67] Gupta D K, Palma J M, Corpas F J. Production sites of reactive oxygen species (ROS) in organelles from plant cells [M].Berlin: Springer International Publishing, 2015.

[68] Foreman J, Demidchik V, Bothwell J, et al. Reactive oxygen species produced by NADPH oxidase regulate plant cell growth[J]. Nature, 2003, 422(6930):442-446.

[69] Li Y,Trush M A . Diphenyleneiodonium, an NAD(P)H oxidase inhibitor, also potently inhibits mitochondrial reactive oxygen species production[J]. Biochemical & Biophysical Research Communications, 1998, 253(2):295.

[70] Xu Z, Peng L, Xiao P, et al. Exogenous application of poly-γ-glutamic acid enhances stress defense in *Brassica napus* L. seedlings by inducing cross-talks between Ca^{2+}, H_2O_2, brassinolide, and jasmonic acid in leaves[J]. Plant Physiology & Biochemistry, 2017, 118:460-470.

[71] Gilroy S, Suzuki N, Miller G, et al. A tidal wave of signals: calcium and ROS at the forefront of rapid systemic

signaling[J]. Trends in Plant Science, 2014, 19(10):623-630.

[72] Drerup M, Hashimoto K, Schlucking K, et al. Calcium dependent regulation of the *Arabidopsis* NADPH oxidase RbohF by CBL-CIPK complexes[J]. BioTechnologia, 2013, 94(2).

[73] Ren X L, Qi G N, Feng H Q, et al. Calcineurin B like protein CBL10 directly interacts with AKT1 and modulates K$^+$ homeostasis in *Arabidopsis*[J]. Plant Journal, 2013, 74(2): 258-266.

[74] Boraston A, Bolam D, Gilbert H, et al. Carbohydrate-binding modules: fine-tuning polysaccharide ecognition[J]. Biochemical Journal, 2004, 382(3):769-781.

[75] Seki M,Narusaka M, Ishida J. Monitoring the expression profiles of 7000 *Arabidopsis* genes under drought, cold and high-salinity stresses using a full-length cDNA microarray[J].Plant Journal, 2010, 31(3): 279-292.

[76] Galletti R, Denoux C, Gambetta S, et al. The Atrboh D mediated oxidative burst elicited by oligogalacturonides in *Arabidopsis* is dispensable for the activation of defense responses effective against *Botrytis cinerea*[J]. Plant Physiology, 2008, 148(3): 1695-1706.

[77] 李芙荣. 重金属污染土壤修复技术研究综述 [J]. 清洗世界，2021, 37(1): 125-126.

第五章

γ-聚谷氨酸在食品及动物营养领域的应用

早在 1913 年，日本科学家 Sawamura 就在传统发酵食品纳豆的黏液中提取并鉴定出了 γ-PGA，自此，γ-PGA 被认为是一种可食用的天然高分子物质。以纳豆的食用历史计算，人们食用 γ-PGA 的时间已超过两千余年。从发现之初到现在形成产业制造规模，γ-PGA 的食用安全性从未受到过人们的质疑。近年来，越来越多的研究发现，纳豆的一些保健功效与其中所含的 γ-PGA 存在密切关联，由此 γ-PGA 作为一种独特的可食用材料，其功能活性逐渐开始受到广泛关注。

γ-PGA 在理化特性、生物活性等方面的多元性，使其在食品领域的应用也具有多样性[1]。一方面，γ-PGA 是一种高分子化合物，具有聚合物普遍存在的物理流变学特性；另一方面，γ-PGA 是一种独特的谷氨酸聚合物，其单体构成上既存在 L 型谷氨酸又存在 D 型谷氨酸[2]，其侧链富含丰富的羧基基团使其螯合盐具有多样性，这些理化性质使得 γ-PGA 作为食用材料，在影响食物的物理结构、口感、营养价值、生物活性等方面都具有极大的可塑性[3]。因此，γ-PGA 在食品领域的应用涉及食品添加剂、营养强化剂以及动物营养等多个方向[3]，本章将依次阐述。

第一节
γ-聚谷氨酸作为食品加工助剂的应用

一、冷冻保护剂

在食品工业以及日常生活中，采用冷冻贮藏是保持食品风味、营养、生物活性及延长食品保质期常用技术手段之一。特别是随着人们对食品风味及营养的要求越来越高，采用冷冻贮藏的工业食品也越来越丰富，诸如生鲜、肉糜、面团、益生菌、生物活性饮料等。然而，冷冻和解冻的过程经常会导致食物中细胞结构的破坏和蛋白质（酶）的变性，从而导致活细胞、生物活性物质和食品的一些不良变质。为了防止食品冷冻过程中变质或使冷冻保存的食物材料维持结构上的稳定，添加适当的冷冻保护剂成为工业食品冷冻贮藏过程中常常采用的策略[4]。目前常用的冷冻保护剂包括糖醇类、肽类、无机盐类等，这些冷冻保护剂的主要原理是通过降低食材的冰点或抑制大冰晶的形成，达到对食品材料的保护作用。

Mitsuiki 等[5]最早采用差示扫描量热法（DSC）测定了各种聚氨基酸的抗冻活性（表5-1）。发现由酸性氨基酸组成的聚合物，如 PGA，比其他聚合物具有更高的抗冻活性。并且，聚氨基酸的抗冻活性受单体光学构型（D-/L-）和肽键类型（α-/γ-）的影响较小，受分子量的影响较大。对于发酵法制备的 γ-PGA，其抗冻活性随着分子量的增加而有下降的趋势（表5-2）。当分子量范围低于20000时，γ-PGA 的抗冻活性高于葡萄糖，而葡萄糖一直被认为是高防冻物质。γ-PGA 不同的盐型，也影响了其抗冻活性，研究发现，仅抗冻活性而言，钠盐＞钾盐＞钙盐＞氢型，这意味着 γ-PGA 盐的抗冻活性可能是由其电离的阳离子的库仑力引起的。作为冷冻保护剂，γ-PGA 的优势还在于，它几乎没有任何味道，不会影响食材本身的风味，这也使得其作为新型抗冻保护剂，受到越来越多的关注。目前，已有相关研究将其应用于益生菌、肉糜等食品的冷冻保护过程。

表5-1　不同聚氨基酸和葡萄糖的抗冻活性比较

聚氨基酸类型	分子量	抗冻活性/（g/g）
α-聚L-天冬氨酸钠盐	23400	1.18
α-聚L-谷氨酸钠盐	12100	1.14
α-聚L-精氨酸盐酸盐	41800	0.38
α-聚L-赖氨酸盐酸盐	21000	0.39
α-聚L-丙氨酸	21000	未检测到
葡萄糖	180	1.09

表5-2　不同分子量 γ-PGA 钠盐的抗冻活性比较

分子量	632000	250000	247000	104000	65000	25000	18000	405	276
抗冻活性/（g/g）	0.85	0.99	0.96	0.88	0.87	1.13	1.00	1.42	1.41

1. 保护益生菌活性

近年来，随着肠道微生物组学研究的迅速发展，越来越多的人开始意识到益生菌对人体的健康作用，现在"益生菌"已经是人们常常挂到嘴边的一个名词了。不仅酸奶、泡菜等传统发酵食品中有益生菌，甚至连巧克力、奶粉、咖啡、果汁等食品也开始添加益生菌，这无不体现着人们对益生菌的重视。总的来说，益生菌除了具有独特的口感和风味外，最受认可的功能还是促进消化吸收，保护肠道健康。而益生菌只有维持活的状态，才会发挥较好的功能活性。一些液体型益生菌产品，需要在低温贮藏条件下才能维持菌的活性，否则益生菌会在2～3天内完成生命周期，失去活性。即便低温贮藏，液体产品的保活期也很少超过2周。因此，目前生产益生菌最常用的方案之一是将这些有益微生物通过冷冻干燥工艺做成冻干粉以延长其保质期（目前市售产品有效期可长达 24 个月）。然而，采用冷冻干燥工艺生产益生菌时，过低的温度（一般为 -20 ～ -40℃）也会破坏细胞的结构和活性。有研究表明，采用冻干工艺会使乳酸菌的活性降低 3lg（CFU/g）。因此，如何提高冻干过程中益生菌的活性值，依然是益生菌生产工艺面临的攻关难题。

Bhat 等[6] 最早评估了 γ-PGA 对冷冻干燥过程中益生菌活性的影响，分别以 γ-PGA（5%、10% 两个浓度）和蔗糖（10% 的浓度）作为保护剂，考察 -40℃下对副干酪乳杆菌（*L. paracasei*）、短双歧杆菌（*B. breve*）、长双歧杆菌（*B. longum*）三种益生菌的保护效果。结果发现，无保护剂时，副干酪乳杆菌冻干后降低了 1.34lg（CFU/mL），使用 10% γ-PGA 保护后，副干酪乳杆菌冻干后仅降低了 0.51lg（CFU/mL），并且 10% 的 γ-PGA 对副干酪乳杆菌的保护作用明显优于 10% 的蔗糖，而当它用于保护短双歧杆菌、长双歧杆菌时，则表现出与蔗糖相当的低温保护作用（图 5-1）。研究人员还使用扫描电微镜（SEM）分析了有和没有 γ-PGA 作为冷冻保护剂的冷冻益生菌，以探究 γ-PGA 是如何保护细胞的。由图 5-2 可以看出，含有 γ-PGA 保护剂的长双歧杆菌仿佛被封装在一种材料里，而这正是细胞簇被包裹在 γ-PGA 基质中的直观展示。

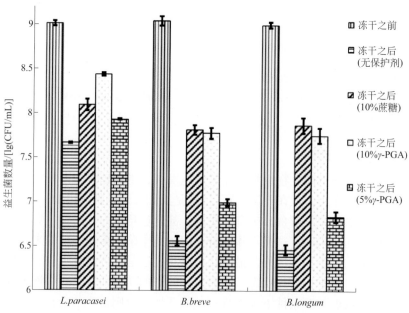

图5-1　γ-PGA和蔗糖对冷冻干燥过程中益生菌活性（益生菌数量）的影响
（冻干条件为 -40℃，5mPa，48h）

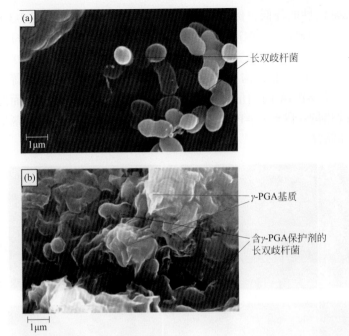

图5-2 不含γ-PGA保护剂的长双歧杆菌冻干细胞（a）和含γ-PGA保护剂的长双歧杆菌冻干细胞（b）的扫描电镜图（EHT＝20.00kV;信号A＝SE1; WD＝4.0mm）

2. 防止鱼糜肉质变性

　　鱼糜，即鱼肉加工形成的肉泥，是一种新型的水产调理食品原料，可用于生产鱼丸、鱼糕、鱼香肠、鱼卷等水产风味食品。由于鱼糜制品调理简便，细嫩味美，又耐储藏，颇适合城市消费，这类制品既能大规模工厂化制造，又能家庭式手工生产，因而是一种很有发展前途的水产制品。鱼糜原材料属于鲜肉制品，常温放置极易腐败变质，不利于风味保持及商业流通，因此，鱼糜的生产主要采用冷冻制造技术。冷冻鱼糜制造技术的关键是鱼肉在斩拌或擂溃时，要添加蛋白质冷冻变性防止剂。如果不加变性防止剂，鱼糜在 −20℃贮藏，鱼肉蛋白发生冷冻变性成海绵状，就不能成为鱼糜制品的原料。目前在冷冻鱼糜制造中经常使用的蛋白质冷冻变性防止剂有糖类、山梨醇、多聚磷酸盐等。国内一般添加比例为白砂糖5%（或山梨醇4%）、多聚磷酸盐0.25%。糖类对防止蛋白质变性效果良好，但不能过多添加，否则会增加产品的甜度或发生褐变；磷酸盐则会影响钙的吸收。

　　Tao 等人[7] 研究了 γ-PGA 在冷冻储存情况下对鱼糜品质的低温保护作用，实验结果表明，γ-PGA 显著抑制了冷冻期间（84天）草鱼鱼糜凝胶强度、盐溶性蛋白含量和 Ca^{2+}-ATPase 活性的降低，保持了鱼糜良好色泽和微观结构（图 5-3）。浓度优化实验表明，添加 0.8% 的 γ-PGA 对草鱼鱼糜具有最高的抗冻保护作用，与对照相比，它的加入使凝胶强度、盐溶性蛋白含量分别增加了 87.1% 和 50%。同时，最好地维持草鱼鱼糜的凝胶结构和感官得分，效果优于蔗糖和山梨糖等传统的冷冻保护剂。研究中 γ-PGA 的用量远低于商业冷冻保护剂的用量，从而给鱼糜产品增加了更少的热量。因此，γ-PGA 可作为一种健康高效的冷冻保护剂应用于鱼糜的工业生产和储存。

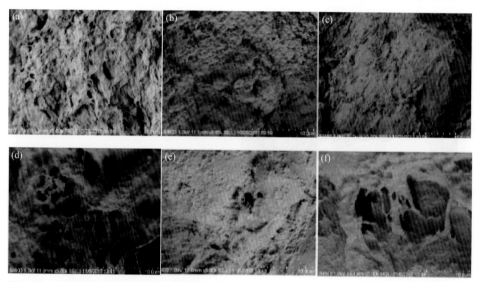

图5-3　扫描电镜观察草鱼鱼糜的显微结构
（a）和（d）分别为贮藏第 0 天和第 84 天的对照；（b）和（e）为 0.8% γ-PGA 处理贮藏第 0 天和第 84 天的对照；（c）和（f）分别为贮藏第 0 天和第 84 天的阳性对照

3. 提升冷冻面团稳定性

　　冷冻面团在烘焙产品中的应用不仅为消费者提供了新鲜、安全、质量稳定的面包，而且还简化了面包的制造工艺，减少了操作员的失误以及夜间和清晨的工作时间。然而，面团的整体质量在冷冻储存的过程中会逐渐降低，影响最终烘焙产品的品质。其中可能导致烘焙品质下降的因素有 2 个，一个是由于酵母活性下降，导致其产气能力不足；另一个是面团中面筋蛋白强度逐渐降低。酵母活力或产气能力是面包品质的关键。研究表明，酵母的存活率和产气量受到冷冻速度和冷冻储存温度、冷冻储存时间和冻融循环的强烈影响。在冷冻和解冻的过程中，细胞质中形成了许多超氧阴离子和活性氧团簇，可引发氧化反应。氧化损伤是导致酵母细胞在冻融过程中死亡的重要因素，因此酵母细胞的抗冻性在一定程度上取决于酵母细胞的抗氧化能力。面粉蛋白强度是保持最佳冷冻面团质量的另一个关键因素。然而，在面团形成过程中，无法与面筋蛋白结合的那部分自由水，在冷冻储存时会形成冰晶。当解冻时，面团中的冰晶融化，但这部分水无法被组织重新吸收。因此，面筋蛋白在冷冻储存过程中会发生不可逆转的回缩。同时，冰晶在物理上破坏了面筋蛋白的结构，导致疏水键变弱，面团中的水分子重新分布，失去气体保留能力，使得面包变硬。此外，酵母细胞在冷冻储存后释放的还原性物质破坏了面筋蛋白之间的二硫键，因此，在冷冻储存和连续的冻融循环期间，黏稠度会逐渐降低。

本书著者团队研究发现，在冷藏面制食品中使用 γ-PGA 钠盐不仅能增强酵母的抗冻性，维持产气能力，还能有效减弱冻藏对面团网络的破坏，提升面团的冻藏稳定性，进而提高最终烘焙食品的品质[8]。本书著者团队比较了聚谷氨酸钠、葡萄糖和谷氨酸的抗冻作用［如图 5-4（a）所示］。随着聚谷氨酸钠、葡萄糖和谷氨酸浓度从 0% 增加到 1%，酵母细胞存活率从 23.8% 分别上升到 62.6%、57.4%、38.4%。当聚谷氨酸钠、葡萄糖和谷氨酸浓度大于 1% 时，酵母细胞存活率基本保持一定。由此可见，聚谷氨酸钠对酵母的抗冻作用明显高于葡萄糖和谷氨酸。本书著者团队分别在冷冻速率为 0.03℃/min、0.10℃/min、0.19℃/min、0.27℃/min、0.40℃/min（对应的环境温度为 −7℃、−18℃、−30℃、−50℃、−60℃）的条件下冻结酵母菌液，当酵母菌液温度中心到达 −7℃ 时，测定酵母细胞存活率。图 5-4（b）表示冷冻速率对酵母细胞存活率的影响。酵母细胞存活率随冷冻速率的变化与冰晶大小有关。冷冻速率越大，冰晶越小，对酵母细胞的破坏作用也越小。与无聚谷氨酸钠时相比，添加 1% 的聚谷氨酸钠能使酵母细胞存活率增加 10%。这表明，聚谷氨酸钠抑制了冷冻过程中大冰晶的形成。在冷冻速率为 0.40℃/min（对应的环境温度为 −60℃）的条件下，分别将酵母菌液的温度中心降至 −7℃、−18℃、−30℃、−60℃，并在各温度条件下冻藏 6d 后，测定酵母细胞存活率。冻藏温度对酵母细胞存活率的影响见图 5-4（c）。在无抗冻剂的条件下，冻藏温度从 −7℃ 下降到 −30℃ 时，酵母细胞存活率从 22.5% 上升到 36.5%，而当冻藏温度低于 −30℃ 时，酵母细胞存活率基本稳定在 36.5%。酵母细胞存活率随冻藏温度变化的主要原因在于冰晶的重结晶。冻藏温度较高时，冰晶重结晶程度较大，对酵母细胞的损伤也较大。添加 1% 的聚谷氨酸钠能使酵母细胞存活率增加到 67.5%，比无聚谷氨酸钠时高出 31 个百分点。这表明，聚谷氨酸钠抑制了冻藏过程中冰晶的重结晶。

图 5-5（a）表示冻结水和冻结溶液的 DSC 曲线。冻结溶液的谷氨酸、葡萄糖、聚谷氨酸钠浓度均为 1%。吸热峰按照冻结水、冻结谷氨酸溶液、冻结葡萄糖溶液、冻结聚谷氨酸钠溶液的顺序向右偏移，表明冻结聚谷氨酸钠溶液的融化温度最高。冻结水、冻结聚谷氨酸钠溶液、冻结葡萄糖和冻结谷氨酸溶液的融化

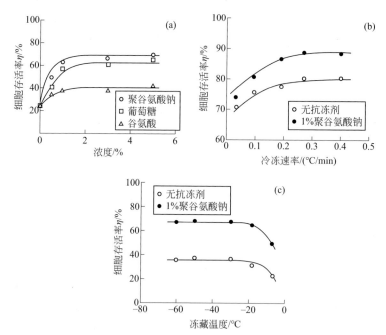

图5-4 聚谷氨酸钠、葡萄糖和谷氨酸的抗冻作用比较（a）；冷冻速率对酵母细胞存活率的影响（b）；冻藏温度对酵母细胞存活率的影响（c）

热分别为335.3mJ/mg、323.3mJ/mg、324.8mJ/mg、326.8mJ/mg。计算可得，聚谷氨酸钠、葡萄糖和谷氨酸的抗冻活性（定义为1g抗冻剂在冻结材料中产生的未冻结水的质量，g）分别为2.48、2.03和1.42。一般来说，根据在冷冻过程中的热力学行为，可以将溶液中水分子分为3种类型：①被束缚的不可冻结水，它们处于离子或极性基团周围的第一层，与离子或极性基团牢固结合并一起移动，不受温度变化的影响；②被束缚的可冻结水，它们处于被束缚的不可冻结水的外围，虽然也受到离子或极性基团的吸引，但结合较弱，会受温度变化的影响；③自由水，它们以游离的形式存在，可以自由地移动。图5-5（b）表示聚谷氨酸钠的抗冻机制。一个水分子被4个水分子形成的四面体包围，各水分子之间通过氢键连接。在冻结过程中，水分子四面体可发展成为冰晶。然而，在聚谷氨酸钠溶液中，—COONa解离成—COO⁻和Na⁺，其静电力作用破坏了水的正四面体结构，并束缚一部分水分子。被束缚的水分子在—COO⁻和Na⁺周围形成水化层，而水化层内部为不可冻结水，水化层外部为可冻结水。与谷氨酸和葡萄糖相比，聚谷氨酸钠的解离度较大。此外，与H⁺相比，Na⁺对水分子的束缚能力较强，由Na⁺形成的水化层中不可冻结水较多。因此，在这3种抗冻剂中，聚谷氨酸钠的抗冻能力最强。

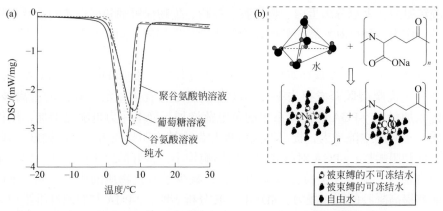

图5-5　冻结水和冻结溶液的DSC曲线（a）；聚谷氨酸钠的抗冻机制（b）

除了影响冷冻面团酵母活性外，Jia 等人[9] 研究了面粉的持水性、酵母细胞的存活率和抗氧化能力、融冰焓（DH）以及甜面团的发酵和面包制作特性。加入 γ-PGA 的酵母细胞存活率明显高于相应对照。其机制可能与 γ-PGA 对酵母细胞抗氧化能力的调节有关。添加 γ-PGA 可减少冷冻酵母细胞中谷胱甘肽的释放，进而提高面团的持水性。与对照相比，添加 γ-PGA 后，冷冻甜面团的水解度、融冰温度和防腐时间显著降低，发酵参数有所改善。添加 0.5%、1% 和 3% γ-PGA 的冷冻甜面团在冻藏 8 周后，面包的比容分别提高了 6.3%、8.9% 和 3.3%。γ-PGA 能有效地提高酵母细胞的存活率和甜面团的品质，对冷冻面团的性质有很好的改良。姬晓月等[10] 将 γ-PGA 运用到速冻水饺的生产中，发现速冻水饺皮中的可冻结水含量和水饺的破肚率降低，水饺的色泽和质构都有提升，最适添加量为 0.75%。谢新华等[11] 还针对 γ-PGA 对面筋蛋白的影响做了研究，发现 γ-PGA 可通过提高面筋的持水率，使面筋网络孔洞变小，并能有效减弱冻藏对面筋网络结构造成的破坏，提升面筋蛋白的冻藏稳定性。

二、凝胶增强剂

目前市面上常见的肉糜类凝胶制品种类繁多，比如鱼肉糜、猪肉糜和鸡肉糜等。肉糜凝胶的形成过程实质上是蛋白质变性展开和聚集成大分子凝胶体的过程。鸡肉糜作为西式肉制品加工常用的原料，在全球市场上需求量较大，且其凝胶制品蛋白质含量丰富，口感鲜嫩，清淡爽口，深受消费者喜爱。形成凝胶的鸡肉蛋白主要是盐溶性肌原纤维蛋白，由于鸡肉肌原纤维蛋白的凝胶强度和弹性较差，且其肉糜加工制品保水性和切片性也较差，严重限制了鸡肉糜制品的产业化发展。为了改善鸡肉糜凝胶特性，目前研究较多的是加入添加剂的方法，如谷氨酰胺转氨酶、大豆分离蛋白、食用胶、淀粉、生物保鲜剂和多聚磷酸盐及其他盐类等。作为一种极具发展前景的新型健康食品添加剂，γ-PGA 有望提高肉糜的凝胶强度和保水性[12,13]。

白登荣等人[14]发现在鸡肉糜凝胶制作过程中，添加 0.9‰ 的 γ-PGA 可以显著减少鸡肉糜凝胶蒸煮损失率。γ-PGA 侧链上存在大量活性较高的游离羧基，一定添加量的 γ-PGA 能使体系中的负电荷增加，静电斥力也随之增加，使得蛋白质分子间的空隙增大，提高凝胶强度和保水性，明显改善凝胶的硬度、弹性、内聚性和咀嚼性；γ-PGA 对凝胶白度值影响较小，良好的保水性为样品保留了较高的自由水，减缓了美拉德反应的进行，减少了有色物质的积累；同时 γ-PGA 还能够提高凝胶的形成能力，SDS-PAGE 分析表明，γ-PGA 与肌原纤维蛋白之间有一定的交联作用。在一定 NaCl 添加量条件下，添加 γ-PGA 对鸡肉糜凝胶特性的改善作用更为明显，且在 NaCl 添加量为 3.0%、γ-PGA 添加量为 0.6‰时，鸡肉糜凝胶特性较好。这是由于一定浓度的 NaCl 可以促进肌原纤维蛋白的溶解，有助于蛋白质之间发生黏结，并且在凝胶化阶段形成富有弹性的凝胶体，从而可以明显改善蛋白质的凝胶特性。

三、面粉改良剂

面粉是面制品加工最基本的原料，我国每年大约消耗面粉 9000 万吨，面粉的质量对面制品的品质起到至关重要的作用。随着经济不断发展，人民生活水平提高，对面粉质量要求也越来越高，需要的面粉种类也越来越多。国家标准中面粉只有特一粉、特二粉、标准粉和普通粉，品种较少，很难满足面制品的需求。而添加面粉改良剂可以改善面粉品质，增加面粉的种类。面粉改良剂能够调整面团筋力，改善面团加工性能，防止或抵抗面粉老化。

γ-PGA 作为面粉改良剂最早由日本人发现，Konno 等在面包和蛋糕中添加 γ-PGA 后，使食品的膨胀体积增大，提高了食品的弹性和细腻性；放入饼干面团中能够改变饼干的纹理，增强感官；放入意大利面中能使面条硬度增加，在沸水中固体的溶解度下降。此后，越来越多的研究证实了 γ-PGA 对面粉的改良效果。Shyu 等[15]通过粉质分析仪、快速黏度仪和差示扫描量热仪对分别添加了 0.5g/kg、1.0g/kg、5.0g/kg γ-PGA 的小麦面团的流变学特性和热力学特性进行了测试。添加 5.0g/kg γ-PGA 可提高面团的混合稳定性，使糊化温度由 75.8℃提高到 84.41℃，但降低了峰值黏度和崩解度。同时可提高面团的持水性，显著降低面团融冰转变的焓、起始温度和峰值温度。扫描电镜显示（图 5-6），添加 1.0g/kg 和 5.0g/kg γ-PGA 的小麦面包具有表面光滑的显微结构，在贮藏过程中，γ-PGA 延缓了小麦面包的老化过程。这一结果表明，γ-PGA 可以使小麦面团的流变学特性和热力学性能得到显著改善，在面包存储过程中会使小麦面包变软和延缓面包的陈化。

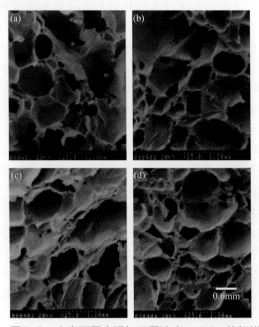

图5-6 小麦面团中添加不同浓度γ-PGA的扫描电镜观察图
（a）对照；（b）0.5g/kg γ-PGA；（c）1.0g/kg γ-PGA；（d）5.0g/kg γ-PGA

李超然等人[16]研究表明γ-PGA使面团粉质特性提高，拉伸阻力增加，延伸度降低，0.1% γ-PGA改善面条坚实度，口感筋道，淀粉的糊化温度升高，淀粉结构更稳定；谢新华等人[17]研究了γ-PGA对小麦淀粉的影响，发现γ-PGA使小麦淀粉吸水膨胀，淀粉糊黏度升高，凝沉性、回生值和衰减值降低；淀粉凝胶的黏弹性、硬度降低，孔洞变小，微观结构紧密均匀；淀粉颗粒的结晶度降低，γ-PGA的羧基主要与淀粉的羟基结合，抑制淀粉老化。此外，γ-PGA优异的水结合性能和生物活性还可以减少油炸食品对油脂的吸收，在甜甜圈配方中添加γ-PGA可减少深油炸期间甜甜圈对油的吸收；赵凯亚等[18]将γ-PGA添加到油条中，降低了油条的吸油率，油条口感酥脆，易咀嚼。

四、味道改良剂

1. 味道掩蔽剂

食盐（NaCl）是日常饮食必不可少的调味品，适量的盐能增强许多菜肴的味道，并对保持健康至关重要。但过量摄入钠不仅是导致高血压的主要原因，还可能导致中风、心脏病发作、心力衰竭等心血管疾病，而且还会增加肾脏疾病和骨脱矿的风险。世界卫生组织已经制定了将所有成年人的盐摄入量降至5g/d或更少的全球目标，而大多数发达国家成年人的实际盐摄入量仍然是9～12g/d。近年来，随着人们健康意识的增强，一些食品制造商已经开始通过使用少量的盐或使用盐的替代品来减少饮食中盐的摄入量。但在减盐的同时，保持咸味通常都是一个无法避开的难题，大部分人很难接受长时间保持低钠饮食。氯化钾（KCl）是目前最常见的食盐替代品，它本身也有一种咸的味道，但它在咸味之外还具有金属的苦余味，这是使用氯化钾替代食盐最主要的难题[19]。因此，目前市售的常见低钠盐一般都是氯化钠和氯化钾的混合物，并且氯化钠的比例往往在一半以上。尽管如此，由于苦味的存在，低钠盐在市场上仍然不受欢迎。因此如果能够掩蔽氯化钾的不良苦味，必将促进低钠盐在市场的推广，从而降低国民整体的钠盐摄入量。

日本味之素公司最早发现，γ-PGA 具有掩盖氯化钾苦味的效果，通过添加 γ-PGA 可以制作出味道舒适的、钠含量50%的低钠盐。研究人员通过感官试验，评价了 γ-PGA 对掩盖氯化钾苦味的影响。用氯化钠和氯化钾按1:1的比例制备1.0%的混合溶液，然后在混合物中加入0.05%～0.40%的 γ-PGA，对金属苦味进行感官评价。结果发现（表5-3），γ-PGA 用量超过0.15%后可以有效地掩盖氯化钾带来的金属苦味[20]。

表5-3　γ-PGA对氯化钾苦味的掩蔽作用

γ-PGA/%	0	0.05	0.1	0.15	0.2	0.25	0.3	0.35	0.40	0.5
NaCl/%	0.5	0.5	0.5	0.5	0.5	0.5	0.5	0.5	0.5	1.0
KCl/%	0.5	0.5	0.5	0.5	0.5	0.5	0.5	0.5	0.5	0
咸味	++	++	++	++	++	++	++	++	++	+++
苦味	+++	+++	++	++	++	++	++	++	++	－

注：+代表味感程度，－代表无味。

除氯化钾外，还可以作为掩味剂来遮掩氨基酸、肽、矿物质、维生素和咖啡因等苦味物质的绝大部分苦味[3]。研究发现，0.5% γ-PGA 凝胶的苦味抑制能力大于1.0%琼脂的苦味抑制能力[21]，并且对基础苦味物的苦味抑制强于对酸性苦味物的苦味抑制。因此，γ-PGA 凝胶有望成为食疗方法中有用的辅食材料，它不仅可以增加吞咽的便捷性，而且可以掩盖苦味。如果在果汁和饮料中添加 γ-PGA，它还可通过缩短阿斯巴甜、三氯蔗糖等高强度甜味剂的甜味持续时间，显示出更好的口感和可食性，改善味觉平衡。

2. 风味增强剂

γ-PGA 还可以作为含香料食品和饮料的风味增强剂。日本味之素公司最早开展了相关研究，发现 γ-PGA 还可以缓和辣味，防止味道过分刺激化，并在诸如咖喱、土豆汤、烧烤酱、可乐和姜汁汽水等食物和饮料中维持良好的味道平衡。还有研究表明，γ-PGA 可以增强含有牛奶和多酚的饮料的口感和厚度，如可可奶、拿铁咖啡和奶茶等。并且，如果食物和饮料的 pH 在 4.5 到 8 之间时，γ-PGA 还可以增强食物和饮料的咸度。

五、增稠剂与稳定剂

在沙拉酱和冰淇淋等食品中，添加 γ-PGA 可以提高产品的乳化稳定性。在面包、蛋糕和意大利面中添加 γ-PGA 及其盐可以延缓老化、改善质地和保持形状。Shyu 等[22] 研究了添加不同浓度（0.05g/kg、0.1g/kg、0.5g/kg）的 γ-PGA 对海绵蛋糕的面糊黏度、乳化性能和泡沫稳定性的影响。测定了含 γ-PGA 海绵蛋糕的融冰转变温度、融化热焓、微观结构和陈化程度。结果如图 5-7 显示，添加 0.5g/kg γ-PGA 后，黏度、乳液稳定性和泡沫稳定性均有所提高。差示扫描量热法（DSC）表明，γ-PGA 导致海绵蛋糕冰融化转变的起始温度和峰值温度显著下降。添加 0.5g/kg γ-PGA 的海绵蛋糕在面包屑颜色和白色指数上通常比对照更浅。

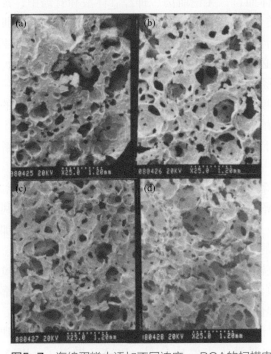

图5-7 海绵蛋糕中添加不同浓度 γ-PGA 的扫描电镜观察图
（a）对照组；（b）0.05g/kg γ-PGA；（c）0.1g/kg γ-PGA；（d）0.5g/kg γ-PGA

扫描电子显微镜显示，添加 0.1g/kg 和 0.5g/kg γ-PGA 的海绵蛋糕在蛋糕屑上具有较薄的孔壁微结构，内部结构比不添加更精细和更光滑。由此可知，γ-PGA 的使用显著提高了海绵蛋糕糊的乳化活性、乳化稳定性和泡沫稳定性。在贮藏过程中，已发现 γ-PGA 有助于防止蛋糕老化，即降低海绵蛋糕的硬度和咀嚼性，并保持海绵蛋糕的黏聚性，证明了其在烘焙工业含软小麦粉的乳化食品中的另一应用，即可用于乳化食品体系的改性。

第二节
γ－聚谷氨酸作为食品营养助剂的应用

一、钙补充剂

钙是生物必需的元素。对人体而言，无论肌肉、神经、体液和骨骼中，都有用 Ca^{2+} 结合的蛋白质。钙是人类骨、齿的主要无机成分，也是神经传递、肌肉收缩、血液凝结、激素释放和乳汁分泌等所必需的元素，约占人体质量的 1.4%，参与新陈代谢。因此，人体每天必须补充钙；钙含量不足或过剩都会影响生长发育和健康。钙吸收的主要场所在肠道，而肠道对钙（Ca）的吸收相对较低。一般来说，只有可溶性钙才会被肠道吸收，但钙在肠道中的溶解度受到多个因素的影响。就饮食因素而言，食物中的植酸和草酸是目前公认的影响肠道钙吸收的主要成分。酪蛋白磷酸肽（CPP）由于其分子内的负电荷，可以通过增强钙的溶解度来增加肠道钙的吸收，是目前新一代补钙剂的典型代表。

由于 γ-PGA 的分子中含有丰富的羧基，这使其也具备了较强的钙溶解能力。另外，由于肠道中几乎没有水解 γ-酰胺键的水解酶，这就意味着更加有利于 γ-PGA 在肠道内维持钙的溶解性。因此，不少研究人员相信，γ-PGA 有望增加钙在肠道中的溶解度，促进肠道钙的吸收。

日本味之素的 Tanimoto 研究团队针对 γ-PGA 促进钙吸收方面开展了大量研究。他们发现 γ-PGA 确实对肠道消化酶如胃蛋白酶、胰蛋白酶和糜蛋白酶都具有抗性，并且对其他蛋白酶如弹性蛋白酶、热溶酶和原蛋白酶等也有抗性。此外，他们还通过大鼠喂养研究，证实了 γ-PGA 在肠道中仅部分降解并排泄到粪便中。Tanimoto 等人还利用纳豆黏液（主要成分是 γ-PGA）报道了 γ-PGA 在体外和体内的钙溶解能力 [23]。在研究中，喂养纳豆黏液的大鼠小肠下部可溶性钙的量和比例均显著增加；γ-PGA 显著延长了大鼠肠道内钙的滞留时间，说明 γ-PGA 通过溶解肠道钙加速钙的吸收；并且 γ-PGA 还增加了大鼠胫骨骨钙含量。此外，Tanimoto 等还通过鸡的喂养研究证实了 γ-PGA 对骨形成的影响，发现其可显著提高鸡胫骨骨钙含量。完成动物试验后，Tanimoto 等人[24]研究了 γ-PGA 对人体钙吸收的影响。该研究对 24 名健康不吸烟的绝经后妇女，采用双同位素（ ^{44}Ca 和 ^{42}Ca ）法进行真实钙吸收率（TFCA）检测（图 5-8），以确定 γ-PGA 的效果。结果表明，γ-PGA 显著增强了 TFCA，促进了人体对钙的吸收，并且对于 TFCA 较低的亚组试验者（天然钙吸收能力较弱的人），γ-PGA 的促进钙吸收效果更为明显。Tanimoto 等[25]还开发了一种含有 γ-PGA 的钙补充剂，并通过测量尿钙排泄量研究了该补充剂对人体钙吸收的刺激作用。在 16 名测试男士中，实验组（服用含有 γ-PGA 的钙补充剂的测试人员）的尿 ΔCa 显著高于对照组（服用不含 γ-PGA 的钙补充剂的测试人员），并且两组测试人员尿液中骨吸收标志物无显著差异。这些结果表明含有 γ-PGA 的钙补充剂可以增加人体对钙的吸收。

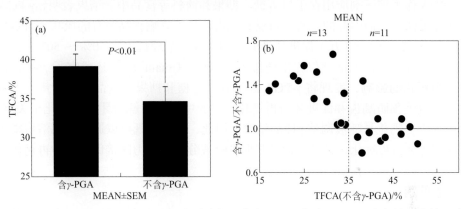

图5-8 含γ-PGA和不含γ-PGA组真实钙吸收率TFCA（a）和TFCA组间比值的关系（b）
MEAN、SEM 表示平均值和平均值标准误差

除 Tanimoto 研究团队之外其他研究小组也研究了 γ-PGA 对钙溶解度、吸收和骨形成的影响。Park 等报道了 γ-PGA 在小鼠体内（上、下肠）的溶钙能力，发现高分子量 γ-PGA（100 万）对小鼠小肠的溶钙能力高于低分子量（50 万），说明 γ-PGA 对钙的溶解能力还与其分子大小相关。Yang 等报道了 γ-PGA 在大鼠体内的溶钙能力，他们对大鼠进行了单次口服剂量研究，并通过血浆钙动力学评估了肠道钙的溶解度和钙的吸收。结果表明，γ-PGA 可以提高钙的溶解度和吸收度。他们还对大鼠进行了一项代谢平衡研究，证实 γ-PGA 加速了表观钙吸收、钙保留、骨钙含量，最终增加了骨密度。

目前普遍认为，肠道钙的吸收涉及两个过程：一种是发生在小肠的由维生素

D 调控的饱和（主动和跨细胞）转运；一种是不饱和（被动和旁细胞）的运输，它依赖于可溶性钙的浓度，发生在整个肠道，但在下小肠占优势。一般认为，低钙浓度下饱和转运占主导地位，而非饱和转运在高钙浓度下占主导地位。因此，γ-PGA 被认为增加了钙的非饱和的运输，特别是在下小肠，这与 γ-PGA 增加了 Ca 在下小肠的溶解度的数据一致。然而，也有报道称，当 γ-PGA 加速了钙的表观吸收和保留时，降低了钙的溶解度。此外，在同一实验中，维生素 D 诱导的 Ca 结合蛋白在上小肠的表达也增加，这表明 γ-PGA 增加了上小肠的饱和 Ca 转运。他们认为，在这个慢性钙平衡实验中，γ-PGA 对肠道转运时间的延迟是钙吸收增加的原因。γ-PGA 增加钙吸收的机制仍不完全清楚，还需要进一步的研究来证实。

二、口腔护理剂

Uotani 等[26]发现 γ-PGA 可以作为唾液酸分泌启动子即催涎剂。研究人员将 γ-PGA 作为催涎剂应用在了口香糖、糖果和饮料等食品中。结果表明，γ-PGA 可用于预防口干而引起的恶心、口臭和龋齿，且不影响食品原有的风味。γ-PGA（分子量为 120 万和 30 万）促进唾液分泌的活性比生理盐水高 30%～50%，而透明质酸促唾液分泌的活性仅比生理盐水高 10%。Uotani 等[27]还研究了 γ-PGA 对牙齿再钙化的影响，发现将 γ-PGA 添加到口香糖和糖果等食品后，食用这些食品可有效地预防龋齿和促进牙齿再钙化。口腔中钙的溶解对牙齿再钙化至关重要，而牙齿再钙化是唾液调整 pH 的结果。因此，γ-PGA 既可以通过其钙溶解能力直接促进牙齿再钙化，又可以通过其促进唾液分泌的能力间接促进牙齿再钙化。

三、降血糖

Uotani 和 Takebe 最早报道了 γ-PGA 作为食品降糖剂的应用[28]。他们发现 γ-PGA 可以通过降低肠道对糖分的吸收速度抑制血糖增加。他们分析了单次口服添加及不添加 γ-PGA 的蔗糖后，大鼠血糖水平变化的时间过程，认为 γ-PGA 的黏度使糖在肠道内的转运时间变慢，从而导致糖的吸收延迟，起到维持低水平血糖浓度的效用。Jeong 等[29]发现 γ-PGA 具有改善细胞胰岛素敏感性和促进胰岛素分泌的作用，因此 γ-PGA 可通过降低血糖水平从而预防和缓解 2 型糖尿病和阿尔茨海默病的症状等代谢综合征。Araki 等[30]评估了食用低含量 γ-PGA（LPGA）、高含量 γ-PGA（HPGA）纳豆米饭对餐后血糖水平和胰岛素反应的抑制作用，HPGA 餐后 45min 内血糖和胰岛素的曲线的增量面积均低于 LPGA 餐后。Tamura 等[31]研究了在 28d 的时间里给 KKAy/TaJc 雄性小鼠喂食含有 0.5% 的 γ-PGA 和空白对照饲料。实验最后一天取样发现 γ-PGA 组内脏脂肪明显少于对照组，粪便中油脂的量（干重）以及盲肠乳酸菌计数明显高于对照组。这些结果表明，饮食中 γ-PGA 可以影响 MCA（Y）aJc 型糖尿病小鼠的盲肠微生物群，并减少其内脏脂肪的积累。

Karmaker 等人[32]合成了一种新的金属配合物——γ-PGA 钒（VO-γ-PGA），并证明其具有治疗糖尿病功效，研究发现，VO-γ-PGA 在体外的类胰岛素活性高于 $VOSO_4$，通过静脉注射 VO-γ-PGA 或 $VOSO_4$ 观察血液中钒含量随时间的变化情况，结果表明 VO-γ-PGA 治疗糖尿病的效果优于 $VOSO_4$。另外两种金属配合物 Zn-PGA 和 Cu-PGA 也已被报道具有治疗糖尿病的功效。

四、预防高血压

Kishimoto 等[33]发现 γ-PGA 钾盐能够通过吸附钠的方式释放钾盐，而在食品中添加 γ-PGA 钾盐后可有效地预防和改善高血压。研究人员使用卒中型自发性高血压（SHRSP）大鼠开展了动物实验，探究 γ-PGA 钾盐对血压的影响。结果发现，日常饮食中添加 γ-PGA 钾盐后显著缓解了大鼠血压的升高。另外，食用了 γ-PGA 钾盐后，大鼠粪便中的钠和尿钾均显著高于对照组。体外血清因子分析显示，γ-PGA 钾盐组大鼠的肾素 - 血管紧张素系统显著降低，并且血浆中的 NO_x 含量显著低于对照组。因此，研究人员认为，γ-PGA 钾盐可以通过减少钠的吸收和保留、增加钾的吸收、抑制肾素 - 血管紧张素系统和降低血浆 NO_x 含量阻止血压的升高。该研究还评价了 $KHCO_3$ 的效果，尽管也具有降血压功能，但其效果显著低于 γ-PGA 钾盐。

五、抗氧化剂

所有需氧生物在生命活动过程中都会产生活性氧（ROS）自由基，不同机制诱导的 ROS 参与机体的氧化应激。当 ROS 过量产生时，会攻击细胞和氨基酸，导致组织损伤和蛋白质功能降低。过渡金属离子（铜、铁）作为催化剂，会参与芬顿反应，是产生自由基的重要来源。γ-PGA 是一种阴离子高分子聚合物，具有极强的阳离子金属螯合能力。通过与金属离子螯合，进而阻断金属与脂类或者过氧化物的相互作用，从而实现抗氧化。

Lee 等[34]通过一系列实验研究了 γ-PGA 的抗氧化活性和细胞保护作用。发现分子量为 40 万左右的 γ-PGA 表现出羟基自由基（OH·）清除能力，在 1mg/mL 时平均清除率达到了 85.2%。Lee 等[35]推测这种羟基自由基清除能力可能与 γ-PGA 的金属螯合能力及过氧化氢清除有关。并且在 1mg/mL 浓度下，γ-PGA 对超氧阴离子自由基（$O_2^{·-}$）清除率为 94.1%，对脂质过氧化反应的活性抑制为 96.0%。对 OH˙、O₂⁻ 和脂质过氧化作用的半抑制浓度值分别为（130±4.2）μg/mL、（107±3.5）μg/mL 和（128±3.8）μg/mL。最后，研究人员还验证了 1mg/mL 的 γ-PGA 能够保护 Caco-2 细胞和益生菌避免受到伤害。这些数据表明，γ-PGA 在食品和饲料补充剂、化妆品和生物医学领域具有潜在的细胞保护剂的用途。

第三节
γ－聚谷氨酸在动物营养领域的应用

一、在蛋鸡养殖上的应用

目前，我国蛋鸡养殖行业的产能已经足够，人均的鸡蛋消费量已超世界平均水平近一倍，蛋鸡产业的发展方向也由"数量型"向"质量型"转变。近几年，受饲料原料价格上升的影响，养殖业投入成本也在不断增加。为改善这一现状，有学者提出要延长现有商品蛋鸡的产蛋周期，具体指将商品蛋鸡的产蛋周期由现有的 70 ～ 80 周延长至 100 周，达到"100 周产 500 蛋"的产业目标。实现该产业目标能够显著提高饲料资源的利用率，降低蛋鸡养殖的成本以及蛋鸡养殖行业的碳排放。与此同时，我国在最新的"十四五"规划中也明确提出了"碳中和与碳达峰"的发展目标，各产业节能减排也是大势所趋，"长产蛋周期"已然是未来蛋鸡养殖行业发展的重点。产蛋后期蛋鸡生产性能的下降是限制长产蛋周期饲养模式实现的关键难题之一。γ-PGA 是一种高分子氨基酸聚合物，具有抗氧化、降血糖、降血脂等多种生物活性。因此，本书著者团队探究了 γ-PGA 作为饲料添加剂对产蛋后期蛋鸡生产性能的影响，发现 γ-PGA 可以通过促进营养性金属元素的吸收，缓解产蛋后期蛋鸡产蛋性能的下降，提升蛋品质[36]。相关研究数据如下。

1. γ-PGA 对产蛋后期蛋鸡生产性能的影响

将 3440 只 450 日龄的海兰褐蛋鸡随机分为 5 个处理组，各组处理如下所述：饲喂基础饲料（对照组），饲喂添加了 25g/t γ-PGA 的基础饲料，饲喂添加了 100g/t γ-PGA 的基础饲料，饲喂添加了 500g/t γ-PGA 的基础饲料，以及饲喂添加了 1000g/t γ-PGA 的基础饲料。

蛋鸡生产指标结果如图 5-9 所示：在海兰褐蛋鸡的日粮中添加 γ-PGA 后，蛋鸡的产蛋数和产蛋率均有所提高；并且随着γ-PGA添加量的增加，蛋鸡的产蛋数和产蛋率均呈现先升高后降低的趋势。其中γ-PGA剂量为100g/t时，蛋鸡的平均产蛋率最高（84.19%±0.78%），较对照组提高了3.78%。低剂量组（25g/t）和极高剂量组（1000g/t）蛋鸡的产蛋数和产蛋率与对照组相比均有提升，其中产蛋率分别较对照组提高了0.83%和2%。实验组蛋鸡的采食量较对照组没有出现明显的变化。各实验组（100g/t、500g/t和1000g/t）蛋鸡的平均产蛋重分别较对照组增加了2.6%、1.96%和0.79%。而在料蛋比方面，100g/t、500g/t和1000g/t三个试验组的料蛋比均低于对照组和25g/t组。其中，100g/t和500g/t实验组的料蛋比最低。

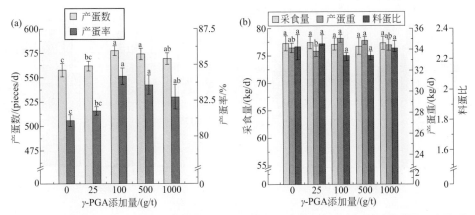

图5-9 不同γ-PGA添加量对海兰褐蛋鸡产蛋数、产蛋率影响（a）及对采食量、产蛋重及料蛋比影响（b）

字母a、b、c代表存在显著性差异

2. γ-PGA对产蛋后期蛋品质的影响

在对蛋鸡所产蛋的表观特征进行统计［图5-10（a）］时发现：γ-PGA的添加，使得各实验组的破/软壳蛋比例出现明显降低。当γ-PGA添加量为1000g/t γ-PGA时，蛋鸡的破/软壳蛋比例低至0.78%（与对照组相比降低31.58%）。当γ-PGA添加量为100g/t时，该指标较对照组降低了28.07%；各处理组的色斑蛋比例结果表明，γ-PGA添加量为25g/t、100g/t和1000g/t时的色斑蛋比例分别较对照组下降了1.13%、7.84%和1.6%。由表5-4可知，对照组蛋鸡所产蛋的蛋壳强度指标变化不大，而γ-PGA的添加使得各实验组鸡蛋的蛋壳强度总体上均高于对照组；在实验中期时，实验组与对照组的蛋壳强度差距最为明显，随着γ-PGA剂量的提升，其蛋壳强度较对照组分别提高了17.57%、30.51%、31.56%以及38.88%。γ-PGA对蛋壳厚度的影响如图5-10（b）所示，当γ-PGA添加量为100g/t和1000g/t时，鸡蛋的蛋壳厚度较对照组出现提升（不具有显著差异）；进

入实验后期 γ-PGA 处理组蛋鸡的蛋壳厚度仍旧维持与中期时的水平相近（略有提升），而对照组蛋鸡的蛋壳厚度则出现了下降，显著低于各实验组鸡蛋的蛋壳厚度值。在实验后期，γ-PGA 添加量为 100g/t 的实验组的蛋壳厚度值最高。本书著者团队对蛋壳进行了超微结构观察［图 5-10（c）］，发现实验组鸡蛋壳有两个显著的特征：一是蛋壳的乳突层的排列较对照组来说更为紧密，厚度较对照组更低；二是蛋壳栅栏层上的气孔数量较对照组的更少。

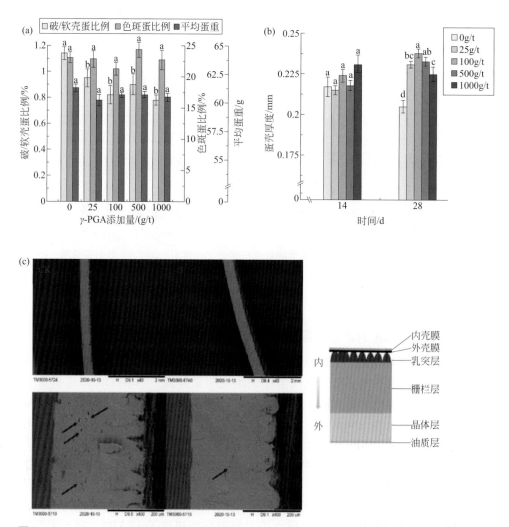

图5-10　γ-PGA对产蛋后期蛋品质的影响。（a）不同γ-PGA添加量下对破/软壳蛋比例、色斑蛋比例以及平均蛋重的影响；（b）对蛋壳厚度的影响；（c）蛋壳超微结构
字母a、b、c代表存在显著性差异

表5-4　不同γ-PGA添加量下海兰褐蛋鸡蛋壳强度变化　　　　　　　　　　　　　　　　　　　　单位：Pa

γ-PGA添加量 /（g/t）	实验时间/d				
	0	7	14	21	28
0	22.51±0.75[a]	23.79±0.59[b]	21.86±0.87[c]	25.28±0.42[c]	24.45±0.36[b]
25	21.96±0.65[a]	25.28±0.86[ab]	25.70±0.78[b]	27.54±0.41[b]	25.28±0.39[b]
100	22.30±0.45[a]	25.69±0.55[ab]	28.53±0.51[a]	29.63±0.57[a]	26.74±0.41[a]
500	22.94±0.84[a]	26.98±0.60[a]	28.76±0.74[a]	29.36±0.53[a]	27.06±0.51[a]
1000	23.50±0.68[a]	25.65±0.58[ab]	30.36±0.88[a]	29.29±0.50[a]	26.91±0.42[a]

注：上角字母a、b表示与对照相比具有显著性（$P < 0.05$）。

表5-5　不同γ-PGA添加量下海兰褐蛋鸡哈氏单位（HU）的变化

γ-PGA添加量 /（g/t）	实验时间/d				
	0	7	14	21	28
0	79.3±10.0[a]	84.9±0.7[b]	67.8±2.2[b]	68.0±11.0[b]	71.4±1.8[b]
25	80.3±9.2[a]	88.5±1.2[a]	75.6±2.6[a]	69.2±14.0[b]	76.1±1.7[a]
100	79.9±11.3[a]	88.2±1.0[a]	77.7±1.2[a]	76.9±10.5[a]	79.2±1.2[a]
500	79.0±7.8[a]	88.5±1[a]	75.5±1.4[a]	76.5±10.1[a]	77.1±1.3[a]
1000	80.1±9.4[a]	85.8±1.1[ab]	68.7±2.3[b]	76.0±13.6[a]	76.3±1.7[a]

注：上角字母a、b表示与对照相比具有显著性（$P < 0.05$）。哈氏单位为蛋的新鲜度和蛋白质量的指标。

哈氏单位（HU）是评价鸡蛋新鲜度和鸡蛋蛋白质浓度的一项指标。从表5-5可以看出：随着日龄的增加，对照组蛋鸡的HU值在实验过程中整体呈现下降趋势。而100g/t、500g/t和1000g/t γ-PGA添加组的HU整体下降均不明显并且始终较对照组更高。蛋壳由内到外可分为蛋壳膜、乳突层、栅栏层、晶体层和油质层。研究显示，蛋壳厚度、栅栏层及乳突层厚度、乳突的密度等对鸡蛋的蛋壳强度有一定的影响。Li等人[37]研究发现，当鸡蛋的蛋壳质量较低时，其乳突往往较大并且排列疏松。而在本书著者团队的研究中，实验组鸡蛋的乳突层的排列明显较对照组更为紧密，这也意味着实验组鸡蛋拥有更高的蛋壳强度，而蛋壳强度检测的结果也验证了这一规律。栅栏层的气孔是微生物侵入蛋壳内部的主要途径，栅栏层上的气孔越多微生物侵入到鸡蛋内部的可能性越大，这也会导致鸡蛋的HU值下降。

3. γ-PGA对产蛋后期蛋鸡生产性能的营养调节机制

（1）γ-PGA影响了骨骼和血液中的矿物元素含量　研究采用的蛋鸡为老龄蛋鸡，其整体处于产蛋后期。此时期的蛋鸡因为对饲料中的矿物元素吸收水平下降，因而会通过动员骨骼中的矿物元素来满足自身生长及生产的需求。前文中也已提及，基于γ-PGA存在丰富的羧基结构，使其可作为元素补充剂。为验证γ-PGA是否影响了蛋鸡对矿物元素的吸收，对蛋鸡的胫骨指标做了相应的检测，结果如

图 5-11 所示。当 γ-PGA 添加量为 100g/t、500g/t 以及 1000g/t 时，实验组蛋鸡的胫骨重较对照组出现一定的增长；各实验组的胫骨指数较对照组均出现了增长；综合胫骨重及胫骨指数两个指标来看，100g/t 的 γ-PGA 添加量对蛋鸡的胫骨指标促进效果最好［图 5-11（a）］。对各实验组蛋鸡的胫骨中钙、镁、锌元素的含量［图 5-11（b）］进行测定后发现：各组的蛋鸡胫骨中的钙、镁含量差异不大，但是 γ-PGA 添加量为 100g/t、500g/t 的实验组蛋鸡胫骨中的钙、镁元素含量较对照组更低；而各实验组蛋鸡胫骨中锌元素含量则较对照组有一定的提升。

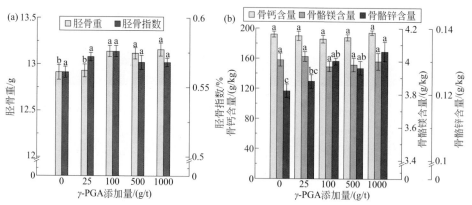

图5-11 胫骨指数及主要元素分析
字母a、b、c代表存在显著性差异

血清营养元素是营养物质消化和吸收系统的重要组成部分。这些元素浓度的变化会影响着动物体内各种的代谢活动。如 Cufadar 等[38] 发现血钙浓度对鸡蛋蛋壳形成具有一定的影响；血锌含量与动物体内各类酶活相关。本书著者团队的研究发现［图 5-12（a）］，各实验组蛋鸡血清铁含量整体上均高于对照组蛋鸡的血清铁含量；实验中期时，低剂量组（25g/t）蛋鸡的血清铁含量水平最高；在实验后期，γ-PGA 添加量为 100g/t 和 500g/t 的实验组蛋鸡的血清铁含量水平最高，γ-PGA 剂量为 1000g/t 的实验组蛋鸡的血清铁含量却略低于对照组蛋鸡的血清铁含量。总体来说，γ-PGA 的添加确实提升了蛋鸡血液中的铁元素含量水平。与血清铁浓度变化情况相似，实验过程中，蛋鸡的血清锌含量也呈现出类似的变化趋势［如图 5-12（b）所示］，各实验组蛋鸡的血清锌含量始终高于对照组蛋鸡的血清锌含量。锌在动物体内参与了多种酶的合成，碱性磷酸酶（ALP）就是这其中的一种重要生物酶。它是动物消化代谢过程中的一个关键酶，在研究中 ALP 也是一种用来描述蛋鸡的生产性能的指标（ALP 含量的高低反映了蛋鸡体内蛋白质和脂质代谢的效率的高低）。Xu 等[39] 发现，患有产蛋疲劳综合征的蛋鸡体内的碱性磷酸酶活性较低；Teng 等[40] 同样发现，患有骨质疏松的蛋鸡体内的 ALP 含量较正常蛋鸡出现了明显的降低。从图 5-12（c）所示血清 ALP 的变化数据可以看出：血清 ALP 与血清 Zn^{2+} 浓度的变化情况相似，同时也和各组蛋鸡的生产性能的变化情况相似。其中，100g/t 处理组的蛋鸡血清 ALP 在试验结束时显著高于其他各处理组。血清锌和血清 ALP 的测定结果共同表明，γ-PGA 的添加使得各组蛋鸡的代谢能力和生产能力得到一定的提升。

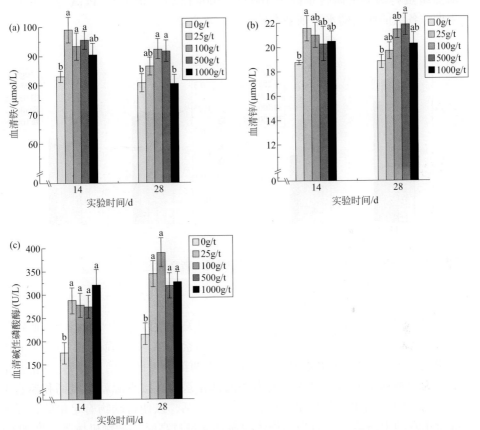

图5-12　不同γ-PGA添加量下海兰褐蛋鸡血清铁、锌以及碱性磷酸酶（ALP）的变化
字母a、b代表存在显著性差异

最后又对血清中两种重要营养元素钙、磷含量进行了测定。钙、磷是蛋鸡养殖业中的命脉，蛋鸡生产性能的高低与这两种元素的吸收利用水平直接相关。钙元素是维持蛋鸡骨骼和蛋壳结构完整的最重要的矿物质[41]；Hui 等[42] 发现饲粮中钙水平过低会影响蛋鸡对钙、磷的吸收利用，从而影响蛋鸡的生产性能及蛋壳品质；朱良瑞等[43] 发现，调节饲料中的钙、磷水平能够显著改善高日龄蛋鸡的

生产性能及蛋品质。蛋壳中有 38% 到 40% 的成分都是由钙元素组成。蛋鸡在鸡蛋形成过程中所用的钙 60%～75% 来自饲料，其余的钙元素均来自蛋鸡体内的钙储存。为了保证蛋鸡生产的需要，蛋鸡体内必须保持一定的血钙浓度。

　　实验组血清钙、磷含量结果如图 5-13 所示：γ-PGA 的添加能提高蛋鸡的血清钙含量，其中 100g/t 以及 500g/t 饲养组的蛋鸡血清钙含量较对照组出现了明显的提升。实验后期各组蛋鸡的钙、磷含量水平较初期均出现了下降；实验中期时，对照组蛋鸡的血清磷含量高于 100g/t、500g/t 以及 1000g/t γ-PGA 添加组；实验末期，各组的血清磷水平则基本处于同一水平。

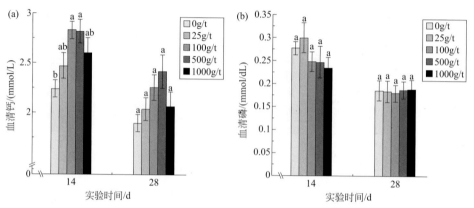

图5-13　不同γ-PGA添加量下海兰褐蛋鸡血清钙、磷含量的变化
字母a、b代表存在显著性差异

　　（2）γ-PGA 影响产蛋后期蛋鸡钙调控相关的激素分泌　蛋鸡体内血钙的含量受多种激素控制，其中主要的激素有骨钙素（OCN）、降钙素（CT）和甲状旁腺激素（PTH）。动物体内的钙主要分为两部分（即骨钙和血钙）。正常情况下，为动物的生命活动过程中所需要的钙元素的直接来源就是血钙和器官组织中的钙。PTH 的主要作用是使骨钙转化为血钙，以使得动物有足量的钙元素来维持正常的生命活动。而当动物体内血钙含量过高时，动物机体就会增加 OCN 和 CT 的分泌，使得多余的血钙转化为骨钙，维持血钙含量处于正常范围。如黄晨轩等[44]发现，当蛋鸡体内血钙水平较低时，机体会通过增加甲状旁腺激素的分泌量来提升破骨细胞的活性，从而提升血钙水平；江莎等[45]发现，动物体内的骨钙素分泌较多时，其体内的钙代谢活动较为旺盛；陈杰等[46]发现，降钙素在动物体内能够促进骨骼再生、抑制破骨细胞的活动、减少骨钙转变为血钙。

　　由图 5-14 可知，对照组的蛋鸡体内 OCN 分泌量最高，各实验组蛋鸡的 OCN

含量较对照组分别下降 2.87%、5.93%、9.56% 和 8.40%，其中 500g/t 及 1000g/t γ-PGA 添加组的 OCN 含量显著低于对照组；各实验组蛋鸡体内的 CT 分泌量显著低于对照组，较对照组分别下降了 12.87%、16.79%、16.25% 和 17.01%；25g/t、100g/t 和 500g/t γ-PGA 添加组蛋鸡体内的 PTH 的分泌量均略高于对照组，分别较对照组升高了 3.93%、1.47%、4.14%，其中 500g/t γ-PGA 添加组的 PTH 含量最高。

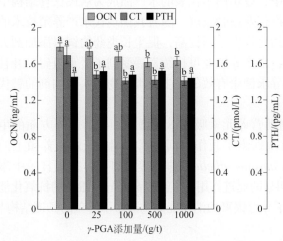

图5-14 不同γ-PGA添加量下海兰褐蛋鸡体内OCN、CT以及PTH含量的变化

实验组蛋鸡体内的血钙含量高于对照组，结合 OCN、CT 以及 PTH 的含量变化趋势，可推测出在对照组蛋鸡体内，成骨细胞的活动更为频繁，结合对照组蛋鸡在产蛋后期的生产性能不断下降的情况，这可能是其将体内的钙元素更多地沉积到骨骼中了。而实验组蛋鸡在摄入 γ-PGA 后，其生产性能有一定的提升，所吸收的钙元素更多地应用到蛋壳的合成过程中，因此体内需要维持更高的血钙含量以满足生产的需求。最终使得实验组蛋鸡体内的破骨细胞的活动较对照组出现一定的提升，PTH 的分泌量也有一定的提升。正如 Huang 等 [47] 在高日龄蛋鸡日粮中添加 2.0g/kg 提取自植物根茎的总黄酮，结果发现实验组蛋鸡的钙元素吸收增强。但是当 γ-PGA 添加量为 1000g/t 时，蛋鸡体内的 PTH 含量较对照组降低了 1.25%，这与其他几组实验组的变化趋势并不相同。这可能是由于该组 γ-PGA 所螯合的金属元素已足够满足其生产的需要，并不需要通过动员骨钙来满足。

总的来说，γ-PGA 的添加使得高日龄蛋鸡对饲料中矿物元素（钙、锌、铁、镁等）的吸收能力得到增强，生产性能较对照组有明显提升。另外，蛋鸡的产蛋率提升并不仅仅取决于元素吸收的增强，还受相关的孕激素的调控，因此在后续的研究中还需对蛋鸡体内的产蛋相关激素开展检测，以进一步解析 γ-PGA 对产蛋后期蛋鸡生产性能的影响机制。

二、在淡水鱼养殖上的应用

在肉类选择中，与高脂肪、高蛋白的"红肉"相比，低脂肪、高蛋白的"白肉"更加受到人们的青睐。其中，以鱼肉为代表的水产品成为居民饮食结构中的重要组成成分，并带动我国水产行业蓬勃发展。随着我国现代水产养殖技术的进步，企业为获得最大效益，集约化程度不断提高，促生长类药物饲料添加剂大量使用，致使鱼体药物残留超标，水产养殖业可持续发展受到了严重阻碍，并且危害人类健康和环境安全。因此寻求健康有效的促生长类药物饲料添加剂的替代品迫在眉睫。

基于 γ-PGA 在抗氧化、辅助营养元素吸收以及增强细胞活力等方面的生物活性，本书著者团队在国内首次探索了其作为饲料添加剂在淡水鱼养殖上的可行性。以异育银鲫（*Carassius auratus gibelio*）作为养殖对象，发现日粮中添加 γ-PGA 对异育银鲫的生长具有明显的促进作用；显著提高了异育银鲫的抗氧化能力以及促生长基因的表达；促进了异育银鲫的消化能力，改善了鲫鱼的肠道结构[48]。相关研究数据如下文所述。

1. γ-PGA 对异育银鲫生长性能的影响

实验分组如表 5-6 所示，以基础日粮为对照组（CK 组）；以添加质量比分别为 0.025%、0.050%、0.100%、0.200% 和 0.400% γ-PGA 的基础日粮为实验组，分别记为 G1、G2、G3、G4 和 G5 组，采用网箱（1m×1m×1m）养殖。实验开始前先以基础日粮进行为期 15d 的驯养，再按照实验设计饲养 8 周。不同添加量的 γ-PGA 对异育银鲫生长与形体指标的影响如表 5-6 所示。

研究结果表明，添加 γ-PGA 可以提高异育银鲫的终末体重、增重率和特定生长率，并显著降低饵料系数。其中，G3（γ-PGA 添加量为 0.100%）组的异育银鲫生长状况最好，终末体重、增重率和特定生长率分别显著性提高了 8.74%、12.98% 和 8.23%，而饵料系数显著降低了 9.7%。这与 Jiang 等用富含 γ-PGA 的豆渣饲喂小鼠降低其饵料系数以及提高其终末体重、增重率的实验结果相一致。此外，多项研究表明 γ-PGA 可以促进动物对钙、锌等矿物质的吸收，此外，Bae 等还指出 γ-PGA 可能具有细胞增殖效果，这些可能是 γ-PGA 促进鱼体生长的重要因素。本研究在增重的实验结果上还呈现先升后降的趋势，即中浓度效果最佳，高浓度反而下降。张彩霞研究发现，虽然 γ-PGA 毒理实验表示无毒，但当 γ-PGA 添加量大于 0.100% 后，长期食用后肝胰脏、肾脏等器官受到损伤相对加重，从而降低对营养的吸收能力。这可能是 γ-PGA 存在 Hormesis 效应，也可能是由于高浓度 γ-PGA 使饲料变得相对黏稠，降低肠蠕动，进而影响吸收。虽然肝体比、脏体比和肥满度没有显著性差异，但实验组的肝体比和脏体比这两个指标较对照组均有少许的降低，推测可能是 γ-PGA 减少了内脏和肝胰脏的脂肪含量。因此，一定添加量的 γ-PGA 对异育银鲫的生长具有促进作用，但其具体的促生机制尚不明确。

表5-6　不同添加量的 γ-PGA 对异育银鲫生长与形体指标的影响

项目	CK	G1	G2	G3	G4	G5
初始体重/g	37.03 ±0.24	37.02 ±0.45	37.07 ±0.20	37.43 ±0.38	37.67 ±0.00	37.31 ±0.37
终末体重/g	89.70 ±4.67[a]	94.74 ±3.17[ab]	95.09 ±2.32[ab]	97.54 ±2.90[b]	96.95 ±3.66[b]	95.11 ±1.31[ab]
增重率/%	142.18 ±11.06[a]	155.98 ±11.12[ab]	156.54 ±6.33[ab]	160.63 ±9.69[b]	157.38 ±9.70[ab]	154.93 ±5.53[ab]
特定生长率/（%/d）	1.58 ±0.08[a]	1.68 ±0.08[ab]	1.68 ±0.04[ab]	1.71 ±0.07[b]	1.69 ±0.07[ab]	1.67 ±0.04[ab]
饲料系数	1.44 ±0.03[a]	1.32 ±0.05[b]	1.30 ±0.05[b]	1.30 ±0.05[b]	1.33 ±0.04[b]	1.35 ±0.04[b]
肝体比/%	3.08 ±0.38	2.94 ±0.25	3.0 ±0.05	2.95 ±0.34	2.87 ±0.37	2.99 ±0.24
脏体比/%	8.66 ±0.33	8.61 ±0.26	8.59 ±0.16	8.61 ±0.67	8.46 ±0.18	8.56 ±0.19
肥满度/（g/cm³）	2.85 ±0.04	2.86 ±0.05	2.82 ±0.02	2.81 ±0.06	2.89 ±0.06	2.86 ±0.06

注：上角字母 a、b 表示与对照相比有显著性（$P<0.05$）。

鱼肌肉组分的含量影响着鱼肉的质量品质，高蛋白、低脂肪的食品一直受到人们的青睐。为此，本书著者团队探究了不同添加量的 γ-PGA 对异育银鲫肌肉组分的影响，结果如表 5-7 所示，各实验组的含水量、粗蛋白和灰分与 CK 组相比均没有显著性变化（$P>0.05$），G2 的粗脂肪与 CK 组相比显著性降低（$P<0.05$），其他组和 CK 组相比虽然没有显著性变化，但也都有一定比例的减少。从实验数据可知，γ-PGA 对异育银鲫肌肉中脂肪的影响较大，实验组中 G2、G3、G4 的粗脂肪较对照组均降低较多，G2（γ-PGA 添加量为 0.050%）最为明显。针对老鼠等哺乳动物的实验表明，γ-PGA 具有降低肝胰脏等器官脂肪的效果，而这里又进一步发现 γ-PGA 可以一定程度上降低鱼肌肉的脂肪比例。研究还发现，虽然在湿重下肌肉的粗蛋白含量变化不大，但实验组干重肌肉的粗蛋白含量却有一定程度的提升。因此，γ-PGA 可能具有降低肌肉脂肪含量、改善肌肉品质的效果。

表5-7 不同添加量的 γ-PGA 对异育银鲫背肌成分的影响

项目	CK	G1	G2	G3	G4	G5
含水量/%	77.90 ±0.25	78.22 ±0.23	78.29 ±0.18	78.25 ±0.25	78.37 ±0.21	78.27 ±0.13
粗脂肪/%	1.43 ±0.20[b]	1.41 ±0.08[b]	0.84 ±0.09[a]	1.27 ±0.13[b]	1.37 ±0.15[b]	1.55 ±0.06[b]
粗蛋白/%	19.00 ±0.10	18.80 ±0.05	18.80 ±0.07	19.07 ±0.06	18.74 ±0.23	18.83 ±0.16
灰分/%	1.36 ±0.04	1.39 ±0.02	1.36 ±0.02	1.34 ±0.03	1.33 ±0.01	1.35 ±0.01

注：上角字母 a、b 表示与对照相比有显著性（$P > 0.05$）。

血液生化的各项指标可以检测出鲫鱼的代谢能力以及鱼体血液中葡萄糖、蛋白质、脂质等供能物质，与鱼体健康水平密切相关，是鱼体的重要检测指标。本书著者团队对不同添加量的 γ-PGA 对异育银鲫血清血液生化中免疫、营养代谢、脂质相关和肝胰脏损伤四个方面进行了分析。

由表 5-8～表 5-11 可知，各组血清中，G5 的免疫球蛋白 M、补体 C3 和补体 C4 浓度较其他组均有显著性提升；处理组 G3 的总胆固醇浓度较 CK、G1、G2 和 G5 均有显著性降低；G1 和 G2 的谷丙转氨酶酶活较 CK、G4 和 G5 均有显著性降低，G3 的谷草转氨酶酶活较 CK 和 G4 也呈现显著性降低。而各组血清中白蛋白、总蛋白、尿素氮、高密度脂蛋白、低密度脂蛋白、甘油三酯和总胆固醇含量与碱性磷酸酶、乳酸脱氢酶均没有显著性差异（$P > 0.05$），但中浓度的 γ-PGA 添加量表现出的指标水平更佳。因此，添加适量的 γ-PGA 可以增强异育银鲫的代谢能力，让鱼体能更好地利用吸收营养物质，并降低鱼血液中胆固醇等脂质含量，减轻肝胰脏受损伤程度。但实验结果同时表明 γ-PGA 对异育银鲫的免疫功能没有明显的促进作用。

表5-8 不同添加量的 γ-PGA 对异育银鲫血清免疫相关指标的影响

项目	CK	G1	G2	G3	G4	G5
免疫球蛋白M/（mg/L）	5.7±0.3[a]	6.5±0.5[ab]	6.8±0.4[abc]	7.0±0.3[bc]	6.1±0.4[ab]	7.9±0.5[c]
补体C3/（mg/L）	12.2±0.8[c]	9.9±0.9[ab]	8.4±0.4[a]	10.6±0..6[bc]	8.8±0.1[a]	14.4±0.5[d]
补体C4/（mg/L）	11.0±0.7[bc]	10.3±0.9[bc]	8.0±0..1[a]	9.3±0.7[ab]	7.4±0.1[a]	12.6±1.3[c]

注：上角字母 a、b、c、d 表示与对照相比有显著性（$P < 0.05$）。

表5-9 不同添加量的 γ-PGA 对异育银鲫血清营养代谢相关指标的影响

项目	CK	G1	G2	G3	G4	G5
白蛋白/（g/L）	20.09±0.23	20.2±0.14	20.05±0.22	19.7±0.4	20.08±0.49	20.29±0.19
总蛋白/（g/L）	31.57±0.47	31.51±0.29	31.49±0.37	31.67±0.58	31.52±0.66	31.97±0.37
谷氨酰胺/（mmol/L）	11.78±0.5[a]	12.77±0.49[ab]	12.24±0.33[ab]	13.75±0.68[b]	13.78±0.53[b]	12.59±0.36[ab]

项目	CK	G1	G2	G3	G4	G5
碱性磷酸酶/（U/L）	9.17±0.42	9.33±0.1	9.04±0.34	9.71±0.37	10.06±0.53	9.6±0.17
乳酸脱氢酶/（U/L）	257.89±25.64	282.11±17.41	268.56±18.62	295.11±25.8	324.33±24.39	297.2±10.47
尿素氮/（mmol/L）	0.93±0.03	0.93±0.02	0.88±0.02	0.86±0.02	0.91±0.03	0.93±0.03

注：上角字母 a、b 表示与对照相比有显著性（$P<0.05$）。

表5-10　不同添加量的 γ-PGA 对异育银鲫血清脂质相关指标的影响

项目	CK	G1	G2	G3	G4	G5
高密度脂蛋白/（mmol/L）	1.91±0.11	1.94±0.11	1.79±0.05	1.84±0.08	1.84±0.11	1.95±0.11
低密度脂蛋白/（mmol/L）	1.8±0.09	1.79±0.08	1.63±0.06	1.63±0.11	1.69±0.11	1.91±0.1
甘油三酯/（mmol/L）	1.74±0.04	1.74±0.06	1.72±0.04	1.69±0.05	1.73±0.04	1.73±0.04
总胆固醇/（mmol/L）	9.75±0.31[b]	9.62±0.26[b]	9.1±0.21[ab]	8.37±0.43[a]	9.15±0.32[ab]	9.55±0.27[b]

注：上角字母 a、b 表示与对照相比有显著性（$P<0.05$）。

表5-11　不同添加量的 γ-PGA 对异育银鲫血清肝胰脏损伤相关指标的影响

项目	CK	G1	G2	G3	G4	G5
总胆红素/（μmol/L）	4.87±0.23	4.91±0.24	4.13±0.36	3.99±0.42	4.14±0.29	4.49±0.26
谷丙转氨酶活/（U/L）	2.73±0.23[cd]	1.67±0.08[a]	1.71±0.12[a]	2.07±0.13[ab]	2.91±0.19[d]	2.39±0.13[bc]
谷草转氨酶活/（U/L）	309.67±12.64[c]	302.69±10.78[b]	303.23±12.87[b]	295.21±11.52[a]	312.53±9.43[c]	308.68±10.78[c]

注：上角字母 a、b、c、d 表示与对照相比有显著性（$P<0.05$）。

2. γ-PGA 对异育银鲫肝胰脏抗氧化以及基因表达的影响

活性氧（ROS）是好氧生物的机体正常代谢产物，主要在线粒体中产生，低水平可以维持细胞生理功能如代谢调节等。但当机体产生应激反应时，大量消耗氧气就会产生过量的 ROS，这些 ROS 会对脂质、蛋白质以及 DNA 的损伤改性，影响机体细胞正常功能。室外养殖的鲫鱼生活环境复杂多变，易受到气候、人为以及水质等因素影响，容易产生应激反应。如果鲫鱼的抗氧化能力不足，过量的 ROS 会损害鱼体健康，严重的甚至会产生炎症反应，导致鱼死亡。因此，鲫鱼体内抗氧化能力水平对鱼体健康至关重要。

本书著者团队探究了不同添加量的 γ-PGA 对异育银鲫肝胰脏中抗氧化能力的影响。检测指标有总抗氧化能力（各种抗氧化物质和抗氧化酶等构成总抗氧化水平）、过氧化氢酶（清除机体内过氧化氢）、超氧化物歧化酶（催化超氧阴离子自由基歧化生成氧和过氧化氢）、谷胱甘肽过氧化物酶（还原过氧化物为无毒的羟基化合物）、内二醛（脂质氧化产物，会引起蛋白质、核酸等生命大分子的交联聚合，且具有细胞毒性）和还原型谷胱甘肽（具有抗氧化作用和整合解毒作用）。实验结果（表5-12）表明，添加 0.100% γ-PGA 的实验组的总抗氧化能力、过氧化氢酶、超氧化物歧化酶、谷胱甘肽过氧化物酶与 CK 组相比显著提高了 118.7%、20.4%、35.1% 和 31.4%，而丙二醛含量降低了 61.9%，其他实验组的抗氧化能力也较对照组有所增强且中浓度组（G2、G3 和 G4）的抗氧化水平相对来说更好。由此可见，日粮中适量添加 γ-PGA，可以促进肝胰脏中抗氧化物质的含量，显著提升异育银鲫肝胰脏的抗氧化能力，减轻鱼体因受到应激等产生的 ROS 损伤，其中以 G3（γ-PGA 添加量为 0.100%）组的效果最佳。

表5-12　不同添加量的 γ-PGA 对异育银鲫肝胰脏中抗氧化能力的影响

项目	CK	G1	G2	G3	G4	G5
总抗氧化能力 / （mmol/gprot）	72.57 ±9.47[a]	88.79 ±10.56[a]	108.78 ±4.54[a]	158.74 ±23.96[b]	92.75 ±16.43[a]	109.86 ±2.47[a]
过氧化氢酶 / （U/mgprot）	8.87 ±0.5[a]	9.31 ±0.55[ab]	10.23 ±0.66[ab]	10.68 ±0.38[b]	9.36 ±0.28[ab]	9.05 ±0.55[ab]
超氧化物歧化酶 / （U/mgprot）	175.32 ±12.82[a]	157.22 ±5.96[a]	200.99 ±13.72[ab]	236.84 ±17.96[b]	191.72 ±16.91[a]	199.57 ±7.18[a]
丙二醛 / （nmol/mgprot）	12.57 ±1.74[a]	7.59 ±0.8[a]	7.56 ±0.43[a]	4.79 ±0.23[b]	6.00 ±1.11[a]	6.74 ±0.21[a]
谷胱甘肽过氧化物酶 / （U/gprot）	5.45 ±0.3[a]	5.06 ±0.49[a]	6.92 ±0.18[b]	7.16 ±0.33[b]	5.89 ±0.31[a]	5.69 ±0.39[a]
还原型谷胱甘肽 / （μmol/gprot）	367.49 ±37.28	333.1 ±17.43	370.11 ±21.67	421.46 ±61.11	341.46 ±40.68	388.31 ±42.08

注：上角字母 a、b 表示与对照相比有显著性（$P < 0.05$）。prot 表示蛋白。

肝胰脏是重要的抗氧化器官，其抗氧化基因表达能力间接反映鲫鱼鱼体的抗氧化能力，通过测定鲫鱼肝胰脏内 SOD、CAT、GSTA 以及 Nrf2 等基因的表达，可以进一步验证 γ-PGA 对异育银鲫抗氧化能力的影响。实验结果表明（图 5-15），各组抗氧化相关基因的相对表达量最高的为 G3 组，而各抗氧化指标中，CK 组的相对表达量最低，并且 G3 组的 SOD、CAT 以及 GSTA 与 CK 相比均显著性提高了 39.0%、59.2% 和 51.6%，说明日粮中添加一定量的 γ-PGA 对异育银鲫抗氧化相关基因的表达具有显著的促进作用，这也从基因表达层面进一步解释了 γ-PGA 对异育银鲫抗氧化能力的促进机制。

TOR 代谢通路对鱼体的生长、代谢以及免疫起着十分重要的作用。研究表明，一些饲料添加剂可以激活鱼类机体的 TOR，从而促进机体的生长发育。TOR 被激活后，其两个复合体控制着决定机体细胞质量的多个信号通路，如控制肌动蛋白细胞骨架，从而决定细胞的形状；控制脂肪分解代谢和蛋白合成，从而加速细胞生长，并反向抑制细胞自噬，提高机体的生长速度等。TOR 研究较为透彻的是其与蛋白合成相关的几个代谢途径，与之相关的关键蛋白为 eIF4E、4EBP 和 S6K1。首先，eIF4E 与 4EBP 在 TOR 未磷酸化激活时是呈结合状态，此时 eIF4E 不能启动蛋白质合成，但当 TOR 被激活后，eIF4E 与 4EBP 的亲和力被

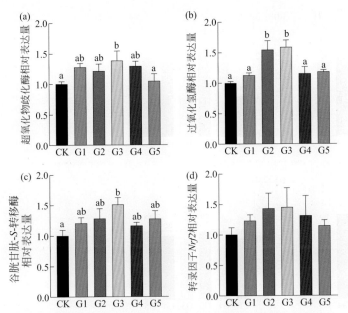

图5-15 不同添加量的γ-PGA对异育银鲫抗氧化相关基因SOD（a）、CAT（b）、GSTA（c）和Nrf2（d）相对表达量的影响

字母a、b表示与对照相比有显著性（P＜0.05）

抑制并解离，eIF4E 就会和其他成分结合，发挥活性并促进了帽子依赖蛋白的翻译；当上游 P13K 通路介导增殖信号后，TOR 磷酸化激活 S6K1，进而促进 40S 核糖体亚基被募集到激活的翻译多聚体中，并增强 5′- 末端寡嘧啶（5′-Top）的翻译，进而提高 IGF-2、延伸因子等的编码。而 IGF 和 GH 等生长因子则又会促进其他细胞进行生长增殖。因此 TOR 基因相对表达的提高对机体生长发育尤为重要。不同添加量的 γ-PGA 对异育银鲫生长相关基因的影响如图 5-16 所示。其中，CK 组的各种基因的相对表达量均为最低值，而 TOR、4EBP2 以及 GHR 的

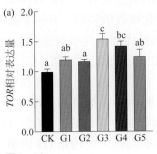

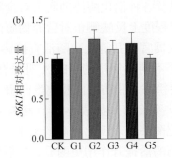

图5-16

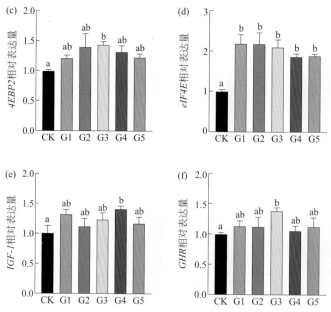

图5-16　不同添加量的γ-PGA对异育银鲫生长相关基因*TOR*（a）、*S6K1*（b）、*4EBP2*（c）、*eIF4E*（d）、*IGF-1*（e）和*GHR*（f）的影响

字母a、b表示与对照相比有显著性差异（$P<0.05$）

最高值出现在G3组，且与CK相比均具有显著性，分别提高了54.4%、44.1%和40.3%，参与蛋白合成的*eIF4E*也有显著性提高。因此日粮中添加γ-PGA（0.100%的添加量）可以促进异育银鲫与生长相关基因的相对表达量，进而促进鱼体生长。

3. γ-PGA对异育银鲫消化能力的影响

鱼类的消化系统发育不够完全，消化能力与哺乳动物相比较弱，而肝胰脏作为鱼类主要的消化腺，对鲫鱼的营养吸收尤为重要。肝脏与胰脏弥散在肠道周围，通过分泌胆汁以及各种消化酶协助肠道对食物的消化吸收，因此肝胰脏中消化酶活力的强弱一定程度上反映鲫鱼对营养物质消化吸收的强弱。肠道是最直接的营养物质消化吸收器官，其消化酶酶活直接影响鱼体的消化吸收能力。因此，本书著者团队探究了不同添加量的γ-PGA对异育银鲫肠道与肝胰脏中消化酶的影响，主要指标有淀粉酶、脂肪酶以及胰蛋白酶，三者主要用于分解食物中的淀粉、脂肪和蛋白质。实验结果如表5-13、表5-14所示。高浓度组（G3、G4和G5）的肝胰脏中消化酶酶活表现出较高的水平，而添加中等剂量组（G2、G3和G4）的肠道中消化酶酶活提升作用更明显，但肝胰脏与肠道中均是G3组酶活相对最高，且淀粉酶、脂肪酶和胰蛋白酶这三种酶的活力与CK相比均显著提高。

因此，日粮中适量地添加 γ-PGA 有利于提高异育银鲫的消化酶酶活，增强鱼体对营养物质的消化吸收能力。

表5-13　不同添加量的 γ-PGA 对异育银鲫肝胰脏中消化酶的影响

项目	CK	G1	G2	G3	G4	G5
淀粉酶 /（U/gprot）	106.83 ±9.05[a]	115.02 ±10.07[a]	125.96 ±0.73[a]	153.41 ±7.07[b]	113.07 ±2.56[a]	108.24 ±8.99[a]
脂肪酶 /（U/gprot）	286.81 ±25.11[a]	490.46 ±9.85[cd]	388.69 ±51.44[abc]	554.23 ±14.29[d]	326.17 ±50.44[ab]	428.42 ±18.9[bc]
胰蛋白酶 /（U/μgprot）	12.55 ±1.55[ab]	3.77 ±1.25[a]	11.74 ±3.53[ab]	34.46 ±5.55[c]	23.64 ±10.33[bc]	30.03 ±3.91[c]

注：上角字母a、b、c、d表示与对照相比有显著性（$P<0.05$）。

表5-14　不同添加量的 γ-PGA 对异育银鲫肠道中消化酶的影响

项目	CK	G1	G2	G3	G4	G5
淀粉酶 /（U/gprot）	144.1 ±29.23[a]	198.72 ±8.47[bc]	215.99 ±15.75[c]	206.92 ±9.15[c]	190.48 ±0.44[abc]	150.05 ±12.46[ab]
脂肪酶 /（U/mgprot）	2.41 ±0.66[a]	3.29 ±0.36[ba]	3.47 ±0.61[b]	5.04 ±0.13[b]	4.77 ±0.88[b]	2.75 ±0.54[a]
胰蛋白酶 /（U/μgprot）	43.79 ±6.86[a]	49.51 ±2.14[a]	56.42 ±1.81[ab]	64.26 ±6.09[b]	55.14 ±2.06[ab]	55.55 ±2.41[ab]

注：上角字母a、b、c表示与对照相比有显著性（$P<0.05$）。

　　肠道是食物消化吸收的主要场所，肠细胞生长发育及其对营养物质消化吸收直接影响鱼类生产性能的提高。很多实验研究证明，日粮添加剂可以影响肠道组织的形态结构，而肠道结构的改变会一定程度上改变肠道吸收营养物质的能力，如绒毛高度可以一定程度上反映小肠绒毛的表面积，其高度越高，表面积则越大，与食物接触的机会就会越多，营养吸收能力也就越强；隐窝越浅，细胞成熟度越高，分泌功能越好；绒毛高度和隐窝深度的比值经常与动物的生长速度正相关；肌层厚度与肠道外部屏障有关，过薄说明肠道溶胀严重；杯状粒细胞是小肠绒毛上主要的分泌细胞，其分泌的黏液以及各种消化酶在抗感染、调节上皮细胞的完整性和消化吸收方面起重要作用。因此，本书著者团队探究了不同添加量的 γ-PGA 对异育银鲫肠道组织形态的影响，光镜下组织形态图如图5-17所示，G3 组的绒毛高度与其他实验组相比较短，但绒毛高度与隐窝深度的比值却是最高的，说明 G3 组的肠道生长速度最快，发育最好；而各组的肌层厚度无显著性差异，没有出现溶胀现象，即各组肠道相对健康；而杯状粒细胞的数量最高的为 G3 组，且和 CK 相比显著增加了40.6%。这些结果表明日粮中添加 γ-PGA 可以促进肠道细胞生长发育，促进杯状粒细胞的生成，提高小肠的分泌能力，这与前文中 G3 组肠道中消化酶酶活最高的实验结果相一致。

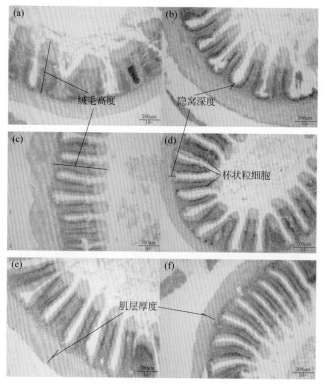

图5-17　各组异育银鲫肠道组织形态光镜图（×40倍）

（a）添加0% γ-PGA组；（b）添加0.025% γ-PGA组；（c）添加0.050% γ-PGA组；（d）添加0.100% γ-PGA组；
（e）添加0.200% γ-PGA组；（f）添加0.400% γ-PGA组

参考文献

[1] Shih L, Van Y T. The production of poly-(γ-glutamic acid) from microorganisms and its various applications[J]. Bioresource Technology, 2001, 79(3): 207-225.

[2] Ogunleye A, Bhat A, Irorere V U, et al. Poly-γ-glutamic acid: production, properties and applications[J]. Microbiology, 2015, 161(1): 1-17.

[3] 彭敏, 张迎庆, 王婷, 等. 聚谷氨酸对食品的功能性影响研究进展 [J]. 中国食品添加剂, 2021, 32(07): 138-143.

[4] Shih L, Van Y T, Sau Y Y. Antifreeze activities of poly (γ-glutamic acid) produced by *Bacillus licheniformis*[J]. Biotechnology Letters, 2003, 25(20): 1709-1712.

[5] Mitsuiki M, Mizuno A, Tanimoto H, et al. Relationship between the antifreeze activities and the chemical structures of oligo-and poly (glutamic acid) s[J]. Journal of Agricultural and Food Chemistry, 1998, 46(3): 891-895.

[6] Bhat A R, Irorere V U, Bartlett T, et al. *Bacillus subtilis* natto: a non-toxic source of poly-γ-glutamic acid that

could be used as a cryoprotectant for probiotic bacteria[J]. Amb Express, 2013, 3(1): 1-9.

[7] Tao L , Tian L , Zhang X , et al. Effects of γ-polyglutamic acid on the physicochemical properties and microstructure of grass carp (*Ctenopharyngodon idellus*) surimi during frozen storage[J]. LWT-Food Science and Technology, 2020,134:109960.

[8] 时晓剑，缪冶炼，卫昊，等. γ-聚谷氨酸钠对面包酵母的抗冻作用及其机理 [J]. 食品科技，2012 (10): 2-6.

[9] Jia C, Huang W, Tang X, et al. Antifreeze activity of γ-polyglutamic acid and its impact on freezing resistance of yeast and frozen sweet dough[J]. Cereal Chemistry, 2016, 93(3): 306-313.

[10] 姬晓月，王双燕，耿鹏，等. γ-聚谷氨酸对速冻水饺品质的影响 [J]. 食品与发酵工业，2018, 44(12): 180-187.

[11] 谢新华，毋修远，张蓓，等. γ-聚谷氨酸对面筋蛋白功能特性的影响 [J]. 麦类作物学报，2018, 38(8): 1004-1009.

[12] Hu Z Z, Sha X M, Ye Y H, et al. Effects of γ-polyglutamic acid on the gelling properties and non-covalent interactions of fish gelatin[J]. Journal of Texture Studies, 2020, 51(3): 511-520.

[13] 赵岩岩，王书彦，李钊，等. γ-聚谷氨酸对鲤鱼肉糜凝胶特性的影响 [J]. 食品研究与开发，2020, 41(20): 73-78.

[14] 白登荣，温佳佳，贺雪华，等. γ-聚谷氨酸对鸡肉糜凝胶特性的影响 [J]. 食品科学，2017, 38(15): 158-164.

[15] Shyu Y S, Hwang J Y, Hsu C K. Improving the rheological and thermal properties of wheat dough by the addition of γ-polyglutamic acid[J]. LWT-Food Science and Technology, 2008, 41(6): 982-987.

[16] 李超然，吴坤，刘燕琪，等. γ-聚谷氨酸对面团性质及面条质构特性的影响 [J]. 河南农业大学学报，2014, 48(2): 204-209.

[17] 谢新华，范逸超，徐超，等. γ-聚谷氨酸对小麦淀粉凝胶冻融稳定性的影响 [J]. 食品与发酵工业，2019, 45(14): 97-101.

[18] 赵凯亚，姬晓月，沈亚鹏，等. 聚谷氨酸对油条特性与品质的影响 [J]. 河南工业大学学报 (自然科学版)，2017, 38(4): 75-80.

[19] 马晓丽，黄雅萍，张龙涛，等. 肉制品加工中的低钠策略研究 [J]. 食品与发酵工业，2019, 45(14): 256-262.

[20] Sato S, Iwasaki T, Tomiyama Y, et al. Taste improver. [P]. WO 2008/146491.

[21] Kojima H, Ikegami S, Nakamura S, et al. Preparation and evaluation of poly-γ-glutamic acid hydrogel mixtures with basic drugs or acidic drugs: effect on ease of swallowing and taste masking[J].Pharmacology &Pharmacy,2019,10(10):427-444.

[22] Shyu Y S, Sung W C. Improving the emulsion stability of sponge cake by the addition of γ-polyglutamic acid[J]. Journal Marine Sci Technol, 2010, 18(6): 895-900.

[23] Tanimoto H, Mori M, Motoki M, et al. Natto mucilage containing poly-γ-glutamic acid increases soluble calcium in the rat small intestine[J]. Bioscience, Biotechnology, and Biochemistry, 2001, 65(3): 516-521.

[24] Tanimoto H, Fox T, Eagles J, et al. Acute effect of poly-γ-glutamic acid on calcium absorption in post-menopausal women[J]. Journal of the American College of Nutrition, 2007, 26(6): 645-649.

[25] Tanimoto H, Nozawa H, Okada K, et al. A calcium supplement containing poly-gamma-glutamic acid increases human calcium absorption[J]. Nippon Nogeikagaku, Kaishi, 2003, 77(5):504-507.

[26] Uotani K, Kubota H, Endou H, et al. Sialagogue and containing the same, oral composition and food composition[P]. WO 2005/049050. 2005.

[27] Uotani K, Takebe H, Kubota H, et al. Pharmaceutical compositions, foods and drinks[P]. JP 2005-255645. 2005.

[28] Uotani K, Takebe H. Hypoglycemic agent[P]. JP 2005-200330. 2005.

[29] Jeong S Y, Jeong D, Kim D, et al. Chungkookjang with high contents of poly-γ-glutamic acid improves insulin sensitizing activity in adipocytes and neuronal cells[J].Nutrients,2018,10(11):1588.

[30] Araki R, Yamada T, Maruo K, et al. Gamma-polyglutamic acid-rich natto suppresses postprandial blood glucose response in the early phase after meals:a randomized crossover study[J].Nutrients,2020,12(8):2374-2385.

[31] Tamura M, Hoshi C, Kimura Y, et al. Effects of γ-polyglutamic acid on the cecal microbiota and visceral fat in KK-ay/Ta Jcl male mice[J].Food Science and Technology Research,2018,24(1):151-157.

[32] Karmaker S, Saha T K, Yoshikawa Y, et al. A novel drug delivery system for type 1 diabetes: insulin-mimetic vanadyl-poly (γ-glutamic acid) complex[J]. Journal of Inorganic Biochemistry, 2006, 100(9): 1535-1546.

[33] Kishimoto N, Morishima H, Uotani K. Compositions for prevention of increase of blood pressure[P]:JP 2008-255063. 2008.

[34] Lee J M, Kim J H, Kim K W, et al. Physicochemical properties, production, and biological functionality of poly-γ-d-glutamic acid with constant molecular weight from halotolerant *Bacillus* sp SJ-10[J].International Journal of Biological Macromolecules,2018(108):598-607.

[35] Lee J M, Jang W J, Park S H, et al. Antioxidant and gastrointestinal cytoprotective effect of edible polypeptide poly-γ-glutamic acid[J].International Journal of Biological Macromolecules,2020(153):616-624.

[36] 姜康. 聚谷氨酸对产蛋后期蛋鸡生产性能的营养调节与机制探究 [D]. 南京：南京工业大学，2022.

[37] Li L L, Gong Y J, Zhan H Q, et al. Effects of dietary Zn-methionine supplementation on the laying performance, egg quality, antioxidant capacity, and serum parameters of laying hens[J]. Poultry Science, 2019, 98(2): 923-931.

[38] Cufadar Y, Olgun O, Yildiz AÖ, et al. The effect of dietary calcium concentration and particle size on performance, eggshell quality, bone mechanical properties and tibia mineral contents in moulted laying hens[J]. British Poultry Science, 2011, 52(6): 761-768.

[39] Xu D, Teng X, Guo R, et al. Metabonomic analysis of hypophosphatemic laying fatigue syndrome in laying hens[J]. Theriogenology, 2020, 156: 222-235.

[40] Teng X, Zhang W, Xu D, et al. Effects of low dietary phosphorus on tibia quality and metabolism in caged laying hens[J]. Preventive Veterinary Medicine, 2020, 181: 105049.

[41] Olgun O, Aygun A. Nutritional factors affecting the breaking strength of bone in laying hens[J]. World's Poultry Science Journal, 2016, 72(4): 821-832.

[42] Hui Q, Zhao X, Lu P, et al. Molecular distribution and localization of extracellular calcium-sensing receptor (CaSR) and vitamin D receptor (VDR) at three different laying stages in laying hens (*Gallus gallus* domesticus)[J]. Poultry Science, 2021, 100(5): 101060.

[43] 朱良瑞，赵君和，梅业高，等. 调节钙磷降低高产蛋鸡 50 周龄后蛋壳破损率 [J]. 养殖与饲料，2020，19(7): 45-47.

[44] 黄晨轩，岳巧娴，郝二英，等. 饲粮钙水平对蛋鸡后期生产性能、蛋品质和血钙相关指标动态变化的影响 [J]// 中国畜牧兽医学会 2018 年学术年会禽病学分会第十九次学术研讨会论文集，2018.

[45] 江莎，邓益锋，周振雷，等. 骨钙素——骨骼调节能量代谢的内分泌激素 [J]. 畜牧与兽医，2012, 44(2): 88-91.

[46] 陈杰，章世元. 蛋壳的钙化过程及蛋壳腺的钙代谢调控 [J]. 畜牧与兽医，2010, 42(11): 93-96.

[47] Huang J, Tong X F, Yu Z W, et al. Dietary supplementation of total flavonoids from *Rhizoma drynariae* improves bone health in older caged laying hens[J]. Poultry Science, 2020, 99(10): 5047-5054.

[48] 王骞. γ- 聚谷氨酸对异育银鲫生长的影响及机理初探 [D]. 南京：南京工业大学，2022.

第六章

γ-聚谷氨酸在医学及日化领域的应用

γ-PGA 作为微生物发酵产生的天然聚氨基酸，具有极佳的生物可降解性、成膜性、可塑性、黏结性、保湿性等许多独特的理化和生物学特性，这些特性使其具有增稠、乳化、凝胶、成膜和黏结等有益功能[1-3]。此外，其分子结构中含有大量活性羧基基团，不仅能被细胞表面的配体识别，有利于细胞的黏附，进一步提高材料的细胞亲和性，而且易与多种物质交联形成具有优异生物相容性和生物降解性的水凝胶，因此在医药和日化领域得到广泛应用[4,5]。

第一节
γ-聚谷氨酸生物黏合剂

缝合是外科基本操作之一，但是它在止血方面不是很有效。此外，它不适用于控制器官持续的血液渗出，或密封空气和体液泄漏，或修复主动脉夹层。在这种情况下，通常使用生物黏合剂。几种合成和半合成外科黏合剂，如氰基丙烯酸酯、聚氨酯预聚物和明胶-间苯二酚-甲醛（GRF）目前可用于临床[6-8]。然而，这些生物黏合剂有一些缺点，包括细胞毒性、低降解率和由降解产物的持续释放引起的慢性炎症[9]。γ-PGA 为水溶性生物材料，具有吸水、保湿、无毒、安全、生物可降解性等特性，可增加基质张力强度，促进细胞增生和迁移，可制成人造皮肤、外伤敷料、止血剂、药物释放载体、生物黏着剂、手术缝线，是一种新型、安全无害的生物黏合剂[10]。

一、γ-聚谷氨酸贻贝仿生水凝胶的制备

本书著者团队受贻贝在潮湿环境中保持强大黏附和凝胶强度的启发，以多巴胺（DA）改性 γ-PGA 为主体材料，通过辣根过氧化氢酶（HRP）原位交联形成稳定凝胶，研究其作为一种用于局部止血的仿生生物黏附剂的应用潜力[11]。

通过 HRP 交联制备 γ-PGA-DA 水凝胶的过程如图 6-1 所示。HRP 介导的邻苯二酚催化循环是由 H_2O_2 和 HRP [Fe（Ⅲ）] 的静止铁状态之间的相互作用启动的，生成化合物 Ⅰ。以邻苯二酚为还原底物，化合物 Ⅰ 是具有阳离子自由基的高氧化态中间体，在第一个单电子还原后转化为化合物 Ⅱ。化合物 Ⅱ 通过第二个单电子还原步骤返回其静止状态。生成的邻苯二酚自由基能够通过芳香环的邻位碳之间的碳-碳键，或通过邻位碳和酚氧之间的碳-氧键形成分子间共价键[12,13]。反应机制表明，在一个完整的催化循环中，在固定的 HRP 浓度下，一

当量的 H_2O_2 消耗两当量的邻苯二酚自由基。

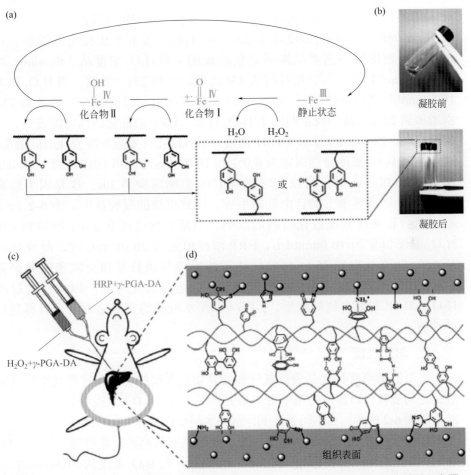

图6-1 （a）γ-PGA-DA共价化合物酶交联机制；（b）γ-PGA-DA凝胶前后示意图；（c）体内止血能力实验示意图；（d）γ-PGA-DA水凝胶组织黏附潜在机制示意图

二、γ-聚谷氨酸贻贝仿生水凝胶的性能表征

1．凝胶化时间

凝胶化时间是可注射水凝胶材料的关键参数。该参数应可精准调控，以适

应不同应用场景，如不规则伤口，需要水凝胶在伤口死角完成凝胶化转变，防止伤口感染[14]。在不同浓度的 HRP、H_2O_2 和聚合物条件下测量凝胶化时间，以研究交联速率与生成的苯氧基数量之间的关系。图 6-2（a）显示了 H_2O_2 浓度对 γ-PGA-DA 水凝胶凝胶化时间的影响。聚合物和 HRP 浓度分别固定为 8.0% 和 20.0U/mL。当 H_2O_2 浓度小于 2.6mmol/L 时，没有形成稳定的凝胶，这是由于交联密度低和网络结构不完整造成的。当 H_2O_2 浓度从 2.6mmol/L 增加到 10.5mmol/L 时，凝胶化时间从 45s 逐渐缩短到 25s。然而，当 H_2O_2 浓度从 10.5mmol/L 进一步增加到 105mmol/L，凝胶化时间没有减少，而是从 25s 急剧增加到 237s。这一现象归因于 H_2O_2 过量，HRP 的催化活性可能丧失，导致缓慢交联。图 6-2（b）显示了 HRP 浓度对 γ-PGA-DA 水凝胶凝胶化时间的影响。聚合物和 H_2O_2 浓度分别固定为 8.0% 和 10.0mmol/L。当 HRP 浓度从 1.6U/mL 增加到 40.0U/mL 时，凝胶化时间从 170s 急剧减少到 20s，这是因为较高浓度的 HRP 加速邻苯二酚自由基的生成，导致更快的凝胶速率。图 6-2（c）显示了聚合物浓度对凝胶化时间的影响。当聚合物浓度从 2.0% 增加到 8.0%，H_2O_2 浓度恒定为 10.0mmol/L，HRP 浓度恒定为 20.0U/mL 时，凝胶化时间从 660s 急剧减少到 25s。每单位体积的反应基团数量和交联密度随聚合物含量的增加而增加，从而加速凝胶化，缩短凝胶化时间。因此，通过改变 H_2O_2、HRP 和聚合物的浓度，γ-PGA-DA 水凝胶的交联速率就可以得到很好的控制。

2. 溶胀性能

水凝胶的溶胀性能是表征氧气和营养物质在组织支架内转移效率的重要参数，也与吸收伤口渗液的速率密切相关[15,16]。γ-PGA-DA 水凝胶的溶胀性能测试结果如图 6-2 所示。在不同条件下，所有水凝胶样品的平衡溶胀率在 52%～92% 之间，这表明冷冻干燥的 γ-PGA-DA 水凝胶具有较高的溶胀性能，因为 γ-PGA-DA 中含有大量的亲水基团。图 6-2（d）显示，当 H_2O_2 浓度从 2.63mmol/L 增加到 10.53mmol/L 时，平衡溶胀率急剧下降，这是由于聚合物链中交联密度的增加和亲水基团的减少。图 6-2（e）显示，随着 HRP 浓度从 16.7U/mL 增大到 33.0U/mL，平衡溶胀率从 58.56% 减小到 53.41%。此外，当聚合物浓度从 4.0% 增大到 8.0% 时，在相同浓度 HRP 和 H_2O_2 下合成的凝胶的平衡溶胀率降低。水凝胶的溶胀率通常与交联密度和亲水性有关，交联密度过度增加通常会导致溶胀率降低。这些结果表明，当超过一定范围，H_2O_2、HRP 和聚合物浓度的增加导致交联密度的增加和亲水基团的减少。

3. 流变学性能

流变学研究物质在外力作用下的变形和流动规律，对其进行表征可以揭示水

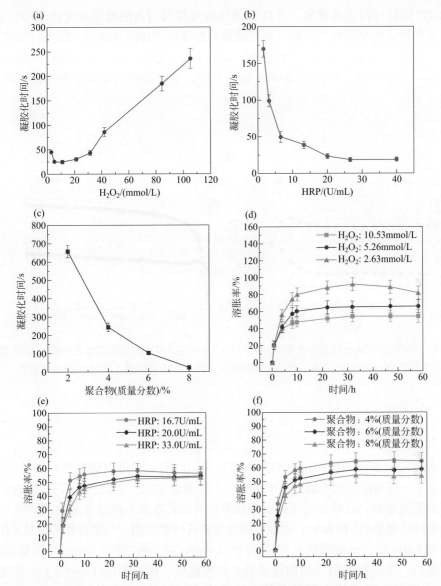

图6-2 凝胶化时间与H₂O₂（a）、HRP（b）和聚合物浓度（c）的函数关系，H₂O₂（d）、HRP（e）和聚合物（f）浓度对γ-PGA-DA水凝胶溶胀性能的影响

凝胶的力学性质和稳定性。该试验先通过振幅扫描试验，以确定原位交联水凝胶的线性黏弹性区域［图6-3（a）］。后续的时间扫描实验如图6-3（b）所示，当损耗模量（G''）值高于储能模量（G'）值时，表明为黏性流体。由于交联反应，

G' 和 G'' 均随时间迅速增加，并且 G' 在 60s 反应时间内的增加速度快于 G''。交叉点通常被认为是凝胶点，即从黏性液体到黏弹性固体的过渡点。随着时间的延长，G' 仍然大于 G''，表明系统的弹性成分占主导地位。随后，水凝胶的两个模量达到一个平衡点，并在大约 600s 保持不变，表明凝胶化完成并形成稳定的水凝胶。

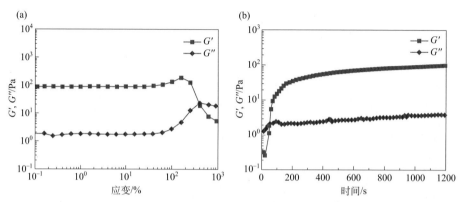

图6-3　γ-PGA-DA水凝胶的流变仪分析。（a）γ-PGA-DA水凝胶的应变扫描；（b）聚合物浓度6.0%的γ-PGA-DA水凝胶的储能模量（G'）和损耗模量（G''）的时间依赖性

4. 微观形貌

水凝胶的多孔结构在止血中起主要作用，因为它们可以吸收伤口处的渗出物，有助于提高红细胞和血小板的浓度，增强凝血作用[17]。此外，多孔结构的存在影响细胞黏附、迁移和增殖，以及营养物质的扩散和供应以及废物的清除[18]。扫描电镜结果显示（图6-4），水凝胶内部为多孔网状结构。当聚合物浓度从4.0%增加到8.0%时，水凝胶的孔径从 50～160mm 减小到 30～95mm。即聚合物浓度越高，水凝胶的网络结构越紧密，孔径越小［图 6-4（a）～（c）］。此外，H_2O_2 浓度对水凝胶的内部形态具有显著影响。如图 6-4（d）～图 6-4（f）所示，随着 H_2O_2 浓度从 2.63mmol/L 增加到 10.53mmol/L，水凝胶的平均孔径从 60～165mm 减小到 40～90mm。孔径减小的原因同样是由于 H_2O_2 浓度升高导致水凝胶交联密度提高。因此，γ-PGA-DA 水凝胶的孔径可以通过改变 H_2O_2 或聚合物的浓度来调节，这有助于细胞的迁移以及营养物质和代谢物的有效交换。

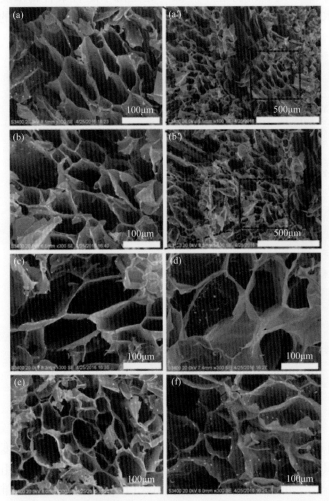

图6-4 不同聚合物含量水凝胶的SEM图像：8.0%（a）、6.0%（b）和4.0%（c）。不同
H₂O₂浓度水凝胶的SEM图像：2.63mmol/L（d）、5.26mmol/L（e）和10.53mmol/L（f）

5. 降解性能

　　水凝胶的生物降解性能在组织修复再生过程中起着至关重要的作用[14]。图 6-5 显示了不同浓度聚合物制备的水凝胶在含有木瓜蛋白酶的 PBS 中的降解情况，不含木瓜蛋白酶的 PBS 溶液为空白对照。在含有 0.05mg/mL 木瓜蛋白酶的 PBS 中培养的水凝胶样品由于肽链被蛋白水解，在 14d 内完全降解，而在不含木瓜蛋白酶 PBS 中的样品依旧保持稳定。但是，当 γ-PGA-DA 聚合物

的浓度从 4.0% 增加到 8.0% 时，降解速率降低。这是由于随着聚合物浓度的增大，交联度增加，水凝胶的高密度交联限制了木瓜蛋白酶对交联水凝胶的裂解位点。

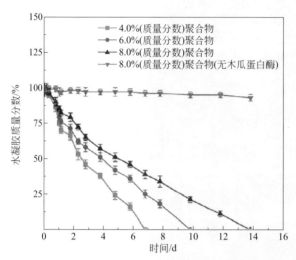

图6-5　不同聚合物浓度制备γ-PGA-DA水凝胶的降解性能

6. 黏附性能

如图 6-6 所示，通过改良后的 ASTM F2255—05 方法研究了不同取代度水凝胶对新鲜猪皮的组织黏附能力。该方法是通过拉伸载荷测试搭接剪切中组织黏合剂强度的标准技术[15]，如图 6-6（a）所示。图 6-6（b）显示，与市售纤维蛋白胶相比，所有水凝胶表现出更好的组织黏附性。当水凝胶的取代度（DS）从 10.0% 增加到 35.6% 时，黏附强度从 26.1kPa 提高到 58.2kPa。这一结果表明，邻苯二酚含量显著影响水凝胶的黏附强度，其黏附机制为贻贝黏蛋白仿生。贻贝黏蛋白的主要成分是一种儿茶酚氨基酸，这种蛋白质通过各种类型的相互作用，包括氢键、金属 - 邻苯二酚配位、π-π 芳香相互作用和静电相互作用，对实现水下黏附至关重要[19-22]。此外，邻苯二酚基团通过化学或酶诱导氧化形成反应性醌类基团，该物质可以进一步与亲核试剂进行 Michael 加成和 Schiff 碱反应，或与其他邻苯二酚进行自由基芳基 - 芳基偶联，以实现组织表面的多肽和蛋白质交联。这些反应被认为是 γ-PGA-DA 水凝胶组织黏附的潜在机制。市售纤维蛋白胶的黏附强度为 5.6kPa，而 γ-PGA-DA 水凝胶的最大黏附强度为 58.2kPa，具有很好的商业化应用潜力。

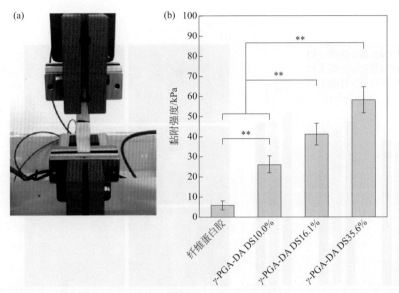

图6-6 （a）γ-PGA-DA水凝胶组织黏附强度测试仪；（b）不同取代度的γ-PGA-DA
水凝胶对猪皮肤组织的平均黏附强度（$P \leqslant 0.01$，$n=4$）

三、γ-聚谷氨酸贻贝仿生水凝胶的应用

1. 水凝胶体外细胞相容性测试

通过在96孔细胞培养板的底部直接合成γ-PGA-DA水凝胶，随后将L929小鼠表皮细胞接种于孔板中，并通过MTT法定量测定细胞，以研究水凝胶的生物相容性。细胞毒性定量评估显示，在水凝胶表面培养的细胞所有活力值均达到80%以上，表明γ-PGA-DA水凝胶具有良好的细胞相容性。如图6-7（a）所示，不同聚合物浓度下细胞活性在第一天没有显著性差异，较低聚合物浓度（4%）水凝胶表面培养的细胞与高聚合物浓度组（6%，8%）相比，显示出更高的增殖率。这一现象主要是由于较高的孔隙率和较大的孔径（60～165mm）有助于凝胶表面的细胞黏附和增殖[23-25]。此外，荧光显微镜结果表明，细胞形态正常，能够在水凝胶表面很好地黏附和增殖。这一结果与溶胀行为和内部形态测量结果相关，表明聚合物浓度越高，则水凝胶的网络结构越紧密，孔径越小。水凝胶合适

的孔径对细胞存活增殖、迁移和分化起着关键作用[23-26]。此外，γ-PGA 侧链中丰富的羧基等活性基团在细胞黏附中也起着重要作用[16]。

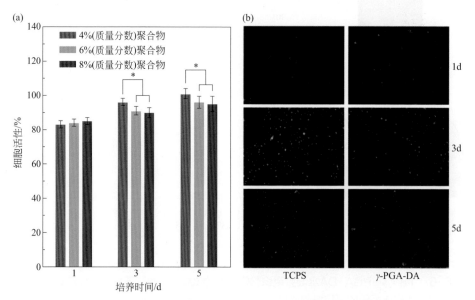

图6-7 γ-PGA-DA水凝胶的细胞毒性评估。（a）小鼠表皮细胞接种在γ-PGA-DA水凝胶表面并培养5d的存活率（$P \leqslant 0.05$，$n=3$）；（b）在水凝胶（4%聚合物）和裸细胞培养板表面（TCPS）培养的细胞荧光表征

2. 水凝胶体内止血能力测试

使用大鼠肝出血模型评估γ-PGA-DA 水凝胶的止血能力[27]。图 6-8（a）为120s 后各组出血部位的照片，表明水凝胶具有优异的止血能力。应用γ-PGA-DA水凝胶处理后，2min 内的平均出血量为 117.5mg，而纤维蛋白治疗组和阴性对照组分别为 199.7mg 和 479.7mg。经纤维蛋白胶或γ-PGA-DA 水凝胶止血剂治疗后，出血量减少。水凝胶组和对照组之间存在显著差异（$P < 0.005$），这证明γ-PGA-DA 水凝胶可通过黏附和覆盖受伤部位有效减少出血，与对照组相比，出血量平均减少41.2%。同时，持续监测止血剂对间隔 30s 至 120s 的肝出血的影响差异，并拍摄照片。图 6-8（c）显示，纤维蛋白胶和γ-PGA-DA 水凝胶的止血剂均可通过出血部位的快速交联凝胶"密封"起到阻止失血的作用。

此外，邻苯二酚基团还可以与胺或血浆中的巯基功能化分子发生希夫碱或迈克尔加成反应，使得细胞可以牢固地附着在水凝胶上[28]。当伤口渗出和肿胀时，局部凝胶"密封"有助于从伤口周围的血流中定位凝血因子，从而增强自然凝血作用。此外，支架的残余邻苯二酚基团还可以增强血管组织工程内皮细胞的黏附性和活力[29,30]。因此，γ-PGA-DA 水凝胶有助于促进止血后伤口处的血管再生。

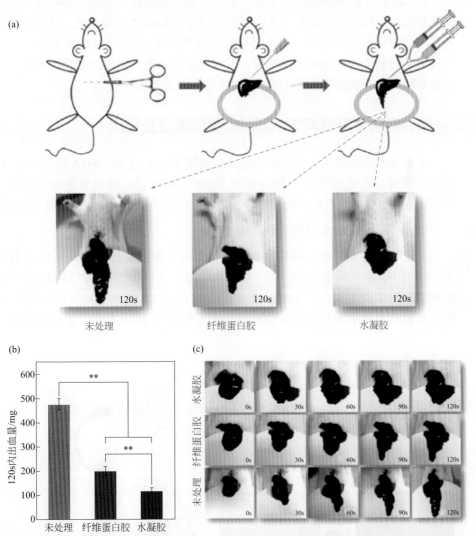

图6-8　γ-PGA-DA水凝胶的止血能力。（a）大鼠肝出血模型的示意图，以及经γ-PGA-DA水凝胶或纤维蛋白胶处理和未处理的受损肝脏出血水平；（b）受伤后120s的出血量（$P \leqslant 0.01$，$n=3$）；（c）γ-PGA-DA水凝胶或纤维蛋白胶和未治疗肝脏2min内出血水平

第二节
γ-聚谷氨酸组织修复支架

γ-PGA 具有良好的生物相容性、亲水性和生物可降解性能，同时又具有与蛋白质相似的二级结构，能促进人骨髓间充质干细胞的黏附和分化，是模拟细胞外基质中蛋白质组分的组织工程支架材料的理想选择。此外，γ-PGA 侧链上带有的大量羧基有利于功能化基团的修饰，可利用这些功能性基团的共价或非共价交联方法来制备模拟细胞外基质具有三维网络结构的支架材料[31-33]。

一、γ-聚谷氨酸单交联网络水凝胶的性能表征及应用

本书著者团队采用甲基丙烯酸缩水甘油酯（GMA）对 γ-PGA 进行接枝改性，制备出双键功能化修饰的 γ- 聚谷氨酸（γ-PGA-GMA），通过紫外光引发的自由基聚合方法制备了具有模拟软骨细胞外基质蛋白质的单交联网络可注射型水凝胶。

1. γ- 聚谷氨酸水凝胶的制备

γ- 聚谷氨酸水凝胶交联机制如图 6-9 所示，即在波长为 365nm 的紫外光照下，I 2959 引发剂发生裂解，产生活性自由基，进一步引发 γ-PGA-GMA 中的碳碳双键发生自由基聚合，交联形成三维网络结构的水凝胶。如图 6-9（b）所示，紫外光引发交联水凝胶的凝胶化时间最快可控制在 1min 左右，通过注射器装载

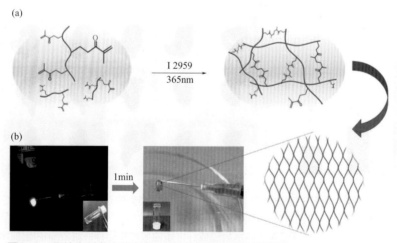

图6-9　紫外光引发交联制备γ-聚谷氨酸水凝胶示意图

水凝胶前驱体液并结合紫外光照设备即可实现其可注射性，可满足原位注射交联的临床需求。

2. γ-聚谷氨酸水凝胶的凝胶化时间

为了更好地控制光交联水凝胶的可注射性能，本书著者团队研究了引发剂含量、聚合物浓度及双键基团取代度大小对 γ-聚谷氨酸水凝胶交联效率的影响，在图 6-10 中，水凝胶的凝胶化时间随着引发剂含量增加而急剧缩短，这是由于在反应体系中含量较高的 I 2959 引发剂能充分为交联反应提供自由基。在图 6-10（b）和图 6-10（c）中，通过增加 γ-PGA-GMA 聚合物的浓度或提高其取代度，均能显著提高光交联引发自由基聚合的效率，使得凝胶化的时间大幅度缩减，主要是由于体系中双键基团的含量变化所引起的。综上所述，γ-聚谷氨酸水凝胶可通过调控引发剂含量、聚合物浓度及双键基团取代度的大小，来精确控制其凝胶化时间在几十秒到几分钟内，用以满足原位注射水凝胶满足不同需求。

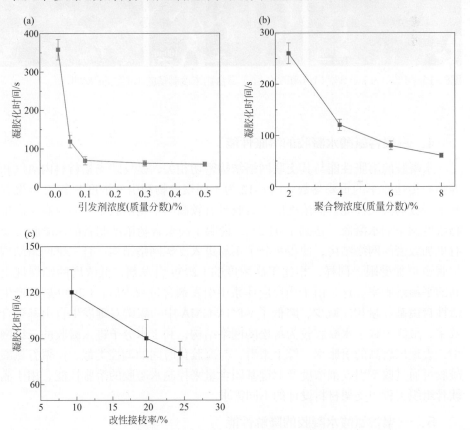

图6-10　紫外光交联水凝胶的凝胶化时间与引发剂含量（a）、聚合物浓度（b）及双键基团取代度（c）之间的关系

3. γ-聚谷氨酸水凝胶的微观形貌

不同 γ-PGA-GMA 聚合物浓度制备水凝胶的横截面微观形貌如图 6-11 所示，γ-聚谷氨酸水凝胶具有典型的网孔结构，且孔径大小随着 γ-PGA-GMA 聚合物浓度的增大而减小。4% 聚合物浓度的水凝胶平均孔径大小在 200μm 左右，6% 聚合物浓度的水凝胶孔径大小范围在 100 ~ 200μm，而 8% 聚合物浓度的水凝胶孔径约在 100μm 附近，且网孔分布较为分散。由于高 γ-PGA-GMA 聚合物浓度中双键基团含量更多，发生自由基聚合交联反应的比例增加，使其制备出的水凝胶支架具有更加致密的网络结构，孔径也变得更小。

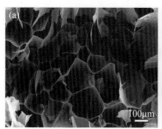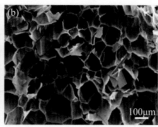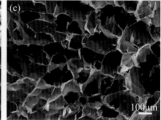

图6-11 4%（a）、6%（b）和8%（c）聚合物浓度制备的水凝胶SEM图

4. γ-聚谷氨酸水凝胶的溶胀性能

水凝胶的溶胀性能与其交联网络结构密切相关，是反映支架材料内氧气和营养物质传递效率的重要参数。图 6-12 为不同聚合物和引发浓度制备的 γ-聚谷氨酸水凝胶的溶胀性能。低浓度的水凝胶具有较高的平衡溶胀率，明显高于高聚合物浓度制备的水凝胶，达到了 41.2%，说明了高聚合物浓度制备的水凝胶支架具有更加致密的网络结构，使得水分子不易进入支架网络结构，且三维网络结构的扩张也更加受限。同样，相比于高浓度的 I 2959 引发剂，低浓度的则展现出较高的平衡溶胀率。这是由于当反应体系中引发剂含量减少后，I 2959 裂解产生的活性自由基数量相应减少，降低了 γ-PGA-GMA 中的碳碳双键发生自由基聚合的效率，最终导致了水凝胶较为疏松的网络结构，利于水分子进入凝胶的三维网络中，表现出较高的溶胀率。综上来看，与凝胶化时间的调控类似，γ-聚谷氨酸水凝胶可通过改变引发剂浓度及双键基团含量来控制水凝胶的溶胀性能，用于满足软骨组织工程中支架材料设计的不同需求。

5. γ-聚谷氨酸水凝胶的降解性能

如图 6-13 所示，在一个月的时间内，高聚合物浓度制备的水凝胶质量基本维持不变，具有较高的稳定性。而 4% 浓度 γ-PGA-GAM 水凝胶则在 15d 内降解完全，6% 浓度 γ-PGA-GMA 水凝胶在 30d 内降解了 20% 左右。与上述水凝胶溶胀性能类似，具有较低平衡溶胀率的高聚物浓度水凝胶有着较为致密的交联网络结构，从而有效地阻碍了蛋白水解酶降解支架的进程。如图 6-13（b）和（c）所示，由高取代度的 γ-PGA-GMA 和高浓度的引发剂制备的水凝胶在木瓜蛋白酶液中具有较强的稳定性，而低取代度和低引发剂浓度的水凝胶的质量在 30d 内显著变低，甚至完全降解。结合上述水凝胶溶胀性能来看，水凝胶的降解速度与交联的网络结构和交联密度相关，具有疏松的交联结构更有利于酶催化降解，而具有高致密度的网络结构则能减缓其支架的降解速度。

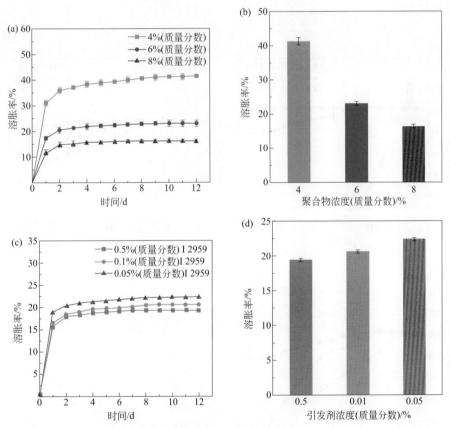

图6-12 不同聚合物及引发剂浓度制备的水凝胶溶胀性能

6. γ- 聚谷氨酸水凝胶的力学性能

水凝胶因具有天然细胞外基质类似的三维微环境，且与软骨组织的黏弹性相似的优势，被视为一种比较理想的软骨组织工程支架材料，因此，对其力学性能的研究，进而模拟天然组织行为显得十分重要。由于水凝胶是一种具有黏弹性的物质，常常通过研究其流变学性质进而对力学性能进行考察。其中，储能模量（G'）（或称弹性模量）是指材料在可逆弹性形变过程中储存的能量大小，不仅能反映其弹性的特征，也能衡量材料的固体属性，它是水凝胶流变学研究中的一个重要参数。图 6-14 展示了不同条件制备的 γ-聚谷氨酸水凝胶在 100/s 角频率范围的储能模量（G'）的大小。相比低浓度和低取代度的样品，高聚合物浓度和高取代度的 γ-聚谷氨酸水凝胶具有较高的储能模量，这一规律与上述提到的水凝胶溶胀和降解性能类似。由于较高浓度的聚合物或高取代度会导致水凝胶交联密度增大，形成紧密的三维网络结构，增加水凝胶的力学强度，即储能模量增大。

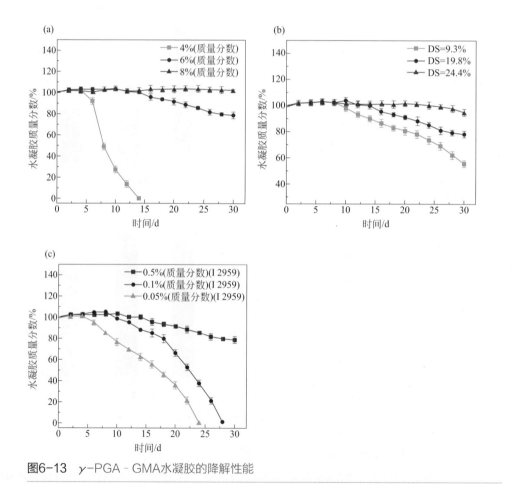

图6-13　γ-PGA‐GMA水凝胶的降解性能

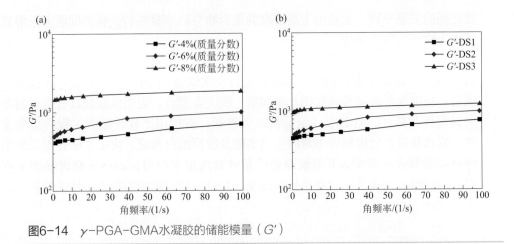

图6-14 γ-PGA-GMA水凝胶的储能模量（G'）

图 6-15 是不同聚合物浓度制备的水凝胶的静态压缩测试图。由图 6-15（b）和（c）可知，8% γ-PGA-GMA 水凝胶抗压性能最好，最大应力和应变分别为 0.537MPa 和 63.2%；6% γ-PGA-GMA 水凝胶抗压性能次之，其最大应力和应变则分别为 0.265MPa 和 63.3%；4% γ-PGA-GMA 水凝胶抗压性能最差，其最大应力和应变仅为 0.095MPa 和 61.2%。此现象与上述水凝胶的储能模量与聚合物浓

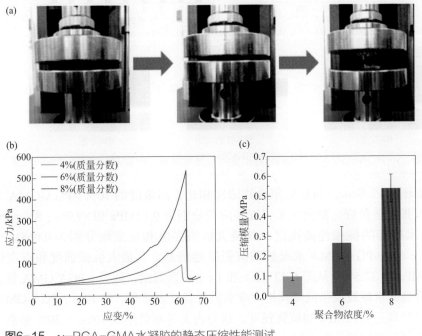

图6-15 γ-PGA-GMA水凝胶的静态压缩性能测试

度之间的关系一致，也是由于高浓度的聚合物导致水凝胶的交联密度增大，形成了更为致密的网络结构。

　　进一步对水凝胶的形变回复性能进行测试，如图 6-16 所示，在 50mm/min 的加载与卸载速率下，γ-PGA 水凝胶进行 9 次重复的 50% 应力加载与卸载的测试后，每次水凝胶加载曲线图几乎和第一次完全重合，表明水凝胶具有良好的形变回复性和弹性，且具有一定的抗疲劳特征，有望用于软骨组织工程的仿生支架。软骨基质主要由较为丰富的蛋白多糖及胶原蛋白构成，决定了软骨组织的结构和功能特点。其中，Ⅱ 型胶原蛋白是软骨的重要组分，占据了软骨基质干重组成的 60%，为关节软骨提供抗张强度，是决定软骨组织生物力学特性的重要因素[34,35]。

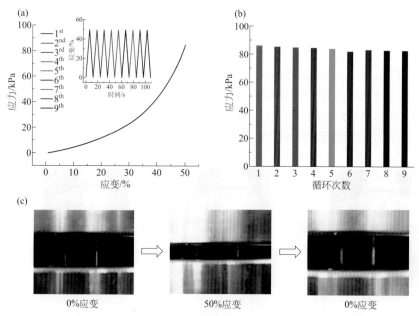

图6-16　γ-PGA-GMA水凝胶的压缩形变回复性能测试（重复9次加载至50%的应变）

　　如图 6-17 所示，与较低聚合物浓度相比，高浓度的 10% γ-PGA-GMA 水凝胶的抗张性能最好，最大抗张强度和应变分别为 0.12MPa 和 89.0%；8% γ-PGA-GMA 水凝胶的抗张性能次之，其最大抗张强度和应变则分别为 0.068MPa 和 53.1%；6% γ-PGA-GMA 水凝胶的抗张性能最差，其最大抗张强度和应变仅为 0.045MPa 和 37.5%。从图 6-17（b）和（c）可以看出，随着 γ-PGA-GMA 聚合物浓度升高，水凝胶抗张强度及最大应变值有着显著提升，且 10% γ-PGA-GMA 水凝胶已经高达 0.12MPa 的抗张强度，这与占关节软骨组织 10%～20% 湿重含量的胶原蛋白的抗拉性能类似，为软骨组织提供良好的抗拉强度。

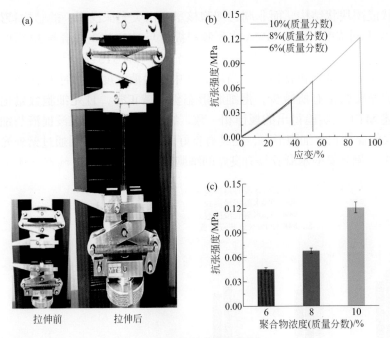

拉伸前　　　　　　拉伸后

图6-17　γ-PGA-GMA水凝胶的拉伸性能测试

7. γ-聚谷氨酸水凝胶的生物学性能

用于组织修复支架的水凝胶还需要对动物细胞具有较好的生物相容性，本书著者团队采用MTT（噻唑蓝）法评价γ-PGA-GMA水凝胶的不同浓度浸提液对NIH 3T3小鼠胚胎成纤维细胞的毒性大小。MTT是一种能够透过细胞膜的黄色染料，它能够与活细胞线粒体内的琥珀酸脱氢酶结合，生成不溶于水但能溶于二甲基亚砜的蓝紫色结晶甲臜，并沉积在活细胞体内，而死细胞无此功能。通过二甲基亚砜来溶解沉积在细胞中的甲臜，即可间接反映活细胞的数量。如图6-18所示，在用水凝胶浸提液共培养NIH 3T3细胞的3d内，细胞均呈现较高的活性。低浓度区的水凝胶浸提液对细胞生长影响较小，细胞存活率均能稳定保持在90%以上，而当进一步增大浸提液的含量到100%后，细胞活力下降，与其他低浓度的浸提液之间有着显著区别。

此外，通过死活细胞染色能直观地反映γ-PGA-GMA水凝胶浸提液对NIH 3T3细胞生长的影响，并结合MTT法结果来评价支架材料的细胞相容性。实验通过吖啶橙（AO）-溴化乙锭（EB）双染试剂盒来对死活细胞进行染色操作，其中，AO能透过具有完整细胞膜的细胞，并嵌入细胞核DNA，与双链DNA结合后能发出绿色的荧光，EB只能透过细胞膜受损的细胞，并嵌入细胞核DNA，发橘红色的荧光。其中，正常凋亡的细胞一般呈现为染色后的荧光较强，具有均匀一致的圆状或团块状结构，而非凋亡细胞核呈现出荧光深浅不一的结构特征。图 6-19 展示了不同浓度 γ-PGA-GMA 水凝胶浸提液与 NIH 3T3 共培养 3d 后的死活细胞染色照片。水凝胶浸提液的加入对二维培养的 NIH 3T3 细胞形态并没有产生影响，所有细胞均呈现正常梭形。当培养基中浸提液浓度较大时（如 75% 和 100%），细胞贴壁数量有所减少，但细胞形态仍保持正常，且死细胞数量也较小，这与上述 MTT 法实验得出的规律相一致。综上来看，水凝胶浸提液与细胞共培养，不仅能保持正常细胞形态，还具有良好的增殖能力，说明通过紫外光引发聚合制备的 γ- 聚谷氨酸水凝胶具有良好的细胞相容性。

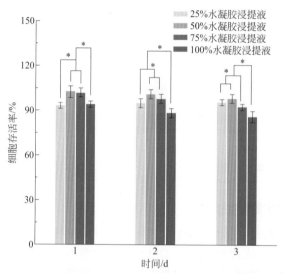

图6-18 MTT法检测不同浓度γ-PGA-GMA水凝胶浸提液细胞毒性结果（$P \leqslant 0.05$, $n=3$）

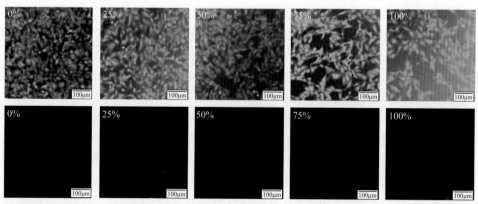

图6-19 不同浓度γ-PGA-GMA水凝胶浸提液与NIH 3T3共培养3d后的死活细胞染色照片

为了进一步考察水凝胶支架的细胞相容性和黏附性能，将 NIH 3T3 细胞接种在 γ-PGA-GMA 水凝胶表面。如图 6-20（b）所示，细胞培养 3d 后发现，γ-PGA-GMA 水凝胶表面虽有一些细胞黏附，但细胞基本上呈圆形，并不能完全铺展。这是因为 γ- 聚谷氨酸水凝胶支架表面光滑且带有负电，使得细胞不能正常地黏附到表面生长。由于 γ-PGA-GMA 带有大量的双键基团，可通过功能化基团的修饰引入其他生物活性因子实现功能性水凝胶的制造。如图 6-20（a）所示，通过自由基引发硫醇 - 烯烃反应，γ- 聚谷氨酸水凝胶可引入巯基修饰的细胞功能性黏附多肽 RGDC。当水凝胶功能化负载细胞黏附多肽 RGDC 时，NIH 3T3 细胞开始在其表面黏附及铺展，并随着 RGDC 含量从 1mmol/L 增加到 5mmol/L，黏附于水凝胶表面并铺展成梭形的数量明显增多。因此，γ-PGA-GMA 水凝胶具有多种功能化修饰的可能，通过负载具有易修饰的生物活性因子（如带有巯基、双键和氨基等）来实现其支架材料多功能化的设计，进而模拟细胞外基质微环境，实现软骨组织工程中高级支架材料的仿生构建。

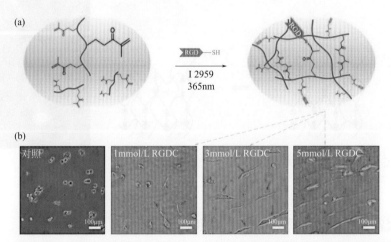

图6-20 NIH 3T3细胞在γ-PGA-GMA水凝胶表面培养3d的光学显微镜照片

二、γ-聚谷氨酸/透明质酸双交联水凝胶的性能表征及应用

在以上基础上，本书著者团队结合具有良好抗张强度的双键功能化修饰的 γ- 聚谷氨酸（γ-PGA-GMA）水凝胶和优异抗压性能的 3,3'- 二硫代二丙酰肼 - 透明质酸（HA-SS）水凝胶，利用可逆动态化学键和共价化学键的双交联来制备模拟软骨基质胶原蛋白和多糖复合的可注射型双交联水凝胶支架，其中，以具有与蛋白质相似二级结构的 γ-PGA 模拟软骨基质中的胶原蛋白成分，以天然软骨细胞

外基质主要组分的 HA 模拟软骨基质中的多糖成分。

1. γ-聚谷氨酸/透明质酸双交联水凝胶的制备

图 6-21 展示了 γ-PGA/HA 水凝胶的交联机制。首先，作为交联剂的二硫代二丙酰肼（SS）与醛基化修饰的透明质酸高分子发生席夫碱反应，形成由动态化学键（酰腙键）交联的第一层交联网络。再通过紫外光引发聚合体系中的 γ-PGA-GMA 进一步聚合交联，形成由稳定共价键交联的第二层网络，最终得到双交联的互穿网络 γ-PGA/HA 水凝胶。

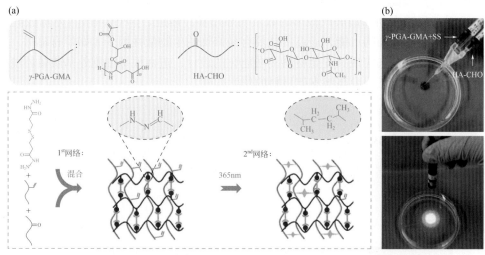

图6-21　γ-PGA/HA水凝胶双交联反应机制示意图

2. γ-聚谷氨酸/透明质酸水凝胶的凝胶化时间

凝胶化时间在可注射型支架材料的设计和临床实际应用中都起着关键的作用，为防止水凝胶前驱体液由于交联太慢而导致的交联太快而堵塞注射器针头，本书著者团队对其凝胶化时间设计进行了系统性优化。图 6-22（a）所示，γ-PGA/HA 水凝胶（含 4% γ-PGA-GMA）的凝胶化时间随着 SS 交联剂含量的增加而逐渐降低，其凝胶化时间基本维持在 12s 左右。这主要是由于 γ-PGA-GMA 聚合物预先加入反应体系后，增大了凝胶前驱体液的黏度，使得凝胶化时间有所提前。图 6-22（b）表明提高 γ-PGA-GMA 聚合物浓度能显著缩短 γ-PGA/HA 水凝胶的第一次交联时间。因此，γ-PGA/HA 水凝胶在人体生理环境下（pH = 7.4，37℃）也可以通过协同调节 SS 和 γ-PGA-GMA 聚合物浓度来有效控制凝胶化时间在 12s ～ 7min 的范围内，以满足在临床实际应用中的多方面需求。

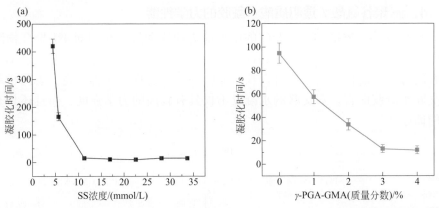

图6-22 SS浓度（a）和γ-PGA-GMA（b）对γ-PGA/HA水凝胶凝胶化时间的影响

3. γ-聚谷氨酸/透明质酸水凝胶的溶胀性能

水凝胶的溶胀性能与其交联网络结构密切相关，是反映支架材料内氧气和营养物质传递效率的重要参数。图6-23反映了γ-PGA-GMA聚合物浓度对γ-PGA/HA水凝胶溶胀性能的影响。相比于单一网络交联的HA-SS水凝胶，具有双交联的互穿网络水凝胶具有较低的溶胀率，且随着二次共价交联的γ-PGA-GMA聚合物浓度的增加，其平衡后的溶胀率则表现得更低。这是由于γ-PGA-GMA聚合物浓度的增加导致其二次交联密度增大，且各高分子链间相互缠绕形成了较为致密的网络结构，使得水分子不易进入支架网络结构，且三维网络结构的扩张也更加受限。双交联γ-PGA/HA水凝胶可通过控制动态化学键交联的第一层网络或紫外光引发共价交联的第二层交联网络，来多方面调控水凝胶的溶胀性能和稳定性，并应用于组织工程支架材料设计过程中。

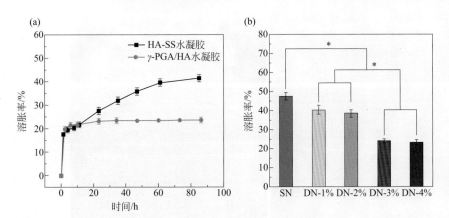

图6-23 γ-PGA/HA水凝胶的溶胀性能（$P \leqslant 0.05$，$n=5$）
SN—单网络（Single Network）水凝胶；DN—双网络（Dual Network）水凝胶

4. γ- 聚谷氨酸 / 透明质酸水凝胶的力学性能

图 6-24 为 γ-PGA/HA 水凝胶的压缩应力应变曲线。在相同 4% 聚合物浓度下，与光引发共价键交联的 γ-PGA-GMA 水凝胶相比，双交联的 γ-PGA/HA 水凝胶的力学性能得到明显提升，且压缩断裂应变也得到显著提高。表明相对单一交联水凝胶而言，双交联的水凝胶不仅具有较高的力学强度，而且还具有良好的韧性。

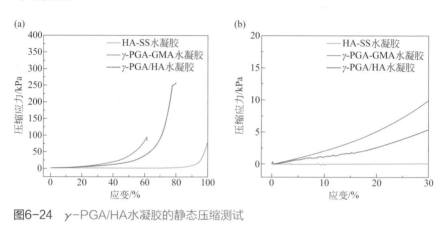

图6-24 γ-PGA/HA水凝胶的静态压缩测试

图 6-25 展示了该水凝胶良好的力学性能，即利用在模具中制备出的条状 γ-PGA/HA 水凝胶，通过打结并拉伸测试其强度和韧性大小。实验发现，打结

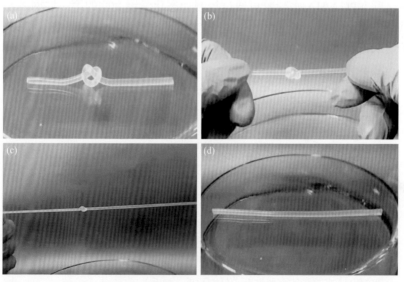

图6-25 γ-PGA/HA水凝胶的拉伸测试照片

的水凝胶在拉伸形变量超过 200% 后仍未发生断裂，且拉力卸载后还能恢复原来的大小，在具备良好韧性的同时还兼具有优良的回复性能。这是基于双交联 γ-PGA/HA 水凝胶的特殊网络交联构造，即通过可逆动态化学键交联的第一层网络吸收冲击能，而光引发聚合的稳定共价键交联的第二层网络则为支架提供良好的稳定性和抗张强度。这一独特结构也正好模拟了天然软骨基质中胶原纤维和蛋白多糖网络为关节软骨组织所提供的抗张和抗压功能，从而使其具有高度的张力和弹性，以抵抗运动中产生的压力，对关节起着机械保护作用。

5．γ- 聚谷氨酸／透明质酸水凝胶的双重响应性

由于在双交联 γ-PGA/HA 水凝胶中引入了具有 pH 敏感性的酰腙键和氧化还原敏感性的二硫键，使得该水凝胶支架材料兼具 pH 和氧化还原双响应性。如图 6-26 所示，γ-PGA/HA 水凝胶在不同 pH 和氧化环境中表现出不同的溶胀情况。将 PBS 缓冲液中溶胀充分的双交联水凝胶分别浸泡在 PBS 缓冲液（pH＝7.4）、MES 缓冲液（pH＝6.0）和含 10mmol/L 浓度 DTT 的 PBS 缓冲液中。在浸泡 80h 后发现，单纯 PBS 缓冲液中浸泡的水凝胶质量基本不变，含 DTT 缓冲液中的水凝胶质量明显增大，而 MES 缓冲液中的水凝胶质量有所下降。与上述 HA-SS 的氧化还原响应机制相同，该凝胶体系中的动态化学键交联的网络中含还原性响应的二硫键，使得在酸性和还原性环境中凝胶体系的第一层网络慢慢解离，并由双键共价交联的第二层网络为主导，导致其网络结构疏松，利于水分子进入凝胶的三维网络中，最终表现出水凝胶的质量逐渐增大。然而，对于 MES 酸性缓冲液中的双交联 γ-PGA/HA 水凝胶，由于其结构中存在大量的羧基，在弱酸环境中使得阴离子基团之间存在较强的氢键作用而导致了高分子链的收缩，水凝胶处于低溶胀的状态。

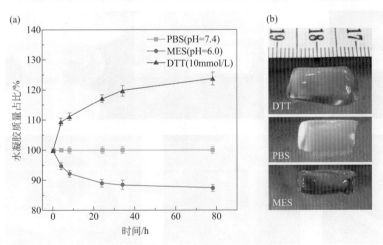

图6-26　γ-PGA/HA水凝胶的pH/氧化还原响应特性

6. γ-聚谷氨酸／透明质酸水凝胶的自愈合性能

γ-PGA/HA 水凝胶通过双网络结构设计来模拟天然软骨组织的结构特点，不仅提高了 γ-PGA 和 HA 复合水凝胶仿生支架的力学性能，而且动态化学键和光响应基团的引入也使其在受损后具有快速修复的能力。然而，基于动态化学键或者非共价键实现自愈合的时间一般都比较漫长，如何有效实现支架材料的快速愈合一直都是研究中的难题。如图 6-27 所示，将棒状的 γ-PGA/HA 水凝胶切开后，再重新拼接，紫外光照射后，发现断裂的两块水凝胶愈合，且愈合后的水凝胶弯曲 180° 后未再次断裂，说明该两块水凝胶已经完全愈合为一个整体。图 6-27（b）展示了通过光激活快速修复的水凝胶在几十秒内愈合后，由于可逆的动态化学键作用进一步使得愈合后的裂痕也能逐渐消失。γ-PGA/HA 水凝胶的快速愈合性能主要归功于体系中光敏感基团（二硫键）和动态化学键（酰腙键）共同作用。如图 6-27（a）所示，光引发产生自由基能激活凝胶体系中二硫键的快速交换反应，使断裂后的交联网络又重新交联组合，使其具备快速修复能力。此外，动态化学键又进一步重新整合由光激活修复后的三维网络，使其具备高效的后期自修复能力。

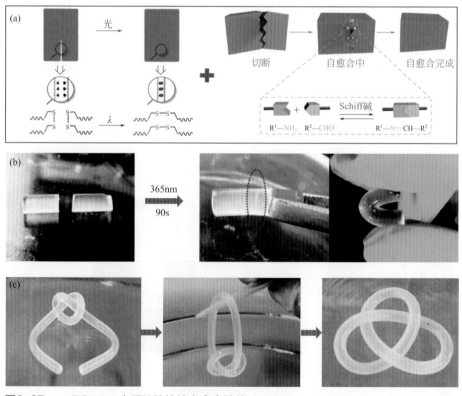

图6-27 γ-PGA/HA水凝胶的快速自愈合性能

7. γ-聚谷氨酸／透明质酸水凝胶的组织黏合性能

在新鲜的猪软骨组织表面利用水凝胶进行原位固化，并进行二次交联以评价γ-PGA/HA 水凝胶对于软骨组织的黏合强度，其凝胶前驱体液中预先混入染料着色以便观察。如图 6-28（a）所示，即使经过长时间的弯曲、拉伸或多次施加扭转应力后，γ-PGA/HA 水凝胶也没有出现断裂或脱落状况，而且能牢固地黏附在软骨组织表面并保持其完整形貌，这显示了水凝胶对于软骨组织的优良黏合性能。

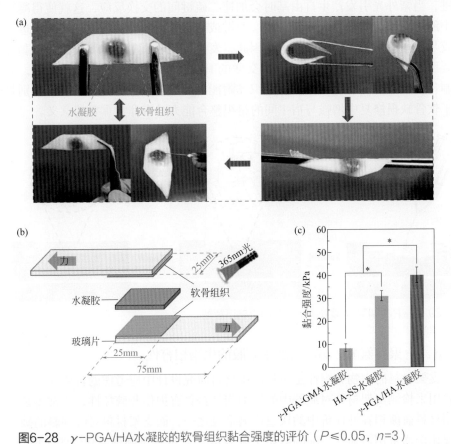

图6-28 γ-PGA/HA水凝胶的软骨组织黏合强度的评价（$P \leqslant 0.05$，$n=3$）

为了定量测定水凝胶对于软骨组织的黏合强度，本书著者团队测试了其对于新鲜猪软骨组织的黏合性能。如图 6-28（b）所示，实验预先将猪软骨组织薄片分别黏结在两块载玻片上，然后在两块软骨组织间原位成胶，室温放置后测试其拉伸分离的应力值，由此计算得到其对于软骨组织的黏合强度[36]。图 6-28（c）展示了γ-PGA-GMA、HA-SS 和γ-PGA/HA 水凝胶的软骨组织黏合性能。其中，HA-SS 和γ-PGA-GMA/HA 水凝胶显示了较高的组织黏合强度，分别达到了 31.1kPa 和 40.2kPa。然而，γ-PGA-GMA 水凝胶的黏合强度则相对较弱，仅有 8.6kPa，这主要是由于 γ- 聚谷氨酸水凝胶主要依靠氢键等非共价键来黏附于软骨组织，而共价化学键参与界面组织间的反应很少，导致其黏合强度较弱。如图 6-29 所示，HA-SS 和 γ-PGA-GMA/HA 水凝胶由于均含有醛基及动态化学键，利于与界面软骨组织中游离氨基发生席夫碱反应而发生化学键合。此外，双交联的 γ-PGA-GMA/HA 水凝胶在进行二次共价交联时，由于第一层网络中引入了二硫键，当紫外光引发产生自由基时会加速二硫键间的交换反应，这就使得凝胶体系中的二硫键与界面软骨组织中的二硫键或巯基重新组合，从而进一步促进了水凝胶与界面软骨组织的整合能力。因此，发生双交联反应的水凝胶的组织黏合强度要明显高于基于 Schiff 碱反应单交联的 HA-SS 水凝胶。上述结果表明，双交联制备的水凝胶具有优良的软骨组织黏附能力，这对于其作为支架材料特别是应用于软骨缺损修复中增强与宿主间的组织整合能力具有非常重要的意义。

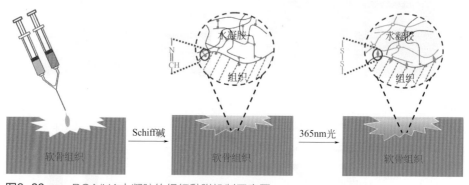

图6-29　γ-PGA/HA水凝胶的组织黏附机制示意图

8. γ- 聚谷氨酸 / 透明质酸水凝胶的生物相容性

支架材料的生物相容性是生物医用材料研究设计中应考虑的首要问题。溶血实验用来检测支架材料对血液中的红细胞是否具有损伤和破坏性，通常也是生物医用材料血液相容性评价中的快速检测手段之一，而支架材料对红细胞的破坏程度或比例通常用溶血率（hemolysis）来表示[36]。根据国际标准化组织（ISO）规定，溶血率≤5% 可判定为支架材料符合医用的溶血要求，而溶血率＞5% 则预示着材料有溶血作用。如图 6-30 所示，与阴性对照组（生理盐缓冲液）类似，各个水凝胶样品（HA-SS、γ-PGA-GMA 和 γ-PGA/HA）均没有引发明显的溶血现象，未破裂的红细胞均离心沉降在离心管底且上清液无色澄清。阳性对照组（去离子水）则发生了明显的溶血现象，由于在去离子水中渗透压不同使得红细胞吸水胀破，导致血红蛋白从细胞内逸出到水溶液中呈红色。溶血率的测定结果表示，与阳性对照组（100% 溶血率）相比，HA-SS、γ-PGA-GMA 和 γ-PGA/HA

三个水凝胶浸提液的溶血率均小于2%，表明上述制备的水凝胶支架均具有良好的血液相容性，符合作为生物医用支架材料的溶血要求。

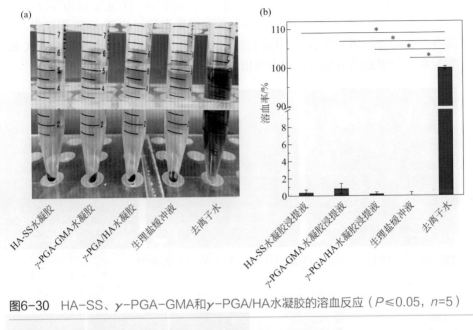

图6-30　HA-SS、γ-PGA-GMA和γ-PGA/HA水凝胶的溶血反应（$P \leq 0.05$，$n=5$）

种子细胞是构建软骨组织工程中最重要的三大要素之一，且合适的种子细胞应具备软骨分化或表达软骨细胞表型的能力。目前，自体软骨细胞移植已成为临床上一种常见的治疗方案，但由于提取的自体软骨细胞的数量有限，不足以应用于软骨组织工程构建，且在体外扩增培养过程中存在容易引起细胞老化甚至去分化等缺点。因此，选择一种理想的种子细胞对于软骨组织工程的发展和应用显得尤为重要。其中，骨髓间充质干细胞（BMSCs，图6-31）是一种具有分化为软骨细胞、成骨细胞和脂肪细胞能力的成体多功能干细胞，因其具有强大的增殖能力和多向分化潜力，且能够在微环境信号（如TGFβ和BMPs等生长因子）的刺激下诱导分化为软骨细胞，在软骨损伤修复中能够起到关键作用，故被视为软骨组织工程中比较理想的种子细胞。

如图6-32所示，在用γ-PGA/HA水凝胶浸提液共培养BMSCs细胞的3d内，细胞均呈现较高的活性（＞87%）。由图6-32（a）可知，低浓度区的水凝胶浸提液对细胞生长影响较小，细胞存活率均能稳定保持在90%以上，当进一步增大浸提液的含量到100%后，细胞的活力呈现出下降趋势，与其他低浓度的水凝胶浸提液间有着显著性区别，但其细胞活力也高达88%。当浸提液共培养第3天后，细胞均能保持很好的活力，说明γ-PGA/HA水凝胶对于BMSCs细胞具有良好的细胞相容性。由死/活细胞染色荧光照片［图6-32（b）］也可以发现，高浓

度区的 γ-PGA/HA 水凝胶浸提液对 BMSCs 细胞形态及生长并无影响，所有浸提液组的细胞均呈现常见的梭形或三角形态，与空白对照组无异，这与上述 MTT 实验得出的结论相一致。此外，与上述利用 NIH 3T3 评价细胞相容性结果相一致，γ-PGA-GMA 水凝胶和 HA-SS 水凝胶也表现出良好的 BMSCs 细胞相容性［如图 6-32（c）和（d）所示］，其浸提液与细胞共培养 3d 后，与 γ-PGA/HA 水凝胶实验组中的细胞活力相当，均表现出细胞相容性组织工程支架的潜力。

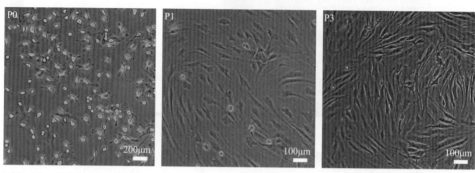

图6-31 原代培养BMSCs（P0、P1和P3）的光学显微镜照片

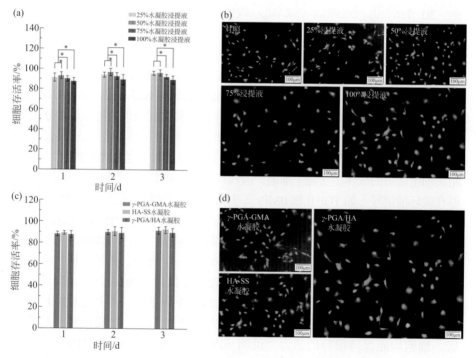

图6-32 MTT法检测水凝胶浸提液对BMSCs细胞毒性（$P \leqslant 0.05$，$n=3$）

9. γ- 聚谷氨酸／透明质酸水凝胶用于二维／三维细胞培养

由图 6-33（a）中可知，将 BMSCs 细胞接种在水凝胶表面培养后，部分细胞可黏附到 γ-PGA/HA 水凝胶的表面，但是其形态大多呈圆形或椭圆形，不能完全铺展，与正常梭形形态的 BMSCs 细胞相差较大，继续培养发现水凝胶二维培养的细胞还具有一定的增殖能力。这与 γ- 聚谷氨酸水凝胶支架二维培养 NIH 3T3 的结果类似，由于 γ-PGA/HA 水凝胶中带有来自 γ- 聚谷氨酸和透明质酸的大量羧基基团，使得支架带有较强的电负性，这造成了与带负电荷的细胞膜之间的相互排斥，使得细胞不能很好地黏附到其表面正常生长。这就需要对支架材料进行特定基团的装载，使其赋予特异生物学功能，为 BMSCs 细胞提供适合的化学和生物微环境。由于 γ-PGA/HA 水凝胶带有双键和二硫键光响应基团，可通过自由基引发硫醇 - 烯烃反应或二硫键的交换反应在凝胶内部引入不同的具有生物或化学活性的分子，如巯基修饰的细胞功能性黏附多肽 RGDC，实现支架的特定多功能化设计。如图 6-33（b）所示，当水凝胶功能化修饰细胞黏附多肽 RGDC（5mmol/L），接种细胞并培养 24h，BMSCs 细胞开始在支架表面黏附及铺展成梭形或三角形，且细胞数量随着培养时间逐渐增加。说明通过黏附多肽修饰后，二维培养的 BMSCs 能很好地在支架表面正常生长和增殖。因此，γ-PGA/HA 水凝胶具有多种功能化修饰的能力，通过负载生物活性因子（如带有巯基、双键和氨基等）来实现其支架材料多功能化的设计，进而模拟细胞外基质微环境生物或化学刺激，实现软骨组织工程中支架材料的高级仿生构建。

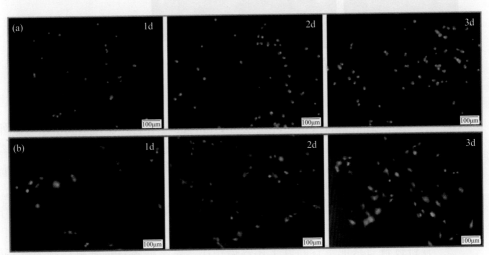

图6-33　BMSCs细胞在γ-PGA/HA（a）和RGDC修饰γ-PGA/HA（b）水凝胶表面培养死/活细胞染色照片

将 BMSCs 细胞封装在双交联的 γ-PGA/HA 水凝胶中进行三维培养，并观察细胞在此凝胶中的活力和增殖情况。一般来说，快速的凝胶化进程是有效防止细胞沉降进而实现细胞在支架三维空间均匀分布的关键因素，且 γ-PGA/HA 水凝胶在人体生理环境下（37℃，pH=7.4）也可以通过调节交联剂（SS）和 γ-PGA-GMA 聚合物浓度来有效控制凝胶化时间，以满足组织工程中包裹细胞支架的制备和临床实际应用中的多种需求。由 AO-EB 死/活细胞染色的激光共聚焦显微照片（图 6-34）可见，BMSCs 细胞封装在 γ-PGA/HA 水凝胶培养 24h 后均具有较高的细胞活性，在支架中的细胞形态大多呈圆形并以细胞聚集体形式在三维空间均匀分布，而天然软骨基质中的细胞也大多呈圆形或椭圆形。存活的细胞呈现出强的绿色荧光，代表死细胞的红色荧光则相对较少，说明制备的水凝胶支架均具有良好的细胞相容性，并有望用于细胞培养的新型支架材料。综上，γ-PGA/HA 水凝胶由于其独特的双交联结构，使其具有智能 pH/氧化还原双响应性，在智能仿生支架材料、药物控释载体、组织工程与再生医学领域中都有着广阔的应用前景。

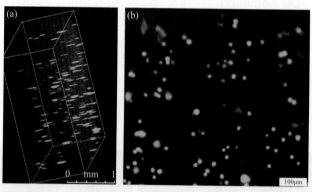

图6-34　γ-PGA/HA水凝胶用于BMSCs细胞三维培养的死/活细胞染色三维（a）和二维照片（b）

γ-PGA 在临床上的贡献还体现在仿生材料的应用上，如人造关节软骨是外科手术处理骨损伤时经常要用到的。制作人造软骨的材料要求有良好的生物相容性和稳定性，而将 γ-PGA 经过加工，得到的 γ-PGA-硫酸软骨素-PCL（聚己内酯），就是一种人造软骨的理想材料。此外，γ-PGA 还有止血、止体液渗漏的作用，对持续性血液渗出、大动脉手术时血管出血均有较强的阻止功能，因此可作医疗器械，用于制作止血纱布和止血胶带、人造皮肤、手术缝合免拆线。

骨科材料与其他聚合高分子化合物相比，氨基酸聚合物降解产物为氨基酸、H_2O 或其他小分子，对机体无害；在作为组织工程支架时，氨基酸基团能增加材料与细胞的亲和性，利于种子细胞与材料黏附，且降解速率可以调节。作为生物医用材料，聚氨基酸具有良好的生物相容性和生物降解性，在人工皮肤、手术缝线，尤其是药物缓释系统方面得到广泛应用。

第三节
γ-聚谷氨酸皮肤防护材料

γ-PGA 良好的保水性和吸水性同样可运用在化妆品制造业中。目前已有化妆品将 γ-PGA 作为原料加以使用，不仅具有美白功效，而且还可保持肌肤水分，加速组织再生。低分子量 γ-PGA 可被皮肤吸收并达到深度保湿效果，高分子量 γ-PGA 可在皮肤表面形成膜结构，有利于保持皮肤水分，具有锁水保湿效果[37]。除此之外，γ-PGA 还具有增加天然保湿因子产生的能力，如尿苷酸、吡咯烷酮羧酸和乳酸。

在医学美容美肤方面，γ-PGA 及 γ-PGA 水凝胶具有几大显著功能[38]：①提升皮肤长效保湿功效，减少皮肤水分散失。②促进皮肤组织弹性。③提升皮肤天然保湿成分。含 γ-PGA 的皮肤精华液可以促进皮层内天然保湿因子（NMF）的蓄积，因而可以改进皮肤保湿能力。④皮肤美白功效。酪氨酸酶是导致皮肤黑色素生成的主要原因。γ-PGA 及水凝胶具有抑制酪氨酸酶活性的功能，其美白功能约为曲酸的 50%。

一、γ-聚谷氨酸皮肤防护水凝胶的制备

高分子量 γ-PGA 具有高保湿性和吸水性，可以在肌肤上形成一层保护膜，目的是抑制肌肤水分的流失，使其能够渗透到肌肤深层，恢复肌肤自我保湿系统。本书著者团队以 γ-PGA 为水凝胶前体材料，复合具有优异抗紫外线功能的多酚结构分子单宁酸（TA），通过共价交联结合分子自组装技术，构建类似皮肤表皮组织的新型双网络水凝胶膜材料（"第二皮肤"）。

研究中使用的双网络水凝胶是基于 γ-PGA 和交联剂乙二醇二缩水甘油醚（EGDGE），通过化学键形成的 γ-PGA 第一层网络（γ-PGAS）[39,40]，在前聚体中加入单宁酸，通过氢键作用形成第二层网络，如图 6-35 所示。双网络结构可以提高水凝胶的紫外线吸收能力和对皮肤的黏附力。γ-PGAS-TA 双网络水凝胶可以黏附在皮肤上，防止防晒霜本身渗透进表皮、真皮或毛囊中[41,42]，并且可以包裹甚至清除紫外线过滤剂在紫外线照射下产生的活性氧自由基（ROS），以预防紫

外线对皮肤的伤害，因为凝胶中使用的γ-PGA和TA都具有抗氧化的能力。实验制备的γ-PGAS-TA呈现浅褐色，可以轻易地被涂抹在皮肤上。

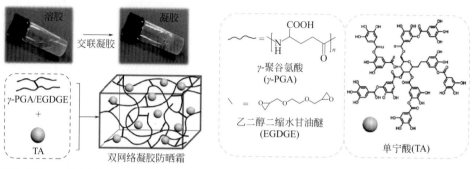

图6-35　γ-PGAS-TA双网络水凝胶成胶示意图

二、γ-聚谷氨酸皮肤防护水凝胶的性能表征

1. γ-PGAS-TA 双网络水凝胶的亲水性能

用于防晒的双网络水凝胶，其亲疏水性能会很大程度上影响防晒时的使用感，亲水性的材料能提供更加轻薄、水润、不油腻的体验感。实验通过测试γ-PGA溶液、TA溶液、单网络水凝胶和不同配比的双网络水凝胶成膜后的接触角来评价其亲疏水性能（>90°为疏水，<90°为亲水）。实验结果（图6-36）表明，成胶前的γ-PGA溶液、TA溶液以及成胶后的单双网络水凝胶，其接触角都<90°，显示出优秀的亲水性能。成胶后的单双网络水凝胶较γ-PGA溶液更亲水，且不同配比的γ-PGAS-TA双网络水凝胶防晒霜的接触角不具有显著差异，都具有优异的亲水性，表明了水凝胶的交联紧密与否并不影响其亲水性能。这意味着以此双网络水凝胶用于防晒可以很大程度上减少传统防晒霜普遍的油腻感和膜感。

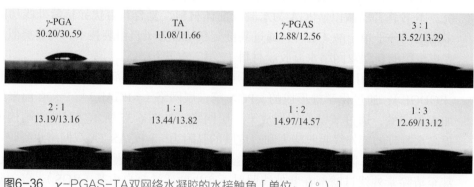

图6-36　γ-PGAS-TA双网络水凝胶的水接触角［单位：（°）］

2. γ-PGAS-TA 双网络水凝胶的力学性能

γ-PGAS-TA 双网络水凝胶防晒霜的流变特性对其力学性能、防晒效果、皮肤黏附力和使用感都有一定的指导意义[43,44]。不同配比的 γ-PGAS-TA 双网络水凝胶的应力扫描如图 6-37 所示，线性黏弹区间基本相同，在 0.3% 之前。随着 γ-PGAS-TA 双网络水凝胶体系中 TA 含量的增加，水凝胶的黏性模量（G''）逐渐减小，表明双网络凝胶的黏性逐渐降低。这是由于 TA 的比例增大到一定程度时，与单网络水凝胶的交联达到饱和，继续提高 TA 的占比，导致其内部网孔结构被破坏，从而降低其力学性能。当 γ-PGA/TA 比例为 1:1、1:2 和 1:3 时，双网络水凝胶呈现较弱的力学性能。

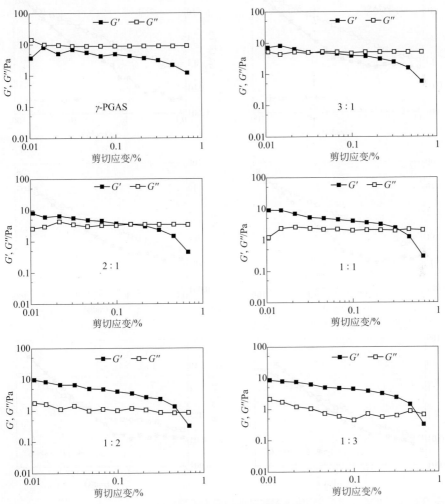

图6-37　γ-PGAS-TA双网络水凝胶应力扫描流变学特性

频率扫描的结果如图 6-38 所示，在 γ-PGAS 单网络水凝胶中加入 TA 后，溶液的弹性模量（G'）会提高，并且 γ-PGAS-TA 双网络水凝胶的胶体性质在更低频率下出现，这一结果表明双网络凝胶与单网络凝胶相比具有更优异的力学性能，也意味着 γ-PGAS-TA 双网络水凝胶防晒霜能更好地吸收紫外线，减少紫外线对人体皮肤的伤害。随着体系中 TA 含量的上升，水凝胶抵抗高频率剪切的能力逐渐增强，主要是由于 TA 与单网络水凝胶的相互作用为氢键作用，而氢键作用在高速剪切下非常容易再生成，这与应力扫描的结果并不矛盾。同时，这一结果也表明了 γ-PGAS-TA 双网络水凝胶具有良好的自我修复的性质。

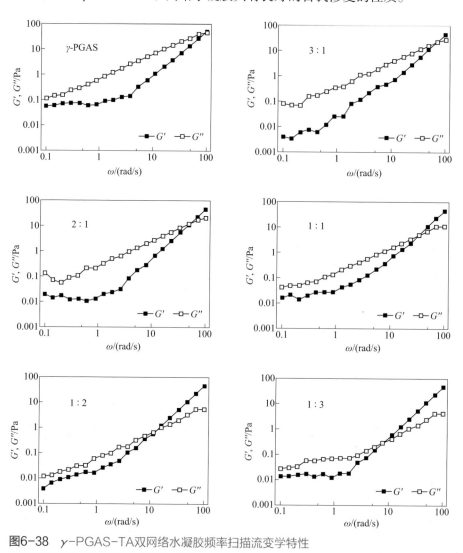

图6-38 γ-PGAS-TA双网络水凝胶频率扫描流变学特性

水凝胶的剪切黏度测定结果如图 6-39 所示，与 γ-PGAS 单网络水凝胶相比，在体系中加入 TA 后，水凝胶的剪切黏度显著下降，γ-PGA/TA 为 3:1 时的黏度不到 γ-PGAS 黏度的一半，并随着体系中 TA 的增加，黏度进一步下降，这一结果与上述流变特性的结果相符。这表明在 γ-PGAS 水凝胶体系中加入 TA 后形成 γ-PGAS-TA 双网络水凝胶不仅可以增加水凝胶的力学性能，提高水凝胶的自修复能力，还可以显著改善材料的黏腻感，使水凝胶防晒霜在抵抗紫外线的同时具备更加清爽的使用感。

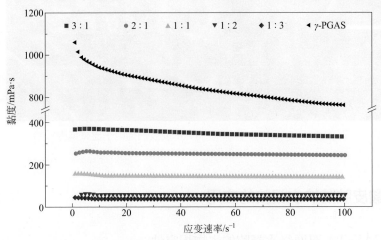

图6-39　γ-PGAS-TA双网络水凝胶剪切黏度

3. γ-PGAS-TA 双网络水凝胶的微观结构

双网络水凝胶防晒霜的多孔结构在吸收紫外线方面起主要作用，它们可以吸收 UVA 和 UVB，防止其对皮肤造成损伤，并可以黏附在表皮细胞上，防止防晒霜被意外擦除而失效[45]。水凝胶横截面的 SEM 图像（图 6-40）显示，γ-PGAS-TA 双网络水凝胶在成胶前后孔径大小变化极为明显，γ-PGA 溶液的孔径约为 200μm，而 TA 溶液显示几乎没有孔状结构，呈现片状，γ-PGAS 单网络水凝胶有较 γ-PGA 更为紧凑的网孔结构，孔径约为 30 ~ 50μm。这是因为交联剂将溶液中游离的 γ-PGA 有序地交联起来，从而使内部网孔结构更加密集整齐。同时可以看到，γ-PGAS-TA 双网络凝胶显示出更为致密均匀的网孔结构，其孔径约在 60 ~ 100μm，且随着体系中 TA 的增加，其内部形态逐渐由网孔状向片状转变。γ-PGA/TA 比例为 3:1 时其结构与 γ-PGAS 单网络水凝胶相似，可能是由于 TA 含量过少，难以与单网络水凝胶形成有效的交联。γ-PGA/TA 比例为 1:3 时其结构与 TA 溶液类似，是由于体系中 TA 含量过多，破坏了单网络水凝胶的网状结构。当 γ-PGA/TA 比例介于 2:1 和 1:2 之间时，显示出明显的双网络结构，其

中 γ-PGA/TA 比例为 2∶1 时，有密集且整齐的蜂窝状网孔结构，孔径在 60μm 左右，小网络孔径在 2～5μm，这种规则且致密的三维双网络结构可以有效地阻挡紫外线，使其无法侵害皮肤，并且牢牢黏附在皮肤上从而不至于渗透进表皮、真皮或者毛孔中。

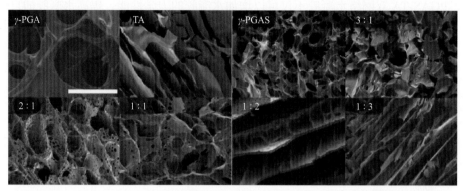

图6-40　γ-PGA、TA、γ-PGAS和γ-PGAS-TA水凝胶扫描电子显微镜内部结构

三、γ-聚谷氨酸皮肤防护水凝胶的应用

1. γ-PGAS-TA 双网络水凝胶的生物相容性

γ-PGAS-TA 双网络水凝胶防晒霜必须具有良好的生物相容性，从而保证在防晒过程中皮肤不受到防晒霜本身的影响而导致皮肤过敏、发炎或红肿[45]。实验通过 MTT 法测定冻干水凝胶浸提液的细胞相容性，采用 L929 小鼠皮肤成纤维细胞作为模式细胞。L929 是真皮层结缔组织中的主要间充质细胞类型，也曾多次应用于化妆品细胞相容性的检测。死／活细胞染色［图 6-41（a）、（b）］显示，与正常培养细胞（CK 组）相比，与 γ-PGAS-TA 双网络水凝胶浸提液共培养的细胞不存在形态上的明显差异，存活的细胞（绿色）显示出健康的贴壁形态：梭形或不规则多边形，几乎没有死亡的细胞（红色）。MTT 定量检测也表明了 γ-PGAS-TA 双网络水凝胶防晒霜具有良好的细胞相容性。从 MTT 的结果［图 6-41（c）］可以看出，在与 γ-PGAS-TA 水凝胶浸提液共培养 24h 后，细胞的存活率都达到了 90% 以上，随着双网络水凝胶体系中 TA 含量的增加，细胞存活率有一定程度的下降，这应该是 TA 导致细胞培养基呈弱酸性，从而抑制了细胞的分裂繁殖，但这并不会导致细胞损伤或者凋亡。以上结果表明了 γ-PGAS-TA 双网络水凝胶具有良好的生物相容性，适合制备以此为基础的防晒产品。

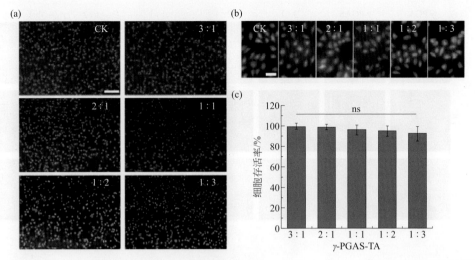

图6-41 γ-PGAS-TA双网络水凝胶生物相容性。（a）、（b）L929细胞与水凝胶浸提液共培养后的死/活细胞染色照片；（c）L929细胞与水凝胶浸提液共培养后的细胞存活率（ns表示$P>0.05$，$n=5$）

2. γ-PGAS-TA 双网络水凝胶的体外黏附性能

用于紫外线过滤的水凝胶防晒霜需要抵抗水流或者汗液，并且只停留在皮肤表面，不渗透进表皮、真皮或毛囊中，以避免潜在的健康风险。为了评估 γ-PGAS-TA 双网络水凝胶的体外保留性能和渗透性，本书著者团队将水凝胶局部施用于新鲜猪皮上，因为猪皮与人类皮肤的结构和组成相似，也多次应用于化妆品渗透性的检测。为了可以成像和定量分析材料的保留和渗透性能，用于评价的 γ-PGA 溶液、γ-PGAS 单网络水凝胶和不同配比的 γ-PGAS-TA 双网络水凝胶都装载有染料荧光素钠。结果如图 6-42 所示，γ-PGAS-TA 双网络水凝胶显示出比 γ-PGA 溶液和 γ-PGAS 单网络水凝胶更高的皮肤保留，这表明 γ-PGAS-TA 双网络水凝胶能有效黏附在猪皮上，不被水流冲刷而去除，这对防晒霜来说是非常重要的。同时，在 γ-PGA/TA 比例为 3:1、2:1、1:1 和 1:2 皮肤样品中没有观察到 γ-PGAS-TA 双网络水凝胶的渗透；相比之下，发现 γ-PGAS 单网络水凝胶和 γ-PGA/TA 比例为 1:3 时，有部分水凝胶渗透到表皮下，这主要是因为单网络水凝胶的网状结构不足以支撑其黏附在皮肤表层形成薄膜，而当体系中存在过多的 TA 时，TA 没有全部与单层网络交联而是游离在水凝胶中，从而导致材料的部分渗透。

这一结果表明，正确配比的 γ-PGAS-TA 双网络水凝胶可以黏附在表皮上，并有效阻止材料本身向皮肤深层渗透，进而造成可能的皮肤应激反应。在不同配比的 γ-PGAS-TA 双网络水凝胶中，γ-PGA/TA 比例为 2:1 时，有最高的材料保留性。

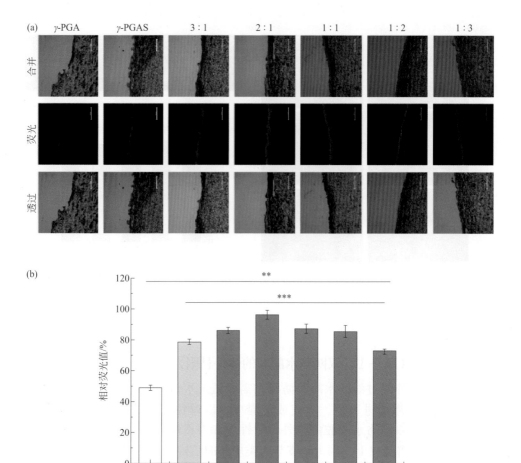

图6-42 γ-PGAS-TA双网络水凝胶体外黏附性能。（a）荧光共聚焦显微镜照片；（b）荧光定量检测结果（**表示P≤0.01，***表示P≤0.001，n=7）

3．γ-PGAS-TA 双网络水凝胶的体内黏附性能

为了进一步检测 γ-PGAS-TA 双网络水凝胶的皮肤黏附性能，本书著者团队通过将红外染料 IR-780 封装到 γ-PGAS-TA（0.5% 负载）中，并通过体内成像测量染料皮肤浓度来评估双网络凝胶的防水性和机械去除性能。将 IR-780/γ-PGAS-TA 局部应用于裸鼠，结果如图 6-43 所示。用连续水流冲洗 1min 后，裸鼠背部荧光有部分减弱，但并未被去除；用湿毛巾擦拭后，裸鼠背部的 γ-PGAS-TA 双网络水凝胶几乎被完全去除。裸鼠皮肤施用 γ-PGAS-TA 双网络水凝胶后，水洗的材料保留较体外实验少，这是由于施用时间不同导致的，涂抹 γ-PGAS-TA 双网络水凝胶的猪皮在孵育 6h 后比刚刚涂抹时的黏附力有所增加。因此，γ-PGAS-

TA 双网络水凝胶可作为理想的防晒霜，具有良好的亲水性能，而且黏附在皮肤上以后又不会轻易地被水洗去。γ-PGAS-TA 双网络水凝胶可以通过毛巾擦拭被机械去除，这一性能较很多商业防晒剂对皮肤的安全更加有利，商业防晒剂用引发剂聚合单体或使用成膜聚合物将 UV 过滤剂稳定在皮肤上，这其中涉及的化学品，包括各种丙烯酸酯衍生物和多种引发剂，很容易产生刺激性，并导致过敏性接触性皮炎。γ-PGAS-TA 双网络水凝胶与皮肤组织有较好的黏附力主要是因为聚合物网络中丰富的酚基团、氨基和羧基，对皮肤组织表面上的各种亲核试剂（例如酰胺键、硫醇和胺）显示出强烈的亲和力。这种非化学键导致的黏附力最大限度地减小了防晒剂本身对皮肤造成的潜在危害。因此，γ-PGAS-TA 双网络水凝胶防晒霜简化了目前使用较多的防晒配方，并且基本消除了刺激物和过敏原的使用。

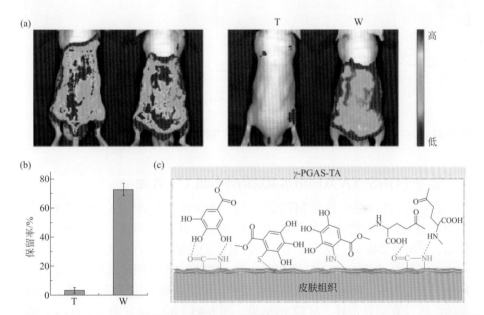

图6-43　γ-PGAS-TA双网络水凝胶体内黏附性能评价。（a）用IVIS成像评价裸鼠背部的材料保留；（b）擦拭（T）或洗涤（W）后的荧光被量化并归一化为零时的荧光强度（n=2）；（c）γ-PGAS-TA黏附于皮肤的机制

4. γ-PGAS-TA 双网络水凝胶的 UV 吸收性能

大多数商业有机紫外线过滤剂都是通过吸收紫外线辐射来防止晒伤的。因此，可以通过测量防晒霜的 UV 吸收效率来评估它们的有效性。通过测量它们在UV 范围（260 ～ 400nm）内的吸收光谱来评估 γ-PGAS-TA 双网络水凝胶的 UV吸收能力。将 γ-PGAS-TA 双网络水凝胶与市售的防晒剂（品牌 B）进行比较，

去离子水用作空白对照，结果如图 6-44 所示，在消除背景吸光度后，γ-PGAS-TA 双网络水凝胶显示出比市售防晒剂高 5 倍的吸收。此外，γ-PGAS-TA 双网络水凝胶具有更广谱的 UV 吸收范围（280～340nm），而市售的防晒霜仅在 280～310nm 左右。这主要归因于 TA 中丰富的 UV 吸收官能团，例如酚醛、酮和其他发色团。另外，γ-PGA 结构中大量的酰胺键允许高电子离域，进一步导致了高 UV 辐射吸收效率。这些结果表明，相较于商业防晒剂，γ-PGAS-TA 双网络水凝胶防晒霜具有更高的 UV 吸收效率和更广谱的 UV 吸收范围。

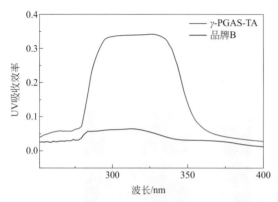

图6-44　γ-PGAS-TA双网络水凝胶UV吸收效率评价

5. γ-PGAS-TA 双网络水凝胶的体外抗 UV 性能

通过活／死细胞染色和 MTT 测定进一步评价 γ-PGAS-TA 双网络水凝胶防晒霜的体外 UV 保护能力，结果如图 6-45 所示。从荧光图像［图 6-45（a）］可以看出，在孵育 24h 后，暴露于 UV 的没有保护的细胞表现出大量的、明显的细胞凋亡（红色）。相反，与 UV 组相比，受 γ-PGAS-TA 双网络水凝胶和品牌 B 防晒霜保护的组别中，细胞表现出健康的增殖，呈现清晰的梭状贴壁形态，与正常培养的细胞没有明显差异。MTT 的结果［图 6-45（b）］也证明了 γ-PGAS-TA 双网络水凝胶防晒霜具有良好的抗 UV 性能，受水凝胶保护的细胞存活率接近 100%，而品牌 B 防晒霜则表现出相对较低的紫外线防护效果。这是由于 γ-PGAS-TA 双网络水凝胶防晒霜在细胞表面形成了一层良好的紫外线屏蔽膜。

6. γ-PGAS-TA 双网络水凝胶的体内抗 UV 性能

为了评估 γ-PGAS-TA 双网络水凝胶防晒霜对紫外线照射皮肤的保护作用，分别在裸鼠背部使用锡箔纸、PBS、品牌 B 防晒霜和 γ-PGAS-TA 双网络水凝胶防晒霜，随后裸鼠被暴露于高剂量的 UVA 和 UVB 下（2160J/m²）照射 3d，并用苏木精和曙红对背部皮肤组织进行染色（H & E）。结果如图 6-46 所示，不受任何保护的皮肤组织表现出明显的 UV 伤害：表皮棘层肥厚，表皮厚度显著增加，真表皮交界处变平。而受品牌 B 防晒霜和 γ-PGAS-TA 双网络水凝胶防晒霜保护的皮肤组织与未经紫外线照射的皮肤相类似，并没有观察到表皮肥大的症状。表皮厚度的测量也进一步证明了这一结论，γ-PGAS-TA 双网络水凝胶防晒霜可以保护皮肤使其免受 UV 照射导致的损伤。

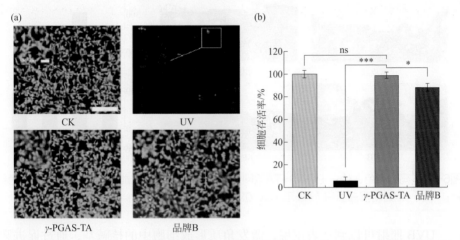

图6-45 γ-PGAS-TA双网络水凝胶体外抗UV性能评价。（a）荧光显微镜拍摄照片；（b）MTT定量结果（ns表示$P>0.05$，*表示$P \leqslant 0.05$，***表示$P \leqslant 0.001$，$n=4$）

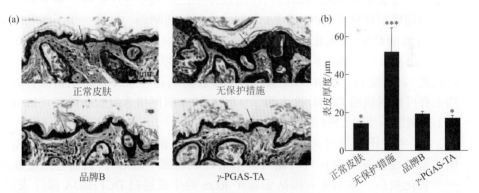

图6-46 H&E染色评价γ-PGAS-TA双网络水凝胶体内抗UV性能。（a）皮肤切片染色照片；（b）表皮厚度（*表示$P \leqslant 0.05$，***表示$P \leqslant 0.001$，$n=4$）

马松染色评价 γ-PGAS-TA 双网络水凝胶防晒霜抗 UV 照射有效性的结果如图 6-47 所示，不受任何保护的皮肤样品呈现明显的角蛋白增厚，而受到 γ-PGAS-TA 双网络水凝胶防晒霜保护的皮肤则没有发生明显的变化，与正常皮肤类似。值得注意的是，受品牌 B 防晒霜保护的皮肤表现出较正常皮肤约 150% 的角蛋白面积增加，这是一种紫外线毒性导致的微妙表皮反应，可引起毛发角化，导致皮肤刺激。上述结果证明了 γ-PGAS-TA 双网络水凝胶防晒霜不仅可以预防紫外线照射导致的皮肤损伤，同时相对于商业防晒剂而言，在紫外线照射下不会刺激皮肤导致二次伤害。

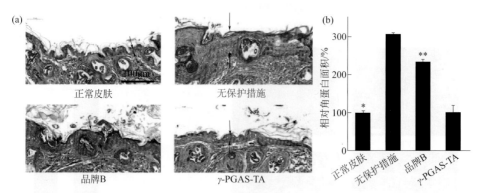

图6-47　马松染色评价 γ-PGAS-TA 双网络水凝胶体内抗UV性能。（a）皮肤切片染色照片；（b）相对角蛋白面积（*表示 $P \leq 0.05$，**表示 $P \leq 0.01$，$n=4$）

UVB 照射可以到达表皮层，激发角质形成细胞中的核碱基，通过促进胸腺嘧啶二聚体（CPDs）和嘧啶 - 嘧啶酮光产物的形成来改变 DNA，并诱导 mtDNA 常见缺失，导致线粒体蛋白质的合成受损，而且细胞在修复 CPD 的过程中偶发的错误修复会导致细胞周期的调控出现异常，从而导致皮肤癌。本书著者团队采用动物模型评估了 γ-PGAS-TA 双网络水凝胶防晒霜，以进一步了解它们对抗 UVB 导致的 CPD 形成效应。小鼠被暴露于 UVB（$180J/m^2$），并用免疫染色显示 CPD 的形成。结果如图 6-48 所示，不受保护的皮肤有大量且明显的CPD形成（红色荧光），而受到 γ-PGAS-TA 双网络水凝胶防晒霜和品牌 B 防晒霜保护的皮肤均未有可检测到的 CPD。这表明了 γ-PGAS-TA 双网络水凝胶防晒霜可以有效抵抗 UV 照射并预防 CPD 的形成。

UV 照射还会导致 ROS 的生成，引起 DNA 的间接损伤。商业防晒霜中常用的紫外线过滤剂会在光活化后产生活性氧物质（ROS），从而导致皮肤的进一步氧化损伤。本书著者团队实验中 ROS 的生成通过 DCFH-DA 探针来定位，DCFH-DA 探针可以进入细胞并与 ROS 反应生成荧光物质。结果如图 6-49 所示，不受保护的皮肤显示出少量的 ROS 生成（红色荧光），有趣的是，实验所用的品牌 B 防晒霜显示出大量高水平的 ROS 生成，显著高于不受防晒霜保护的皮肤样品，这意味着用于抵抗紫外线的防晒霜可能在紫外线的照射下引发更强烈的皮肤氧化损伤。相比之下，受 γ-PGAS-TA 双网络水凝胶防晒霜保护的皮肤基本没有 ROS 产生，与正常的不受 UV 照射的皮肤样本类似。因此，可以认为 γ-PGAS-TA

双网络水凝胶防晒霜可以有效地防止紫外线照射导致的 ROS 的生成，并且不会在紫外线催化下产生 ROS，从而避免进一步的皮肤氧化损伤。

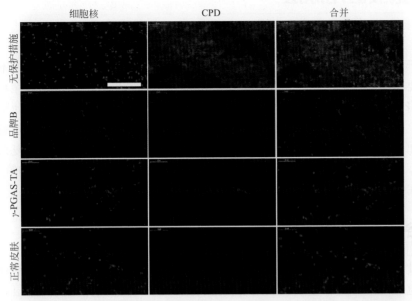

图6-48　CPD免疫荧光染色评价γ-PGAS-TA双网络水凝胶体内抗UV性能

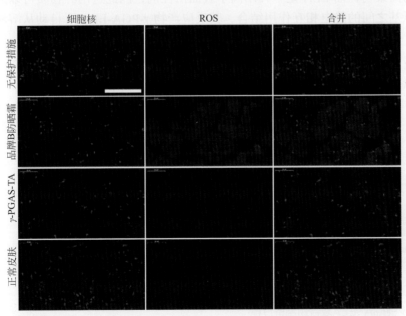

图6-49　ROS荧光探针染色评价γ-PGAS-TA双网络水凝胶体内抗UV性能

γ－聚谷氨酸医用涂层

对于大多数生物医学材料和相关医疗设备而言，它们在实际使用过程中不可避免地要与外部环境接触，从而构成细菌感染的风险[46,47]。尽管有无菌程序和预防性全身抗菌治疗，生物医学植入物和设备（包括导管、人工假肢和主动脉移植物）上的细菌感染仍然是医院最严重的并发症之一[48,49]。除此之外，生物膜的形成增加了细菌的耐受性，这可能导致细菌产生耐药性，使处理过程变得复杂和困难[50]。目前，构建表面抗菌涂层被认为是一种可以有效解决细菌感染的策略，但还存在稳定性差、制备步骤烦琐等弊端。

一、γ-聚谷氨酸抗菌涂层的制备

栾世方等以 γ-PGA 和阳离子表面活性剂月桂酰精氨酸乙酯（ELA）为原料，通过静电组装的方式在金属以及聚合物基材上构建了性能优异的抗菌涂层。抗菌涂层的制备步骤以及反应机制如图 6-50 所示，由于 γ-PGA 是一种含羧基的阴离子生物高聚物，而 ELA 是一种阳离子表面活性剂，因此这两种物质可以通过羧基和胍基之间的静电相互作用结合，其反应产物 γ-PGA-ELA 可自动从溶液中析出。

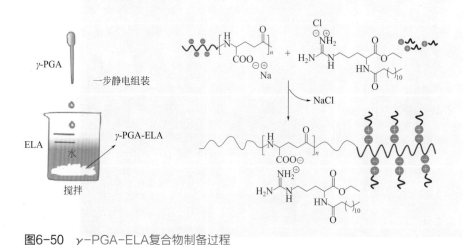

图6-50　γ-PGA-ELA复合物制备过程

γ-PGA-ELA 在不同溶剂中的溶解度测试如图 6-51（a）所示，γ-PGA-ELA 不溶于水，可溶解于各种常见有机溶剂，如甲醇、乙醇、四氢呋喃等，这种特性为制备涂层提供了良好的先决条件。后续通过结晶紫染色直观判断 γ-PGA-ELA 涂层在不同基材表面的形成，其中包括无机基板（硅片和玻璃板）、金属基板（铝板）和聚合物基材 [PET（聚对苯二甲酸乙二醇酯）膜、TPU（热塑性聚氨酯）膜、SEBS（氢化苯乙烯 - 丁二烯嵌段共聚物）膜和 PP（聚丙烯）无纺布]。如图 6-51（b）所示，未涂覆基材上的结晶紫很容易被冲走；然而，通过 γ-PGA

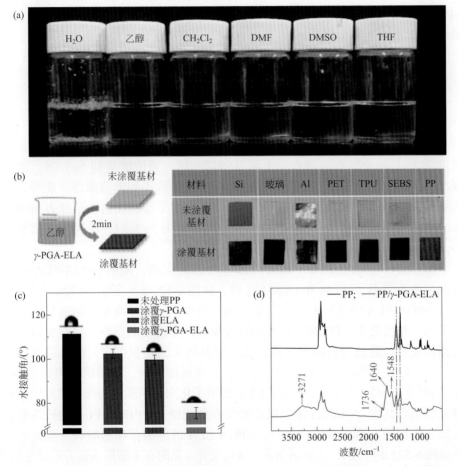

图6-51 功能化γ-PGA化合物的溶解性及γ-PGA-ELA涂层的表征。（a）功能化γ-PGA化合物在不同溶剂中的溶解性；（b）γ-PGA-ELA涂层形成示意图和结晶紫染色的不同基质，未涂覆基材采用与涂覆基材相同的工艺进行处理；（c）未处理PP以及涂覆有γ-PGA、ELA和γ-PGA-ELA的PP的水接触角；（d）未处理PP膜和γ-PGA-ELA涂层PP膜的FTIR光谱

和结晶紫之间的静电相互作用，在涂层基底上形成了均匀的涂层，这些结果证明了 γ-PGA-ELA 涂层的普适性。除此之外，在长度为 2m、直径小于 1mm 的细长导管的内腔中也可以形成均匀的涂层。FTIR 的表征结果［图 6-51（d）］进一步证实了上述结论，γ-PGA-ELA 涂层 PP 膜中出现了 3271cm^{-1} 和 1736cm^{-1} 处代表酰胺键（CO—NH）和酯键（—COOR）吸收的新特征吸收峰，以及 1640cm^{-1} 和 1548cm^{-1} 处酰胺 I 和酰胺 II 的特征吸收峰，说明了在 PP 薄膜上成功构建 γ-PGA-ELA 涂层。表面润湿性结果［图 6-51（c）］表明 PP 具有疏水表面，接触角约为 110°。ELA 涂层 PP 膜和 γ-PGA 涂层 PP 膜的接触角与 PP 膜相似，因为 ELA 和 γ-PGA 在洗涤过程中容易溶解在水中。然而，与 PP 相比，γ-PGA-ELA 涂层的接触角（75°±3°）明显降低，表明 γ-PGA-ELA 涂层形成后表面亲水性增强。

二、γ-聚谷氨酸抗菌涂层的体外生物学测试

1. γ-PGA-ELA 及其成膜后的抗菌性能

图 6-52(a) 显示了不同浓度的 γ-PGA-ELA 涂层介导的抑菌区。从结果来看，浓度为 2g/L 的涂层在表面有一个可见的抑制区。当浓度达到 5g/L 时，涂层表现出明显的抗菌效果，在涂膜的琼脂平板上肉眼看不到细菌菌落。此外，大量的细菌菌落生长在无涂膜的琼脂平板上，这表明了涂膜在抗菌活性方面的优越性。根据定量分析结果［图 6-52（b）］，当浓度为 5g/L 时，涂层的杀菌率大于 99.99%。

为了进一步观察 γ-PGA-ELA 对细菌形态的影响，阐明 γ-PGA-ELA 的抗菌机制，分别进行了 SEM 和 CLSM 实验。如图 6-52（c）所示，SEM 图像显示，涂有 γ-PGA-ELA 的表面上的黏附细菌明显减少，死亡细菌显示出明显的扭曲或损坏膜。相比之下，PP 表面有大量的活细菌，细胞形态完整，只有少数因自然代谢而死亡。通过分析抑菌实验的结果以及相关的类似工作，提出以下抗菌机制 [51,52]。首先，当涂有 γ-PGA 的 ELA 表面靠近细菌时，细菌附近表面的 pH 值介于 pH 5 和 pH 5.5 之间，因此，ELA 的质子化阳离子胍基与细菌细胞壁阴离子静电吸引。其次，当 ELA 被吸引并聚集在细胞壁上 / 内时，ELA 的长烷基链通过疏水作用插入磷脂双层。最终，γ-PGA-ELA 诱导细菌细胞破裂。荧光表征结果如图 6-52(d) 所示，大量活细菌（绿色荧光）黏附在未涂层表面并形成生物膜。然而，经 γ-PGA-ELA 处理的细胞显示出强烈的红色荧光，这表明 γ-PGA-ELA 导致细胞膜受损。涂层对革兰氏阴性细菌也表现出优异的抗菌活性，这表明涂层具有广谱抗菌活性。

导管相关感染（CAI）通常是由病原体定植在导管表面引起的，是最常见

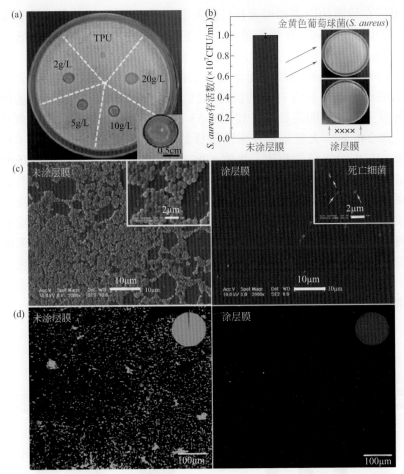

图6-52　功能化γ-PGA复合涂层的抗菌性能。（a）不同浓度γ-PGA-ELA涂层膜的抑菌圈测定；（b）琼脂平板菌落计数试验：与样品共培养24h后，细菌在琼脂平板上的生长情况；（c）金黄色葡萄球菌在不同放大倍数下黏附在未涂层和涂层膜表面的微观形貌；（d）金黄色葡萄球菌附着在未涂层和涂层薄膜表面的荧光表征

的医院获得性感染之一，从而导致严重的经济损失以及患者发病率的提高[53]。在复杂形状的医疗器械上制造抗菌涂层仍然是一个极端的挑战，特别是对于导管，因为其内外表面都可能需要结构化或功能化，实现这一目标仍困难重重。目前，大多数方法（如化学接枝、等离子体处理等）只能对形状简单的材料（如薄片和短管）进行改性和活化[54]。然而，在细长导管的管腔上构建抗菌涂层是非常困难的。因此，寻找一种简便、廉价、通用的方法在复杂形状的医疗器械上制备有效的抗菌涂层具有重要的临床价值。在此部分研究中，改性

的 γ-PGA 可以在导管的内表面形成长径比大于 2000:1 的抗菌涂层（即长度大于 2m 且内径小于 1mm）。在静态流动条件下，通过与涂层共培养 3h 后细菌溶液 OD（600nm）的变化来测试溶液中浮游细菌的数量。如图 6-53（a）所示，未涂层导管的 OD 值迅速增加，而涂层导管的 OD 值基本保持不变，表明涂层对溶液中的浮游细菌具有有效的抗菌活性。通过琼脂平板菌落计数法评估导管表面管腔上的黏附细菌数量。如图 6-53（b）所示，涂层导管上未观察到细菌菌落，而 24h 后，大量细菌在未涂层样品上生长。根据图 6-53（d）所示的计算结果，与未涂层导管相比，涂覆 γ-PGA-ELA 的导管上的细菌数量减少了 6 个数量级。这种现象适用于导管的不同部位，与未涂层导管相比，导管两侧和中部的抗菌性能相似。图 6-53（c）显示了流动 LB 处理 24h 后，涂层导管和未涂层导管不同部位的琼脂平板上细菌的生长情况，进一步证实了涂层的优异抗菌性能。从 SEM［图 6-53（e）］的结果来看，大量细菌黏附在未涂层导管的管腔上，并形成生物膜。然而，只有少数结构受损的细菌黏附在涂层导管的管腔上。结果表明，该涂层能有效防止细菌在管腔内的定植，从而避免导管相关感染的发生。

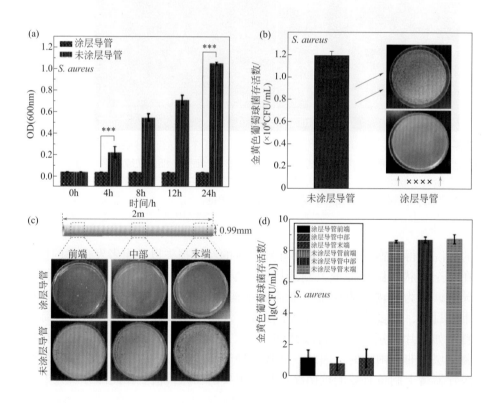

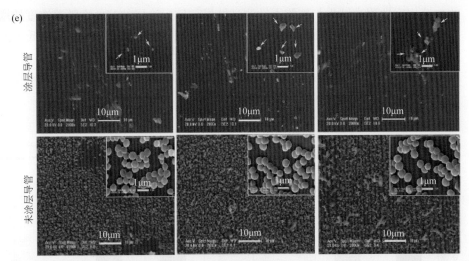

图6-53　γ-PGA-ELA涂层导管与未涂层导管管腔抗菌活性的比较。静态导管测试：（a）在不同时间测试稀释后培养基吸光度（$P \leqslant 0.001$，$n=5$）；（b）在37℃下培养24h后，用PBS稀释的金黄色葡萄球菌悬浮液的细菌计数板。动态导管测试：（c）涂层导管和未涂层导管在流动LB处理24h后不同部位的细菌平板计数；（d）导管前端、中部和末端黏附在导管腔上的细菌计数数据；（e）黏附在总长2m、内径1mm导管内腔上的细菌的SEM图像

　　除此之外，对改性 γ-PGA 作为 PE 抗菌添加剂的效果进行了研究。在浓度为5%和10%（质量分数）时，PE 与 γ-PGA-ELA 共混物表现出良好的抗菌活性。如图 6-54（a）所示，含有 5%（质量分数）γ-PGA-ELA 的 PE 显示出相当大的抗菌活性，细菌数量减少了 3 个数量级，而含有 10%（质量分数）γ-PGA-ELA 的 PE 显示出更好的抗菌活性，细菌数减少了 5 个数量级。对 PE 和 ELA 组成的薄膜进行了抗菌试验。如图 6-54（b）所示，PE 与 ELA 共混也具有良好的抗菌效果。与相同浓度的有效杀菌基团 γ-PGA-ELA 共混 PE 相比，其抗菌效果稍差。这种现象可能是由于一些 ELA 在随后的清洗过程中被冲走。因此，与添加了 ELA 的 PE 相比，添加了 γ-PGA-ELA 的 PE 具有更好的抗菌稳定性。

2. γ- 聚谷氨酸复合涂层的生物相容性

　　在医学领域，对具有生物相容性的材料有着巨大的需求，这也是治疗过程中的一个关键因素。涂层浓度对生物相容性的影响如图 6-55 所示，浓度为0.25% ～ 1.0% 时，涂层的细胞存活率接近阴性对照，表明涂层对细胞的毒性在该浓度范围内可以忽略。鉴于随着浓度的增加，ELA 释放量逐渐增加，因此在2.5% 和 5.0% 的高浓度下，细胞活力降低是合理的。样品对小鼠红细胞（RBC）

的血液相容性测试结果与细胞毒性测试结果一致，涂层的溶血率随着浓度的增加而逐渐增加。涂层膜显示出良好的血液相容性，所有浓度的溶血率均低于5%。良好的生物相容性是将这些涂层应用于各种医疗设备的先决条件。此外，γ-PGA和ELA都是可生物降解的，其降解产物是无毒无害的氨基酸，可被人体吸收或代谢，确保了涂料在未来应用中的安全性[55,56]。

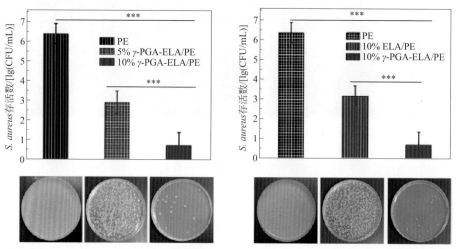

图6-54 γ-PGA-ELA与PE共混物抗菌性能（P≤0.001，n=3）。（a）不同比例γ-PGA-ELA共混PE抗菌活性的比较；（b）PE与10%（质量分数）γ-PGA-ELA和ELA共混的抗菌活性比较

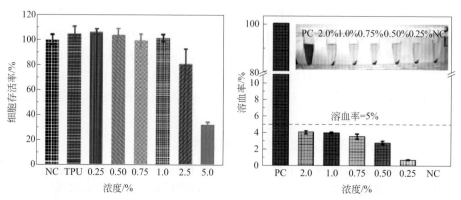

图6-55 不同浓度γ-PGA-ELA涂层膜的生物相容性测定。（a）涂层膜和对照组对L929小鼠成纤维细胞的CCK-8细胞毒性试验结果；（b）涂层膜和对照组对小鼠红细胞的溶血试验结果

三、γ-聚谷氨酸抗菌涂层的小鼠皮下模型生物学测试

组织相容性是植入装置在体内应用的先决条件。涂层导管的组织相容性试验结果如图 6-56 所示。导管植入 5d 后，在植入区域或周围区域未观察到明显的炎症［图 6-56（a）］，表明涂层导管未诱发免疫反应，并显示出良好的组织相容性。此外，H&E 的染色分析证实了上述结果。如图 6-56（b）所示，在未涂层和涂层导管的组织周围未观察到淋巴浸润。细胞核均匀分布在细胞边缘，未观察到明显的毒性和炎症反应，表明涂层修饰导管具有良好的组织相容性。

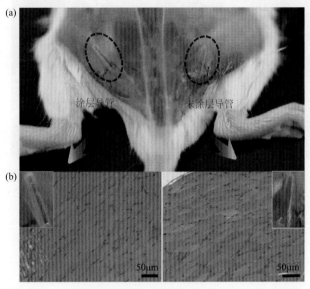

图6-56 基于无菌皮下植入模型的涂层导管与未涂层导管的组织相容性试验结果比较。
（a）植入5d后组织相容性的图像；（b）H&E染色试验结果

在小鼠模型中研究了涂层阻止细菌黏附和炎症形成的能力。如图 6-57（a）所示，与涂层导管相比，未涂层导管的切口或附近组织周围观察到明显的炎症。随后通过显微镜获取的组织图像分析炎症反应。如图 6-57（c）所示，植入物和植入物周围组织的形态与正常肌肉组织没有差异。相反，在所有未涂层导管附近的组织中观察到严重的炎症现象。此外，取出所有植入物并在超声波下用 PBS 清洗，通过琼脂平板菌落计数分析植入导管上的活菌数量［图 6-57（b）］。值得注意的是，有大量的金黄色葡萄球菌生长在未涂层的植入物上，但很少有细菌从涂层植入物中被回收，预计涂层导管明显减少了植入导管上的细菌增殖。这些结果表明，涂层导管在体内保持了良好的抗菌活性。

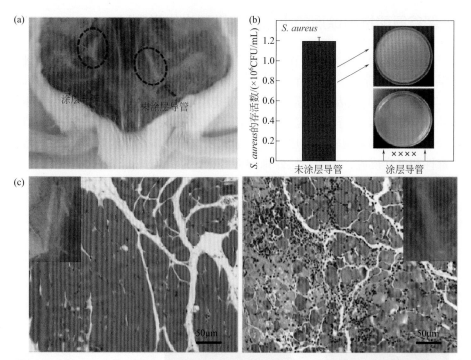

图6-57 基于皮下植入模型，比较涂层导管和未涂层导管在体内的抗菌活性。（a）导管植入5d后炎症反应；（b）植入5d后导管内细菌计数；（c）植入物皮下组织的H&E染色分析结果

参考文献

[1] 张艳丽，高华，刘小红. 微生物合成的聚谷氨酸及其应用 [J]. 生物技术通报，2008(4): 58-62.

[2] 林丽敏. γ-聚谷氨酸基新型止血材料的研究 [D]. 广州：暨南大学，2015.

[3] Tang B, Lei P, Xu Z, et al. Highly efficient rice straw utilization for poly-(γ-glutamic acid) production by *Bacillus subtilis* NX-2[J]. Bioresource Technology, 2015, 193: 370-376.

[4] 何小兵. 生物合成聚 γ-谷氨酸（钠盐型）的溶液性质研究 [D]. 南京：南京工业大学，2003.

[5] 曹名锋，金映虹，解慧，等. γ-聚谷氨酸的微生物合成、相关基因及应用展望 [J]. 微生物学通报，2011, 38(3): 388-395.

[6] Tseng Y, Hyon S, Ikada Y, et al. In vivo evaluation of 2-cyanoacrylates as surgical adhesives[J]. Journal of Applied Biomaterials, 1990, 1(2): 111-119.

[7] Tseng Y, Tabata Y,Hyon S, et al. In vitro toxicity test of 2-cyanoacrylate polymers by cell culture method[J]. Journal of Biomedical Materials Research, 1990, 24(10): 1355-1367.

[8] Kobayashi H, Hyon S, Ikada Y. Water-curable and biodegradable prepolymers[J]. Journal of Biomedical Materials

Research, 1991, 25(12): 1481-1494.

[9] Spotnitz W. Surgical Adhesives and Sealants[M] Boca Raton: CRC Press, 2020: 3-11.

[10] Otani Y, Tabata Y, Ikada Y. Sealing effect of rapidly curable gelatin-poly (*l*-glutamic acid) hydrogel glue on lung air leak[J]. The Annals of Thoracic Surgery, 1999, 67(4): 922-926.

[11] Chen W, Wang R, Xu T T, et al. A mussel-inspired poly (*γ*-glutamic acid) tissue adhesive with high wet strength for wound closure[J]. Journal of Materials Chemistry B, 2017, 5(28): 5668-5678.

[12] Bae J W, Choi J H, Lee Y, et al. Horseradish peroxidase-catalysed in situ-forming hydrogels for tissue-engineering applications[J]. Journal of Tissue Engineering and Regenerative Medicine, 2015, 9(11): 1225-1232.

[13] Campomanes P, Rothlisberger U, Alfonso-prieto M, et al. The molecular mechanism of the catalase-like activity in horseradish peroxidase[J]. Journal of the American Chemical Society, 2015, 137(34): 11170-11178.

[14] Fathi A, Mithieux S M, Wei H, et al. Elastin based cell-laden injectable hydrogels with tunable gelation, mechanical and biodegradation properties[J]. Biomaterials, 2014, 35(21): 5425-5435.

[15] Annabi N, Fathi A, Mithieux S M, et al. The effect of elastin on chondrocyte adhesion and proliferation on poly (*ε*-caprolactone)/elastin composites[J]. Biomaterials, 2011, 32(6): 1517-1525.

[16] Matsusaki M, Yoshida H, Akashi M. The construction of 3d-engineered tissues composed of cells and extracellular matrices by hydrogel template approach[J]. Biomaterials, 2007, 28(17): 2729-2737.

[17] Bu Y, Zhang L, Liu J, et al. Synthesis and properties of hemostatic and bacteria-responsive in situ hydrogels for emergency treatment in critical situations[J]. ACS Applied Materials & Interfaces, 2016, 8(20): 12674-12683.

[18] Yan S, Wang T, Feng L, et al. Injectable in situ self-cross-linking hydrogels based on poly (*l*-glutamic Acid) and alginate for cartilage tissue engineering[J]. Biomacromolecules, 2014, 15(12): 4495-4508.

[19] Hong S, Pirovich D, Kilcoyne A, et al. Supramolecular metallo-bioadhesive for minimally invasive use[J]. Advanced Materials, 2016, 28(39): 8675-8680.

[20] Silverman H G, Roberto F F. Understanding marine mussel adhesion[J]. Marine Biotechnology, 2007, 9(6): 661-681.

[21] Li L, Smitthipong W, Zeng H. Mussel-inspired hydrogels for biomedical and environmental applications[J]. Polymer Chemistry, 2015, 6(3): 353-358.

[22] Yang J, Stuart M A C, Kamperman M. Jack of all trades: versatile catechol crosslinking mechanisms[J]. Chemical Society Reviews, 2014, 43(24): 8271-8298.

[23] Zeltinger J, Sherwood J K, Graham D A, et al. Effect of pore size and void fraction on cellular adhesion, proliferation, and matrix deposition[J]. Tissue Engineering, 2001, 7(5): 557-572.

[24] Loh Q L, Choong C. Three-dimensional scaffolds for tissue engineering applications: role of porosity and pore size[J]. Tissue Engineering: Part B, 2013, 19(6):485-502.

[25] Lien S, Ko L, Huang T. Effect of pore size on ecm secretion and cell growth in gelatin scaffold for articular cartilage tissue engineering[J]. Acta Biomaterialia, 2009, 5(2): 670-679.

[26] Chiu Y, Cheng M, Engel H, et al. The role of pore size on vascularization and tissue remodeling in peg hydrogels[J]. Biomaterials, 2011, 32(26): 6045-6051.

[27] Murakami Y, Yokoyama M, Nishida H, et al. A simple hemostasis model for the quantitative evaluation of hydrogel-based local hemostatic biomaterials on tissue surface[J]. Colloids and Surfaces B: Biointerfaces, 2008, 65(2): 186-189.

[28] Shin M, Park S, Oh B, et al. Complete prevention of blood loss with self-sealing haemostatic needles[J]. Nature Materials, 2017, 16(1): 147-152.

[29] Ku S H, Park C B. Human endothelial cell growth on mussel-inspired nanofiber scaffold for vascular tissue

engineering[J]. Biomaterials, 2010, 31(36): 9431-9437.

[30] Ku S H, Ryu J, Hong S K, et al. General functionalization route for cell adhesion on non-wetting surfaces[J]. Biomaterials, 2010, 31(9): 2535-2541.

[31] Rosales A M, Anseth K S. The design of reversible hydrogels to capture extracellular matrix dynamics[J]. Nature Reviews Materials, 2016, 1(2): 1-15.

[32] Annabi N, Tamayol A, Uquillas J A, et al. 25th anniversary article: rational design and applications of hydrogels in regenerative medicine[J]. Advanced Materials, 2014, 26(1): 85-124.

[33] Sivashanmugam A, Kumar R A, Priya M V, et al. An overview of injectable polymeric hydrogels for tissue engineering[J]. European Polymer Journal, 2015, 72: 543-565.

[34] Steward A J, Liu Y, Wagner D R. Engineering cell attachments to scaffolds in cartilage tissue engineering[J]. JOM, 2011, 63(4): 74-82.

[35] Responte D J, Natoli R M, Athanasiou K A. Collagens of articular cartilage: structure, function, and importance in tissue engineering[J]. Critical Reviews ™ in Biomedical Engineering, 2007, 35(5):363-411.

[36] Yang Y, Zhang J, Liu Z, et al. Tissue-integratable and biocompatible photogelation by the imine crosslinking reaction[J]. Advanced Materials, 2016, 28(14): 2724-2730.

[37] 徐虹，冯小海，徐得磊，等. 聚氨基酸功能高分子的发展状况与应用前景 [J]. 生物产业技术，2017(6): 92-99.

[38] Benzur N, Goldman D M. γ-Poly glutamic acid: a novel peptide for skin care[J]. Cosmetics and Toiletries, 2007, 122(4).

[39] Zhuang H, Hong Y, Gao J, et al. A poly (γ-glutamic acid)-based hydrogel loaded with superoxide dismutase for wound healing[J]. Journal of Applied Polymer Science, 2015, 132(23).

[40] Yang X. Preparation and characterization of γ-poly (glutamic acid) copolymer with glycol diglycidyl ether[J]. Procedia Environmental Sciences, 2011, 8: 11-15.

[41] Bennàssar A, Grimalt R, Romaguera C, et al. Two cases of photocontact allergy to the new sun filter octocrylene[J]. Dermatology Online Journal, 2009, 15(12):14.

[42] Nair H B, Ford A, Dick E J, et al. Modeling sunscreen-mediated melanoma prevention in the laboratory opossum (*Monodelphis domestica*)[J]. Pigment Cell & Melanoma Research, 2014, 27(5): 843-845.

[43] Cho J H, Lee J S, Shin J, et al. Ascidian-inspired fast-forming hydrogel system for versatile biomedical applications: pyrogallol chemistry for dual modes of crosslinking mechanism[J]. Advanced Functional Materials, 2018, 28(6): 1705244.

[44] Chen Y, Dai X, Huang L, et al. A universal and facile approach for the formation of a protein hydrogel for 3d cell encapsulation[J]. Advanced Functional Materials, 2015, 25(39): 6189-6198.

[45] Hoffman A S. Hydrogels for biomedical applications[J]. Advanced Drug Delivery Reviews, 2012, 64: 18-23.

[46] Hong D, Cao G, Qu J, et al. Antibacterial activity of Cu_2O and Ag co-modified rice grains-like ZnO nanocomposites[J]. Journal of Materials Science & Technology, 2018, 34(12): 2359-2367.

[47] Zare M, Namratha K, Byrappa K, et al. Surfactant assisted solvothermal synthesis of ZnO nanoparticles and study of their antimicrobial and antioxidant properties[J]. Journal of Materials Science & Technology, 2018, 34(6): 1035-1043.

[48] Hetrick E M, Schoenfisch M H. Reducing implant-related infections: active release strategies[J]. Chemical Society Reviews, 2006, 35(9): 780-789.

[49] Glinel K, Thebault P, Humblot V, et al. Antibacterial surfaces developed from bio-inspired approaches[J]. Acta Biomaterialia, 2012, 8(5): 1670-1684.

[50] Luanne H S, Costerton J W, Stoodley P. Bacterial biofilms: from the natural environment to infectious diseases[J]. Nature Reviews Microbiology, 2004, 2(2): 95-108.

[51] Yu H, Liu L, Yang H, et al. Water-insoluble polymeric guanidine derivative and application in the preparation of antibacterial coating of catheter[J]. ACS Applied Materials & Interfaces, 2018, 10(45): 39257-39267.

[52] Yu H, Liu L, Li X, et al. Fabrication of polylysine based antibacterial coating for catheters by facile electrostatic interaction[J]. Chemical Engineering Journal, 2019, 360: 1030-1041.

[53] Yu K, Lo J C, Yan M, et al. Anti-adhesive antimicrobial peptide coating prevents catheter associated infection in a mouse urinary infection model[J]. Biomaterials, 2017, 116: 69-81.

[54] Lim K, Chua R R Y, Ho B, et al. Development of a catheter functionalized by a polydopamine peptide coating with antimicrobial and antibiofilm properties[J]. Acta Biomaterialia, 2015, 15: 127-138.

[55] Asker D, Weiss J, Mcclements D. Analysis of the interactions of a cationic surfactant (lauric arginate) with an anionic biopolymer (pectin): isothermal titration calorimetry, light scattering, and microelectrophoresis[J]. Langmuir, 2009, 25(1): 116-122.

[56] Romberg B, Metselaar J M, De vringer T, et al. Enzymatic degradation of liposome-grafted poly (hydroxyethyl L-glutamine)[J]. Bioconjugate Chemistry, 2005, 16(4): 767-774.

第七章

$\varepsilon-$ 聚赖氨酸的结构与理化性质

ε- 聚赖氨酸（ε-PL）具有广谱抑菌性、生物安全性、水溶性和热稳定性等优势，是一种绿色、安全、高效的新型生物防腐剂，在食品防腐领域实现工业应用，在包装材料和药物（基因载体）等领域得到广泛研究。作为聚合物材料，其功能与分子结构紧密相关。分子结构首先与重复单元（又称链节，monomeric unit）的化学组成有关，即由参与聚合的单体的化学组成和聚合方式决定，重复单元的化学组成是影响聚合物性能的本质因素[1]。由于ε-PL为单一赖氨酸单元聚合而成，为均聚氨基酸，其化学组成较为明确，决定其性质的主要因素是赖氨酸单体的链接方式和分子量大小，现将其结构和性质分述如下。

第一节
ε－聚赖氨酸的结构

ε-聚赖氨酸（ε-polylysine，ε-PL）是一种由丝状小白链霉菌产生的次级代谢产物，同时也是一种抗菌肽，其分子结构式如图7-1所示。ε-PL多由25～35个L-赖氨酸残基通过α-羧基与ε-氨基缩合形成的同型氨基酸聚合物[2]，分子量为300万～450万左右。不同菌种产生的ε-PL的单体数（n）不同，聚合度低于10时会失去活性，其分子量可由公式［146.9n-18.02（n-1）］计算获得，其中n为赖氨酸残基数。分子量分布（M_w/M_n）=1:1.14。

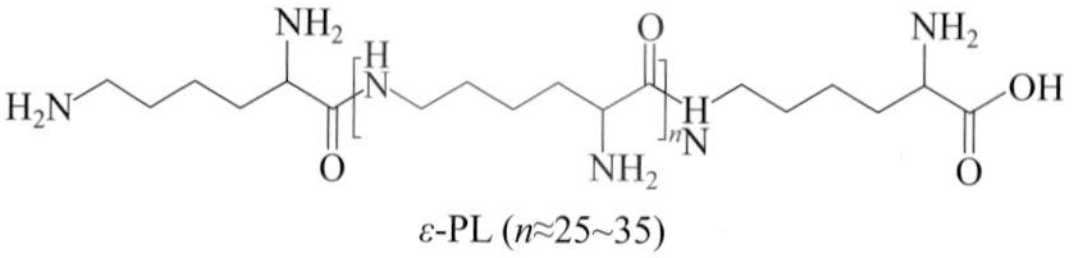

ε-PL ($n \approx 25 \sim 35$)

图7-1　ε-PL的分子结构示意图

一、ε-聚赖氨酸的紫外吸收光谱

紫外吸收光谱是基于不同分子结构的物质对紫外光范围内电子辐射选择吸收原理，对高分子结构进行表征的常用手段。将纯化得到的ε-PL溶于重蒸水中，在室温下，以重蒸水作对照，用紫外分光光度计测其紫外吸收光谱，测定波长范围为190～300nm。ε-PL的紫外吸收光谱如图7-2所示[2]，最大吸收波长为196nm，此处为赖氨酸单元之间酰胺键的吸收峰，但该物质在260～280nm没有吸收峰，表明其没有典型的肽链结构，是一种区别于多肽和蛋白质分子的聚合氨基酸。

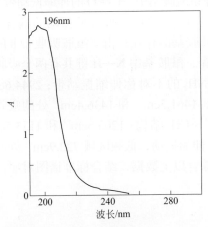

图7-2　ε-PL的紫外吸收光谱

二、ε-聚赖氨酸的红外光谱

红外光谱研究波长为 0.7 ～ 1000μm 的红外线与物质的相互作用，为分子振动光谱，同样也是聚合物结构表征的有效手段。用 KBr 压片法制样，扫描范围 4000 ～ 400cm^{-1}，分辨率 4cm^{-1}，室温条件下测定 ε-PL 红外光谱吸收。如图 7-3

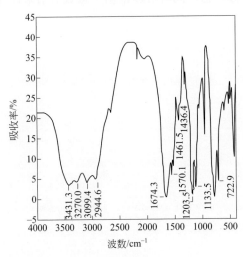

图7-3　ε-PL的红外光谱图

所示[2]，和日本 Chisso 公司的 ε-PL 标准品红外谱图[3]相比较，可以发现两张谱图所有特征峰均吻合。1674.3cm^{-1} 处吸收峰系酰胺基中—C$=$O 的伸缩振动带（酰胺吸收带 I ），1570.1cm^{-1} 吸收带来源于 N—H 弯曲和 C—N 伸缩振动的耦合（酰胺吸收带 II ），两者结合证明了 ε-PL 结构酰胺基的存在；由于酰胺吸收带 II 的倍频和 N—H 伸缩振动两者所产生的费米共振，酰胺基中 N—H 键共有两个吸收峰 3270.0cm^{-1} 和 3099.4cm^{-1}；3431.3cm^{-1} 系—NH$_2$ 的不对称伸缩振动带；2944.6cm^{-1} 处的吸收峰系饱和 C—H 键的伸缩振动带，1461.5cm^{-1} 和 1436.4cm^{-1} 处的吸收峰表明了分子结构中存在脂肪烃类—CH$_2$ 或—CH$_3$ 结构；1203.5cm^{-1} 和 1133.5cm^{-1} 处的振动分别属于—NH$_2$ 和—NH 的 C—N 伸缩振动，低频区域 722.9cm^{-1} 处的吸收峰系 (CH$_2$)$_n$($n>4$) 的平面摇摆振动[4]。综合以上数据，结合标准谱图对照，可知该聚合物为 ε-PL。

三、ε-聚赖氨酸的核磁氢谱

核磁氢谱是基于聚合物分子结构中不同位置氢原子同位素吸收位移不同的原理进行测定。ε-PL 的 ^{1}H NMR 谱图如图 7-4 所示[2]，经解析，各谱峰的归属见表 7-1。^{1}H NMR：1.23(H$_\gamma$)，1.42(H$_\delta$)，1.74(H$_\beta$)，3.09(H$_\varepsilon$)，3.77(H$_\alpha$)。分析可知：3.77 处的单峰对应的是与 α 碳原子相连的氢，1.74 处的峰对应的是苯环上的与 β 碳原子相连的氢，1.23 处的峰对应的是与 γ 碳原子相连的氢，1.42 处的峰对应的是与 δ 碳原子相连的氢，3.09 处的峰对应的是与 ε 碳原子相连的氢。除去溶剂峰，样品在核磁氢谱上出现特征吸收峰的化学位移与积分比例均与 ε-PL 结构式中的氢含量一一对应，表明所得产物即为目标产物。同时可以根据核磁氢谱结果计算得到 ε-PL 的聚合度。

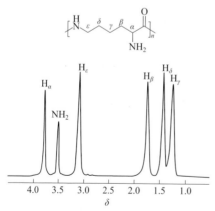

图7-4　ε-PL的^{1}H NMR谱图

表7-1 ε-PL的 ^{1}H NMR谱峰归属

归属	化学位移	积分
NH$_2$	3.51067	0.8528
H$_\alpha$	3.77369	1.4488
H$_\beta$	1.73822	2.7691
H$_\gamma$	1.23397	2.6901
H$_\delta$	1.42107	2.6074
H$_\varepsilon$	3.09037	2.4883

四、ε-聚赖氨酸的圆二色谱

聚合物的二级结构同样也是影响其性质的主要因素，圆二色谱（circular dichroism，CD）是针对高分子结构不同构型和高级结构进行表征的。ε-PL 在几种不同介质溶液和不同 pH 值下的 CD 光谱如图 7-5 所示 [5]。在 pH 值低于 8 的水溶液介质中，纵坐标椭圆度值为正数，表明所有肽段均显示出了静电扩张这一非常规构象，未显示 α- 螺旋、β- 折叠和无规卷曲等 α-PL 及其他蛋白质多肽所具有的特征构象 [6]。当溶液的 pH 值高于侧链氨基的 pK_a 时，圆二色谱的信号逐渐产生负吸收。经过 CDPro 拟合计算，各种构型的具体含量列于表 7-2。可以观察到碱性溶液中的 ε-PL 会呈现出 β- 折叠构象，与无规卷曲构型一起共占 50% 左右，α- 螺旋构象仅占不到 20%，与 α-PL 不同。α-PL 具有典型的螺旋和折叠构象。形成这两种 PL 构象不同的原因可能是 ε-PL 的侧链氨基与羧基缩合形成的主链比 α-PL 的主链长得多；而螺旋构象的形成是基于以下结构：3.6 个氨基酸残基形成螺旋环，并被羰基和氨基形成的氢键稳定。ε-PL 的主链是长的脂肪族烃链，难以形成常规的稳定螺旋结构，但是在 pH>9 的条件下会形成局部的协同氢键，这些氢键促进 β- 折叠构象的形成。因此，ε-PL 在合适的条件下主要形成 β- 折叠

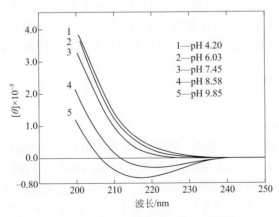

图7-5 ε-PL在不同pH值条件下的CD谱图

构象。在等电点两侧形成截然不同的构象可能归因于侧链的氨基，侧链氨基的电离常数在 8.0 ~ 9.0 之间，当 pH 值低于电离常数时，氨基带有强正电荷，这会使主链中的残基相互排斥。形成氢键的两个基团的距离远远超过 α-PL 中基团的距离，氢键的能量无法克服势能，各基团只能保持自由伸展的状态，所以 ε-PL 自身可能形成类似于绷紧弦的状态，既不是无规卷曲，也不是螺旋和折叠构象[7]。

表7-2　ε-PL 在不同碱性介质中各构象所占比例　　　　　　　　　　　　　　单位：%

项目	α-螺旋	β-折叠	无规卷曲
H_2O	17.3	20.2	32.3
40% TFE	17.5	20.0	32.8
20mmol/L SDS	19.0	19.6	32.9

在 40%TFE 溶液中研究 ε-PL 的构象，该溶液模拟了高度疏水的环境，可以诱导 α- 螺旋中所需氢键的形成[8]。圆二色谱表明，在 TFE 介质中，当溶液的 pH 值低于 ε-PL 侧链氨基的 pK_a 值时，光谱数据与水性介质相同，同样无法形成常规构象。这表明 ε-PL 即使在高度疏水的模拟环境中也没有分子内氢键形成，是基团间的电荷互斥影响二级结构，而不是与水分子形成氢键，导致其分子结构的独特性。在高疏水性介质 TFE 和 SDS(pH 值大于 9.0）中，ε-PL 的 β- 折叠构象比例基本保持不变，表明形成的 β- 折叠比较稳定，且都是形成分子内和分子间氢键。Kushwaha 等[9] 报道在酸性条件下向 ε-PL 溶液中添加 6mol/L 尿素可诱导构象转化为无规卷曲，而添加其他金属盐蛋白变性剂则不会带来变化。由于氰酸盐可以抑制氨基的质子化，因此，假设添加尿素后反应分解产生的氰酸铵取代 ε-PL 侧链的氨基消除了正电荷。通过在室温下进行氰酸钠与 ε-PL 的反应，并将反应产物脱盐冻干后进行圆二色谱检测。如图 7-5 表明，ε-PL 的圆二色谱信号出现了负吸收，构象已经部分转变成 β- 折叠。因此，可以证明，ε-PL 在酸性溶液中表现出的静电扩展构象是由于侧链氨基的强正电荷引起的，该侧链氨基通过氨基甲氨酰化与氰酸钠反应后，不再带强烈的正电荷，残基不再相互排斥，因此氢键稳定形成二级结构。

五、ε-聚赖氨酸的粒径分析

ε-PL 的分子尺寸大小与其高级结构相关，通过动态光散射研究了水溶液中 ε-PL 的状态，结果如图 7-6 所示[2]。ε-PL 的尺寸分布受到 pH 影响，当 pH 值从 4 增加到 8 时，ε-PL 的平均粒径从 193nm 增加到 892nm。然后随着酸碱度的增加，粒径逐渐减小。结果表明，当 pH 接近 8.0 时，粒径最大。在 pH2 ~ 6 条件下，ε-PL 难以透过分子量为 1 万的半透膜，因为静电吸附作用，沉积在膜表面；pH 在

6～8范围内，除了与膜的静电作用以外，ε-PL自身会形成粒径更大的聚集体；随着pH逐渐增大，ε-PL不再带有正电荷且尺寸较小，因此可以全部通过分子量为1万的膜。

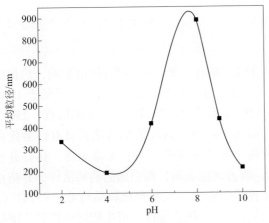

图7-6 ε-PL粒径随pH的变化

六、ε-聚赖氨酸的分子量及其测定方法

ε-PL的聚合度与其性能密切相关，其中准确的分子量检测方法至关重要。目前主要是采用凝胶渗透色谱（GPC）和SDS-PAGE两种分子量检测方法进行测定。凝胶渗透色谱测定ε-PL分子量的色谱条件为：采用Agilent 1200系统，TSK-gel G3000PWXL色谱柱（7.8mm×300mm）；流动相为0.2mol/L Na$_2$SO$_4$（醋酸调pH至4.0）；检测波长210nm；柱温35℃；进样量20μL，流速0.5mL/min。图7-7为ε-PL的GPC色谱图，ε-PL的保留时间为15.486min，由分子量标准曲线算得ε-PL的分子量为5050，分散系数为1.23[10]。

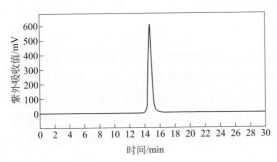

图7-7 ε-PL的GPC色谱图

第二节
ε-聚赖氨酸的性质

ε-PL 呈淡黄色粉末状，吸湿性强，略有苦味，它不受 pH 值影响，热稳定性好。分子量在 3600 ～ 4300 之间的 ε-PL 的抑菌活性最好，当分子量低于 1300 的时候，就会失去抑菌活性。因为 ε-PL 是混合物，所以没有固定的熔点，250℃以上开始软化分解。ε-PL 溶于水，微溶于乙醇。新颖的结构使其具有许多优良的性能，如抗菌性、耐热性、水溶性、可降解性等。ε-PL 无毒无害，具有良好的内毒素选择性清除和抗肥胖特性，改善细胞黏附，抑制胰脂肪酶活性，并防止口腔细菌毒素产生。因此，ε-PL 在食品、农业、制药和化妆品行业正得到广泛的研究。在如此广泛的应用中，因其安全性、热稳定性、可生物降解性和广谱抗菌活性，ε-PL 目前主要用作天然食品防腐剂。20 世纪 80 年代，日本首次批准 ε-PL 作为食品防腐剂。随后，它被引入美国、韩国和其他国家。2014 年，ε-PL 及其盐酸盐也被中国国家卫生和计生委批准为食品防腐剂。

一、ε-聚赖氨酸的理化性质

1. ε-聚赖氨酸的溶解性能

由于各种物质溶解度差别很大，根据固体物质溶解度不同，一般把室温下，在 100mL 水中溶解度在 10g 以上的物质称为易溶物质；溶解度在 1 ～ 10g 之间的物质称为可溶物质；溶解度在 0.01 ～ 1g 之间的物质称为微溶物质；溶解度在 0.01g 以下的物质称为难溶物质。试验结果发现，ε-PL 的溶解度在 10g 以上，所以按上述标准可知多聚赖氨酸为易溶物质[5]。

2. ε-聚赖氨酸的热重分析

图 7-8 为基于 ε-PL 热重分析的高效液相色谱图，其玻璃化转变温度（T_g）为 88℃，熔点（T_m）为 172.8℃。这些值可与尼龙 6 的典型值（T_g 56℃，T_m 221℃）相比较。根据聚合度 (n) 可以清楚地分解色谱图。ε-PL 主要峰值出现在保留时间约 40min 处。以五聚体和十聚体作为 n 值的标准，ε-PL 在聚合度 n=25 ～ 32 范围内分布最多。根据其单位分子量为 128、n=32 计算，ε-PL 的数均分子量 M_n 为 4090，是一种分子量较低的聚合物。

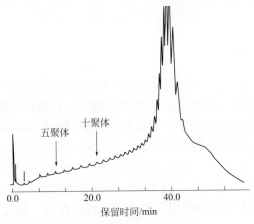

图7-8　ε-PL的HPLC离子对色谱图

3. ε-聚赖氨酸的耐热性能

将 ε-PL 提取物在 60℃、80℃、100℃、120℃下分别处理 10min、30min、50min 后，以枯草芽孢杆菌为指示菌做抑菌试验，抑菌平板在 37℃下培养 24h，观察抑菌效果如表 7-3、表 7-4 所示。

表7-3　温度对ε-PL功能活性的影响

温度	抑菌圈直径/mm			T_i	X_i
	10min	30min	50min		
60℃	10.73	10.15	10.49	31.37	10.46
80℃	10.90	11.07	10.81	32.78	10.92
100℃	10.86	11.89	12.74	35.49	11.83
120℃	10.54	11.17	10.54	32.25	10.75
T_j	43.03	44.28	44.58	131.89	
X_j	10.76	11.07	11.145		10.99

表7-4　温度对ε-PL影响的方差分析

变异来源	df	SS	s^2	F	$F_{0.05}$	$F_{0.01}$
温度间	3	2.978	0.993	2.84	4.76	9.78
时间间	2	0.339	0.17	0.49	5.14	10.92
误差	6	2.081	0.35			
总变异	11	5.398				

从表 7-3、表 7-4 可以看出，ε-PL 的热稳定性高，120℃加热 50min 仍具有较好的抑菌活性。F 检验结果表明，温度和时间的 F 值都小于 $F_{0.05}$，表明不同时间和温度处理对 ε-PL 抑菌活性的影响均不显著[5]。

二、ε-聚赖氨酸的生物学性质

1. ε-聚赖氨酸的生物安全性

ε-PL 是一种具有抑菌作用的多肽，进入人体后可被分解为人体必需的八大氨基酸之一的赖氨酸，所以 ε-PL 是一种安全性高的营养型抑菌剂，其急性口服毒性为 5g/kg[11]。ε-PL 可以广泛应用于食品生产中，而且在对 ε-聚赖氨酸抑菌效果的试验中证实，微量的 ε-PL 可以起到很好的抑菌效果，所以将 ε-PL 作为食品防腐剂基本不会影响食品的风味及质地等[12]，而且 ε-PL 的安全性也已在小鼠试验中得到证实，其并不会对生物体生殖、神经和免疫器官、胚胎和胎儿生长、后代的生长、两代的晶胚和胎儿的发育产生毒副作用，因此完全可以作为一种天然、安全、高效的食品添加剂[13]。

2004 年，ε-PL 的安全性被美国 FDA 认证。ε-PL 是一种可食用、水溶性、耐高温、对人无害的营养物质，早期许多研究者发现，作为一种食品添加剂，ε-PL 在胃里只降解成一种人体必需氨基酸（赖氨酸）。而在日本，ε-PL 已经被官方批准作为一种抗菌性防腐剂应用于食品中。生长抑制实验表明，ε-PL 作为有效的抗菌剂，对不同种类的真菌以及革兰氏阴性及阳性菌均有抗菌活性。它安全应用于人们的多种常见食物(大米饭、传统菜肴、寿喜烧、老汤面条等)中已有很长的历史[14]。至今没有文献表明，ε-PL 应用于食物中会产生不良反应。

ε-PL 作为防腐剂应用于食品中的安全性已被证实，经毒理学研究证明是无毒的。事实上，在小鼠急性毒物口服实验中，ε-PL 是安全无毒害的，而在对多种菌株的细菌突变实验中，证实 ε-PL 也是非诱变性的。长期的动物实验研究表明，ε-PL 的抗菌活性对肠道菌群的作用不会引起盲肠的扩张等特征性改变。

在慢性毒物喂养小鼠的研究中，当用 2% ε-PL 的量来喂食小鼠时，由于口味差，在实验进程中期，小鼠的体重削减，可是到实验后期，小鼠的体重又恢复到与对照组类似。组织病理检验获得的结果是，任何剂量水平的 ε-PL 对肝脏以及其他的器官或组织都不会产生相关的影响。在慢性毒性喂食实验中，临床生物化学检验、尿液分析或血液检验的结果与 ε-PL 及其剂量没有一致性的关系。基于慢性毒性研究的结果和 ε-PL 毒物学效应的缺乏，无不良反应的水平是饮食中 20000mg/kg，这是雄性小鼠可摄取的极限值，而对于雌性小鼠的剂量来说大约是 1317mg/kg。

在亚慢性及慢性毒物喂养小鼠实验中，ε-PL 表现出无毒性的可能原因是，其在胃肠道内几乎不被吸收，而且在 ε-PL 的聚合物中没有任何危险的化学成分。在肠道内，由于蛋白酶的作用，ε-PL 能被轻微地降解，释放出 L-赖氨酸，另外还可以通过微生物的降解作用裂解成不同长度的均聚亚基。

综上所述，ε-PL 作为一种防腐剂被证实是安全的。

2. ε-聚赖氨酸的广谱抑菌性

ε-PL 抑菌范围广，具体见表 7-5。对于酵母菌属的红法夫酵母、膜醭毕赤酵母、掷孢酵母；革兰氏阳性菌中的嗜热脂肪芽孢杆菌、凝结芽孢杆菌、枯草芽孢杆菌；革兰氏阴性菌中的铜绿假单胞菌等能够引起食物腐败，导致人体食物中毒的菌有显著的抑制作用[15]。研究也表明，ε-PL 对革兰氏阳性的微球菌、保加利亚乳杆菌、热链球菌，革兰氏阴性的大肠杆菌、沙门氏菌，以及酵母菌的生长可以产生明显的抑制作用，而且 ε-PL 与醋酸结合所制备的复合试剂对枯草芽孢杆菌的生长有明显的抑制作用[16]。

表7-5 ε-PL 对微生物的最小抑菌浓度(MIC)

微生物	菌种（strain）	最小抑菌浓度 MIC/(μg/mL)	pH
真菌	黑曲霉（Aspergillus niger）	250	5.6
	须毛癣菌（Trichophyton mentagrophytes）	60	5.6
	假丝乳糖酵母（Candida acutus）	6	5.0
	红法夫酵母（Phaffia rhodozyma）	12	5.0
	异常毕赤酵母（Pichia anomala）	150	5.0
	膜醭毕赤酵母（P. membranaefaciens）	<3	5.0
	红乳糖酵母（Rhodotorula lactase）	25	5.6
	掷孢酵母（Sporobolomyces roseus）	<3	5.0
	酿酒酵母（Saccharomyces cerevisiae）	50	5.0
	耐盐性酵母（Zygosaccharomyces rouxii）	150	5.6
革兰氏阳性细菌	枯草芽孢杆菌（Bacillus subtilis）	<3	7.3
	凝结芽孢杆菌（Bacillus coagulans）	10	7.0
	嗜热脂肪芽孢杆菌（Geobacillus stearothermophilus）	5	7.0
	丙酮丁醇梭菌（Clostridium acetobutylicum）	32	7.1
	肠膜明串珠菌（Leuconostoc mesenteroides）	50	6.0
	短乳杆菌（Lactobacillus brevis）	10	6.0
	植物乳杆菌（L. plantarum）	5	6.0
	藤黄微球菌（Micrococcus luteus）	16	7.0
	金黄色葡萄球菌（Staphylococcus aureus）	12	7.0
	乳链球菌（Streptococcus lactis）	100	6.0
革兰氏阴性细菌	植生拉乌尔菌（Raoultella planticola）	8	7.0
	空肠弯曲菌（Campylobacter jejuni）	100	7.0
	大肠杆菌（Escherichia coli）	50	7.0
	铜绿假单胞菌（Pseudomonas aeruginosa）	3	7.0
	鼠伤寒沙门氏菌（Salmonella typhimurium）	16	7.0

ε-PL 对革兰氏阳性菌、革兰氏阴性菌具有良好的抑菌效果，通常在 $1\sim20\mu g/$ mL 就可有效抑制大多数革兰氏阳性菌和阴性菌；对一些病毒也有抑制作用；对丝状真菌及酵母菌也有一定抑制效应，抑菌浓度在 $100\mu g/mL$ 以上[17]。与 α- 聚赖氨酸（$n=50$）相比，ε-PL 具有更好的抑菌效果。ε-PL 的抑菌活性与赖氨酸聚合度有关，9 以上的聚合度是其抑菌活性所必需的，低于 9 个聚合度时的 ε-PL 分子几乎不显示抑菌活性[18]。ε-PL 的 α- 氨基或 ε- 氨基经化学改性后抑菌活性明显降低，氨基基团在抑菌活性中起关键作用，这可能与化学修饰后减弱了其正电荷特性或其构型有一定改变有关。ε-PL 对噬菌体具有杀灭活性，其杀灭效率与噬菌体自身的形态有关，与壳内的核酸种类无关，即壳内 ds DNA、ss DNA、ss RNA 与 ε-PL 对其的杀灭活性没有必然的关联性；ε-PL 对长尾不可收缩噬菌体的作用效果最好，这可能与 ε-PL 的主要作用位点是细胞表面有关。ε-PL 遇酸性多糖类可能因结合而使其活性降低；其与盐酸、柠檬酸、苹果酸等共同使用时又有增效作用；与另一食品工业常用的天然防腐剂乳酸链球菌素 NisinA 共同使用时，对危害严重的食源性致病微生物单增李斯特菌（*Listeria monocytogenes*）和蜡样芽孢杆菌 (*Bacillus cereus*) 具有显著增效作用。

第三节
ε-聚赖氨酸的抑菌机制

ε-PL 分子结构中的氨基活性基团，在溶液中容易质子化转变为带正电荷分子，对细胞膜表面负电荷的电子具有吸附作用，进而穿透细胞膜，导致细胞内容物溶出，细胞生理平衡打破，是其抗菌的主要机制。通过 Shima 等的研究试验[18]，用电子显微镜发现 ε- 聚赖氨酸处理后的大肠杆菌 K-12 细胞形态学表面发生了变化。因为 ε-PL 具有阳离子特性，这对微生物细胞表面产生了静电吸附作用，在电镜下观察到 ε-PL 对微生物的膜结构产生了剥夺效果，对细胞质也产生了作用效果使其不再呈现正态分布，这些作用效果最终导致了 ε- 聚赖氨酸处理作用后的微生物发生了生理性的损害。Shima 等[18]也发现了含有大于 9 个 L- 赖氨酸残基的 ε- 聚赖氨酸能够严格抑制微生物的生长，并且 ε- 聚赖氨酸的最小抑菌浓度（MIC）大于 100mg/mL。Vaara 等[17]的研究试验发现，ε-PL 中的 α- 氨基基团的化学修饰可以降低 ε-PL 的抑菌活性，在 ε-PL 对细胞完整性影响的试验中，通过观察 ε-PL 对菌体细胞壁、细胞膜通透性以及对菌体细胞表达蛋白的影响，还有 ε-PL 对细菌菌体紫外吸收物的渗透检测的试验，初步探究了 ε-PL 的抑菌机制。

ε-PL 阳离子表面活性物质可以对微生物细胞外膜产生作用（ε-PL 可以显著改变水中的氨基基团，可作为阳离子表面活性剂，可以像其他阳离子聚合物一样对微生物的生长产生抑制作用），从而达到抑制酵母菌、霉菌、革兰氏阳性菌、革兰氏阴性菌等微生物生长繁殖的效果。并且，通过刘蔚等[19]用 ε-PL 处理过的大肠杆菌、枯草芽孢杆菌和青霉菌进行的研究试验，证明 ε-PL 对微生物的细胞结构、细胞完整性进行了破坏，使其丧失生理作用，而且细胞膜上形成了孔道，致使胞内的大分子物质溢出，胞外离子浓度升高，蛋白质的合成受到了影响，最终导致了细胞的死亡。总的来说，ε-PL 的作用机制体现在其作用于细胞壁和细胞膜系统、作用于遗传物质或遗传微粒结构、作用于酶或功能蛋白，逐渐破坏细胞结构，致使细胞死亡。此外，可能由于酵母菌、细菌、霉菌的细胞表面状况不同，ε-PL 对它们的 MIC 发生了变化，这需要进一步的研究来进行解释。

一、ε-聚赖氨酸对菌体细胞超微结构的影响

基于对 ε-PL 抑菌机制的研究，刘蔚等[19]进行了 ε-PL 对菌体细胞结构影响的试验。选用质量浓度为 400mg/L、300mg/L、200mg/L、100mg/L、75mg/L、50mg/L、25mg/L 的 ε-PL 溶液，以及制备的菌落总数为 1×10^6CFU/mL 的大肠杆菌、枯草芽孢杆菌、青霉菌液作为测试菌液。首先测定了 ε-PL 对大肠杆菌、枯草芽孢杆菌、青霉菌的最小抑菌浓度（MIC）（25mg/L），再以 1 倍 MIC 质量浓度的 ε-PL 加入菌悬液，用自动酶标仪测得波长 630nm 处的吸光度，绘制曲线，应用 Hara 等的计算方法测定其抑菌活力，并用扫描电镜与透射电镜宏观对比 ε-PL 处理时间对菌体超微结构的影响。

1. 扫描电镜观察

如图 7-9 所示，扫描电镜下观察，没有经过 ε-PL 处理的对照组大肠杆菌细胞表面结构完整、光滑、饱满，没有破损情况，胞内物质没有溢出，且折光性好；经 ε-PL 作用 1h 后的菌体细胞出现了皱缩，部分细胞表面表现出了缢痕，同时在这些区域发生少量原生质向外扩散的现象；随着 ε-PL 对菌体作用时间的增长，菌体细胞干瘪不饱满，扭曲变形，表面粗糙，破裂塌陷，同时大量胞内原生质外泄[19]。由此试验可知，ε-PL 对细胞形态结构产生了破坏作用，从而达到了抑菌效果，而且随着 ε-PL 对菌体细胞作用时间的增加，菌体细胞受到的破坏越严重，抑菌效果越显著。

2. 透射电镜观察

透射电镜可以在纳米层面对细胞超微结构进行观测，如图 7-10 所示，没有经过 ε-PL 处理的对照组大肠杆菌菌体细胞壁、细胞膜和核膜完整，光滑，细胞

结构紧密，形态饱满，细胞质均匀，细胞核及核仁明显；经ε-PL作用后的菌体，部分菌体细胞开始出现皱缩，胞质不均匀，细胞壁模糊，质壁部分开始出现分离现象；随着ε-PL对菌体作用时间的增加，菌体变形，质壁分离，细胞膜破裂，细胞质固缩，凝集成块，细胞器溶解。

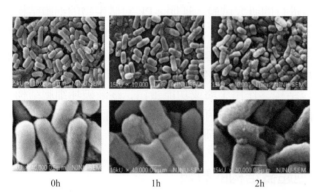

图7-9　ε-PL分别处理0h、1h、2h的大肠杆菌扫描电镜图

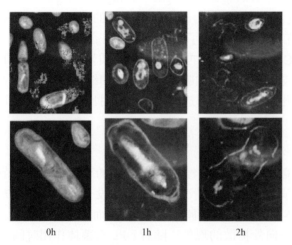

图7-10　ε-PL分别处理0h、1h、2h的大肠杆菌透射电镜图

二、ε-聚赖氨酸对细胞完整性的影响

扫描和透射电镜表征手段是从细胞形貌角度对其抑菌机制进行了初步解析，为进一步解析ε-PL抑菌机制，刘蔚等[19]在研究ε-PL对菌体细胞完整性影响的试验中，观察ε-PL对菌体细胞壁、细胞膜通透性以及菌体细胞表达蛋白的影响，

还有 ε-PL 对细菌菌体紫外吸收物的渗透检测。

1. ε-聚赖氨酸对菌体细胞壁的影响

细胞壁对微生物细胞的生存有十分重要的作用，而人体细胞没有细胞壁结构，所以微生物的细胞壁结构是达到抑菌效果的最理想的作用目标。干扰微生物细胞壁的正常合成可以使菌体抗渗透压能力下降，引起菌体变形、破裂甚至死亡。

碱性磷酸酶（AKP）是处于菌体细胞壁与细胞膜之间的一种酶，在菌体正常生存状态下，胞外检测不到它的活性。当细胞壁遭受破坏，透性增加，碱性磷酸酶可以溢出至胞外。因而可以通过检验细胞外碱性磷酸酶含量的变化确定菌体细胞壁渗透性的变化。

从图 7-11、图 7-12 可以看出，ε-PL 作用大肠杆菌约 2.5h 后、作用枯草芽孢杆菌 3h 后培养液中胞外渗出的碱性磷酸酶量开始增多，约 3.5h 后经 ε-PL 作用的两种菌液中的碱性磷酸酶量达到最大值，随后趋于平稳，且远远高于对照组。该实验反映了 ε-PL 对两种菌的细胞壁都有一定的破坏作用，且对大肠杆菌的作用要快于枯草芽孢杆菌。该结果说明，ε-PL 造成了细胞壁通透性的增加，从而破坏细胞结构的完整性。

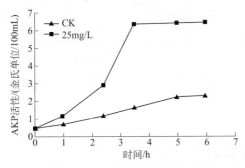

图7-11　ε-PL对大肠杆菌菌体细胞壁的影响
1金氏单位/100mL＝7.14U/L，下同

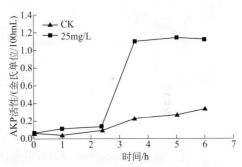

图7-12　ε-PL对枯草芽孢杆菌菌体细胞壁的影响

2. ε-聚赖氨酸对细胞膜渗透性的影响

ε-PL 呈高聚合多价阳离子态[20]，可作为阳离子表面活性剂，像其他阳离子聚合物一样对微生物的生长产生抑制作用，其可以破坏微生物的细胞膜结构，使细胞中断物质、能量和信息的传递，还可以与细胞内的核糖体结合，影响合成生物大分子，最终致使细胞死亡。将微生物置于对其不利的环境，通常其生物膜

流动性和半透性降低，会导致细胞质和细胞内 K⁺ 等电解质的外渗，从而可以通过观察培养液电导率的变化推导出细胞膜渗透性的变化。这些原生质外渗会影响细胞体多种代谢途径，破坏细胞内环境的稳定性，影响多种酶的活性。此外，膜的流动性下降，细胞内外渗透压调节达不到平衡，细胞发生膨胀破裂，最终死亡。

由图 7-13、图 7-14 可知，经 ε-PL 处理的大肠杆菌、枯草芽孢杆菌的培养液电导率明显高于未经处理的对照组，但 2 倍 MIC 的 ε-PL 浓度（50mg/L）的处理组与 1 倍 MIC 浓度组（25mg/L）相比差别不大。随着 ε-PL 对菌体作用时间的延长，培养液电导率持续增加，且处理 1h 后电导率变化的速率明显升高，这说明经过 ε-PL 处理的菌体细胞随着作用时间的延长均有细胞质渗漏，电解质的渗出量不断增大，可能造成细胞膜流动性降低，细胞内环境稳定性被破坏，从而导致原生质外渗，破坏菌体细胞，起到抑菌作用。

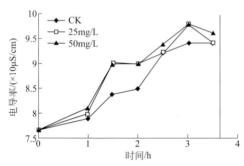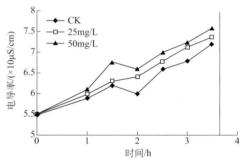

图7-13　ε-PL引起的大肠杆菌细胞的细胞质渗漏　　图7-14　ε-PL引起的枯草芽孢杆菌细胞的细胞质渗漏

3．细菌菌体紫外吸收物的渗透检验

正常情况下，细菌细胞壁的微孔仅容小于 1nm 的分子通过。本书著者团队所做的实验表明处理组在 260nm 波长处的吸光度始终高于对照组，且当细菌与 ε-PL 作用后随时间延长 260nm 波长处的紫外吸光度显著升高。

由图 7-15 可以看出，大肠杆菌在与 ε-PL 作用前 1h，紫外吸收物渗透速率较快，在作用约 3.5h 后，渗透液中紫外吸收物的含量趋于稳定；同样由图 7-16 可知，枯草芽孢杆菌与 ε-PL 作用后，渗透液中紫外吸收物含量逐渐上升，约 4.5h 后含量趋于稳定。

由此可以推测，随着细菌细胞与 ε-PL 作用时间的延长，细菌细胞通透性屏障受损，其核心也遭到破坏，使细胞内的组分包括具有紫外吸收特性的物质漏出，前面的实验也证明 ε-PL 对枯草芽孢杆菌的影响不如对大肠杆菌敏感，ε-PL 需要更多时间在其细胞上形成孔道，所以较大肠杆菌而言，枯草芽孢杆菌的紫外吸收物渗出速率较慢，量稳定值出现时间较晚。

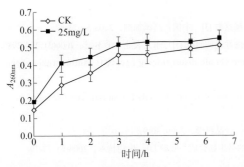
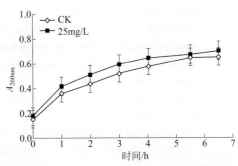

图7-15 ε-PL对大肠杆菌的紫外吸收物渗透性影响

图7-16 ε-PL对枯草芽孢杆菌的紫外吸收物渗透性影响

参考文献

[1] 凌沛学. 秀外慧中：神奇的智能透明质酸 [M]. 北京：中国纺织出版社，2005.

[2] 徐虹，欧阳平凯. 生物高分子：微生物合成的原理与实践 [M]. 北京：化学工业出版社，2010.

[3] Shima S,Sakai H. Poly-L-lysine produced by *Streptomyces*. part Ⅲ. chemical studies[J]. Agricultural and Biological Chemistry, 1981, 45(11): 2503-2508.

[4] Pretsch E,Bühlmann P,Affolter C, et al. Structure determination of organic compounds[M]. Berlin: Springer, 2000.

[5] 刘家宁. ε- 聚赖氨酸分离纯化、动态结构及抑菌活性研究 [D]. 北京：中国科学院大学（中国科学院过程工程研究所），2020.

[6] Katarzyna C-B. Alpha-helix to beta-sheet transition in long-chain poly-L-lysine: formation of alpha-helical fibrils by poly-L-lysine[J]. Biochimie, 2017, 137: 106-114.

[7] Kondo H X,Kusaka A,Kitakawa C K, et al. Hydrogen bond donors and acceptors are generally depolarized in α-helices as revealed by a molecular tailoring approach[J]. Journal of Computational Chemistry, 2019, 40(23): 2043-2052.

[8] Gusmão K A,Santos D M D,Santos V M, et al. Ocellatin peptides from the skin secretion of the south American frog Leptodactylus Labyrinthicus (Leptodactylidae): characterization, antimicrobial activities and membrane interactions[J]. Journal of Venomous Animals and Toxins Including Tropical Diseases, 2017, 23(4).

[9] Kushwaha D,Mathur K,Balasubramanian D. Poly (ε-L-lysine): synthesis and conformation[J]. Biopolymers: Original Research on Biomolecules, 1980, 19(2): 219-229.

[10] 周俊，徐虹，王军，等. 北里孢菌 PL6-3 产 ε- 聚赖氨酸的分离纯化和结构表征 [J]. 化工学报，2006(8): 1957-1961.

[11] 董惠钧. 生物防腐剂 ε- 聚赖氨酸的初步研究 [D]. 天津：天津科技大学，2003.

[12] Neda K,Sakurai T,Takahashi M, et al. Two-generation reproduction study with teratology test of ε-poly-L-lysine by dietary administration in rats[J]. Jpn Pharmacol Ther, 1999, 27: 1139-1159.

[13] Hiraki J. ε-polylysine: its development and utilization[J]. Fine Chem, 2000, 29: 18-25.

[14] Shih L,Shen M,Van Y. Microbial synthesis of poly (ε-lysine) and its various applications[J]. Bioresource Technology, 2006, 97(9): 1148-1159.

[15] 金丰秋，金其荣. 新型生物防腐剂——聚赖氨酸 [J]. 中国食品添加剂，2003(5): 73-87.

[16] 刘慧，徐红华，王明丽，等. 聚赖氨酸抑菌性能的研究 [J]. 东北农业大学学报，2000(3): 294-298.

[17] Vaara M,Vaara T. Polycations as outer membrane-disorganizing agents[J]. Antimicrobial Agents and Chemotherapy, 1983, 24(1): 114-122.

[18] Shima S,Matsuoka H,Iwamoto T, et al. Antimicrobial action of ε-poly-L-lysine[J]. The Journal of Antibiotics, 1984, 37(11): 1449-1455.

[19] 刘蔚，周涛 . ε- 聚赖氨酸抑菌机理研究 [J]. 食品科学，2009, 30(9): 15-20.

[20] 施庆珊，陈仪本，欧阳友生 . ε- 聚赖氨酸的微生物合成与降解 [J]. 生物技术，2004(6): 77-79.

第八章
ε－聚赖氨酸的生物合成

ε- 聚赖氨酸（ε-PL）具有广谱抗菌、安全无毒、水溶性好、生物相容性和生物降解性及热稳定性高等优点。本章主要从 ε-PL 产生菌筛选与选育、生物合成机制和生产强化策略等方面介绍 ε-PL 研究现状，为 ε-PL 产业化生产提供参考。

第一节
ε-聚赖氨酸合成菌株研究

ε-PL 的研究始于 20 世纪 80 年代末，是日本学者 Shima 和 Sakai [1] 在筛选有价值的生物碱时发现的微生物天然代谢产物。因其侧链含有大量氨基基团，ε-PL 呈现出许多特殊的理化和生物学特性，例如水溶性、无毒可食用、可生物降解等，这些特性使得 ε-PL 具有抗菌抗病毒、安全、生物相容性、耐高温等优点 [2,3]。为了推进 ε-PL 产品市场化应用，研究者一直努力降低其工业化生产成本，而高效的产生菌株是发酵工业的基础，因此 ε-PL 产生菌株的筛选与选育一直是研究的热点之一。本节首先介绍 ε-PL 产生菌株研究现状；随后简述了本书著者团队进行的与筛选 ε-PL 产生菌以及发酵工艺优化相关的研究工作。

一、ε-聚赖氨酸产生菌株及其发酵策略

在过去很长一段时间内，ε-PL 产生菌株的筛选都是一项烦琐的工作，从 1977 年第一株 ε-PL 产生菌株被筛选出来后，很长时间内都没有新的 ε-PL 产生菌株的报道。直至 2002 年，Nishikawa 等 [4] 通过在培养基中加入 Poly R-478 筛选获得了 10 余株 ε-PL 产生菌。Poly R-478 为一种酸性染料，ε-PL 为一种生物碱，因此相关产生菌株分泌的 ε-PL 会与培养基中的 Poly R-478 发生静电反应，使得菌落周围呈现明显的颜色圈。通过观察这种颜色圈的有无可以高效地筛选得到 ε-PL 产生菌株，克服了 ε-PL 产生菌株筛选的盲目性，适合进行大规模的筛选。此方法中的颜色圈的有无除了能够定性地判断 ε-PL 的分泌情况，通过菌落周围颜色圈的直径和颜色深度还可以大致判断菌株所分泌 ε-PL 的分子量大小和浓度。

除了上述的筛选方法外，Hirohara 等还通过两阶段培养的方法从 1300 多株放线菌中获得了超过 200 株的 ε-PL 产生菌：在第一阶段控制 pH 在 6.0 以上促进菌体生长，之后在第二阶段将获得的菌体转入 pH 4.0 的培养基中培养，并对培养液进行 ε-PL 检测 [5]。通过上述两种方法或者在此方法上进行改进，研究者陆续获得了大量的 ε-PL 产生菌。目前发现的 ε-PL 产生菌株绝大多数属于放线菌，除了

之前发现的小白链霉菌，北里孢菌、不吸水链霉菌、灰褐链霉菌、诺氏链霉菌等也具有合成 ε-PL 的能力[6]。此后，如表 8-1 所示，研究者们对已经发现的 ε-PL 产生菌株通过诱变、基因组重组、关键酶的优化改造、发酵工艺优化等技术手段提高了菌株的 ε-PL 合成能力。江南大学刘立明团队以小白链霉菌 FMME-545（*Streptomyces albulus* FMME-545）为出发菌株，采用常温常压等离子体 (ARTP) 诱变与核糖体工程相结合的方法，选育了一株具有利福霉素抗性的高产菌株 *S. albulus* FMME-545RX，在 500L 发酵罐分批补料发酵 192h 后，ε-PL 的产量达到 53.1g/L，相比于原始菌株提高 130%[7]。

表8-1 国内外代表性 ε-PL 产生菌及其主要发酵策略及参数

发酵菌株	主要碳源和氮源	主要发酵策略	产量/(g/L)	发酵时长/h	分子量/×10³	参考文献
小白链霉菌F4-22	甘油+牛肉膏	通过基因组重排筛选ε-PL耐受菌	39.96	173	约4.21	[8]
小白链霉菌SG-31	葡萄糖+酵母提取物	核糖体工程	59.50	174	NM	[9]
小白链霉菌R6	葡萄糖+酵母提取物	核糖体工程+pH脉冲	70.3	192	NM	[10]
小白链霉菌FMME-545RX	葡萄糖+蔗糖+牛肉膏+硫酸铵	通过ARTP诱变筛选链霉素耐药突变菌株	53.1	192	NM	[7]
链霉菌属M-Z18	甘油+牛肉膏	甘油为碳源	30.1	174	约4.21	[11]
	甘油+葡萄糖+ 牛肉膏	甘油、葡萄糖为混合碳源	35.1	174	约4.21	[12]
小白链霉菌TUST2	葡萄糖+酵母提取物	底物喂养策略	20	96	1～4.5	[13]
蜡样芽孢杆菌	葡萄糖+酵母提取物	代谢前体喂养	0.565	96	NM	[14]
小白链霉菌PD-1	糖蜜水解液+菌体水解液	废弃物利用	20.6	168	3.5～4.5	[15]
小白链霉菌S410	葡萄糖+酵母提取物	两阶段pH控制策略	48.3	192	3.2～4.5	[16]
链霉菌属M-Z18	甘油+鱼粉+玉米浆干粉	pH脉冲	54.7	192	约4.21	[17]
	甘油+鱼粉+玉米浆干粉	pH脉冲+菌球粒径控制	62.36	192	约4.21	[18]
小白链霉菌PD-1	葡萄糖+ 硫酸铵	添加氧载体	30.8	168	3.5～4.5	[19]
链霉菌属GIM8	葡萄糖+酵母提取物	产物原位移除	23.4	200	3.5～4.5	[20]
北里孢菌属MY5-36	葡萄糖+酵母提取物	细胞固定化	34.1	99	约5.05	[21]
小白链霉菌S410	葡萄糖+酵母提取物	气升式反应器应用	30	168	3.2～4.5	[22]
小白链霉菌CR1	甘油+硫酸铵	过表达*ask* (M68V)基因	15	168	3.5～4.5	[23]
小白链霉菌PD-1	葡萄糖+硫酸铵	异源表达*VHb*基因	34.2	168	3.5～4.5	[24]
	葡萄糖+硫酸铵	过表达铵转运蛋白基因	35.7	168	3.5～4.5	[25]

注：NM 表示未提及。

二、ε-聚赖氨酸产生菌株的筛选与鉴定

1．ε- 聚赖氨酸产生菌株筛选

由于 ε-PL 是一种生物碱，可利用德根道夫（Dragendorff）试剂与生物碱特有

的颜色反应进行复筛［图 8-1（a）］。本书著者团队进一步采用一种含有美蓝的琼脂平板，通过检测不同含量的 ε-PL 在此平板上形成的透明圈的直径，快速推算出发酵液或者食品中 ε-PL 含量，从而建立了一种新型琼脂扩散法，实现了 ε-PL 的快速检测[26]［图 8-1（b）］。该方法在避免美蓝对菌株产生毒害，影响其生产能力的基础上，实现了 ε-PL 产生菌株的高通量筛选。利用该筛选方法从所获得的 382 株产碱菌株中，筛选到 3 株 ε-PL 产量较高的菌株（产量 0.5g/L 以上），且产物经核磁共振氢谱和红外光谱鉴定为 ε-PL。

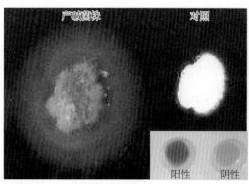

图8-1　ε-聚赖氨酸产生菌株筛选。（a）产碱菌株筛选；（b）琼脂扩散法检测

2. ε- 聚赖氨酸产生菌株鉴定

（1）菌株培养形态特征及生理生化分析　菌株 NXL-318 在 8 种培养基上生长的培养特征结果见表 8-2。菌株 NXL-318 的气生菌丝在 6 种培养基上为灰色、白色或灰白色，而在葡萄糖天冬素培养基和甘油天冬素培养基上无气生菌丝产生；菌株 NXL-318 的基内菌丝在 8 种培养基上为黄灰色或豆汁黄色。此外，在8 种培养基上均不产生可溶性色素。

表8-2　NXL-318菌株的培养特征

培养基	气生菌丝	基内菌丝	可溶性色素
察氏培养基	灰白色	黄灰色	无
葡萄糖天冬素培养基	无	豆汁黄色	无
甘油天冬素培养基	无	豆汁黄色	无
无机盐淀粉培养基	灰色	黄灰色	无
ISP-2培养基	白色	豆汁黄色	无
燕麦粉培养基	灰色	豆汁黄色	无
高氏一号培养基	灰白色	豆汁黄色	无
桑塔氏培养基	灰色	灰黄色	无

（2）菌株 16S rDNA 序列分析鉴定　以 NXL-318 菌株中提取的 DNA 为模板进行 PCR 扩增，将目的片段进行纯化回收后委托南京金斯瑞公司测序。测得16S rDNA 序列共 1459bp，在线提交至 GenBank 数据库，登录号为 JF427575。将所获得的基因序列在 NCBI 数据库中进行比对并构建系统发育树（图8-2）。结果表明：NXL-318 菌株与小白链霉菌（*S. albulus*）同源性达到 100%，将经亚硝基胍诱变后的菌株命名为小白链霉菌 PD-1（*S. albulus* PD-1）。

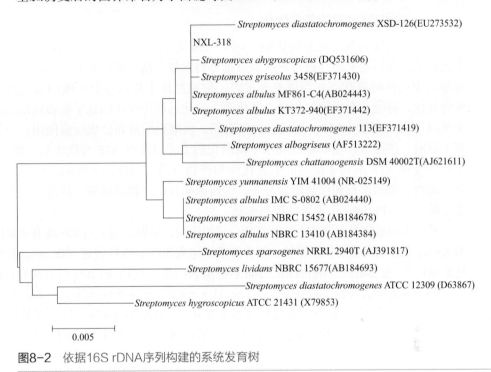

图8-2　依据16S rDNA序列构建的系统发育树

三、ε-聚赖氨酸发酵工艺优化

目前微生物发酵法合成 ε-PL 仍然存在培养成分复杂、发酵周期长、底物转化率低等问题。为实现经济和高效地合成 ε-PL，除采用较为廉价的培养基以外，选择合适的培养条件或培养方式，使代谢向着有利于底物转化和产物合成的方向进行也是一种有效的策略。此外，ε-PL 产生菌株在摇瓶发酵中的产量较低（0.2～1.5g/L），与发酵罐中的产量相差 10 倍以上。因此，发酵罐中的研究对于实现 ε-PL 产业化具有更大的现实意义。Kahar 等[16] 根据小白链霉菌 S410（*S. albulus* S410）在菌体生长和 ε-PL 合成过程中与 pH 的关系，建立了两阶段 pH 调控策略：第一阶段控制 pH 在 5.0 以上，以利于菌体生长；第二阶段保持 pH 在 4.0

左右，以促进ε-PL合成。基于该策略，在5L搅拌式生物反应器中，分批补料培养 *S. albulus* S410发酵生产ε-PL，产量从5.7g/L提高到48.3g/L。因此，在发酵过程中采用pH分段控制工艺，并在产物合成后期进行补料操作，可以有效提高目的产物的积累量。本书著者团队在5L发酵罐中开展了 *S. albulus* PD-1分批补料发酵生产ε-PL的研究，在pH分段控制的条件下，考察了通风量、搅拌转速及多种补料方式对菌体生长、底物转化和ε-PL合成的影响，优化了发酵罐中分批补料发酵的培养条件。

1. 分批发酵过程的条件优化

（1）通气量对发酵过程的影响　ε-PL发酵属于耗氧发酵，现有的ε-PL生产工艺是采用深层通氧搅拌进行批次或分批补料发酵。通气量的改变能够显著影响发酵液中的溶解氧状态。当供氧充足时，细胞群体主要以有氧呼吸的方式进行生物氧化，将能源有机物氧化成二氧化碳。氧化过程中释放的化学能被高效地转变成以三磷酸腺苷（ATP）为代表的代谢能，供细胞增殖和合成反应使用；当供氧不足时，细胞群体主要以底物水平磷酸化的方式获得以ATP为代表的代谢能，生产的少量ATP不利于细胞的生长代谢和产物合成。因此，不同的溶解氧状态会影响微生物的生长和代谢流的分布，进而影响目标产物的积累，故通气量是工业发酵生产ε-PL的一个重要的控制参数。

考察不同通气量对菌体生长和产物合成的影响，根据前期实验及对现有文献的参考确定发酵期间主要控制参数：培养温度恒定为30℃，搅拌转速300r/min，发酵初始pH 6.8，在24h内控制pH 6.0，24h后控制pH 4.0，通过流加10%氨水调节pH。

如图8-3所示为通气量在0.5～1.5L/(L·min)的条件下对菌体生长和产物合成的影响。实验结果表明，通气量过低[在0.5～0.8L/(L·min)]时，发酵体系的传氧较差，菌体生长受限，ε-PL产量较低；通气量过高[1.2～1.5L/(L·min)]

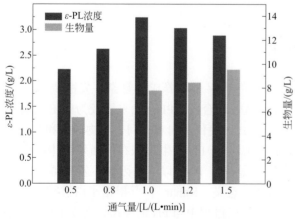

图8-3　通气量对ε-PL合成和菌体生长的影响

时，则导致菌体生长过于旺盛，底物消耗过快，不利于 ε-PL 合成，且高通气量会带来能耗的增加，不利于产业化生产。通气量在 1.0L/(L·min) 时，菌体生长处于合理水平，且产量最高，为 3.2g/L。

（2）搅拌转速对发酵过程的影响　生物反应器中的传质过程主要为气 - 液传递和液 - 固传递，传质过程极大地影响着微生物的反应速率。影响传质过程的一个主要因素是搅拌转速，它不仅关系到溶解氧的浓度，也与营养基质的传递和产物合成有关，并有利于维持生物反应器内的均一条件。较低的搅拌转速会限制营养基质和氧的传递，提高搅拌转速会使发酵液传质、传氧性能得到改善，但同时会增加能耗和剪切力。S. albulus PD-1 在发酵过程中会形成大量的菌丝体，过高的搅拌转速会产生较大的剪切力并对菌丝体造成伤害，不利于 ε-PL 的积累；另外，胞内物质的外泄也会增加产物提取的难度。因此确定合适的转速对 ε-PL 的发酵过程至关重要。

① 转速对发酵过程中底物消耗、生物量及 ε-PL 合成的影响　图 8-4 显示了不同转速条件下发酵过程中生物量、底物消耗及 ε-PL 变化情况。实验表明搅拌转速对细胞的生长具有明显的影响，在较高的转速（400r/min、600r/min、800r/min）下，发酵前期（24h 内）生物量的积累及底物的消耗具有相同的趋势。当 pH 开始下降时，不同转速对发酵过程的影响不同。在 400r/min 的条件下所获得的生物量最高，800r/min 条件下的生物量较 600r/min 低。分析原因可能是：随着转速的增高，剪切力的增大会导致菌丝体发生断裂，影响菌体正常生长及代谢。在不同搅拌转速下底物的消耗量也不同，200r/min 时底物消耗最少，800r/min 其次，600r/min 时底物消耗最多。在产物合成方面，在转速 400r/min 的条件下产物合成前期具有较高的合成速率，但随着发酵时间的延长其合成速率逐渐下降。相反，在 600r/min 条件下产物合成速率在后期有所上升，最终在 600r/min 的条件下获得最高的 ε-PL 产量。

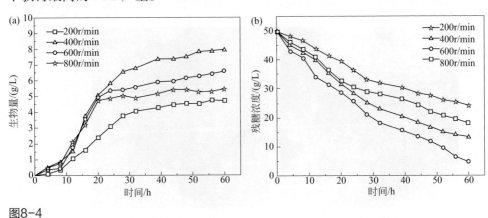

图8-4

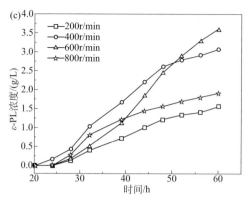

图8-4 转速对ε-PL分批发酵过程的影响。（a）生物量；（b）残糖浓度；（c）ε-PL产量

② 转速对发酵过程中菌丝体形态的影响　在液体发酵过程中丝状微生物的形态能够影响其发酵产物的生成。因此，控制菌丝体形态通常是其工业应用的先决条件。*S. albulus* PD-1 在液体培养环境下，会呈现丝状或者聚集成菌丝球。在传统的深层搅拌工艺中，为能获得较好的溶解氧状态，通常采用提高搅拌转速的方法。但是，随着搅拌转速的升高，其产生的高剪切力会使菌丝体发生断裂死亡。不同转速发酵条件下 *S. albulus* PD-1 的形态如图 8-5 所示。转速控制在 200r/min 时，菌丝体呈致密的菌丝球。随着转速的提高，菌丝体密度降低。转速控制在 400r/min 时，菌丝体比较松散，菌丝球的体积变小。当转速进一步提高，菌丝开始断裂，600r/min 时，菌丝球已被打散成松散的菌丝体且边缘开始发生断裂，800r/min 时菌丝体断裂成菌丝片段。从发酵液体系和菌丝体体系分析，低转速（200r/min）时菌丝体致密，不利于传氧和传质，ε-PL 合成速率较慢；随着转速的提高，菌丝体变得松散，传氧和传质增强，ε-PL 合成增加；进一步提高转速，尽管溶解氧和传质增强，但是过高的剪切力不利于 ε-PL 合成，ε-PL 积累很少。

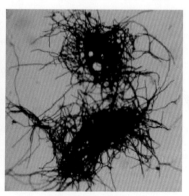

(a) 200r/min (40h)　　　　　　　(b) 400r/min (40h)

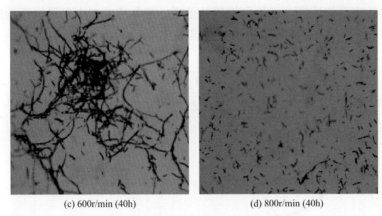

(c) 600r/min (40h)　　　　　　　　　(d) 800r/min (40h)

图8-5　不同转速下 *S. albulus* PD-1菌体形态（×100）

对以上情况综合分析，发现在菌体生长期400r/min能够为菌体生长提供较好的环境，此时菌体具有较高的生长速率。在产物合成期，由于产物的大量合成，对溶解氧的需求较高，在较高的转速（600r/min）下有利于产物的合成。因此在批次发酵过程中采用分段控制转速有利于菌体的生长及产物的合成。

2．优化条件下的分批发酵过程

根据以上实验结果，*S. albulus* PD-1在优化条件下进行分批发酵，发酵过程中通气量为 1.0L/(L·min)，采用两段pH及转速控制策略：在24h内控制pH 6.0，此阶段搅拌转速采用400r/min；24h后pH自然下降至4.0并通过流加氨水（10%）控制pH值，此阶段搅拌转速维持在600r/min至发酵结束。图8-6为优化条件下 ε-PL分批发酵过程曲线图，从图中可以看出，菌体延滞期很短，在10h后进入对数生长期，此时葡萄糖消耗速率增加。当pH下降到4.0时，菌体生长减缓，此时进入产物合成期。由于采用两阶段的搅拌转速调控，发酵过程中既保证了菌体的快速生长，又为产物合成阶段提供了充足的溶解氧，至发酵结束（62h）ε-PL的合成速率没有明显减缓，ε-PL产量达到 4.22g/L，较优化前提高了16%。但优化条件下的底物转化率仍处于较低水平，ε-PL的产量与生产强度仍有提升空间，采用合理的补料策略有望解决这一瓶颈问题。

3．分批补料发酵合成 ε- 聚赖氨酸

分批补料发酵是一种介于分批发酵和连续发酵之间的操作方式，随着营养的消耗，向反应器中间歇或连续地补加一种或多种营养物质，以达到延长生产周期和控制发酵过程的目的。分批补料发酵具有以下优点：①发酵系统中维持低的基质浓度，避免高浓度基质对细胞生长或产物形成的抑制，在一个时期内，使细胞生长或产物形成处于最佳条件下。②低基质浓度有利于消除快速利用碳源的阻

遏效应，维持适当菌体浓度，不加剧供氧的矛盾，避免培养基中积累有毒物质。③可人为控制培养液中基质的浓度且操作方式多样。

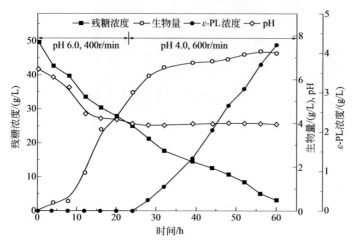

图8-6 *S. albulus* PD-1分批发酵过程曲线

图 8-7 为葡萄糖反馈控制变速补料发酵合成 *ε*-PL 的过程：开始以某一恒定速率补加葡萄糖，间隔 4h 取样检测残糖浓度，通过计算前一个 4h 的耗糖速率调整补料速率，使残糖浓度维持在 10g/L。从图中可以看出，在反馈控制变速流加的方式下，菌体的生长速率得到有效提高。发酵到 60h 时，细胞生长进入稳

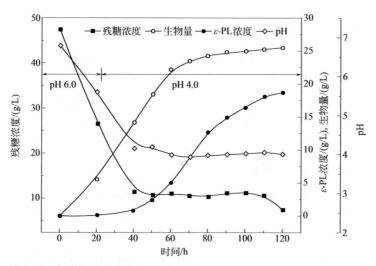

图8-7 变速补料发酵生产*ε*-PL过程

定期，产物开始快速合成；发酵到 120h 时，ε-PL 产量为 18.65g/L，生产强度为 0.16g/（L·h），相比批次补料发酵分别提高了 341.94% 和 128.57%。此外，发酵到 110h 时，菌株仍然具有较强的产物合成能力，因此后期通过代谢工程改造，并延长发酵周期至 168h，ε-PL 产量达到 35.7g/L[25]。综上所述，在 pH 分段控制的基础上，采用反馈控制变速流加补料的方法，可以明显提高 S. albulus PD-1 发酵生产 ε-PL 的产量和生产强度。

第二节
ε-聚赖氨酸的生物合成原理

与第三章中所述的 γ-PGA 相似，ε-PL 产生菌株中存在产物合成与产物降解两个过程，分别由 ε-PL 产生菌株中的两个关键酶调控。其中，ε-PL 的合成由 ε-聚赖氨酸合成酶（ε-poly-L-lysine-synthetase，Pls）控制，而 ε-PL 的降解则由 ε-聚赖氨酸降解酶（ε-poly-L-lysine-degrading enzyme，Pld）控制。两者共同作用、相互制约，这也是由 ε-PL 自身性质所决定的。ε-PL 作为一种生物防腐剂，产生菌株出于对自身菌体的保护作用，在自然条件下会通过 Pls 合成 ε-PL 并随后被 Pld 降解，从而达到平衡。具体表现为，在高 pH 发酵条件下（pH＞5.0），菌体几乎不产生 ε-PL，显然，这对于 ε-PL 的生产是极为不利的，这一现象引起了学者们的关注和研究。本节主要介绍 Pls 发现与聚合机制、ε-PL 降解酶和 ε-PL 合成途径，为 ε-PL 产生菌株代谢工程改造提供理论基础。

一、ε-聚赖氨酸合成酶及其相关基因

Kawai 等[27] 发现 S. albulus 的无细胞抽提物和细胞膜碎片悬浮液在 L-赖氨酸和 ATP 存在的条件下，会有 ε-PL 合成反应和 AMP 产生，推测该反应由 Pls 催化。同时，这种合成反应不会受到核糖核酸酶、氯霉素和卡那霉素的影响。而且，Pls 还会催化 L-赖氨酸和 ATP-PPi 的交换反应。该实验进一步说明 ε-PL 的合成是通过非核糖体多肽合成酶（NRPS）系统进行的，而且这种酶位于细胞膜上，反应至少包括两个步骤：① L-Lys-AMP 的活化反应；②活化的 L-赖氨酸的合成反应。但该研究并未明确参与从 L-赖氨酸到 ε-PL 的合成反应的到底是单一酶还是多种酶系。此外，不同菌株得到的 ε-PL 的聚合度不同，推测在 NRPS 生物合成途径中存在增长反应和分泌控制的调节机制。

直到 2008 年 12 月，Yamanaka 等在 *Nature Chemical Biology* 报道了对合成酶及其基因的突破性进展，该研究成功纯化出小白链霉菌 NBRC14147（*S. albulus* NBRC14147）的 Pls 并对其催化机制进行了研究[28]。

1. ε-聚赖氨酸合成酶的发现

（1）ε-聚赖氨酸合成酶的纯化及性质分析　Yamanaka 等以 *S. albulus* NBRC14147 为出发菌株，培养 32h，从 700mL 发酵液中共得到 75g 湿菌体，将湿菌体在 150mL 缓冲液中超声破碎，然后在 16000g 的离心力下离心 20min，取上清液。将上清液在 160000g 超高速离心 1h，取沉淀颗粒即为细胞膜的碎片部分。将此部分用缓冲液洗涤，然后在 30mL 缓冲液中超声破碎，接着超高速离心，所得上清液可溶于乙基苯基聚乙二醇（NP-40）中，这部分即可用于 Pls 的提取。然后依次通过 DEAE Toyopearl 650M、AF-Blue Toyopearl 650M、超滤（YM-50 膜，Amicon 公司）、Sephacryl S-300 HR 蛋白色谱柱洗脱，收集活性峰，最终得到纯化的 Pls（见表 8-3）。

表8-3　Pls 的纯化过程和收率[28]

纯化步骤	酶活/U	总蛋白/mg	比酶活/（U/mg）	回收率/%	纯化倍数
粗酶液	105300	2580	40.8	100	1.0
细胞膜碎片	74700	349	214	71	5.2
盐洗细胞膜碎片	73200	212	345	70	8.4
NP-40溶解	67300	104	647	64	15.8
DEAE Toyopearl	64000	25.2	2540	61	62.1
AF-Blue Toyopearl	39700	4.8	8271	38	202
超滤	27200	4.3	6326	26	155
Sephacryl S-300 HR	19600	2.9	6880①	19	168

①来自参考文献 [28]，应为 6759。

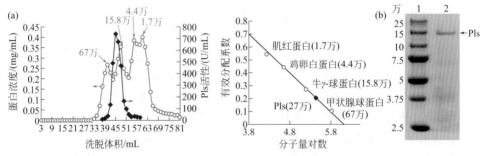

图8-8　（a）凝胶过滤色谱Sephacryl S-300 HR测量结果；（b）SDS-PAGE测量结果[28]

通过凝胶过滤色谱法估计的天然酶的分子量为 27 万［图 8-8（a）］。然而，通过变性 SDS-PAGE 估计的分子量为 13 万［图 8-8(b)］，这表明 Pls 是同源二聚体。

通过对纯化得到的 Pls 进行的研究，发现 Pls 的最佳活性 pH 为 8.5，最佳酶活温度为 25 ～ 30℃。这与人们的推测相符，即 ε-PL 发酵过程中所控制的 pH 4.0 并不是 ε-PL 合成的最佳条件，其目的主要是抑制 Pld 的活性，从而得到更多的 ε-PL。

（2）ε- 聚赖氨酸合成酶基因的克隆　Yamanaka 等通过对纯化的 Pls 的两端氨基酸序列进行测序，设计相应的 PCR 引物，克隆出了一段 33kb 的基因，其中包含 Pls 基因（图 8-9）。Pls 基因可以翻译 1319 个氨基酸，总分子量 13.8 万，这与纯化出的 Pls 亚基大小完全相符。为了确定 Pls 基因确实可以编码 Pls，并通过 Pls 合成 ε-PL，Yamanaka 等又将 Pls 基因失活，观察菌体是否会因此丧失合成 ε-PL 的能力。结果显示 Pls 被外源基因插入失活后，菌体就无法生产 ε-PL。以上结论表明 Pls 基因编码 Pls，再由 Pls 合成 ε-PL，Pls 基因序列在 GenBank 的登录号为 AB385841。

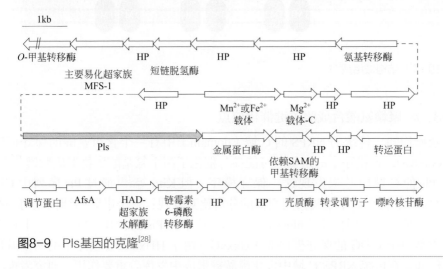

图8-9　Pls基因的克隆[28]

2. ε- 聚赖氨酸的生物合成机制和 ε- 聚赖氨酸合成酶的结构

Yamanaka 等对纯化的 Pls 结构进行分析，发现 Pls 由三个区域构成（图 8-10）：

A 域（domain），这个区域用来选择所需要的氨基酸并对其进行腺苷活化（生成 AMP），而不需要的其他氨基酸则不被选择。

T 域，在 T 域，活化的氨基酸会被进一步磷酸化。

C 域，又分为 C1、C2、C3 三个小区域，作用是组装已经活化的氨基酸分子，在相应的 N、C 端形成肽键，组装成 ε-PL 分子。此外还发现 6 个穿膜的串联 TM 小域，这 6 个 TM 小域将 C1、C2、C3 小区域连接起来，以上各部分对于 ε-PL 的合成缺一不可。

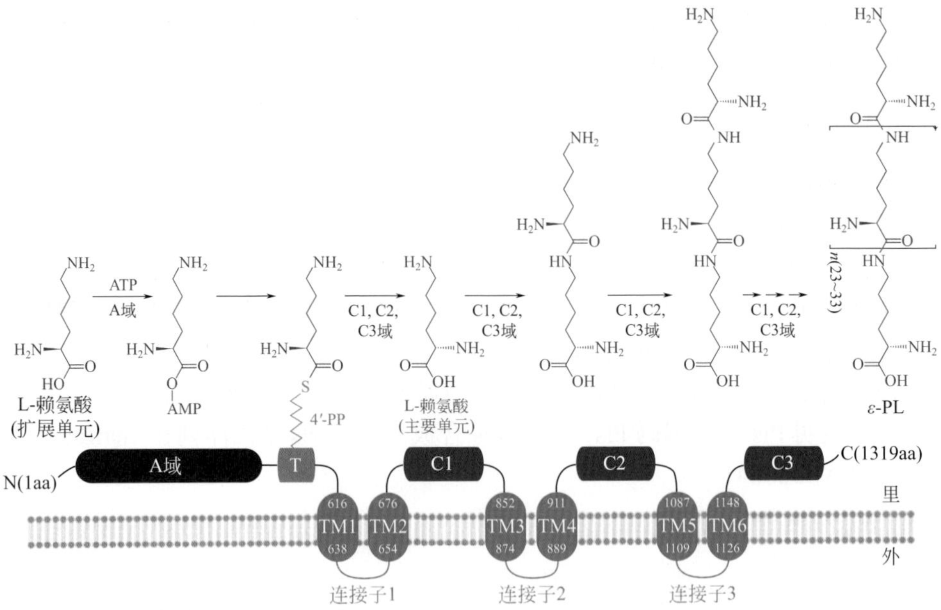

图8-10 Pls结构域组成[28]

3. ε- 聚赖氨酸合成酶关键催化位点

众所周知，传统的 NRPS 的 C 域（domain）中有一个含组氨酸的保守模序 (HHxxxDG)，该模序中的组氨酸可能参与催化了两个氨基酸底物形成肽键[29,30]。虽然 Pls 的 C 域中并未发现这一保守模序，但 Kito 等[31] 通过 Pls 序列中 C1、C2、C3 三个氨基酸序列及其同源性的分析比对发现：三个串联的结构域均存在 5 个高度保守的序列模块（blocks 1～5）。其中在 Pls 的模块（block）1 上存在一个类似 HHxxxDG 的保守模序 RxLGxxxG，由于 HHxxxDG 模序中的两个碱性组氨酸残基在传统 NRPS C 域中催化酰胺键形成中发挥着重要作用，研究者推测 RxLGxxxG 中碱性氨基酸残基（精氨酸残基）可能作为催化残基。为了验证该猜想，Kito 等通过对 C1、C2、C3 中三个精氨酸残基进行单独或者组合突变，发现 ε-PL 的产量与分子量都没有发生任何变化，说明 RxLGxxxG 基序的精氨酸残基未参与催化肽键形成。因此，研究者进一步研究了 RxLGxxxG 基序中亮氨酸和甘氨酸（前一）残基的功能。有趣的是，在 C1 域 (Pls-R724A-L726A-G727A) 和 C3 域 (Pls-R1199A-L1201A-G1202A) 的突变体中均发现其无法合成 ε-PL，尽管在 C2 域突变体中观察到 ε-PL 的产生，但该结果证明了 C1 域和 C3 域中的 RxLGxxxG 基序对于肽键形成是必需的，但不是作为催化肽键形成的氨基酸残基。

本书著者团队通过多序列比对不同来源聚氨基酸合成酶序列，发现在 C1、C2 和 C3 结构域中分别存在高度保守的氨基酸模序（表 8-4）。其中，在 C3 域发现一个与传统 NRPS 保守模序——HHxxxDG 类似的模序（QTHLFxDR）。进一步为将 Pls 中的组氨酸和天冬氨酸突变为丙氨酸，考察突变株的 ε-PL 合成能力，验证保守模序 QTHLFxDR 中组氨酸和天冬氨酸在催化肽键聚合中的功能。HPLC 结果表明，相比于野生型菌株 *S. albulus* PD-1，突变菌株 *S. albulus* PD-4-pSET152-H1239A 丧失 ε-PL 合成能力，说明组氨酸（H）在肽键形成过程中具有重要作用，突变菌株 *S. albulus* PD-4-pSET152-D1243A 使得 ε-PL 产量和聚合度均发生改变，分别为 0.34g/L 和 20～30mer，表明天冬氨酸参与了肽键聚合。根据文献报道，在传统 NRPS C 域保守模序 HHxxxDG 中天冬氨酸主要通过与精氨酸形成盐桥，起到稳定中间体作用[32]。而天冬氨酸在 Pls 合成酶中的具体作用仍需要进一步研究。基于细菌乙酰转移酶催化机制基础和定点突变实验结果，本书著者团队提出了 C 域催化 ε-PL 中肽键聚合反应机制：首先，来自 C3 域上的残基 His-1239 从游离赖氨酸上的 ε 位氨基上夺取质子，促进了其亲核进攻肽基载体蛋白——氨酰硫酯上的羰基，硫酯键断裂而形成肽键，实现肽链延伸（图 8-11）。但详细的催化机制需要结合晶体数据进一步分析。

表8-4　C域保守模序

C1域	C2域	C3域
GxxxxxGxxxxRxW	WxRxLGxxxGxxxE	KWxxxxG
LGxxxG	GxxWxGxP	QTHLFxDR
GxPVA	TxxPxxxxxRxxxExxxR	LVxxGxxxPxxxxWxGxP
	FxAD	
	LxxVxxxP	
	FxGNxxxxxG	

4. 连接子区域调控 ε- 聚赖氨酸聚合度大小

Hamano 等[33]通过从随机诱变产生的约 12000 个突变体中筛选获得了 8 个能够产生低聚合度 ε-PL 的突变菌株。这些突变体在 TM1 域和 TM2 域以及 TM3 域和 TM4 域的两个连接子区域中具有一个或多个突变点。进一步对这些突变体进行测序分析发现：这些突变体分别位于连接子 1 区域的第 W646 位氨基酸；连接子 2 区域的第 L883、A886 和 S880 位氨基酸；除此之外，第 L870 位氨基酸位于 TM3 域中。这些结果表明连接子 1 和连接子 2 区域可能参与了 ε-PL 链长的调控。通过氨基酸序列比对分析发现，这些突变体大多都位于连接子区域的保守氨基酸位点上。基于此，研究者提出了以下假设：保守区的氨基酸可能通过静电作用、氢键、疏水作用等直接影响 ε-PL 的聚合作用，使得 ε-PL 的分子量有所变化。而 TM3 域中突变氨基酸可能通过影响连接子区域结构，进而影响到 ε-PL 聚合度分布。

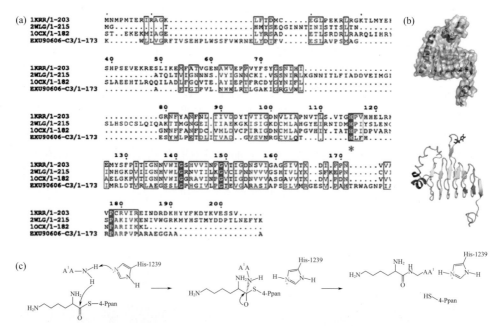

图8-11 Pls中C域催化机制解析。（a）C3域与细菌乙酰转移酶氨基酸序列比对（半乳糖苷乙酰转移酶，PDB：1KRR；聚唾液酸-O-乙酰基转移酶，PDB：2WLG；麦芽糖乙酰转移酶，PDB：1OCX），采用Tcoffee进行多序列比对。（b）半乳糖苷乙酰转移酶单体（上），C3域单体（下）。（c）提出Pls中C域催化机制过程

二、ε-聚赖氨酸降解酶及其基因

在发酵生产 ε-PL 的过程中，关键控制要素之一是将 ε-PL 积累阶段的 pH 值控制在酸性环境（pH 4.0 左右），其主要原因是抑制 Pld 活性，避免已合成的 ε-PL 被分解。为此，研究者们研究了 ε-PL 产生菌中的 Pld 酶学性质，以期更精准控制发酵过程 pH 值，实现更高浓度 ε-PL 积累。ε-PL 的抑菌作用并非特异性，对其产生菌的生长也具有一定的抑制作用。然而，研究发现 ε-PL 产生菌和耐受菌具备一套抵抗 ε-PL 的生理机制，其中 Pld 起到保护自身正常生长和繁殖的作用。已有的研究结果表明，Pld 一般以三种形式存在于 ε-PL 产生菌和耐受菌中：①直接分泌到细胞外的 Pld。ε-PL 耐受菌金黄杆菌属 OJ7（*Chryseobacterium* sp. OJ7）能够向培养液中分泌 Pld，并耐受 ε-PL 浓度最大达到 100mg/mL[34]。②存在于

细胞内的 Pld。ε-PL 耐受菌多食鞘氨醇杆菌 OJ10（*Sphingobacterium multivorum* OJ10）能够在含有 100mg/mL ε-PL 的琼脂平板上生长，主要原因为 *S. multivorum* OJ10 能够通过分泌 Pld 降解 ε-PL[35]。③与细胞膜结合的 Pld。Kahar 等[16]发现在 pH 高于 5 的环境下小白链霉菌 S410（*S. albulus* S410）合成的 ε-PL 能够被降解，随后 Kito 等[36]在小白链霉菌细胞膜上分离纯化到 Pld，并证实高 pH 环境下 ε-PL 分解是由 Pld 引起。后续研究也在 ε-PL 产生菌北里孢菌属 CCTCC M205012（*Kitasatospora* sp. CCTCC M205012）和淀粉酶产色链霉菌 TUST2（*S. diastatochromogenes* TUST2）细胞膜上发现 Pld 的存在[37,38]。对 Pld 的酶学性质研究发现，Pld 在 pH 值为 7.0 时酶活最高，在酸性条件下酶活受到严重抑制，因此，在 ε-PL 的发酵生产中，在菌体生长的稳定期维持较低的 pH 值可以有效避免 ε-PL 降解，从而达到大量累积 ε-PL 的目的。随着技术的进步，Pld 的相关研究在近年来进入到分子生物学水平，2006 年 Hamano 等成功克隆到小白链霉菌 NBRC14147（*S. albulus* NBRC14147）菌株中 Pld 的完整基因[39]，通过比对分析发现 Pld 的基因与来源于天蓝色链霉菌 A3(2)[*S. coelicolor* A3(2)] 的金属蛋白酶的基因序列具有 70% 的相似性，这是 ε-PL 降解酶的一个重要特征。已知缺失 Pld 的 *S. albulus* 菌株仍然具有较高的内切型 ε-PL 降解活性，因此研究人员推断小白链霉菌中除已发现的 ε-PL 降解酶（称为 PldⅠ）以外，还含有其他的 ε-PL 降解酶（称为 PldⅡ）协同分解 ε-PL。

2010 年 Yamanaka 等[40]研究证实了 Hamano 等的推测，他们对 *S. albulus* NBRC14147 突变株（PldⅠ已失活）的含有 Pls 的核酸长片段进行生物信息学分析时，发现 Pls 的下游存在金属蛋白酶的阅读框，且该金属蛋白酶与 Pld 的氨基酸序列有 36% 的同源性和 51% 的相似性，据此推测该阅读框含有未知的 ε-PL 降解酶的基因（*PldⅡ*），对 *PldⅡ* 进行基因敲除实验后，敲除株对 ε-PL 的降解能力显著下降，从而证实了该酶是一直被研究人员寻找的第二种 ε-PL 降解酶 PldⅡ。因此，在菌株 *S. albulus* NBRC14147 中存在着两种类型的 ε-PL 降解酶：一种为 PldⅠ，该降解酶为外切型，降解效率较低，在 ε-PL 的降解活动中起辅助作用；另一种为 PldⅡ，该降解酶为内切型，降解效率高，在 ε-PL 的降解过程中起到主力作用。此外，Yamanaka 等发现，当 PldⅠ与 PldⅡ都失活后，*S. albulus* NBRC14147 合成的 ε-PL 的聚合度没有任何变化，仍然为 25～35，说明 ε-PL 的聚合度是由 Pls 控制，与 Pld 无关。通过 RT-PCR 技术对 Pls 转录水平的动力学参数进行研究后发现，Pls 的活力与胞内 ATP 水平是正相关的，细胞保持较高的 ATP 水平可显著提高 Pls 酶活，因此，提高胞内 ATP 水平是提高 ε-PL 发酵生产水平的一条有效途径。

本部分以 ε-PL 产生菌株 *S. albulus* PD-1 为研究对象，对该菌株中的 Pld 进行纯化，并对其酶学性质进行初步探讨。

（1）ε-聚赖氨酸降解酶的分离纯化

① DEAE-Sepharose 弱阴离子交换色谱　DEAE-Sepharose（16mm×350mm）色谱柱使用缓冲液 A [0.025mol/L 磷酸钾溶液（pH 8.0）] 平衡后进行粗酶液上样。待无蛋白被洗脱出时用缓冲液 B（缓冲液 A+0.5mol/L NaCl 溶液）进行线性梯度洗脱，分别收集不同的洗脱峰溶液进行酶活检测。由图 8-12 可知，该纯化过程出现多个蛋白质洗脱峰，但仅有一个峰具有 Pld 活性，收集具有活性的洗脱液进行透析浓缩，进一步采用 Source 15Q（HR10/10，8mL）阴离子交换色谱，收集活性洗脱液用于下一步纯化。

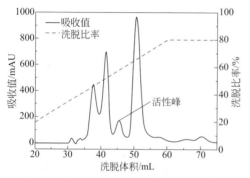

图8-12　DEAE-Sepharose弱阴离子交换色谱图

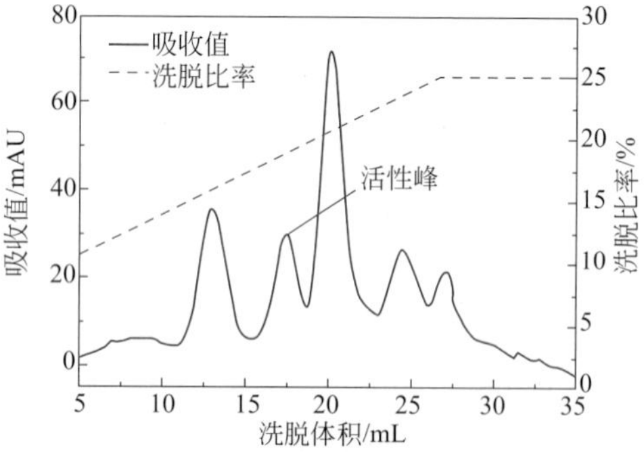

图8-13　Mono Q 强阴离子交换色谱图

② Mono Q 强阴离子交换色谱　Mono Q 强阴离子交换色谱采用 0～25% 缓冲液 E [0.025mol/L 柠檬酸 - 磷酸氢二钠溶液（pH 5.0）] 进行线性梯度洗脱，Mono Q 强阴离子交换色谱图见图 8-13。Mono Q 为强阴离子交换介质，经过前两步的阴离子交换色谱，改变缓冲液 pH 为 5.0 进行梯度洗脱，在用 18% 缓冲液 F（缓冲液 E+1.0mol/L NaCl 溶液）洗脱时出现了活性峰。

③ 纯化结果　经过上述各步纯化过程，Pld 活力回收率达 38.7%，纯化倍数约为 10 倍，比酶活达 16.96U/mg，纯化过程具体结果见表 8-5。

表8-5　Pld的纯化过程与收率

纯化步骤	总蛋白/mg	总酶活/U	比酶活/（U/mg）	回收率/%	纯化倍数
粗酶液	1374	2275	1.66	100	1
DEAE-Sepharose	654	1727	2.64	75.9	1.59
Source 15Q	233	1269	5.45	55.7	3.28
Mono Q	52	882	16.96	38.7	10.21

（2）ε-聚赖氨酸降解酶纯度及分子量测定　SDS-PAGE 电泳显示，经三步纯化后的样品为单条带 [图 8-14（a）]，Pld 的纯度已经达到了电泳纯。以分子量

标准蛋白为基准，利用凝胶过滤色谱柱 Sephacryl S-300（16mm×600mm）测定 Pld 全酶的分子量。以分子量标准蛋白为基准，作 $\lg M_r$-R_f 分子量标准曲线［图 8-14(b)］。纯化后的 Pld 经 Sephacryl S-300 检测为单峰，根据 Pld 的洗脱体积（V_e）计算出 Pld 全酶分子量约为 $108.2×10^3$，数据表明 Pld 由两个同聚亚基构成，亚基分子量约为 $54.2×10^3$。

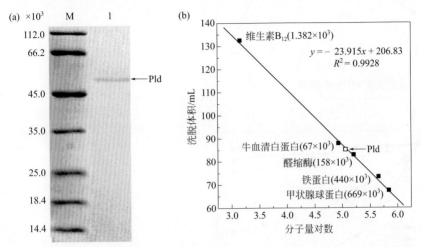

图8-14　（a）Pld纯化SDS-PAGE电泳图；（b）Sephacryl S-300分子筛分子量标准曲线

（3）ε- 聚赖氨酸降解酶的酶学性质研究

① 最适温度及热稳定性　在 0 ～ 50℃的范围进行酶反应，测定 Pld 活力，酶活最高时的温度即为最适温度。将酶液分别在 20℃、30℃、40℃、50℃、60℃水浴下保存 10min、20min、30min、40min、50min、60min，以未处理酶液酶活为对照，计算 Pld 的相对酶活力，相对酶活力（%）=处理后酶液剩余酶活力（U/mg）/ 未处理酶液酶活力（U/mg）。

如图 8-15 所示，在 0 ～ 50℃的范围进行酶反应，30℃时 Pld 的活力具有最高值，因此 Pld 最适反应温度为 30℃。Pld 的稳定性受温度影响比较大，Pld 在 10 ～ 30℃下保存时酶活力几乎没有损失，40 ～ 50℃保存时稳定性较差，在 60℃下保存 60min 后 Pld 活力会完全丧失（图 8-16 ）。

② 最适 pH 值　配制不同 pH 值的缓冲液（均为 0.1mol/L），改变反应中的缓冲液 pH 值，测定酶活力，Pld 活力最高时的 pH 即为最适 pH 值。如图 8-17 所示，当 pH 为 4.0 时，Pld 的相对酶活力几乎为零，pH 上升为 5.0 时，Pld 的相对酶活力提高到 26.5%，pH 7.0 时相对酶活力达到 100%。从这一结果可以推测，pH 值对于该菌中的 Pld 的活性影响很大，当 pH 大于 5.0 时因为 Pld 的酶活力升高而不利于 ε-PL 的积累。

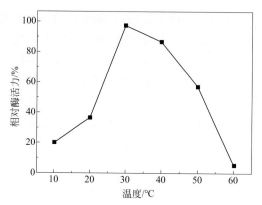

图8-15 反应温度对Pld的影响

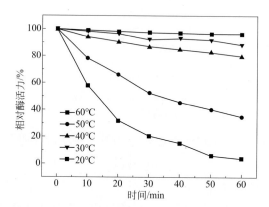

图8-16 Pld的热稳定性

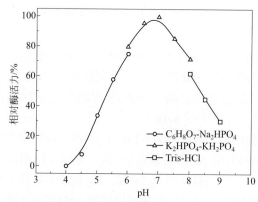

图8-17 pH对Pld活力的影响

③ 米氏常数 K_m 和最大反应速率 V_{max}　利用缓冲液分别配制 10μmol/L、20μmol/L、30μmol/L、40μmol/L、50μmol/L 5 个不同浓度的赖氨酸 - 对硝基苯胺（Lys-pNA），以它们为底物，测定反应速率，采用 Michaelis-Menten 方程求取米氏常数 K_m 和最大反应速率 V_{max}。经拟合，米氏常数 $K_m = 0.328$ mmol/L，最大反应速率 $V_{max} = 0.218$ mmol /(L·min)。

④ EDTA 和金属离子对 Pld 活力的影响　Pld 经 EDTA 处理后活性完全丧失，据此推测 Pld 是一种金属酶。金属离子对 Pld 活力的影响结果见表 8-6，加入 Zn^{2+}、Mg^{2+} 和 Fe^{2+} 对 Pld 具有激活作用，其中 Zn^{2+} 作用最明显，可使相对酶活力提高 27%；与此相反，Ni^{2+} 和 Mn^{2+} 对于 Pld 活力可能有抑制作用，相对酶活力只有对照的 32% 和 43%。

表8-6　EDTA与金属离子对Pld活力的影响

项目	相对酶活力/%	项目	相对酶活力/%
对照	100	CuCl$_2$	92
ZnCl$_2$	127	CoCl$_2$	61
MgCl$_2$	115	FeCl$_2$	102
CaCl$_2$	98	NiCl$_2$	32
MnCl$_2$	43	EDTA	0

⑤ ε- 聚赖氨酸降解酶降解特异性考察　以 N 端为不同氨基酸的多肽为底物进行降解反应。反应体系（4mL）：4U Pld，25mmol/L 磷酸钾缓冲液（pH 7.0），反应温度 30℃，反应时间 10min，L- 赖氨酸含量由氨基酸分析包进行测定。如表 8-7 所示，当以 Lys-Lys、Lys-Lys-Lys 和 Lys-Lys-Lys-Lys 为底物时，Pld 的相对酶活力随着 L- 赖氨酸残基的增加而升高。N 末端拥有 L- 赖氨酸残基的 Lys-Arg-Lys-Asp-Val-Tyr 能够被 Pld 降解，但是 N 末端不是赖氨酸的多肽如 Arg-Lys-Asp-Val-Tyr 及 Arg-Lys-Asp-Val -Tyr -Lys 不能被降解，因此 Pld 是一种外切酶。实验还表明 Pld 不能降解牛血清白蛋白（BSA）、谷氨酰转肽酶等蛋白质，表明来源于 S. albulus PD-1 的 Pld 不是蛋白酶。

表8-7　Pld底物特异性考察

底物	浓度 /（mmol/L）	相对酶活力 /%	底物	浓度 /（mmol/L）	相对酶活力 /%
Lys-pNA	5	100.0	Glu-Lys	4	16.2
Glu-pNA	5	12.5	Lys-Asp	4	28.9
Lys-Lys	4	78.5	Asp-Lys	4	26.7
Lys-Lys-Lys	4	88.2	Arg-Lys-Asp-Val-Tyr	4	0
Lys-Lys-Lys-Lys	4	104.6	Lys-Arg-Lys-Asp-Val-Tyr	4	4.2

底物	浓度/（mmol/L）	相对酶活力/%	底物	浓度/（mmol/L）	相对酶活力/%
Lys-Ala	4	8.6	Arg-Lys-Asp-Val-Tyr-Lys	4	0
Ala-Lys	4	4.3	牛血清白蛋白	4	0
Lys-Glu	4	35.6	谷氨酰转肽酶	4	0

三、ε-聚赖氨酸代谢途径分析

ε-PL 主要是由小白链霉菌、北里孢菌、不吸水链霉菌、灰褐链霉菌以及少数芽孢杆菌产生的一种聚阳离子化合物。相比其他菌属，小白链霉菌具有较高的 ε-PL 合成能力和合成效率，是发酵工业中 ε-PL 的主要产生菌株。此外，小白链霉菌也是研究者广泛研究的 ε-PL 产生菌株之一。之前有研究者通过同位素示踪以及胞内代谢产物检测等手段初步鉴定了小白链霉菌（S. albulus）中 ε-PL 的主要合成途径[41]；对 L- 赖氨酸合成过程中起关键作用的天冬氨酸激酶基因进行了克隆表达，通过定点突变解除天冬氨酸激酶的反馈抑制[23]。但是，现有对 ε-PL 生物合成的理解还仅仅停留在合成途径中少数关键酶的研究上，而尚无从小白链霉菌（S. albulus）菌株全局出发研究 ε-PL 的合成网络。

近年来，随着基因组测序技术的高速发展和成本的降低，基因组测序技术被越来越多地应用在微生物生理机制解析、代谢网络构建、突变位点挖掘等研究方向，并且推动了微生物研究的快速发展[42]。本书著者团队借助二代测序技术，获得 S. albulus PD-1 的基因组信息，并且通过基因注释、聚类以及代谢途径预测等手段构建了 S. albulus PD-1 中 ε-PL 的合成途径，为 ε-PL 生物合成的理解、后期 ε-PL 合成途径改造以及最小优势基因组构建奠定了基础[43]。

1. S. albulus PD-1 基因组组装、基因预测和功能注释

对 S. albulus PD-1 的全基因组进行测序，采用 Velvet 1.2.10 对测序得到的原始数据进行拼装得到 670 个重叠群（contig）；重叠群的平均长度为 14067bp，其中最长的重叠群为 126kb。在拼装得到的重叠群基础上，得到 250 个基因组骨架（scaffold），总长 9.43Mb；基因组骨架的平均长度为 37.7kb。基因组数据表明 S. albulus PD-1 的基因组和其他报道的链霉菌基因组组成相似，为典型的链霉菌基因组[44]。结合 Glimmer3.02、GeneMark 和 Z-Curve program 软件预测的结果进行注释并挑选最终预测基因，共挑选出 8090 个基因作为预测基因。预测基因的 G+C 含量为 72.3%，平均长度为 939bp。通过 tRNA-scan-SE 发现 67 个 tRNA 序列；通过 RNAmmer 从基因组中预测出 3 个 rRNA 序列。进一步，搜寻美国国家生物

技术信息中心（NCBI）的非冗余数据库、京都基因和基因组百科全书（KEGG）以及 SEED 蛋白数据库进行基因功能注释，利用保守的域数据库（CDD）进行蛋白相邻类的聚簇（COG）分类。通过 KEGG 蛋白数据库构建代谢通路。共有 5720 个蛋白具有明确的生物学功能，5543 个蛋白具有 COG 分类（图 8-18），2462 个蛋白具有 KEGG 的直接同源基因（图 8-19）。

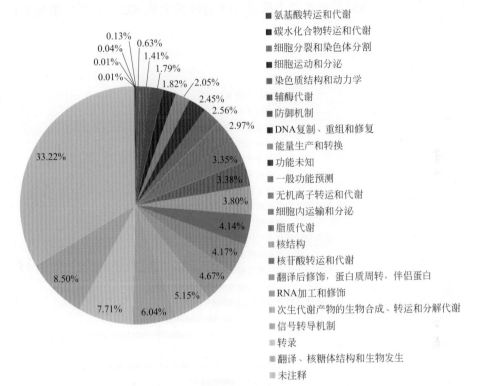

- ■ 氨基酸转运和代谢
- ■ 碳水化合物转运和代谢
- ■ 细胞分裂和染色体分割
- ■ 细胞运动和分泌
- ■ 染色质结构和动力学
- ■ 辅酶代谢
- ■ 防御机制
- ■ DNA 复制、重组和修复
- ■ 能量生产和转换
- ■ 功能未知
- ■ 一般功能预测
- ■ 无机离子转运和代谢
- ■ 细胞内运输和分泌
- ■ 脂质代谢
- ■ 核结构
- ■ 核苷酸转运和代谢
- ■ 翻译后修饰，蛋白质周转，伴侣蛋白
- ■ RNA 加工和修饰
- ■ 次生代谢产物的生物合成、转运和分解代谢
- ■ 信号转导机制
- ■ 转录
- ■ 翻译、核糖体结构和生物发生
- ■ 未注释

图8-18　*S. albulus* PD-1基因组中预测基因的COG功能分类概况

2. ε- 聚赖氨酸合成途径构建

在 *S. albulus* PD-1 全基因组测序和 KEGG 构建的代谢通路的基础上，编码代谢蛋白质、遗传和环境信息处理等基因都已经成功地被注释出来，根据这些数据，*S. albulus* PD-1 中 ε-PL 从头合成的基本代谢网络被构建出来，分为物质代谢和能量代谢两部分（图 8-20）。其中物质代谢部分从葡萄糖开始经过糖酵解途径、磷酸戊糖途径、柠檬酸途径、回补途径汇集在天冬氨酸关键代谢节点上，之后通过二氨基庚二酸途径合成 L- 赖氨酸。L- 赖氨酸在合成酶的作用下被进一步组装

为聚合体。此外，不管是菌体生长、L- 赖氨酸单体合成还是由 L- 赖氨酸组装为 ε-PL 的过程都需要大量的 ATP 供应。在好氧菌内，ATP 的合成主要由电子传递链和氧化磷酸化两部分完成：电子传递链是可将来自 NADH 或 $FADH_2$ 的电子传递给最终的电子受体分子氧的一系列酶复合体和辅助因子，在氧化 NADH 释放的过程中释放能量驱动 ADP 到 ATP 的合成。基于全基因组的注释结果，本书著者团队成功地构建了从复合体 I 到 bd 型的末端氧化酶的电子传递链路线，同时电子传递链所形成的质子推动力推动 ATP 合成酶生成 ATP，以供应细胞生长和 ε-PL 合成。

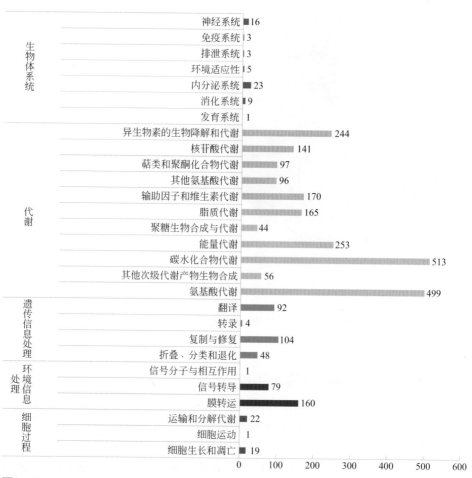

图8-19　*S. albulus* PD-1基因组中预测基因的KEGG中代谢途径概况

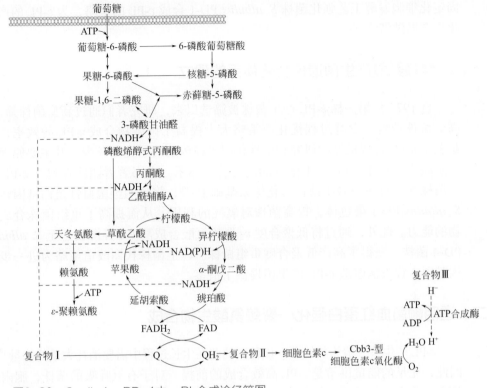

图8-20 *S. albulus* PD-1中ε-PL合成途径简图

第三节
生物法合成ε-聚赖氨酸的强化策略

  随着人们对微生物制品的关注和ε-PL的优良特性不断被发现，ε-PL的应用也越来越广泛。为了满足日益增长的ε-PL应用需求，ε-PL的规模化生产十分必要。但由于ε-PL属次级代谢产物，因此在其发酵生产中普遍存在培养成分复杂、发酵周期长、底物转化率低或生产效率低下等问题[45]。自第一株ε-PL产生菌株被发现以来，研究者们就一直致力于寻求ε-PL高效生产的策略。目前这些生产策略主要包括营养条件优化策略、pH调控策略、溶解氧调控策略、农业废弃物的利用以及新型反应器的应用[2,12,15,16,19]等。本节介绍了通过菌株代谢途径改造和固定化细胞发酵工艺强化菌株 *S. albulus* PD-1 合成 ε-PL 的策略，为 ε-PL 的产业化生产提供借鉴。

一、ε-聚赖氨酸产生菌遗传转化体系的建立

自 1977 年第一株 ε-PL 产生菌株被筛选以来，研究者们通过新型菌株筛选、高效菌株选育、发酵过程优化等策略大大提高了微生物合成 ε-PL 的效率，但是关于 ε-PL 合成机制的研究和菌株代谢途径改造的研究却较少，其主要原因之一是缺少适用于 ε-PL 产生菌株的遗传转化体系。本书著者团队在建立 ε-PL 产生菌株 *S. albulus* PD-1 遗传转化体系基础上 [46]，将透明颤菌血红蛋白基因转入 *S. albulus* PD-1 染色体，提高菌株对氧气的利用，从而提高了重组菌株合成产物的能力。此外，通过将低聚合度 ε-聚赖氨酸合成酶 Pls 异源表达至 *S. albulus* PD-4 菌株，获得了高产低聚合度重组菌株。以上菌株代谢改造策略为进一步利用基因工程方法改造 ε-PL 产生菌提供了借鉴。

二、透明颤菌血红蛋白强化ε-聚赖氨酸生物合成

ε-PL 产生菌一般为放线菌，该种属的菌在生长过程中需要消耗大量的能量 [47]。因此，充足的能量供给是 ε-PL 高效合成的前提。对于有氧呼吸的菌株，胞内能量主要来自有氧呼吸。但是在 ε-PL 合成阶段，由于菌体量较大、丝状菌体缠绕以及高浓度的 ε-PL 造成发酵液黏稠，发酵液呈现非牛顿流体特性，氧气的溶解和传质都受到了较大的限制，从而造成产生菌株的能量供给受到一定的限制。而传统的提高发酵液中溶解氧的方法如提高搅拌转速等会对菌体的完整性造成很大的伤害，对 ε-PL 生产和下游产品分离都极为不利 [22]。因此，本书著者团队通过对菌株进行改造，引入强摄氧蛋白——透明颤菌血红蛋白（VHb），强化了氧气在胞内的运输，提高了氧化磷酸化的效率 [24]。

1. 透明颤菌血红蛋白基因在 *S. albulus* PD-1 中的表达及活性鉴定

首先通过结合转移方法将 pIB139-*vgb* 重组质粒转化至 *S. albulus* PD-1，命名为 *S. albulus* PD-2。通过 SDS-PAGE 检测重组菌株 *S. albulus* PD-2 中 VHb 的表达情况。如图 8-21（a）所示，与原始菌株 *S. albulus* PD-1 相比，重组菌株 *S. albulus* PD-2 成功表达了约 16×10^3 的蛋白条带，即透明颤菌血红蛋白 VHb，与文献报道的大小一致 [48]。如图 8-21（b）所示，通过 CO 差示色谱法检测发现，重组菌株 *S. albulus* PD-2 在 420nm 处有明显的特殊吸收峰，而原始菌株 *S. albulus* PD-1 没有相应的吸收峰，表明重组菌株表达了具有生理活性的血红蛋白。

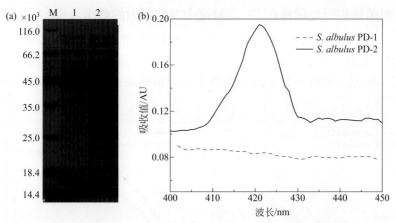

图8-21 （a）*S. albulus* PD-1和*S. albulus* PD-2粗酶液的SDS-PAGE结果（M为标准分子量蛋白，1为*S. albulus* PD-1的粗酶液，2为*S. albulus* PD-2的粗酶液）；（b）*S. albulus* PD-1和*S. albulus* PD-2粗酶液的CO差示色谱法检测

2．重组菌株和野生菌株在摇瓶中发酵行为的对比

为了验证 VHb 基因能否增强 ε-PL 的合成，本书著者团队首先对比了 *S. albulus* PD-1 和 *S. albulus* PD-2 在 500mL 摇瓶中的发酵行为。如表 8-8 所示，摇瓶中的不同装液量对 *S. albulus* PD-1 的菌体生长和 ε-PL 的合成均有较为明显的影响。在所有的情况中，发酵液中的菌体量和 ε-PL 的累积浓度都随着摇瓶中发酵液的增加而减少，这种现象是由于随着摇瓶装液量的增加，摇瓶发酵过程中发酵液中的溶解氧水平较低，细胞的呼吸作用受到限制造成的。但是另一方面可以看出，含有 VHb 的表达可以较好地缓解高装液量带来的溶解氧限制问题，并且摇瓶装液量越多，这种缓解作用越明显。例如，当装液量为 50mL 时，*S. albulus* PD-2 发酵液中 ε-PL 含量只比 *S. albulus* PD-1 发酵液中的含量提高 0.16 倍；但是当装液量为 200mL 时，含 *S. albulus* PD-2 发酵液中 ε-PL 含量较 *S. albulus* PD-1 提高了 1.28 倍。因此，可知 VHb 能够促进 *S. albulus* PD-1 中 ε-PL 的高效合成，并且溶解氧情况越差，这种促进效果越明显。

表8-8 重组菌株和野生菌株在摇瓶不同装液量下对 ε-PL 合成量的影响

装液量（500mL 摇瓶）/mL	生物量/(g/L)		ε-PL浓度/(g/L)		增加率/%
	S. albulus PD-1	*S. albulus* PD-2	*S. albulus* PD-1	*S. albulus* PD-2	
50	10.36±0.31	11.27±0.26	1.21±0.07	1.41±0.08	16
100	9.92±0.24	10.58±0.27	0.91±0.05	1.27±0.06	39
150	8.95±0.17	9.91±0.21	0.76±0.04	1.17±0.06	54
200	8.52±0.21	9.43±0.17	0.43±0.02	0.98±0.05	128

3. 重组菌株和野生菌株在5L发酵罐中发酵行为的对比

为了进一步验证 VHb 如何缓解 *S. albulus* PD-1 发酵过程中溶解氧限制，增强 ε-PL 合成的效果，本书著者团队又对野生菌株和重组菌株在 5L 发酵罐中的发酵行为进行了研究。如图 8-22 所示，总体上，VHb 的表达增强了 *S. albulus* PD-1

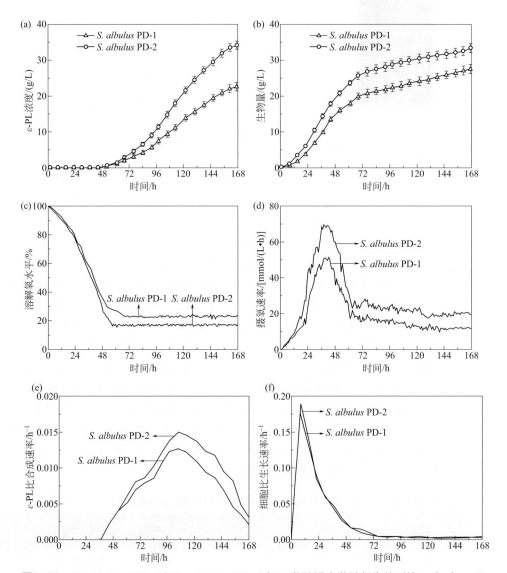

图8-22 *S. albulus* PD-1和*S. albulus* PD-2在5L发酵罐中发酵行为的对比。（a）ε-PL产量；（b）菌体生长情况；（c）发酵液中溶解氧水平；（d）细胞摄氧速率；（e）ε-PL比合成速率；（f）细胞比生长速率

的摄氧能力、菌体生长速率和ε-PL合成速率。发酵168h后，重组菌株的单位菌体量和ε-PL浓度分别为33.4g/L和34.2g/L，较野生菌株分别增加了27.5%和50.7%，并且重组菌株 *S. albulus* PD-2的ε-PL比合成速率也较野生菌株 *S. albulus* PD-1大，说明VHb的表达不仅通过增加菌体量来增加ε-PL最终的产量，而且VHb的表达还可以增加单个细胞合成ε-PL的能力。与添加氧载体增加发酵液中溶解氧水平的方法不同，使用重组菌株 *S. albulus* PD-2进行发酵时，发酵液中的溶解氧水平较之野生菌株的更低，但是较低的溶解氧水平并未抑制重组菌株的生长和ε-PL合成。这种现象在其他的菌种中也有发现[49]。研究者猜测可能是由于VHb的表达增强了细胞摄取和传递氧气的能力，从而改变了发酵液中氧气溶解和氧气消耗的平衡。

4. 透明颤菌血红蛋白对 *S. albulus* PD-2能量供给的影响

如图8-23（a）所示，在发酵的前72h *S. albulus* PD-2胞内的ATP水平呈上升趋势，特别是48～72h这段时间胞内ATP水平显著提高，此段时间和发酵液中pH下降的时间段刚好吻合，猜测胞内ATP的快速累积很可能和发酵液中pH的降低有直接关系，这种现象和之前报道的 *S. albulus* IFO14147相似。72h之后胞内ATP水平都呈现出了稍许波动，但是可以看出VHb蛋白的表达条件下 *S. albulus* PD-2胞内的ATP水平较对照组均有不同程度的提高。研究表明pls的转录功能受ATP水平的调节，只有胞内ATP水平在较高的条件下pls才能高效转录，反之，胞内ATP水平较低时，pls转录量特别低或者不发生转录[40]。通过检测溶解氧限制得到缓解后胞内pls转录水平的变化，发现VHb的表达、*S. albulus* PD-2胞内pls的转录水平得到了较大幅度的提高[相对于hrdB基因，图8-23(b)]，从而提高了重组菌株合成产物的能力。

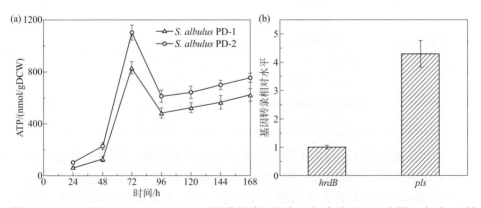

图8-23 VHb表达对 *S. albulus* PD-2能量供给的影响。（a）胞内ATP水平；（b）pls基因转录水平

三、异源表达策略高效制备低聚合度ε-聚赖氨酸

不同聚合度 ε-PL 在物理化学性质和生物学性质方面都具有不同的特性。如表 8-9 所示，根据所产的 ε-PL 的聚合度差异，一般可将 ε-PL 的产生菌株分为两大类型[50]：一类为高聚合度 ε-PL 产生菌株，其聚合度一般在 19～36 之间（Ⅰ型），对应 ε-PL 分子量在 2454～4633 之间；另一类为中低聚合度 ε-PL 产生菌株，其聚合度一般在 8～23 之间（Ⅱ型），对应 ε-PL 分子量在 1043～2966 之间。除此之外，少数 ε-PL 产生菌株产物聚合度介于Ⅰ型和Ⅱ型之间。Ⅰ型菌株最为普遍，包括许多产生菌株如小白链霉菌 NBRC14147、利迪链霉菌 USE-11 和小白链霉菌 PD-1 等[5,22,24]，且这些菌株在摇瓶发酵条件下 ε-PL 产量可以达到 1.236～4.0g/L。Ⅱ型 ε-PL 产生菌株包括淡紫灰链霉菌 USE-81 和草绿色链霉菌 USE-52 等[5,50]，此类菌株所产 ε-PL 产量（一般为 0.4～0.8g/L）低于高聚合度 ε-PL 产生菌在相同条件下的 ε-PL 产量[5,51]。此外，研究表明聚合度大于 9 的 ε-PL 才表现出较高的抑菌活性，对于聚合度大于 15 的 ε-PL 其抑菌活性未有明显增加[52]；低聚合度 ε-PL 相比于高聚合度 ε-PL 对酵母菌具有更好的抑菌效果[33]。与此同时，在食品中添加低聚合度 ε-PL 能够消除大量添加高聚合度 ε-PL 带来的苦味隐患[53,54]。因此，制备低分子量 ε-PL 具有一定的实际应用价值。

表8-9　不同产生菌株 ε-PL 聚合度差异

类型	菌株	聚合度	参考文献
Ⅰ型	利迪链霉菌USE-11	24～36	[50]
	小白链霉菌NBRC14147	25～35	[28]
	小白链霉菌PD-1	25～35	[55]
	小白链霉菌 NK660	19～33	[56]
	内生真菌MN-9	24～29	[4]
Ⅱ型	北里孢菌属MN-1	8～17	[4]
	淡紫灰链霉菌USE-81	10～20	[5]
	金色链霉菌USE-82	10～21	[5]
	草绿色链霉菌USE-52	13～23	[5]
	链霉菌USE-51	13～23	[5]

本书著者团队在前期工作中筛选到两株产不同聚合度 ε-PL 的放线菌，分别鉴定命名为 S. albulus PD-1 和金色北里孢菌属 PL-1（K. aureofaciens PL-1），其中 S. albulus PD-1 所产 ε-PL 的聚合度为 25～35，而 K. aureofaciens PL-1 所产 ε-PL 的聚合度为 10～18。且菌株 K. aureofaciens PL-1 相对于 S. albulus PD-1 的 ε-PL 产量较低。本书著者团队以 Pls 缺失菌株 S. albulus PD-1 为宿主，利用整合型表

达质粒 pSET152，将 *K. aureofaciens* PL-1 来源的 *pls* 整合型表达至 *pls* 缺失菌株 *S. albulus* PD-1 以获得低聚合度 ε-PL 高产菌株，为大规模生产低聚合度 ε-PL 提供理论和技术基础[55]。

1. 低聚合度 ε- 聚赖氨酸合成酶鉴定与分析

首先根据已知 Pls 氨基酸序列，设计简并引物获得部分 *K. aureofaciens* PL-1 *pls*Ⅱ核苷酸序列，随后通过染色体步移技术扩增获得 3963bp 的完整 *pls*Ⅱ 基因 - 核苷酸序列，该序列保存在 GenBank 数据库中，登录号为 MK090575。如图 8-24 所示，跨膜结构预测工具 CCTOP (http://cctop.enzim.ttk.mta.hu/?_=/jobs/submit) 预测显示两种 Pls 都具有六个跨膜结构域，两者氨基酸序列具有 55.04% 的同源性。

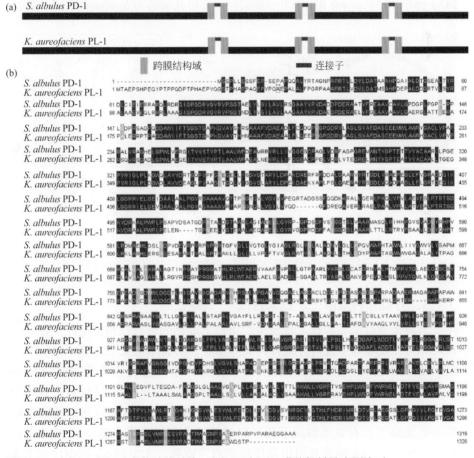

图8-24　(a) PlsⅠ和PlsⅡ的跨膜结构；(b) PlsⅠ和PlsⅡ的氨基酸序列比对

2. 低聚合度 ε- 聚赖氨酸表达系统优化

Yoshimura 等[57] 通过异源表达的方法，在一株高效合成 ε-PL 的链霉菌中利用较高的 ATP 水平，同时引入 $P_{pls\,I}$ 启动子，有效地增强了透明质酸的产率及分子量。鉴于此，尝试使用不同来源的启动子对 $pls\,II$ 的表达系统进行优化。如图 8-25（a）所示，P_{ermE*} 是红霉素抗性基因强启动子，$P_{pls\,I}$ 与 $P_{pls\,II}$ 则分别为 $pls\,I$ 和 $pls\,II$ 的启动子。图 8-25（b）显示在以 P_{ermE*} 为启动子的情况下，并未检测到 ε-PL 的产生。已有研究发现 pls 表达受到严格的调控，P_{ermE*} 启动子可能并不适用 $pls\,II$ 的表达。而以来源于 S. albulus PD-1 的 $P_{pls\,I}$ 作为启动子时，ε-PL 产量达到 1.14g/L，相对于 $pls\,II$ 自身启动子，ε-PL 产量提高了 34.1%。该结果表明 S. albulus PD-1 能够高效合成 ε-PL 并不仅仅依赖于充足的前体物质及 ATP，还与启动子表达强弱有关。此外，含有不同质粒重组菌株的 DCW 无明显差异。根据以上实验结果，选择 S. albulus PD-1-pSET152-$P_{pls\,I}$-$pls\,II$用于下一步实验，并将其命名为 S. albulus PD-5。

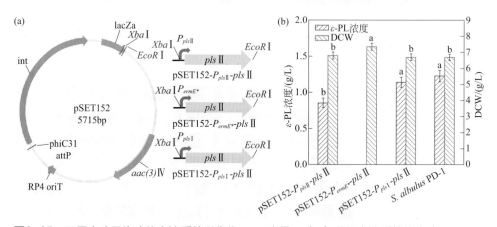

图8-25 不同启动子构建的表达质粒以优化ε-PL产量。（a）重组表达质粒的构建；（b）不同启动子调控下的$pls\,II$异源表达的摇瓶发酵数据比较，不同的小写字母表示存在显著差异

3. 分批补料发酵生产低聚合度 ε- 聚赖氨酸

为验证整合型质粒在大规模生产条件下表达的可行性和稳定性，将 S. albulus PD-5 在 5L 发酵罐中进行分批补料发酵实验。实验结果见图 8-26，显示 S. albulus PD-5 最终的菌体浓度（DCW）和低聚合度 ε-PL 产量分别为 26.8g/L 和 23.6g/L，与 S. albulus PD-1 在同样发酵条件下生产高聚合度 ε-PL 产量接近。该结果证明通过这种 pls 替换策略对于宿主菌的 ε-PL 产量没有影响，是获得低聚合度 ε-PL 的有效策略，且有效地解决了通过自然筛选获得的低聚合度 ε-PL 产生菌产量过低的问题[5]。如今随着基因组测序技术愈发成熟，大量的 pls 同源序列被发现并测序，该研究结果为高效制备不同分子量 ε-PL 提供了借鉴。

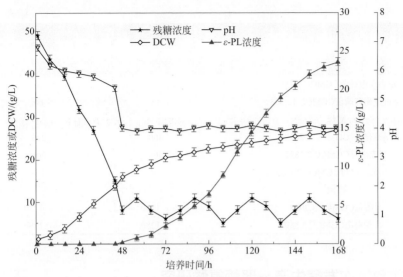

图8-26 *S. albulus* PD-5在5L发酵罐的分批补料发酵实验参数

4.不同分子量ε-聚赖氨酸抑菌活性

为了比较低聚合度ε-PL相对于高聚合度ε-PL的抑菌性能，采用最小抑菌浓度法检测低聚合度ε-PL（10～18mer）的抗菌活性。实验结果如表8-10所示，来源于*S. albulus* PD-5的低聚合度ε-PL与高聚合度ε-PL相比表现出对细菌较弱的抑菌活性。然而，低聚合度ε-PL却对酵母菌表现出更强的抑制效果。类似地，本书著者团队发现的一种新型非蛋白质氨基酸寡聚体——聚-L-二氨基丙酸［分子量范围为（0.55～1.5）×10^3］，也对酵母菌表现出更强的抑制活性[58]。这些结果可能与酵母菌细胞膜有关，其中含有比细菌更高比例的脂质。因此，低分子量聚氨基酸可能具有对酵母菌更好的吸附效果。此外，两种聚合度的ε-PL对霉菌均没有表现出较好的抑菌效果，先前的研究显示[59]，霉菌中的蛋白酶具有典型的ε-PL内切型降解酶活性，可能会导致霉菌对ε-PL产生较高的耐受性。

表8-10 两种聚合度的ε-PL抑菌活性比较

实验菌株	最小抑菌浓度/（μg/mL）	
	ε-PL来源	
	S. albulus PD-1	*S. albulus* PD-5
革兰氏阴性菌		
大肠杆菌CGMCC 1.1543	6	12
铜绿假单胞菌CGMCC 1.2031	30	60
革兰氏阳性菌		
枯草芽孢杆菌CGMCC 1.1471	2	15

实验菌株	最小抑菌浓度/ (μg/mL)	
	ε-PL来源	
	S. albulus PD-1	*S. albulus* PD-5
短小芽孢杆菌CGMCC 1.1167	4	10
金黄色葡萄球菌CGMCC 1.2465	15	60
酵母		
酿酒酵母CGMCC 2.2077	400	200
毕赤酵母CGMCC 2.1822	400	200
产朊假丝酵母CGMCC 2.1027	500	250
霉菌		
黑曲霉CGMCC 3.3928	>1280	>1280
产黄青霉菌CGMCC 3.3890	>1280	>1280

四、固定化重复批次发酵生产ε-聚赖氨酸研究

尽管以上策略明显提高了ε-PL产量，但ε-PL发酵周期仍然较长，且随着发酵时间的延长，菌体生产强度和底物转化率都会降低，难以实现高产量、高转化率和高生产强度的统一。因此，如何在缩短发酵周期的同时提高底物的转化率，并实现ε-PL的高效生产，成为下一步的研究重点。以往研究表明，缩短发酵过程中的扩种时间、减少菌体生长阶段的底物消耗量、延长产物合成时间，是提高底物转化率及生产强度、降低生产成本的关键[60]。重复批次发酵工艺能有效缩短扩种时间，是提高菌体生产强度及转化率的生产方法。在ε-PL发酵中，如能将重复批次发酵与补料工艺相结合，可充分发挥两种工艺的优势。

另外，ε-PL发酵过程中菌体对氧的需求较高，提高搅拌转速能有效增加溶解氧，但也会导致剪切力的升高，对菌体的发酵生产极为不利[22]。引入高效性、可重复性及高稳定性等特点的细胞固定化方法，可将剪切力对菌株造成的影响降至最低。近年来利用固定化方法进行放线菌的发酵生产，已经成为抗生素生产研究的热点[61]。本书著者团队首先在摇瓶上对多种固定化材料进行考察，选取合适的固定化材料，进行菌体的固定化发酵生产研究。最后将重复批次补料发酵工艺与固定化反应器相结合，构建ε-PL发酵生产的新工艺。在此基础上进行ε-PL生产工艺的放大研究，以实现ε-聚赖氨酸的产业化生产[62]。

1．固定化载体筛选

在摇瓶上对各种固定化载体进行筛选。经过72h培养之后对不同固定化发酵体系的ε-PL产量、固定化细胞量、总细胞量以及发酵液中的残糖进行检测，结果如表8-11所示。除使用大孔硅胶作为固定化载体外，使用其余固定化材料进

行固定化发酵后 ε-PL 的产量均高于游离细胞发酵结果。与游离细胞相比，使用丝瓜瓤作为固定化载体，总细胞量与产量分别增加了 77.8% 及 32.8%。以纱布作为固定化载体时，发酵结果仅次于丝瓜瓤，原因是纱布也具有大孔径的网状结构，但是纱布不具有支撑能力，其所产生的立体空间相对于丝瓜瓤较小，因此吸附容纳菌丝体的能力低，且不利于传质交换。比较五种固定化材料，推测以丝瓜瓤作为固定化材料时能够很好地进行 ε-PL 发酵。为考察以固定化发酵为基础进行重复批次发酵的可行性，在摇瓶上以丝瓜瓤和纱布为固定化载体进行了重复批次发酵研究。

表8-11　不同固定化材料对 *S. albulus* PD-1 摇瓶发酵的影响

批次	ε-PL产量/（g/L）	固定化细胞量/(g/L)	总细胞量/(g/L)	残糖浓度/（g/L）
大孔硅胶	0.92	3.53	9.25	18.50
丝瓜瓤	1.62	9.25	15.50	5.25
甘蔗渣	1.25	5.23	11.52	11.25
纱布	1.42	7.88	14.31	10.75
海绵	1.23	4.53	10.20	13.00
空白对照	1.22	0.00	8.72	15.25

如图 8-27 所示为摇瓶上重复进行了六批次的固定化发酵结果。从图中可以看出以丝瓜瓤作为固定化载体所获得的菌体量及产量比以纱布作为固定化载体要高，相应的底物的消耗量也有所增加。随着重复次数的增加，菌体量和产量均出现了先增高后降低的趋势。原因可能是在进行长时间的发酵后，发酵体系中衰亡菌体的比例变大，从而导致整体发酵水平的下降，但是在进行六批次发酵之后产物产量仍比第一批次高，这一结果与游离细胞重复批次发酵的结果相似，因此利用固定化的方法进行重复批次发酵是有效可行的。

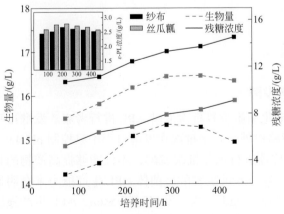

图8-27　在摇瓶上固定化重复批次发酵生产 ε-PL

2. 固定化细胞单批次发酵

通过构建的固定化反应器，进行单批次发酵生产 ε-PL 的考察。为获得较高的菌体量，使尽可能多的菌体固定在载体材料上，发酵前期（20h 前）仍采用 pH 两阶段调控的策略，在产物合成期葡萄糖含量控制在 10g/L 左右。发酵曲线如图 8-28 所示。固定化发酵前期，发酵液中游离细胞含量相对批次游离发酵中的少。原因是在发酵初期大量高活力的细胞吸附并进入到固定化载体中，导致发酵液中游离细胞的含量减少。随着发酵过程的进行，固定化载体所能固定的菌体数量趋于饱和，发酵液中游离细胞的含量开始增加，最终达到平衡。发酵 126h 后游离细胞含量最高达 23.19g/L，ε-PL 产量达到 28.26g/L。值得注意的是，在进行固定化发酵时发酵液中游离细胞的含量与不采用固定化方法时相当。因此发酵体系中所含有的游离细胞含量远高于普通发酵体系中的含量，这也是产量较普通发酵提高的原因之一。

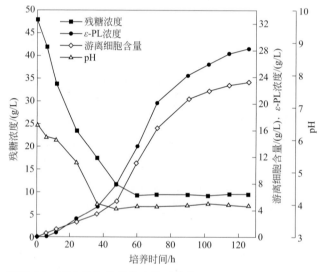

图8-28　固定化细胞单批次发酵曲线

3. 固定化细胞重复批次发酵

在固定化反应器上对固定化细胞重复批次发酵 ε-PL 进行考察。发酵过程中除首批次采用 pH 分段调控策略以外，其余批次在发酵过程中只控制 pH 4.0。由图 8-29 可知，使用固定化反应器进行重复批次发酵，不仅能够提高产物的积累量，还能有效缩短发酵周期。经过 6 批次发酵后菌体 ε-PL 生产能力未有明显下降。批次 ε-PL 平均生产浓度为 30.29g/L，累计发酵时间 536h，ε-PL 生产强度为 0.345g/(L·h)。与游离细胞重复批次发酵相比，固定化细胞与其具有相同的趋势，在第Ⅳ批次达到最高产量，随着重复批次的增加，ε-PL 的产量出现下降的趋势，但是第Ⅵ批次的终浓度仍高于第Ⅰ批次。使用固定化反应器进行重复批次补料发酵，重复批次的发酵时间只有 80h，与游离细胞相比发酵时间缩短了 33%。

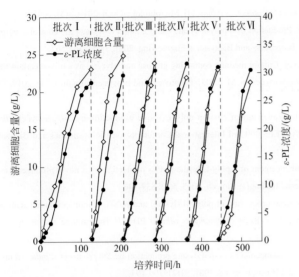

图8-29　固定化细胞重复批次发酵生产ε-PL

参考文献

[1] Shima S, Sakai H. Polylysine produced by *Streptomyces*[J]. Agricultural and Biological Chemistry, 1977, 41(9): 1807-1809.

[2] Xu Z, Xu Z, Feng X, et al. Recent advances in the biotechnological production of microbial poly(ε-L-lysine) and understanding of its biosynthetic mechanism[J]. Applied Microbiology and Biotechnology, 2016, 100(15): 6619-6630.

[3] Chheda A H, Vernekar M R. A natural preservative ε-poly-L-lysine: fermentative production and applications in food industry[J]. International Food Research Journal, 2015, 22(1):23-30.

[4] Nishikawa M, Ogawa K. Distribution of microbes producing antimicrobial ε-poly-L-lysine polymers in soil microflora determined by a novel method[J]. Applied and Environmental Microbiology, 2002, 68(7): 3575-3581.

[5] Hirohara H, Saimura M, Takehara M, et al. Substantially monodispersed poly(ε-L-lysine)s frequently occurred in newly isolated strains of *Streptomyces* sp.[J]. Applied Microbiology and Biotechnology, 2007, 76(5): 1009-1016.

[6] Wang L, Zhang C, Zhang J, et al. Epsilon-poly-L-lysine: recent advances in biomanufacturing and applications[J]. Frontiers in Bioengineering and Biotechnology, 2021, 9:748976.

[7] 徐祖伟，季立豪，唐文秀，等 .ARTP 选育 ε- 聚赖氨酸高产菌株及其发酵条件优化 [J]. 过程工程学报，2022, 22(3):347-356.

[8] Zhou Y P, Ren X D, Wang L, et al. Enhancement of ε-poly-lysine production in ε-poly-lysine-tolerant *Streptomyces*

sp. by genome shuffling[J]. Bioprocess and Biosystems Engineering, 2015, 38(9): 1705-1713.

[9] Wang L, Chen X, Wu G, et al. Enhanced ε-poly-L-lysine production by inducing double antibiotic-resistant mutations in *Streptomyces albulus*[J]. Bioprocess and Biosystems Engineering, 2017, 40(2): 271-283.

[10] Wang L, Li S, Zhao J, et al. Efficiently activated ε-poly-L-lysine production by multiple antibiotic-resistance mutations and acidic pH shock optimization in *Streptomyces albulus*[J]. Microbiology Open, 2019, 8(5): e00728.

[11] Chen X S, Li S, Liao L J, et al. Production of ε-poly-L-lysine using a novel two-stage pH control strategy by *Streptomyces* sp. M-Z18 from glycerol[J]. Bioprocess and Biosystems Engineering, 2011, 34(5): 561-567.

[12] Chen X S, Ren X D, Dong N, et al. Culture medium containing glucose and glycerol as a mixed carbon source improves ε-poly-L-lysine production by *Streptomyces* sp. M-Z18[J]. Bioprocess and Biosystems Engineering, 2012, 35(3): 469-475.

[13] Jia S, Wang G, Sun Y, et al. Improvement of epsilon-poly-L-lysine production by *Streptomyces albulus* TUST2 employing a feeding strategy[C]// IEEE:2009 3rd International Conference on Bioinformatics and Biomedical Engineering. 2009: 1-4.

[14] Chheda A H, Vernekar M R. Enhancement of ε-poly-L-lysine (ε-PL) production by a novel producer *Bacillus cereus* using metabolic precursors and glucose feeding[J].Biotech, 2015, 5(5): 839-846.

[15] Xia J, Xu Z, Xu H, et al. Economical production of poly(ε-L-lysine) and poly(L-diaminopropionic acid) using cane molasses and hydrolysate of streptomyces cells by *Streptomyces albulus* PD-1[J]. Bioresource Technology, 2014, 164: 241-247.

[16] Kahar P, Iwata T, Hiraki J, et al. Enhancement of ε-polylysine production by *Streptomyces albulus* strain 410 using pH control[J]. Journal of Bioscience and Bioengineering, 2001, 91(2): 190-194.

[17] Ren X D, Chen X S, Zeng X, et al. Acidic pH shock induced overproduction of ε-poly-L-lysine in fed-batch fermentation by *Streptomyces* sp. M-Z18 from agro-industrial by-products[J]. Bioprocess and Biosystems Engineering, 2015, 38: 1113-1125.

[18] Ren X D, Xu Y J, Zeng X, et al. Microparticle-enhanced production of ε-poly-L-lysine in fed-batch fermentation[J]. Rsc Advances, 2015, 5(100): 82138-82143.

[19] Xu Z, Bo F, Xia J, et al. Effects of oxygen-vectors on the synthesis of epsilon-poly-lysine and the metabolic characterization of *Streptomyces albulus* PD-1[J]. Biochemical Engineering Journal, 2015, 94: 58-64.

[20] Liu S, Wu Q, Zhang J, et al. Production of ε-poly-L-lysine by *Streptomyces* sp. using resin-based, in situ product removal[J]. Biotechnology Letters, 2011, 33(8): 1581-1585.

[21] Zhang Y, Feng X, Xu H, et al. ε-Poly-L-lysine production by immobilized cells of *Kitasatospora* sp. MY 5-36 in repeated fed-batch cultures[J]. Bioresource Technology, 2010, 101(14): 5523-5527.

[22] Kahar P, Kobayashi K, Iwata T, et al. Production of ε-polylysine in an airlift bioreactor (ABR)[J]. Journal of Bioscience and Bioengineering, 2002, 93(3): 274-280.

[23] Hamano Y, Nicchu I, Shimizu T, et al. ε-Poly-L-lysine producer, *Streptomyces albulus*, has feedback-inhibition resistant aspartokinase[J]. Applied Microbiology and Biotechnology, 2007, 76(4): 873-882.

[24] Xu Z, Cao C, Sun Z, et al. Construction of a genetic system for *Streptomyces albulus* PD-1 and improving poly (ε-L-lysine) production through expression of *Vitreoscilla hemoglobin*[J]. Journal of Microbiology and Biotechnology, 2015, 25(11): 1819-1826.

[25] Xu D, Yao H, Cao C, et al. Enhancement of ε-poly-L-lysine production by overexpressing the ammonium transporter gene in *Streptomyces albulus* PD-1[J]. Bioprocess and Biosystems Engineering, 2018, 41(9): 1337-1345.

[26] 徐虹，张全景，冯小海，等．一种 ε-聚赖氨酸的检测方法 [P]：CN 201110023106.X. 2012-08-08.

[27] Kawai T, Kubota T, Hiraki J, et al. Biosynthesis of ε-poly-L-lysine in a cell-free system of *Streptomyces albulus*[J]. Biochemical and Biophysical Research Communications, 2003, 311(3): 635-640.

[28] Yamanaka K, Maruyama C, Takagi H, et al. ε-Poly-L-lysine dispersity is controlled by a highly unusual nonribosomal peptide synthetase[J]. Nature Chemical Biology, 2008, 4(12): 766-772.

[29] 李红玲. 非核糖体肽合成酶结构研究进展 [J]. 临床合理用药杂志, 2013, 6(28):180-181.

[30] 韩梦瑶，陈晶晶，乔云明，等. 非核糖体肽合成酶研究进展 [J]. 药学学报, 2018, 53(7): 1080-1089.

[31] Kito N, Maruyama C, Yamanaka K, et al. Mutational analysis of the three tandem domains of ε-poly-L-lysine synthetase catalyzing the L-lysine polymerization reaction[J]. Journal of Bioscience & Bioengineering, 2013,115(5):523-526.

[32] Roche E D, Walsh C T. Dissection of the EntF condensation domain boundary and active site residues in nonribosomal peptide synthesis [J]. Biochemistry, 2003, 42(5):1334-1344.

[33] Hamano Y, Kito N, Kita A, et al. ε-Poly-L-lysine peptide chain length regulated by the linkers connecting the transmembrane domains of ε-poly-L-lysine synthetase[J]. Applied and Environmental Microbiology, 2014, 80(16): 4993-5000.

[34] Kito M, Takimoto R, Onji Y, et al. Purification and characterization of an ε-poly-L-lysine-degrading enzyme from the ε-poly-L-lysine-tolerant *Chryseobacterium* sp. OJ7[J]. Journal of Bioscience and Bioengineering, 2003, 96(1): 92-94.

[35] Kito M, Onji Y, Yoshida T, et al. Occurrence of ε-poly-L-lysine-degrading enzyme in ε-poly-L-lysine-tolerant *Sphingobacterium multivorum* OJ10: purification and characterization[J]. FEMS Microbiology Letters, 2002, 207(2): 147-151.

[36] Kito M, Takimoto R, Yoshida T, et al. Purification and characterization of an ε-poly-L-lysine-degrading enzyme from an ε-poly-L-lysine-producing strain of *Streptomyces albulus*[J]. Archives of Microbiology, 2002, 178(5): 325-330.

[37] Feng X H, Xu H, Xu X Y, et al. Purification and some properties of ε-poly-L-lysine-degrading enzyme from *Kitasatospora* sp. CCTCC M205012 [J]. Process Biochem, 2008, 43:667-672.

[38] 谭之磊，贾士儒，赵颖，等. 淀粉酶产色链霉菌 TUST2 中 ε-聚赖氨酸降解酶的纯化和性质 [J]. 高等学校化学学报, 2009, 30(12): 2404-2408.

[39] Hamano Y, Yoshida T, Kito M, et al. Biological function of the *pld* gene product that degrades-poly-L-lysine in *Streptomyces albulus*[J]. Applied Microbiology and Biotechnology, 2006, 72(1): 173-181.

[40] Yamanaka K, Kito N, Imokawa Y, et al. Mechanism of ε-poly-L-lysine production and accumulation revealed by identification and analysis of an ε-poly-L-lysine-degrading enzyme[J]. Applied and Environmental Microbiology, 2010, 76(17): 5669-5675.

[41] Shima S, Oshima S, Sakai H. Poly-L-lysine produced by *Streptomyces*, 5: biosynthesis of epsilon-poly-L-lysine by washed mycelium of *Streptomyces albulus* No-346[J]. Journal of the Agricultural Chemical Society of Japan (Japan), 1983(57):221-226.

[42] Lee S Y, Kim H U. Systems strategies for developing industrial microbial strains[J]. Nature Biotechnology, 2015, 33(10): 1061-1072.

[43] Xu Z, Xia J, Feng X, et al. Genome sequence of *Streptomyces albulus* PD-1, a productive strain for epsilon-poly-L-lysine and poly-L-diaminopropionic acid[J]. Genome Announcements, 2014, 2(2): e00297-14.

[44] Harrison J, Studholme D J. Recently published *Streptomyces* genome sequences[J]. Microbial Biotechnology, 2014, 7(5): 373-380.

[45] Pandey A K, Kumar A. Improved microbial biosynthesis strategies and multifarious applications of the natural biopolymer epsilon-poly-L-lysine[J]. Process Biochemistry, 2014, 49(3): 496-505.

[46] 孙朱贞，冯小海，许召贤，等. 一株产 ε-聚赖氨酸的白色链霉菌遗传转化体系 [J]. 生物加工过程，

2016, 14(2): 27-32.

[47] 朱跃进，龙中儿，黄运红，等. 一株稀有放线菌发酵产抗生素的工艺研究 [J]. 化学与生物工程，2006, 23(12):39-42.

[48] Park K W, Kim K J, Howard A J, et al. Vitreoscilla hemoglobin binds to subunit I of cytochrome bo ubiquinol oxidases[J]. Journal of Biological Chemistry, 2002, 277(36): 33334-33337.

[49] Ma Z, Liu J, Bechthold A, et al. Development of intergeneric conjugal gene transfer system in *Streptomyces diastatochromogenes* 1628 and its application for improvement of toyocamycin production[J]. Current Microbiology, 2014, 68(2): 180-185.

[50] Hamano Y. Amino-acid homopolymers occurring in nature[M]. Berlin: Springer Science & Business Media, 2010.

[51] Li Z J,Ti X J, Kan S L, et al. Past, present, and future industrial biotechnology in China[J]. Adv Biochem Engin/ Biotechnol, 2010, 122: 1-42.

[52] Shima S, Matsuoka H, Iwamoto T, et al. Antimicrobial action of ε-poly-L-lysine[J]. Journal of Antibiotics, 1984, 37(11): 1449-1455.

[53] Nishikawa M. Molecular mass control using polyanionic cyclodextrin derivatives for the epsilon-poly-L-lysine biosynthesis by *Streptomyces*[J]. Enzyme and Microbial Technology, 2009, 45(4): 295-298.

[54] Nishikawa M, Ogawa K. Inhibition of epsilon-poly-L-lysine biosynthesis in *Streptomycetaceae* bacteria by short-chain polyols[J]. Applied and Environmental Microbiology, 2006, 72(4): 2306-2312.

[55] Xu D, Wang R, Xu Z, et al. Discovery of a short-chain ε-poly-L-lysine and its highly efficient production via synthetase swap strategy[J]. Journal of Agricultural and Food Chemistry, 2019, 67(5): 1453-1462.

[56] Geng W, Yang C, Gu Y, et al. Cloning of ε-poly-L-lysine (ε-PL) synthetase gene from a newly isolated ε-PL-producing *Streptomyces albulus* NK 660 and its heterologous expression in *Streptomyces lividans*[J]. Microbial Biotechnology, 2014, 7(2): 155-164.

[57] Yoshimura T, Shibata N, Hamano Y, et al. Heterologous production of hyaluronic acid in an ε-poly-L-lysine producer, *Streptomyces albulus*[J]. Applied and Environmental Microbiology, 2015, 81(11): 3631-3640.

[58] Xia J, Xu H, Feng X, et al. Poly (L-diaminopropionic acid), a novel non-proteinic amino acid oligomer co-produced with poly (ε-L-lysine) by *Streptomyces albulus* PD-1[J]. Applied Microbiology and Biotechnology, 2013, 97(17): 7597-7605.

[59] Yoshida T. Biochemistry and enzymology of poly-epsilon-L-lysine degradation[M]. Berlin, Heidelberg: Springer, 2010: 45−59.

[60] 陈坚，堵国成. 发酵工程原理与技术 [M]. 北京：化学工业出版社，2012.

[61] Pinheiro I R, Facciotti M C R. Retamycin production by immobilized cells of *Streptomyces olindensis* ICB20 in repeated-batch cultures[J]. Process Biochemistry, 2008, 43(6): 661-666.

[62] 徐虹，张扬，冯小海，等. 一种吸附固定化发酵生产 ε- 聚赖氨酸的工艺 [P]：CN 200910030330.4. 2011-12-21.

第九章

ε－聚赖氨酸在食品中的应用

ε-聚赖氨酸（ε-PL）拥有出色的抑菌性能，早在 20 世纪 80 年代，日本便将 ε-PL 批准应用于食品领域作为食品防腐剂使用。2003 年 7 月，日本智索公司 (Chisso Corporation) 向美国食品药品监督管理局 (FDA) 申请，认定 ε-PL 为 GRAS(generally regarded as safe，一般公认安全) 产品；2004 年 1 月，FDA 对该申请作出答复，批准 ε-PL 为 GRAS 产品 (公告 No.GRN000135)。而后韩国也把 ε-PL 加入至天然食品保鲜剂范畴并广泛使用。2014 年 4 月，我国审核允许 ε-PL、ε-PL 盐酸盐作为食品添加剂新品种应用于食品中（表 9-1 ）。

表9-1 ε-PL、ε-PL 盐酸盐的适用范围及用量

项目	食品分类号	食品名称	使用量
ε-PL	07.0	焙烤食品	0.15g/kg
	08.03	熟肉制品	0.25g/kg
	14.02	果蔬汁类	0.2g/L
ε-PL盐酸盐	04.0	水果、蔬菜、豆类、食用菌	0.30g/kg
	06.02	大米及制品	0.25g/kg
	06.03	小麦粉及其制品	0.30g/kg
	07.04.02	杂粮制品	0.40g/kg
	08.0	肉及肉制品	0.30g/kg
	12.0	调味品	0.50g/kg
	14.0	饮料类	0.20g/kg

近年来，ε-PL 在食品添加领域的应用已成为研究热点。2000 年，徐红华等人 [1] 探究了 ε-PL- 甘氨酸复合制剂对牛奶共同作用的保鲜效果，结果表明将二者联合使用时可呈现较强的协同增效作用。2011 年，本书著者团队发现 400mg/L ε-PL 单独使用时，就能显著抑制冷鲜猪肉感官品质的下降、微生物的生长繁殖、pH 值的上升和 TVB-N（挥发性盐基氮）的积累，而当 ε-PL 和乙酸复配使用后抑制作用更佳，特别是对微生物的生长繁殖有明显的抑制作用 [2]。2016 年和 2021 年，本书著者团队又分别报道了 ε-PL 及其相关生物大分子在烟熏火腿 [3] 和淡水鱼保鲜 [4] 中的良好应用效果。

第一节
ε-聚赖氨酸作为食品防腐剂的应用

为了防止食物的腐败变质，从古至今人们寻求了多种方法，例如低温冷冻、

将空气隔绝、除去水分、多盐多酸、添加防腐保鲜剂等；其中添加防腐剂的方法最为有效。食品防腐剂，又称为食品保鲜抑菌剂，它可以破坏食品中腐败微生物的细胞结构，抑制其生长繁殖，从而保证食品质量、延长食品保藏期、防止引起食物中毒等。国内外对食品防腐剂的挖掘、合成、抑菌性能和抗菌机制开展了系统的研究[5]。食品防腐剂拥有较好抑菌效果的主要原因是：①系统性破坏微生物细胞壁和细胞膜；②破坏微生物的遗传物质或者遗传微粒结构；③破坏微生物的酶或者功能蛋白。

自从发现 ε-PL 具有很好的抗菌性，许多学者分别从不同的方面对 ε-PL 的抑菌机制进行了研究。1984 年，Shima 等[6]首次对 ε-PL 的抑菌机制进行了研究，发现当浓度为 1 ～ 8mg/L 时，ε-PL 对 G$^+$、G$^-$ 菌表现出抑制作用。ε-PL 残基数量影响其抑菌作用，ε-PL 必须含有 10 个以上赖氨酸残基才具有抑菌活性，此外化学修饰氨基会降低其抑菌能力。他们还发现 ε-PL 能够破坏微生物的细胞膜，影响蛋白质和核酸的合成。细胞膜是微生物进行能量转化、物质代谢的主要场所之一，Vaara 等[7]认为 ε-PL 能够吸附到细胞膜上，通过与细胞膜作用而影响微生物细胞的呼吸；可破坏膜结构的完整性，使细胞丧失对物质的选择性，并可导致胞内溶酶体膜破裂而诱导微生物自溶，最终导致细胞死亡。而 Delihas 等[8]认为 ε-PL 的抑菌性与细菌的细胞壁结构无必然联系，细菌对 ε-PL 敏感性的不同可能与细菌表面受体的多少或细菌分泌出能降解 ε-PL 的蛋白酶种类的多寡有关。廖永红等[9]通过菌体对 ε-PL 的吸附动力学研究发现，ε-PL 吸附到菌体表面是发挥其抑菌作用的一个重要过程。刘蔚等[10]研究了 ε-PL 对菌体细胞壁、细胞膜、菌体表达蛋白和核酸物质的影响，结果发现 ε-PL 能够破坏菌体细胞壁的完整性，导致碱性磷酸酶渗出，质壁严重分离，细胞质固缩加剧，有些细胞质甚至解体出现空泡结构，胞外小分子和大分子物质含量均增加，这说明 ε-PL 能在细胞膜上形成孔道，导致胞内物质泄漏，影响细胞内蛋白质和核酸的合成，进而导致细胞死亡。

一、在冷鲜肉保鲜中的应用

冷鲜肉是指对严格执行检验检疫制度屠宰后的畜肉迅速进行冷却处理，使肉温度（以后腿内部为测量点）在 24h 内降为 0 ～ 4℃，并在后续的加工、流通和销售过程中始终保持在 0 ～ 4℃范围内的鲜肉。与热鲜肉相比，冷鲜肉具有安全卫生、味道鲜美、口感细嫩、营养价值高等优点，发达国家市场销售的均是冷鲜肉。随着人们生活水平的提高，冷鲜肉在我国也逐渐成为肉类消费的一种趋势。然而在 0 ～ 4℃条件下，冷鲜肉中仍有部分腐败微生物能够生长繁殖。因此抑制冷鲜肉中微生物的生长繁殖，延长其保质期对冷鲜肉生产和销售至关重要。目前冷鲜肉的保鲜方法主要有低温保藏、热水喷淋、高压保鲜、辐射保鲜、添加保鲜剂和采用特殊包装技术及涂膜保鲜技术等。随着人们对食品安全要求的不断提高，使用天然保鲜剂延长冷鲜肉保质期的方法也越来越受到重视。

本书著者团队[2]以 ε-PL 作为保鲜剂对冷鲜猪肉进行浸泡处理，以菌落总数、感官评价、TVB-N 含量、pH 值为指标，初步考察 ε-PL 对冷鲜猪肉的保鲜效果，以期为 ε-PL 在冷鲜肉生产中应用提供一定的理论依据。

1. 冷鲜肉感官质量评判标准

参考国家标准，评定人员按表 9-2 评分标准对肉样进行感官评价。把各项评分相加，总分在 50 分以上（包含 50 分）的为感官一级鲜度；50 分以下至40 分（包含 40 分）的为感官二级鲜度；40 分以下至 30 分（包含 30 分）的为感官三级鲜度；不满 30 分的为等外品。

表9-2　猪肉感官评分标准

评定项目	得分标准/分			
	9~10	6~8	4~5	1~3
气味	具有鲜猪肉正常气味	鲜味淡、无异味	稍有异味或氨味	腐败臭味
色泽	肌肉有光泽，红色均匀	色泽稍变暗	颜色暗红发白	颜色暗红发白严重
弹性	指压后凹陷立即恢复	指压后一段时间恢复	弹性差，指压后不易恢复	弹性很差，指压后不恢复
黏度	外表微干或微湿润，不粘手	稍有粘手	比较粘手	十分粘手
纹理	纹理清晰	纹理稍模糊	纹理较模糊	纹理十分模糊
出水	无出水	少量出水	出水较多	出水很多

2. 不同浓度 ε- 聚赖氨酸保鲜液对冷鲜猪肉保藏过程中菌落总数的影响

首先，本书著者团队考察了不同浓度 ε-PL 保鲜液对冷鲜猪肉保藏过程中菌落总数的影响，结果如表 9-3 所示。与对照组相比，各浓度 ε-PL 溶液浸泡处理均能够明显降低冷鲜猪肉的初始菌数（$P<0.05$），对冷鲜猪肉保藏过程中的细菌生长繁殖有明显抑制作用，并且随着 ε-PL 浓度的增加，抑菌作用增强。当 ε-PL 浓度从 100mg/L 增加到 200mg/L 和从 200mg/L 增加到 400mg/L 时，冷鲜猪肉保藏过程中菌落总数下降显著（$P<0.05$），而从 400mg/L 增加到 800mg/L，菌落总数下降不显著（$P>0.05$）。综合使用成本和抑菌效果两方面，选取 400mg/L 作为 ε-PL 最适浓度。

冷鲜肉在保藏过程中的腐败变质主要是由一些嗜冷性微生物大量繁殖造成的，其中假单胞菌、肠杆菌和乳酸菌是导致非真空包装条件下冷鲜猪肉腐败的主要微生物[11,12]。实验研究发现经过 ε-PL 保鲜液浸泡处理，冷鲜猪肉初始菌落总数有不同程度的降低，这说明ε-PL在高浓度条件下具有杀菌作用，这与其他抑菌物质的性质类似，即低浓度下抑制微生物生长、高浓度下导致微生物死亡。ε-PL并没有完全杀灭冷鲜猪肉中的微生物，仍有部分微生物存活，经过一段时间的延滞生长后再度快速繁殖，这可能是因为ε-PL并不是一般意义上的杀灭，而是一种杀灭和抑制共同存在的致伤作用，或者由于肉质本身提供的保护（处理前）和修复环境（处理后），使受伤害程度不同的微生物经过不同时间的修复，重新繁殖。

表9-3 不同浓度ε-PL对冷鲜猪肉保藏过程中菌落总数的影响　　　　　单位：lg（CFU/g）

保藏时间/d	ε-PL/(mg/L)				
	0	100	200	400	800
0	3.82±0.13[a]	3.47±0.09[b]	3.13±0.15[c]	2.78±0.17[d]	2.65±0.09[d]
2	5.23±0.20[a]	4.56±0.13[b]	3.78±0.16[c]	3.15±0.14[d]	2.89±0.11[d]
4	6.70±0.23[a]	5.63±0.18[b]	4.74±0.18[c]	3.88±0.11[d]	3.68±0.13[d]
6	7.72±0.18[a]	6.79±0.21[b]	5.84±0.12[c]	4.61±0.14[d]	4.45±0.17[d]
8	—	7.64±0.27[a]	7.03±0.17[b]	6.21±0.16[c]	6.03±0.15[c]
10	—	—	7.67±0.22[a]	7.17±0.17[b]	6.98±0.13[b]

注：—表示菌落总数多不可计；数据来源于三次独立实验，以平均值±标准差表示；a、b、c、d在同一行中标记同一字母的表示差异不显著（$P>0.05$），不同则表示差异显著（$P<0.05$）。

3. ε-聚赖氨酸助剂的选择 [13-16]

确定最适ε-PL浓度（400mg/L）后，分别与不同质量分数的乙酸（0.05%、0.1%、0.2%）、柠檬酸（0.1%、0.25%、0.5%）、EDTA（0.005%、0.01%、0.02%）、甘氨酸(0.1%、0.2%、0.5%)复配进行浸泡处理冷鲜猪肉，记录在保藏过程中的菌落总数变化，如表9-4所示。

表9-4 乙酸、柠檬酸、EDTA、甘氨酸对ε-PL抑菌效果的影响　　　　　单位：lg（CFU/g）

时间/d	乙酸/%			柠檬酸/%			EDTA/%			甘氨酸/%		
	0.05	0.1	0.2	0.1	0.25	0.5	0.005	0.01	0.02	0.1	0.2	0.5
0	2.69[b]	2.51[c]	2.32[d]	2.70[b]	2.65[b]	2.61[bc]	2.87[a]	2.70[b]	2.65[b]	2.95[a]	2.85[a]	2.70[b]
2	2.98[cd]	2.76[e]	2.58[f]	3.22[b]	3.04[c]	2.91[d]	3.17[b]	3.03[c]	2.98[cd]	3.31[a]	3.21[b]	3.01[c]
4	3.68[d]	3.22[e]	2.94[f]	4.02[a]	3.74[cd]	3.65[d]	3.94[ab]	3.84[bc]	3.74[cd]	4.03[a]	3.99[a]	3.75[cd]
6	4.47[cd]	4.13[e]	3.72[f]	4.65[b]	4.51[cd]	4.42[d]	4.68[b]	4.56[c]	4.45[d]	4.83[a]	4.74[b]	4.50[cd]
8	5.91[e]	5.31[f]	4.66[g]	6.17[c]	6.03[d]	5.86[e]	6.26[b]	6.17[c]	6.03[d]	6.46[a]	6.30[b]	6.03[d]
10	6.87[e]	6.59[g]	6.24[h]	7.03[b]	6.98[bc]	6.72[f]	7.22[b]	7.13[c]	6.98[c]	7.34[a]	7.28[b]	7.04[b]
12	7.84[c]	7.54[d]	7.11[e]	—	7.89[ab]	7.71[c]	7.84[c]	7.87[ab]	7.91[a]	—	—	7.88[ab]

注：—表示菌落总数多不可计；数据来源于三次独立实验，以平均值表示；a、b、c、d、e、f、g、h在同一行中标记同一字母的在$P>0.05$水平差异不显著，不同则表示差异显著（$P<0.05$）。

和表 9-3 中 400mg/L ε-PL 单独使用相比，乙酸对 ε-PL 抑菌效果的促进作用最显著，并且随着乙酸浓度的增加，菌落总数显著下降（$P < 0.05$），柠檬酸和 EDTA 促进作用相对较弱。甘氨酸在低浓度 (0.1%) 时菌落总数反而比单独使用 400mg/L ε-PL 高，0.5% 甘氨酸对 ε-PL 抑菌效果有微弱的促进作用。虽然随着乙酸浓度增加，ε-PL 抑菌效果显著增强，但是预实验过程发现当乙酸浓度高于 0.2% 时，浸泡处理的冷鲜猪肉会带有微弱酸味，0.2% 是对冷鲜猪肉感官无影响的乙酸最大使用量。综合使用成本、抑菌效果以及对冷鲜肉感官的影响方面，选取 0.2% 乙酸作为 ε-PL 最佳助剂。

甘氨酸和柠檬酸是广泛使用的天然抑菌剂，是微生物正常的代谢成分，低浓度时能够被微生物利用，高浓度时能够抑制微生物代谢，实验以浸泡的方式处理冷鲜肉，处理时间较短，可能微生物吸收的甘氨酸/柠檬酸不足以抑制微生物的生长或只能部分抑制微生物的生长。而乙酸属酸性防腐剂，它透过细胞膜后会引起胞内 H^+ 的失控，改变胞内 pH 状态，蓄积阴离子，抑制细胞基础代谢反应[14]，它对细菌的抑制作用要强于苯甲酸、山梨酸、柠檬酸[15]。和乙酸不同，ε-PL 主要通过破坏细胞膜、增加细胞膜通透性来抑制微生物的生长。单独使用时，乙酸不易通过细胞膜，抑菌效果不好，经 ε-PL 处理后微生物细胞膜通透性增加，使得乙酸容易透过细胞膜发挥其抑菌作用，这可能是 ε-PL 和乙酸之间具有显著协同作用的原因。EDTA 是食品中常用的螯合剂，其抑菌作用主要是通过与其他防腐剂协同作用而实现的，一方面它能部分去除 G^- 菌含脂多糖的外壁层，增加 G^- 菌对其他防腐剂的敏感性[16]；另一方面它能够螯合菌体表面以及菌体周围环境的金属离子，抑制相应金属酶的活性，实验中也发现 EDTA 在一定程度上能够加强 ε-PL 的抑菌作用。

4. 浸泡时间对 ε- 聚赖氨酸 - 助剂抑菌作用的影响

选取 400mg/L ε-PL-0.2% 乙酸为保鲜液，分别浸泡 10s、1min、2.5min、5min、10min，冷鲜猪肉在保藏过程中菌落总数的变化如图 9-1 所示。浸泡时间对 ε-PL- 助剂抑菌效果影响显著，随着浸泡时间的增加，ε-PL- 助剂抑菌效果逐渐增强。在 10s ~ 5min 范围内，随着浸泡时间的增加，菌落总数显著下降（$P < 0.05$），而当浸泡时间从 5min 增加到 10min，菌落总数在保藏前 4d 差异显著（$P < 0.05$），4d 后 10min 组和 5min 组菌落总数差异不显著（$P > 0.05$）。综合肉样处理效率和抑菌效果两方面，选取 5min 为最佳浸泡时间。

采用浸泡方式处理冷鲜肉，研究者通常采用单一处理时间，即浸泡数秒或数分钟，而关于浸泡时间对保鲜剂在冷鲜肉中抑菌效果影响的研究之前还未见到报道。实验发现浸泡时间对 ε-PL- 乙酸抑菌效果影响显著，浸泡 10s，ε-PL- 乙酸对冷鲜肉的抑菌效果较弱，在 10s ~ 5min 范围，随着浸泡时间的增加，

ε-PL- 乙酸抑菌效果显著增加，当浸泡时间超过 5min 后继续增加，ε-PL- 乙酸抑菌效果增加不明显。可能 ε-PL 透过细胞壁到达细胞膜需要一段时间或者 ε-PL 破坏细胞膜需要一定时间，这可能是浸泡时间显著影响 ε-PL- 乙酸抑菌效果的原因。

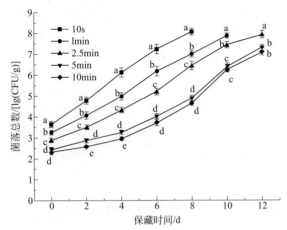

图9-1　浸泡时间对冷鲜猪肉保藏过程中菌落总数的影响
a、b、c、d、e在同一保藏时间中标记同一字母的表示差异不显著，不同则表示差异显著

5. ε- 聚赖氨酸及其助剂对冷鲜猪肉保藏过程中各鲜度指标的影响

冷鲜猪肉的保鲜期由感官指标、微生物指标、理化指标共同决定，为了考察 ε-PL 和其助剂单独使用以及复配后对冷鲜猪肉保藏过程中各鲜度指标的影响，设立了四组实验：对照组（蒸馏水）；A 组（0.2% 乙酸）；B 组（400mg/L ε-PL）；C 组（400mg/L ε-PL+0.2% 乙酸）。浸泡时间为 5min。

由图 9-2 可以看出，随着保藏时间的延长，各实验组菌落总数均不断增加。对照组的初始菌落总数为 3.82lg（CFU/g），经过乙酸、ε-PL 以及 ε-PL- 乙酸溶液浸泡处理后，初始菌落总数分别为 3.60lg（CFU/g）、2.92lg（CFU/g）、2.46lg（CFU/g），和对照相比分别下降了 0.22lg（CFU/g）、0.90lg（CFU/g）、1.36lg（CFU/g）。对照组菌落总数从保藏开始就迅速增加，在保藏第 4 天达到 6.71lg（CFU/g），菌落总数已经超标［≤6lg（CFU/g）］。经过各组保鲜液处理后，冷鲜猪肉中微生物的生长繁殖在短期内受到不同程度的抑制。0.2% 乙酸组菌落总数从保藏开始就迅速增加，在保藏第 4 天达到 5.95lg(CFU/g)，接近超标，但其菌落总数在保藏期间明显低于对照组（$P<0.05$）。ε-PL 组和 ε-PL- 乙酸组抑菌作用相对较强，菌落总数表现为一段时间的缓慢增长，之后快速增加。ε-PL 组和 ε-PL- 乙酸组相比，

ε-PL 组菌落总数在保藏期间明显高于 ε-PL- 乙酸组（$P<0.05$），ε-PL 组、ε-PL-乙酸组分别在第 8 天和第 10 天超标。

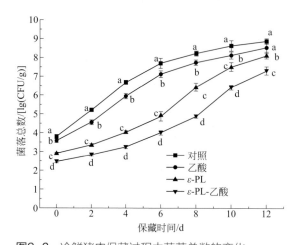

图9-2　冷鲜猪肉保藏过程中菌落总数的变化
a、b、c、d在同一保藏时间中标记同一字母的表示差异不显著，不同则表示差异显著，下同

　　表 9-5 显示了冷鲜猪肉在保藏过程中的感官变化。在保藏开始，评定人员认为各处理组感官差异不明显，说明各组保鲜液浸泡处理对冷鲜猪肉感官品质没有影响。各实验组的感官分值均随着保藏时间的延长而呈下降趋势，但保鲜液处理组感官分值下降速度明显较对照组慢。对照组和乙酸组感官分值从保藏开始迅速下降，乙酸组在保藏 2 ～ 10d 期间感官分值明显高于对照组（$P<0.05$）。ε-PL 组和 ε-PL- 乙酸组在整个保藏过程感官分值下降缓慢，在保藏过程中，ε-PL- 乙酸组感官分值明显高于 ε-PL 组（$P<0.05$）。ε-PL 单独使用时，冷鲜肉感官总分显著高于对照组和乙酸组，但色泽、弹性方面变化较气味、黏度、出水、纹理方面快，ε-PL 和乙酸复配使用后，在气味、色泽、弹性、黏度、出水、纹理方面均有很大改善，提高了冷鲜猪肉的感官可接受度。如果以 40 分为感官二级鲜度界限，对照组和乙酸组在第 4 天超标，ε-PL 组在第 8 天超标，ε-PL- 乙酸组在第 10 天超标。

　　自然状态下，由于自身酶和外界微生物的作用，冷鲜肉会形成一些碱性物质，导致其 pH 值升高，因此 pH 值是判断冷鲜肉腐败程度的一项重要指标。图 9-3 显示了不同处理条件下冷鲜猪肉保藏过程中 pH 值的变化情况。在保藏开始，各实验组 pH 值差异不显著（$P>0.05$）。对照组和乙酸组 pH 值从保藏开始迅速上升，均在第 6 天超标（$\leqslant 6.0$），但乙酸组 pH 值在保藏过程中一直低于对照组，差异显著（$P<0.05$）。ε-PL 组和 ε-PL- 乙酸组 pH 值在保藏前期缓慢上升，

第8天上升速度加快，分别在第10、12天超标，并且ε-PL-乙酸组从保藏第4天开始pH值显著低于ε-PL组（$P<0.05$）。

表9-5 冷鲜猪肉保藏过程中感官变化

时间/d	处理	气味	色泽	弹性	黏度	出水	纹理	总分
0	对照	10	10	10	10	10	10	60
	乙酸	10	10	10	10	10	10	60
	ε-PL	10	10	10	10	10	10	60
	ε-PL-乙酸	10	10	10	10	10	10	60
2	对照	7	7.5	7.5	6.5	7	6.5	42
	乙酸	8	8.5	8.5	7.5	7.5	7.5	47.5
	ε-PL	9	8.5	9	9	9.5	9.5	54.5
	ε-PL-乙酸	9.5	9.5	9.5	9.5	9	9.5	56.5
4	对照	3.5	4	6	5	3.5	4	26
	乙酸	6	5.5	7	7.5	6.5	5	37.5
	ε-PL	8	7.5	8	8	8	9	48.5
	ε-PL-乙酸	8.5	9	9	9	8.5	9	53
6	对照	1	2.5	3	2	1	2	11.5
	乙酸	3	3	5	4.5	4	3	22.5
	ε-PL	7	6.5	6.5	7	7	7.5	41.5
	ε-PL-乙酸	8	8	8	8	8	8.5	48.5
8	对照	0	1	1	0	0	1	3
	乙酸	1	3	2	3.5	1.5	2	13
	ε-PL	5.5	5	4	5	6	6	31.5
	ε-PL-乙酸	7	7	6.5	7	7	7.5	42
10	对照	0	0	0	0	0	0	0
	乙酸	0	1	0	2	0	0	3
	ε-PL	3.5	3	2	2.5	4	4	19
	ε-PL-乙酸	5.5	5.5	4	5	6	6	32
12	对照	0	0	0	0	0	0	0
	乙酸	0	0	0	0	0	0	0
	ε-PL	1	0	0	0	2	1.5	4.5
	ε-PL-乙酸	3	4	2	2	4	3	18

注：对照：蒸馏水；乙酸：0.2% 乙酸；ε-PL：400mg/L ε-PL；ε-PL-乙酸：400mg/L ε-PL+0.2% 乙酸。

TVB-N 是指肉类由于微生物的作用，使蛋白质发生脱胺、脱羧反应而产生的含氮物质，其含量可用于判断肉类新鲜度，图 9-4 显示了冷鲜猪肉保藏过程中 TVB-N 含量的变化。各实验组冷鲜猪肉 TVB-N 含量均随着保藏时间的延长不断增加，乙酸组、ε-PL 组以及 ε-PL- 乙酸组 TVB-N 含量增加速度明显慢于对照组（$P < 0.05$）。对照组和乙酸组从保藏开始 TVB-N 含量快速增加，分别在第 6、8 天超标（$\leqslant 20$mg/100g）。ε-PL 组和 ε-PL- 乙酸组 TVB-N 含量在保藏前期增加缓慢，从第 8 天开始上升速度加快，ε-PL 组在第 12 天超标，ε-PL- 乙酸组 TVB-N 含量在第 12 天为 19.7mg/100g，接近超标。

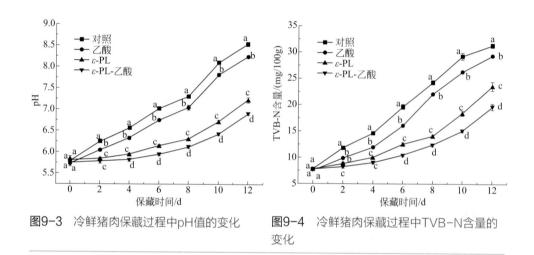

图9-3　冷鲜猪肉保藏过程中pH值的变化　　图9-4　冷鲜猪肉保藏过程中TVB-N含量的变化

实验进一步研究了优化处理条件下冷鲜猪肉保藏过程中的各鲜度指标的变化。400mg/L ε-PL 单独使用时对冷鲜猪肉感官品质下降、微生物生长繁殖、pH 值上升、TVB-N 积累有显著的抑制作用，助剂 0.2% 乙酸单独使用时抑制作用相对较小，400mg/L ε-PL 和 0.2% 乙酸复配后抑制作用显著增强。同时发现各处理组冷鲜猪肉保藏过程各鲜度指标变化具有不一致性，特别是 ε-PL 组和 ε-PL- 乙酸组，其 pH 值和 TVB-N 含量变化明显较菌落总数和感官评价缓慢。分析原因可能是：①肉在低温保藏时，其中的假单胞菌能够分泌胞外蛋白酶，蛋白酶能够分解蛋白质产生碱性含氮物质，导致 pH 值的上升和 TVB-N 含量的增加；保鲜袋包装对氧气有一定的阻隔作用，对假单胞菌等需氧菌有一定的抑制作用，影响假单胞菌对蛋白质的分解作用，而氧对肉中乳酸菌等厌氧菌的生长繁殖影响较小，乳酸菌等厌氧菌的繁殖也会影响肉的感官，最终导致 pH 值和 TVB-N 含量变化相对于微生物指标、感官指标缓慢。②可能残留在冷鲜猪肉表面的 ε-PL 会影响微生物对蛋白质的分解，导致碱性含氮物质的产生减少。

二、在烟熏火腿保鲜中的应用

烟熏火腿是一种西式低温肉制品的代表产品。由于此类低温肉制品的特殊性，通常采用真空包装或者将其切片，然后置于 $2 \sim 8℃$ 冷藏。烟熏火腿原料肉通常使用牛肉或者猪肉。本书著者团队研究使用实验产品为猪肉烟熏火腿，以后腿精瘦肉为原料，其中盐溶性蛋白通过腌制提取，通过机械低温真空滚揉来破坏原料肉的肌肉组织结构，然后灌装、烟熏干燥、蒸煮、冷却、切片真空包装，冷藏保存。烟熏火腿由于其肉质结构紧密、拥有较足弹性、咀嚼感较强、口感嫩软多汁等特点深受消费者欢迎。

低温肉制品由于其加工、杀菌温度较低，虽然能够将致病菌杀灭，但仍然不能完全杀灭已经形成孢子的细菌，使其初始含菌量较高温肉制品高。加上目前我国冷链系统并不完善，像烟熏火腿切片此类低温肉制品不便于长途运输和长期贮藏，易发生腐败变质，产品货架期较短。随着人们健康意识的日益增长，越来越关注产品的品质安全问题。烟熏火腿切片因为产品的鲜嫩、高含水量和较高的出品率[17]，其贮藏保鲜问题十分重要。在追求食品安全与可持续发展的当下，天然食品防腐剂在食品加工保藏过程中已经成为必不可少的添加剂。

本书著者团队曹梦婷硕士[3]探究使用 ε-PL 作为抑菌剂单独或复配使用对低温肉制品真空烟熏火腿切片腐败菌相的影响以及对货架期的影响，主要包括以下三点内容：① ε-PL 对真空包装烟熏火腿切片贮藏特性的影响研究；② ε-PL 对真空包装烟熏火腿切片贮藏期微生物多样性的影响研究；③ ε-PL 对真空包装烟熏火腿切片腐败菌的抑菌复配研究。

由七人组成评定小组（肉制品专业研究人员），按照表9-6中所示规范对产品进行感官质量评定。评定要求在自然光下，产品温度同室温恒定时进行。首先观察产品包装、肉质颜色和质地，然后剪开包装对气味进行评定，最后将样品取出切为小块品尝滋味。当 7 人中有 3 人认为该产品已腐败变质不宜食用时，该样品的感官评定测试终止。感官评定评分分为 5 级：5（优）、4（良）、3（中）、2（差）、1（劣）。当某样品评分小于 3 分时，即认为该样品腐败变质。

表9-6　烟熏火腿切片感官评价规范参照表

评分	包装	色泽	气味	质地
5（优）	完全真空	色泽均一，呈现烟熏火腿特有粉红色	有烟熏火腿特有香气，香味浓郁，无不良气味，咸淡适宜	切片均匀平整，肉质有弹性，少许气孔，无积水
4（良）	真空	色泽均一，呈现烟熏火腿特有粉红色	有烟熏火腿特有香气，无不良气味，味稍咸或稍淡	切片均匀平整，肉质不够紧密，有少许大气孔，无积水

评分	包装	色泽	气味	质地
3（中）	轻微胀袋	色泽均一，肉质由粉显白	烟熏火腿香味淡，无不良气味	切片均匀平整，肉质松散，较多气孔，无积水
2（差）	显著胀袋	色泽均匀，肉质呈粉白色或红白相间	无烟熏火腿香气，过咸或过淡	切片不均匀，肉质松散，较多气孔，无积水
1（劣）	漏气	色泽不均，肉质呈灰白色	有异味，过咸或过淡	切片不均匀、不平整，肉质松散，较多大气孔，有积水

1. ε-聚赖氨酸对真空包装烟熏火腿切片贮藏特性的影响

研究中将真空包装烟熏火腿切片样品分为三组，其中 A 组：添加 0.25g/kg ε-PL，实验组；B 组：添加 2.5g/kg 乳酸链球菌素（Nisin）复合抑菌剂，对照组；C 组：零添加，空白组。

① 贮藏期内不同时间样品的感官品质变化　三组真空包装烟熏火腿切片在 4℃下贮藏 8 周的感官品质变化如表 9-7 所示。由感官变化可以看出，样品随着贮藏时间的增加感官品质逐渐下降，根据所添加抑菌剂的不同，三组样品感官品质下降速度依次为：C 组＞A 组＞B 组。样品在 4℃贮藏温度下，1～5 周贮藏期内 A 组和 B 组样品色泽、气味均未发生显著性变化，A 组样品于第 6 周开始香味减淡，B 组样品于第 8 周开始香味减淡，而对照组 C 组样品则于第 3 周即开始发生变化，第 5 周时感官品质开始发生劣变，第 7 周呈现肉眼可见的腐败变质。

表9-7　添加不同抑菌剂样品贮藏期内的感官变化

处理组	杀菌温度/℃	保藏时间/周							
		1	2	3	4	5	6	7	8
A	75	无明显变化	无明显变化	无明显变化	无明显变化	无明显变化	香味淡，其他正常	香味淡，其他正常	香味淡，其他正常
B	75	无明显变化	无明显变化	无明显变化	无明显变化	无明显变化	无明显变化	无明显变化	香味淡，其他正常
C	75	无明显变化	无明显变化	香味淡，其他正常	色泽暗，香味淡	色泽暗，出现气孔	色泽暗，产生异味	色泽暗，有异味，出水	色泽暗，腐败味，出水严重

从表 9-7 中了解到，贮藏期内 B 组实验样品保鲜防腐效果最为优异，A 组样品保鲜效果其次，A 组样品虽只添加了 ε-PL 一种抑菌剂，但其对于产品色泽、气味、肉质方面的影响，均不逊于 Nisin 复合抑菌剂。

② 贮藏期内不同时间样品的 pH 值、菌落总数和大肠杆菌数量变化　真空包装烟熏火腿切片随贮藏时间的增长，在温度 4℃下 pH 值的变化如图 9-5（a）所示，贮藏期间样品的 pH 值呈下降趋势，主要由于微生物会分解肉制品中糖类等碳水化合物来合成乳酸、醋酸等有机酸。真空包装烟熏火腿切片贮藏于 4℃低温环境

中，贮藏初期，大部分微生物在加工后期热处理灭菌中被杀灭，存活下来的部分细菌还未恢复其细菌生长能力，加上处在低温、真空的环境中，这部分存活下来的细菌生长十分缓慢，分解碳水化合物来合成有机酸的能力较弱，此时 pH 值下降速度也十分缓慢。到了贮藏中期，样品 pH 值下降明显，表明此时微生物利用肉制品中的蛋白质、淀粉等发酵产酸而迅速增殖。贮藏后期，pH 值下降逐渐缓慢，一方面由于此时微生物处于生长末期，肉制品中的营养物质被分解殆尽，合成产酸水平降低；另一方面蛋白质会被分解为部分低分子碱性含氮物，可以与发酵生成的酸性物质中和使 pH 上升。当样品中不含抑菌剂或抑菌剂抑菌能力过低时，产品中微生物生长繁殖速度很快，因此 pH 值下降迅速。综上，未添加抑菌剂的产品不利于保持产品质量的稳定，添加 Nisin 复合抑菌剂的产品质量稳定效果稍优于添加 ε-PL 的产品。

图 9-5（b）描述了添加不同抑菌剂的真空包装烟熏火腿切片在 4℃下贮藏过程中细菌菌落总数的变化情况。三组样品在制作过程中经各种加工工艺的处理、包装加热灭菌和冷藏保存后，仍然发现部分细菌存活，从而检测出样品的初始菌落总数约为 1.5lg（CFU/g），这些残存的微生物均受到一定程度的破坏，在低温真空的贮藏环境下，逐步调整适应这种环境。在贮藏初期 0～14d，受损的微生物自我修复，生长繁殖均处在缓慢的阶段，菌落总数在此时缓慢上升。贮藏中期14～42d 时，样品中的微生物逐渐适应新的生存环境，将肉制品中的碳水化合物等营养物质利用起来进行发酵产酸，大量繁殖生长，进入生长对数期，此时样品菌落总数迅速上升。贮藏中期 42～49d，微生物菌落总数出现最大值，此时微生物的生长繁殖能力与环境间在一定程度上达到平衡，从图 9-5（b）中可看出生长曲线逐渐平缓，菌落总数变化较为稳定。贮藏后期 49～63d，由于前期微生物的大肆生长繁殖，此时样品已发生严重的腐败变质，蛋白质、淀粉等物质被消耗殆尽，这种环境变得十分不适宜微生物继续生长，从而有部分微生物进入衰亡期，最终存活下来的微生物菌群，即导致产品腐败变质的优势菌群，其特征为适应性很强、生长繁殖十分旺盛。从图 9-5（b）来看，B 组抑菌剂对产品的菌落总数抑制效果最好。A 组样品抑菌效果虽较 B 组稍弱，但其添加的抑菌剂为 ε-PL单一抑菌剂，效果仍显著优于对照组。由此可见，ε-PL 在对样品菌落总数的抑制效果上有着十分优异的表现。

有研究表明，大肠菌群类细菌分解碳水化合物的能力较强，可以优先选择利用肉基质中的葡萄糖、糖原等化合物，当其消耗尽肉制品中的碳水化合物时，开始分解蛋白质等其他含氮化合物。大肠菌群易在低温环境下迅速生长，对低温贮藏的产品货架期的影响较大。图 9-5（c）表明了三组样品在贮藏期内大肠菌群的生长变化情况。贮藏初期，三组样品中均未检测到大肠菌群，但是大肠菌群的延迟期较短，对照组 C 组样品在 0～14d 便进入生长对数期，于第 14 天达到最大生长量5lg（CFU/g）；样品A组在第42～56天时大肠菌群迅速生长，第56天达最大生长量，之后大肠菌群生长趋于平缓；样品B组对大肠菌群抑制效果较强，在贮藏期56d后才出现微弱的生长。样品A组对大肠菌群抑制效果较好，贮藏初期，0～42d均未检测到大肠菌群，贮藏后期，42～56d大肠菌群开始生长，但其在56d的最大生长量［2lg（CFU/g）］相较空白组的最大生长量［14d，5lg（CFU/g）］低近3个对数值，可以看出 ε-PL 对大肠菌群的抑菌效果十分出色。

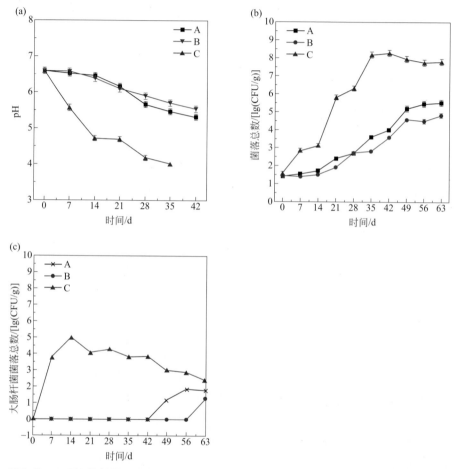

图9-5　不同抑菌剂样品贮藏期的pH值（a）、菌落总数（b）和大肠杆菌菌落总数（c）变化

③贮藏期内不同时间样品的沙门氏菌、金黄色葡萄球菌的检测　真空包装烟熏火腿切片在4℃贮藏期内A、B、C三组样品均未检出致病菌沙门氏菌、金黄色葡萄球菌。三组样品均符合食品安全国家标准GB 29921—2021对熟肉制品中致病菌的限量要求。

2. ε-聚赖氨酸对真空包装烟熏火腿切片贮藏期微生物多样性的影响研究

实验样品分为三组，实验组 A：添加 0.25g/kg ε-PL；对照组 B：添加 2.5g/kg Nisin 复合抑菌剂；空白组 C：空白零添加。贮存于 4℃，于第 0 天、30 天和 60 天取样进行宏基因组的测定。

① OTU 聚类注释 OTU(operational taxonomic units) 即分类操作单元，是人为将系统发生学研究或群体遗传学研究中的序列添加上标签以便顺利进行后续分析而定义的一个分类单元。将序列相似度高于 97% 的归为同一类，即定义为一个 OTU，代表一个物种。通过对上述优质序列进行归类注释，获得的 OTU 统计表见表 9-8。从表 9-8 中可以看出，贮藏时间 0d、30d、60d 的三组样品在注释到门、纲、目、科、属、种的 OTU 数量变化趋势一致，总体来说，空白组 C 组样品中 OTU 数量最多，最少的为对照组 B 组样品，实验组 A 组样品注释得到的 OTU 数目与 B 组相近，较之稍多。

表9-8 分类操作单元（OTU）统计表

样品 （sample）	门 （Phylum）	纲 （Class）	目 （Order）	科 （Family）	属 （Genus）	种 （Species）	无注释信息 （unclassified）	总数 （total）
A0	352	351	342	310	210	39	5	1609
B0	330	329	323	282	178	41	6	1489
C0	589	585	566	486	285	45	9	2565
A30	671	670	653	513	299	55	7	2868
B30	477	476	464	375	231	46	5	2074
C30	714	712	692	546	312	52	8	3036
A60	505	502	473	383	189	37	11	2100
B60	420	416	398	330	190	30	7	1791
C60	1045	1036	957	747	329	54	45	4213

② α 多样性分析 α 多样性是指生态系统或者某一特定环境中的微生物的多样性。本书著者团队用群落丰富度指数，即 Chao 指数和 ACE 指数；以及群落多样性指数，即 Shannon 指数和 Simpson 指数来反映真空包装环境下烟熏火腿切片腐败菌相的丰富度和均匀度。ACE 指数和 Chao 指数越大说明群落丰富度越大。从表 9-9 中得知，随着贮藏时间的增长，A 组和 B 组样品的丰富度先升高后降低，C 组样品的丰富度不断升高，并始终高于 A 组和 B 组。表 9-9 中 Simpson 指数越低和 Shannon 指数越大代表样品的群落多样性越高，通过数值对比看出，C 组样品的微生物群落多样性最高，A 组同 B 组较为接近。由此可知，A 组样品中仅添加 ε-PL 单一抑菌剂，对微生物的抑制效果较之成熟的乳酸链球菌素差异并不十分显著，可以预见，ε-PL 的复配保鲜剂效果必定十分出色。

表9-9　样品的细菌生物多样性指数表

样品	群落丰富度指数 ACE	群落丰富度指数 Chao	群落多样性指数 Simpson	群落多样性指数 Shannon
A0	497.63	497.71	0.44	1.89
B0	463.37	481.71	0.86	1.55
C0	697.00	648.53	0.34	4.91
A30	760.03	749.81	0.64	2.91
B30	762.00	813.17	0.76	2.14
C30	848.45	824.59	0.66	3.30
A60	577.16	566.74	0.62	2.39
B60	493.00	476.89	0.64	2.27
C60	1143.78	1113.23	0.46	4.17

③ 样品间细菌群落结构分析比较　根据OTU表的结果，可以获知各个样品的OTU注释分类到门、纲、目、科、属的物种组成比例概况，反映出样品在不同分类水平上的微生物细菌群落结构组成情况。随着贮藏时间的变化，各样品中的微生物群落组成也随之变化，样品中占主要分布的为蓝藻门、厚壁菌门和变形菌门。

样品贮藏初期0d时，实验组A烟熏火腿切片中微生物细菌隶属于13个门，其中蓝藻门、变形菌门和厚壁菌门共占98.6%，厚壁菌门所占比例最大（占81%）。对照组B烟熏火腿切片中微生物细菌同样隶属13个门，有10个门与A的重叠，其中蓝藻门、变形菌门和厚壁菌门共占99%，厚壁菌门所占比例仍为最大（占74%）。空白组C烟熏火腿切片中微生物细菌隶属17个门，其中厚壁菌门、蓝藻门、变形菌门共占98.8%，变形菌门所占比例最大（占56.7%）。

样品贮藏中期30d时，实验组A烟熏火腿切片中微生物细菌隶属于16个门，蓝藻门、厚壁菌门、变形菌门和拟杆菌门共占98%，厚壁菌门所占比例下降但仍为最大（占56.1%），其次为变形菌门占24.8%。对照组B烟熏火腿切片中微生物细菌隶属18个门，蓝藻门、厚壁菌门、变形菌门和拟杆菌门共占97.7%，厚壁菌门所占比例最大为52.1%，其次为变形菌门占26.7%。空白组C烟熏火腿切片中微生物细菌隶属18个门，蓝藻门、厚壁菌门、变形菌门、拟杆菌门和放线菌门共占98.7%，其中厚壁菌门所占比例最大（占34.8%），其次为变形菌门占29.4%。

样品贮藏末期60d时，实验组A烟熏火腿切片中微生物细菌隶属于16个门，厚壁菌门、蓝藻门、变形菌门和拟杆菌门共占98%，此时变形菌门所占比例最大（占53.5%），其次为厚壁菌门占37.7%。对照组B烟熏火腿切片中微生物细菌隶属22个门，蓝藻门、厚壁菌门、变形菌门、拟杆菌门共占96.1%，其中厚壁菌门所占比例最大（占72.5%），其次为蓝藻菌门占15.7%。空白组C烟熏火腿切片中微生物细菌隶属 28 个门，蓝藻门、变形菌门、拟杆菌门、厚壁菌门、酸杆菌门、浮霉菌门和芽单胞菌门共占 91.2%，其中变形菌门所占比例最大（占 59.1%），其次为蓝藻门占 17.4%。

本书著者团队将实验组 A 组和对照组 B 组中丰度含量占优的菌属列出，分析其在 A、B 两组中随贮藏时间的变化及组间丰度差异，结果见表 9-10。在属水平上，样品 A0 组中的细菌总共隶属于 188 个属，其中乳球菌属丰度为 3.362%、链球菌属丰度为 1.239%，占最优；B0 组中细菌总共隶属于 179 个属，其中链球菌属丰度为 2.084%、芽孢杆菌属丰度为 0.959%，占最优；A30 组中细菌总共隶属于 298 个属，其中魏斯氏菌属丰度为 8.826%、乳杆菌属丰度为 1.141% 和链球菌属丰度为 3.682%，占最优；B30 组中细菌总共隶属于 284 个属，其中魏斯氏菌属丰度为 3.325%、乳杆菌属丰度为 5.194% 和链球菌属丰度为 10.853%，占最优；A60 组中细菌总共隶属于 214 个属，其中魏斯氏菌属丰度为 9.617%、明串珠菌属丰度为 1.427% 和链球菌属丰度为 0.877%，占最优；B60 组中的细菌总共隶属于 242 个属，其中乳杆菌属丰度为 1.160% 和链球菌属丰度为 1.733%，占最优。对比可知，ε-PL 在单独作为抑菌剂添加至烟熏火腿切片时对链球菌属、芽孢杆菌属、乳杆菌属的抑制效果均好于乳酸链球菌素复配保鲜剂，而其在对乳球菌属和魏斯氏菌属上的抑制作用稍弱，这为后续进一步选择抑菌剂与之复配奠定了基础。

表9-10　不同菌属的微生物种群丰度

细菌属	A0/%	B0/%	A30/%	B30/%	A60/%	B60/%
乳球菌属	3.362	0.024	0.235	0.186	0.082	0.087
链球菌属	1.239	2.084	3.682	10.853	0.877	1.733
芽孢杆菌属	0.669	0.959	0.493	0.878	0.173	0.320
魏斯氏菌属	0.016	0.024	8.826	3.325	9.617	0.026
乳杆菌属	0.722	0.941	1.141	5.194	0.418	1.160
明串珠菌属	0.201	0.212	0.288	0.514	1.427	0.068

3. ε-聚赖氨酸对真空包装烟熏火腿切片腐败菌的抑菌复配研究

选取 ε-PL、乳酸链球菌素（Nisin）、EDTA 二钠、山梨酸钾、双乙酸钠、甘氨酸、抗坏血酸、对羟基苯甲酸丁酯（以下简称尼泊金丁酯）这八种抑菌剂对真空烟熏火腿切片腐败菌进行抑菌实验。通过查阅文献以及根据《食品安全国家标准　食品添加剂使用标准》（GB 2760—2014）选定单因素抑菌浓度，按照表 9-11 将母液制成各浓度抑菌剂溶液。利用浊度法，将单因素抑菌剂各自配成相应浓度溶液，每种取 0.1mL 抑菌剂溶液 +8.9mL 10% 氯化钠胰酪胨大豆培养基，分别作用于 0.1mL 腐败菌菌液。计算培养时间 1h、4h、8h、12h、14h、17h、21h 对应的抑菌率。每个实验三个重复。

表9-11　各抑菌剂的浓度水平

种类	选用浓度/（g/kg）				
乳酸链球菌素	0.1	0.2	0.3	0.4	0.5
EDTA二钠	0.05	0.10	0.15	0.20	0.25
山梨酸钾	0.3	0.6	0.9	1.2	1.5
双乙酸钠	0.2	0.4	0.6	0.8	1.0
甘氨酸	1.0	2.0	3.0	4.0	5.0
抗坏血酸	0.1	0.2	0.3	0.4	0.5
尼泊金丁酯	0.1	0.2	0.3	0.4	0.5
ε-PL	0.05	0.10	0.15	0.20	0.25

① 单一抑菌剂对腐败菌菌液的抑菌效果　使用浊度法来评判各单一抑菌剂对腐败菌菌液的抑菌效果。腐败菌菌液经36℃±1℃培养20h后浓度测定为1.48×10^{8}CFU/mL，将其稀释100倍作为抑菌对象。按照表9-11进行单因素抑菌实验，结果如图9-6所示。

Nisin对腐败菌菌液的抑菌效果较好，处理14h时，抑菌率可达75%，从图9-6（a）上可看出，在Nisin浓度为0.1～0.2g/kg时，Nisin对腐败菌菌液的抑菌率随着浓度的升高抑菌效果增强，而当其浓度为0.3～0.5g/kg时，抑菌剂的浓度过高反而会造成抑菌效果的小幅度降低，故认为Nisin并不是浓度越高对腐败菌的抑菌效果越优，需要找出0.3～0.5g/kg的最佳浓度来更好地发挥Nisin的抑菌作用；对真空烟熏火腿切片中腐败菌菌液抑菌效果最好的为EDTA-2Na［图9-6（b）］，EDTA-2Na在对腐败菌菌液处理0～10h时，抑菌率随着处理时间的增长而增长，在处理14h时抑菌效果最好，除去最低浓度0.05g/kg抑菌液在12h后抑菌率逐渐降低，其余浓度对腐败菌菌液的抑菌率均可达到80%，故认为，使用较低浓度的EDTA-2Na便可达到较好的抑菌效果；山梨酸钾对腐败菌菌液的抑菌效果是随着抑菌剂浓度的升高抑菌效果增强［图9-6（c）］，对于山梨酸钾来说，抑菌效果最优的处理时间在12～17h间，抑菌率可达45%；双乙酸钠对腐败菌菌液在处理时间4h时抑菌效果最优，但其总的抑菌效果普遍较小，最高抑菌率仅为29%，并且随着抑菌剂浓度的增长，抑菌率并未有显著的提升［图9-6（d）］；甘氨酸在浓度为3～5g/kg时对腐败菌菌液的抑菌效果较好［图9-6（e）］，随着处理时间的增加抑菌效果升高，在12～14h时抑菌率最高，最高抑菌率至43%；抗坏血酸对于真空烟熏火腿切片腐败菌的抑菌效果较为逊色［图9-6（f）］，不管抑菌剂浓度的增长或者处理时间的增加，抑菌效果最优时抑菌率只有25%，可见抗坏血酸并不适合用于该产品的防腐保鲜；尼泊金丁酯对于真空烟熏火腿切片腐败菌的抑菌效果随着时间增长呈现先上升后下降的趋势［图9-6（g）］，最高抑菌率达34%，由图可知，浓度为0.5g/kg处理时间8h时对腐败菌菌液的抑菌效果最优，而后当处理时间至21h时，抑菌率低至2%，抑菌效果没有十分理想；ε-PL对腐败菌菌液的抑菌效果随着处理时间的增长呈现先增强后下降［图9-6（h）］，抑菌率可达80%，处理时间8h时抑菌效果达到最优，随之抑菌率缓慢下降，而随着抑菌剂浓度的升高，抑菌率也随之增强，对真空烟熏火腿切片腐败菌抑菌效果十分优异。

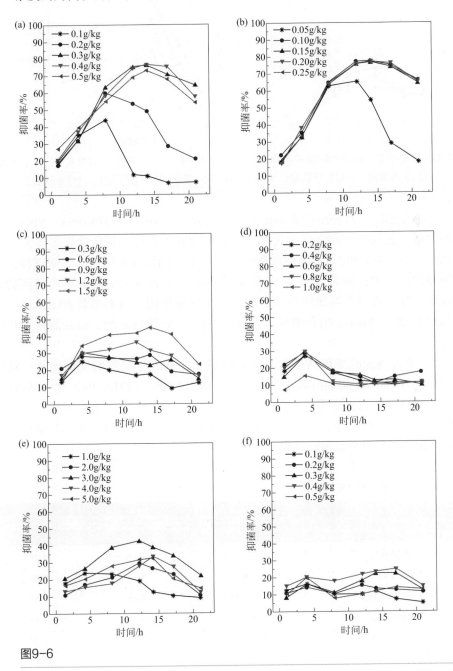

图9-6

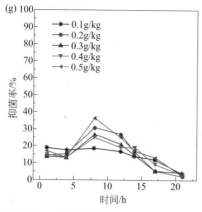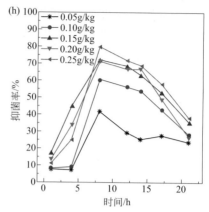

图9-6 不同抑菌剂对腐败菌菌液的抑菌率。（a）Nisin；（b）EDTA-2Na；（c）山梨酸钾；（d）双乙酸钠；（e）甘氨酸；（f）抗坏血酸；（g）尼泊金丁酯；（h）ε-PL

综合考虑以上八种单因素抑菌剂的抑菌效果，ε-PL、EDTA-2Na、Nisin、山梨酸钾以及甘氨酸对真空烟熏火腿切片的抑菌效果较好，且从徐红华等人[1]的研究中可知，当ε-PL与甘氨酸联用时，可产生协同增效作用，大大增强抑菌剂的防腐保鲜效果；张春江[18]研究发现，Nisin对于乳球菌属和魏斯氏菌属的抑制效果较好，而对革兰氏阴性菌、霉菌则无明显作用。故本书著者团队后续选择EDTA-2Na、Nisin、山梨酸钾以及甘氨酸同ε-PL进行复配，以开展进一步的研究。

② ε-PL、Nisin、EDTA-2Na、山梨酸钾及甘氨酸复配的响应面优化　使用BBD (Box-Behnken design) 模型方法，以ε-PL、Nisin、EDTA-2Na、山梨酸钾及甘氨酸不同浓度为主要考察因素（X，自变量），用-1、0、+1相应代表自变量浓度的低、中、高水平，对腐败菌菌液的抑菌率（Y，响应值）为评判指标进行实验优化。因素水平及编码见表9-12。

表9-12　实验因素水平及编码

因素	代码	水平		
		-1	0	+1
ε-PL/(g/kg)	X_1	0.10	0.15	0.20
Nisin/(g/kg)	X_2	0.20	0.30	0.40
EDTA-2Na/(g/kg)	X_3	0.10	0.15	0.20
甘氨酸/(g/kg)	X_4	2.00	3.00	4.00
山梨酸钾/(g/kg)	X_5	0.90	1.20	1.50

将实验数据进行多项式拟合回归，以复配保鲜剂的抑菌率（%）为因变量，以 ε-PL（A）、Nisin（B）、EDTA-2Na（C）、甘氨酸（D）及山梨酸钾（E）为自变量的回归方程为：

$$Y=96.33+25.26A+7.16B+5.83C+8.70D-2.61E-11.22AB-4.33AC-14.7AD+3.95AE+2.25BC-4.4BD-11.68BE-10.28CD+14.42CE+5.07DE-23.02A^2-13.82B^2-10.27C^2+1.63D^2-10.73E^2$$

由方差分析（ANOVA）结果发现，模型拟合所得回归方程的 $P<0.0001$，表明模型方程显著，不同添加量间的处理结果差异显著；失拟项 $P=0.0556>0.05$，不显著，说明此模型合理。Adj R-squared 模型校正决定系数 Adj $R^2=0.9115$，说明此模型可解释91.15%响应值变化；回归方程的复相关系数 $R^2=0.9509$，小部分数据失拟，可能由于培养环境微小差异、培养检测时间差异及实验操作的随机误差等不定性因素作用引起，总体来说此模型拟合程度良好，实验误差值较小。此模型可以用来分析和预测各抑菌剂的添加浓度对腐败菌的抑菌效果。项 A、A^2、B、B^2、C、C^2 的 P 值均小于 0.01，说明这些因素对抑菌率 Y 值的影响显著；项 AB、AD、BE、CD、CE 的 P 值均小于 0.05，说明这些因素交互对抑菌率 Y 值的影响显著；项 AC、AE、BD、DE 对抑菌率 Y 值的影响不显著。

通过获得方程中回归系的值可知各抑菌剂对腐败菌抑菌率的影响程度大小顺序为：ε-PL＞甘氨酸＞Nisin＞EDTA-2Na＞山梨酸钾。但是五种因素的添加量对腐败菌的抑菌效果影响还是显著的。

通过对模型方程求导得到响应面曲面极值点，也就是响应值即抑菌率最大值为100%时，对应获得复合保鲜剂的最优配方为：ε-PL 0.16g/kg、Nisin 0.31g/kg、EDTA-2Na 0.12g/kg、甘氨酸 3.42g/kg 及山梨酸钾 1.03g/kg。

③ 响应面优化结果验证　三组样品（A：添加 ε-PL 0.16g/kg、Nisin 0.30g/kg、EDTA-2Na 0.12g/kg、甘氨酸 3.40g/kg 及山梨酸钾 1.00g/kg 的复合保鲜剂；B：Nisin 复合抑菌剂；C：空白零添加）于 4℃下贮藏，每隔 7d 取样检测细菌菌落总数。由图 9-7 可以看出，A组样品保鲜效果最好，菌落总数上升缓慢，说明样品中腐败菌得到了较好的抑制，于 56d 开始大量生长，至贮藏 77d 时菌落总数达 5.04lg（CFU/g）；B组样品在贮藏初期菌量上升相对较慢，贮藏 49d 时菌落总数达 4.56lg（CFU/g）；C组样品由于未添加抑菌剂，菌含量上升十分迅速，42d 时达最大生长量，之后由于肉基质中的营养物质消耗殆尽菌量逐渐下降，该组样品保质期为 21d，菌落总数达 4.74lg（CFU/g）。综上可知，经响应面优化后的最优复配保鲜剂配方抑菌效果显著好于现有 Nisin 复合抑菌剂，保质期可达 75d。

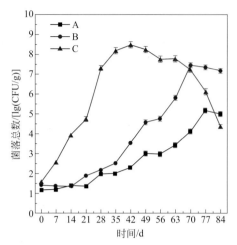

图9-7　不同抑菌剂样品贮藏期的菌落总数变化

三、在其他食品中的应用

除了本书著者团队深入探究的 ε-PL 及其复配物在冷鲜肉和烟熏火腿中的防腐保鲜应用，其在其他肉类产品、水产品、果蔬、淀粉类食品和饮料等中也有较为广泛的应用。

水产品由于其营养成分多且含量高、水分多、pH 接近中性的特点，常会出现腐败和氧化问题，以及因处理不当或储存不当而产生异味，其中微生物的代谢繁殖是最为主要的原因。倪清艳等人 [19] 发现 0.15% ε-PL 与 0.1% 醋酸复配对鱼糜保鲜效果最佳，可将鱼糜保质期延长至 6d。于晓慧等人 [20] 研究发现茶多酚与 ε-PL 对小龙虾的保鲜起到显著作用，可将小龙虾在常温下的货架期延长至 15d。

湿面条水分含量多，容易滋生细菌。李维娜等 [21] 研究发现 ε-PL 对湿面条的抑菌效果显著。ε-PL 通过浸泡的方式对面条进行处理，最佳浓度为 0.15%；ε-PL 与醋酸复配使用的最佳配比为 0.1% ε-PL 和 0.25% 醋酸，也是通过浸泡处理。ε-PL 溶液浸泡熟面条比直接添加到面粉中防腐效果好且成本低，这为 ε-PL 在面条防腐中的应用提供了依据。

此外，ε-PL 在饮料中的应用也被大量研究。张黎斌等 [22] 研究了 ε-PL 在玉米汁饮料中的防腐效果。最佳效果是在玉米汁饮料中添加 30mg/kg 的 ε-PL，这样在 37℃ 的条件下可以至少保存 6d，远高于对照组，使得货架期延长，且有复合稳定剂的饮料中 ε-PL 依旧有显著的防腐效果。吴勤等 [23] 对 ε-PL 在蓝莓汁饮料中的效果进行了研究，发现 ε-PL 对蓝莓汁饮料的 pH、色泽、总酸含量没有显著性影响，但是对可溶性固形物含量的影响较大。ε-PL 在未经过杀菌处理的蓝莓汁饮料中的最高抑菌率为 79.7%，抑菌效率一般。ε-PL 对经过低温巴氏杀菌的蓝莓汁饮料进行处理，发现尚有微生物存活。综上所述，在蓝莓汁饮料中 ε-PL 的抑菌效果受到明显影响，可与防腐剂复配来发挥其抑菌作用。

第二节
ε-聚赖氨酸作为食品包装材料的应用

一、ε-聚赖氨酸自组装抗菌涂层材料制备与应用

淡水鱼营养丰富，附加值高，但因微生物、内源酶以及化学作用极易腐败变质，极大限制了产品的销售范围，同时引起食品安全重大隐患。近年来，具有抗菌功能的新型包装材料引起广泛关注。抗菌包装材料的制备方法主要分为两种：一种是基于抗菌高分子材料如壳聚糖，对其改性成膜；另外一种是通过在传统包装材料成膜过程中添加抗菌剂如纳米银、锌（Ag、Zn）离子。以上方法一定程度上促进了抗菌包装材料的发展，但仍然存在膜材料力学性能不稳定、抗菌剂逸出等问题，产业化进程缓慢 [24,25]。

基于现有包装材料，对其表面进行抗菌功能化修饰是解决以上问题的有效途径。目前市售保鲜膜主要成分为聚乙烯（polyethylene，PE）、聚氯乙烯（polyvinyl chloride，PVC）、聚丙烯（polypropylene，PP）等，材料表面均表现为高疏水特性，导致表面容易黏附细菌并形成生物膜，进而引发细菌感染和食品腐败。因此，开发简单高效的膜表面抗菌涂层技术，赋予保鲜膜表面优异的抗菌性能，不仅具有重要的科学意义，而且具有巨大的实际应用价值。

本书著者团队王瑞等 [4] 以市售 PE 保鲜膜为基材、ε-PL 和阴离子表面活性剂丁二酸二辛酯磺酸钠（AOT）为原料，采用一步静电组装技术，制备 ε-PL-AOT 复合物。该复合物不溶于水，可溶于乙醇，进而在保鲜膜表面形成稳定抗菌涂层（图 9-8）。通过对复合物分子结构及涂层理化性能进行表征，评价其稳定性；进一步以草鱼鱼片为研究对象，研究抗菌涂层对其实际保鲜效果，旨在为保鲜膜表面抗菌涂层在淡水鱼保鲜中的应用提供理论依据和技术参考。

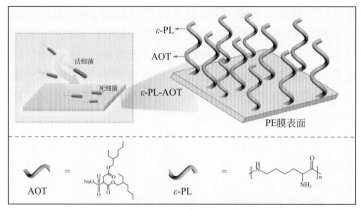

图9-8 ε-PL-AOT抗菌涂层及抑菌机制示意图

1. ε-聚赖氨酸-丁二酸二辛酯磺酸钠抗菌涂层理化性能表征

ε-PL-AOT涂层制备过程如图9-9 (a) 所示，ε-PL-AOT为水不溶性复合物，因此利用乙醇溶解后喷涂于PE保鲜膜表面，随后常温风干，乙醇挥发后在保鲜膜表面形成复合物涂层。由图9-9 (b) 所示，ε-PL-AOT涂层处理的保鲜膜表面出现白色沉积物，但不影响保鲜膜本身的透明度，透光性较好。

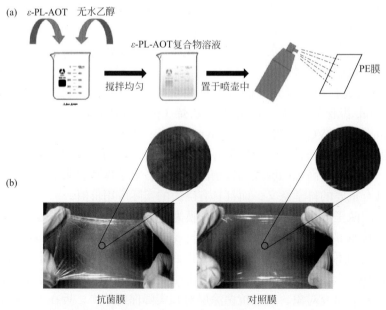

图9-9 抗菌膜制备示意图（a）和实体图（b）

如表9-13所示，与对照组相比，ε-PL-AOT 涂层处理的保鲜膜表面 N 和 S 元素所占百分比明显增加，对照组以 C 元素为主，这是因为 PE 保鲜膜为聚乙烯组成，主要元素组成为 C 元素，ε-PL 和 AOT 无法在保鲜膜表面形成稳定涂层，N 和 S 元素微量增加可能为残留样品吸收峰；而 ε-PL-AOT 复合物通过 AOT 疏水作用力在保鲜膜表面形成稳定涂层，因此结构中含有大量的 N 和 S，XPS 总谱图（图 9-10）也显示同样趋势，共同证明了该涂层的存在。

表9-13　ε-PL-AOT及其对照组涂层的元素含量百分比

样品	相对含量/%			
	C	N	S	总计
PE保鲜膜	100	0	0	100
PE/ε-PL涂层	98.75	1.06	0.19	100
PE/AOT涂层	97.68	1.78	0.54	100
PE/ε-PL-AOT涂层	90.83	6.15	3.02	100

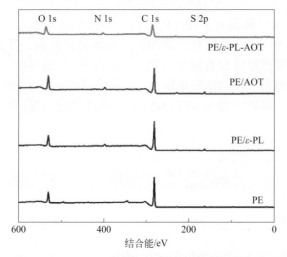

图9-10　PE/ε-PL-AOT及其对比样品的XPS总谱图

涂层表面的亲水性是判断 ε-PL-AOT 涂层成功的另外一个关键指标。如图9-11所示，因 PE 保鲜膜本身为疏水材料，表面接触角为 113.70°，AOT 和 ε-PL 涂层的接触角与空白组无明显差别，证明涂层在水洗过程中被洗掉，无法与膜表面稳定结合。而 ε-PL-AOT 接触角降至 39.91°，亲水性明显增加，主要原因在于 ε-PL-AOT 通过疏水作用力与聚乙烯疏水表面形成稳定涂层，AOT 的疏水烷烃链与聚乙烯分子形成稳定键合，ε-PL 亲水分子暴露在涂层上端，表现出高度的亲水性。

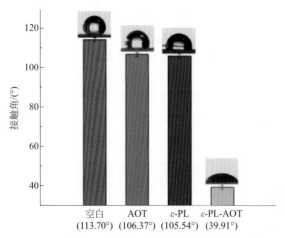

图9-11　ε-PL-AOT涂层及其对比样接触角测试

此外，膜的力学性能与加工工艺、膜的厚度、断裂伸长率等都有关系，本书仅探讨加入 ε-PL-AOT 对抗菌保鲜膜力学特性的影响。如表 9-14 所示，加入 ε-PL-AOT 对抗菌保鲜膜的厚度、拉伸强度和断裂伸长率基本没有影响，其中，相比较 PE 保鲜膜，抗菌保鲜膜的厚度没有发生变化，保持着 PE 膜的厚度；而拉伸强度和断裂伸长率虽稍有降低，但总体变化较小，对抗菌保鲜膜的力学性能影响较小。总体而言，在 PE 保鲜膜中加入 ε-PL-AOT 后，该涂层抗菌保鲜膜具有良好的力学性能。

表9-14　ε-PL-AOT涂层抗菌保鲜膜的力学性能

样品	厚度/mm	拉伸强度/MPa	断裂伸长率/%
PE	0.015±0.01	7.72±0.45	574.2±32.00
PE/ε-PL-AOT	0.015±0.01	6.61±0.93	540.0±22.00

2．ε-聚赖氨酸-丁二酸二辛酯磺酸钠抗菌效果评价

为验证 ε-PL-AOT 抗菌涂层的抑菌效果，以大肠杆菌和金黄色葡萄球菌为研究对象，对其抑菌率进行评价。如图 9-12 所示，肉眼可直接观察到 PE 膜处理样品和 PE/ε-PL-AOT 膜处理样品在菌落数量上具有明显差异。由于 PE 膜无抗菌功能，24h 后表面大肠杆菌和金黄色葡萄球菌菌落数分别为 6.78lg（CFU/g）和 6.87lg（CFU/g）；而 ε-PL-AOT 抗菌膜表面细菌数量远低于对照组，分别为 2.94lg（CFU/g）和 2.73lg（CFU/g），证明了该涂层具有广谱抗菌功能。其主要杀菌机制为接触杀菌，涂层表面 ε-PL 分子接触细菌时可以破坏细菌细胞膜的完整性，导致细菌内容物泄漏，细胞膜通透性改变，进而裂解死亡。

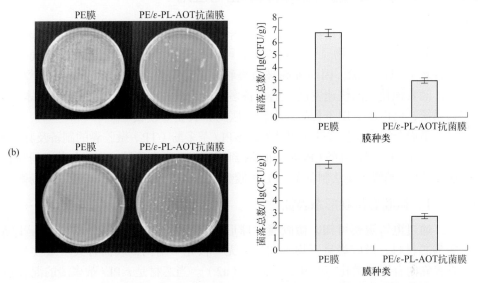

图9-12 ε-PL-AOT抗菌涂层对大肠杆菌（a）和金黄色葡萄球菌（b）的抑制效果

肉品腐败变质的主要原因是微生物大量生长代谢导致蛋白质分解。如图 9-13 所示，肉眼可直接观察到三种处理方式样品在菌落数量上具有显著的差异，空白和 PE 保鲜膜处理组的细菌菌落总数均高于 6lg（CFU/g），根据 GB 4789.2—2022《食品安全国家标准　食品微生物学检验　菌落总数测定》，判定为变质肉[26]。ε-PL-AOT 抗菌涂层处理组表现出明显的保鲜效果，在平板上无肉眼可视菌落，菌落总数低于 4lg（CFU/g），满足肉制品一级鲜度标准，以上结果表明 ε-PL-AOT 抗菌涂层在淡水鱼常温保鲜领域具有很好的应用前景。

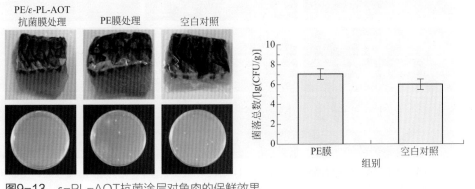

图9-13 ε-PL-AOT抗菌涂层对鱼肉的保鲜效果

二、ε-聚赖氨酸微胶囊抗菌材料制备与应用

微胶囊技术是微量物质包裹在聚合物薄膜中的技术，可形成具有半透性或密封胶囊的微粒[27]。物质被微胶囊化后可以免受外界光照、温湿度、空气、pH等各种环境因素干扰，因而提高被包裹物质的稳定性，拓宽其应用场景[28]。近年来，随着该技术的快速发展，已具备多种微胶囊制备方法，微胶囊生产体系也较为系统，已广泛应用于食品、生物、医药、农业等领域[29]。

下面介绍孙彤教授课题组开发的ε-PL/茶多酚（TP）微胶囊的制备及其抗菌效果[30]。他们采用聚乳酸（PLA）和乙基纤维素（EC）为壁材、ε-PL与茶多酚为芯材，通过乳化-喷雾干燥法制备了ε-PL微胶囊、茶多酚微胶囊以及ε-PL/茶多酚微胶囊。

1．微胶囊微观形态表征

通过电镜观察可知，微胶囊为球形，直径为8～10μm，分散性好。以茶多酚为芯材料，微胶囊呈不规则圆形，无"核壳"结构，表面有大量皱纹和空化，微胶囊内有许多微孔［图9-14（a1），（a2）］。当芯材是ε-PL/茶多酚的混合物时，

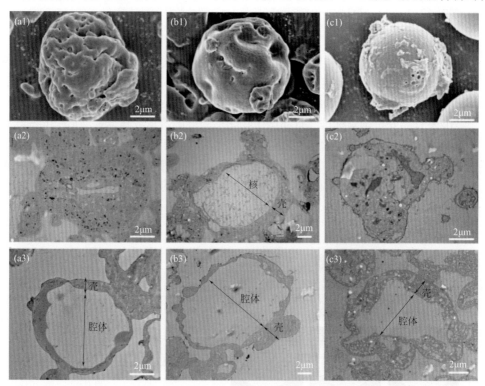

图9-14　具有不同芯材料微胶囊的SEM（1）和TEM（2,3）图像。(a) 茶多酚微胶囊；(b)ε-PL/茶多酚微胶囊和 (c) ε-PL微胶囊。(1,2) 释放前；(3) 释放24h后

皱纹和气穴减少，并且"核壳"结构清晰，微囊壁上有少量微孔［图9-14（b1），（b2）］。然而，仅以 ε-PL 为芯材时，微胶囊表面的皱纹和空化几乎消失［图9-14（c1），（c2）］。这或许是因为 ε-PL 具有较好的水溶性，并且其在壁材溶液中的溶解性很小，因此造成了微胶囊表面的皱纹和气穴消失。

2. 芯材从微胶囊中的释放特性

如图9-15所示，芯材料的累积释放率增加，并在12h接近平衡。其中，在纯水中，释放速度最快，累积释放量最高，其次是在海水和鱼黏液中。同时，对于 ε-PL 或茶多酚的芯材料微胶囊，在纯水中的初始释放率最高［图9-15（a）、（b）］。可能是因为 ε-PL 在纯水中的溶解度高于在海水和鱼黏液而造成的。此外，海水中的电解质、鱼黏液中的蛋白质和非极性物质可能对 ε-PL 的溶解有一定的抑制作用。在释放初期，吸附在微胶囊表面的 ε-PL 先释放，并且释放速度较快。然后，ε-PL 缓慢释放，均匀分散在微胶囊内壁。同时，随着外界系统中 ε-PL 浓度的增加，释放介质中 ε-PL 的内外浓度差逐渐减小，其释放的驱动力降低，释放变慢。图9-15（c）、（d）表明，在相同的释放介质中，ε-PL 的累积释放率始

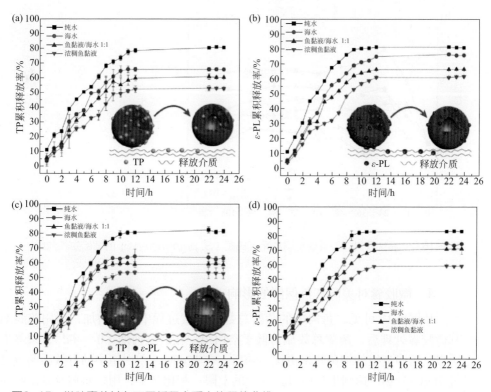

图9-15 微胶囊芯材在不同缓释介质中的释放曲线

终高于 ε-PL/ 茶多酚微胶囊的茶多酚。这可能是由于 ε-PL 的溶解度比茶多酚大而造成的。当芯材在水中从复合材料微胶囊中释放出来时，茶多酚的释放速率在 $0 \sim 2h$ 内低于 ε-PL，但在 $2 \sim 4h$ 内更高，表明茶多酚和 ε-PL 竞争性释放来自复合微胶囊。从开始到 2h，茶多酚与壁材之间的氢键比 ε-PL 强，因此茶多酚的释放速率低于 ε-PL。到 4h 后，由于茶多酚浓度差异的驱动力更大，因此其释放速率高于 ε-PL。

3. 微胶囊的抗菌特性

腐败希瓦氏菌（*Shewanella putrefaciens*）属于革兰氏阴性菌，是冷藏鱼中典型的腐败菌，适宜在低温环境中生长，它能将氧化三甲胺还原成三甲胺，并产生 H_2S 等物质，具有很强的致腐活性。图 9-16 显示防腐剂和相应的微胶囊对 *S. putrefaciens* 具有抗菌特性。与未微胶囊化的防腐剂相比，微胶囊化防腐剂的抗菌性能在早期较低，但在中后期较高。这与防腐剂从微胶囊中持续释放相关。ε-PL/茶多酚和 ε-PL/ 茶多酚微胶囊的抗菌性能高于单一防腐剂，说明 ε-PL 和茶多酚具有协同作用。

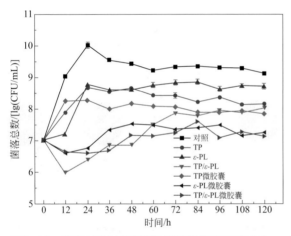

图9-16 防腐剂及其微胶囊处理腐败希瓦氏菌（*S. putrefaciens*）的细菌生长曲线

4. 微胶囊对美国红鱼保鲜的影响

从图 9-17 可见，鱼肉中的菌落总数在贮藏过程中逐渐增加，但用防腐剂及其微胶囊处理后，菌落总数显著低于空白组。在贮藏前期（$0 \sim 6d$），菌落生长缓慢，防腐剂组的抑菌效果更优。随后，在 12d 时，空白组中的有效活菌数已超过 $7lg(CFU/g)$，达到生鱼肉可接受度的上限。相比之下，用防腐剂及其微胶囊处理后，在第 15 天才达到这一限度，说明它们可以显著减少微生物数量，从而有效延长鱼肉货架期。而在整个实验过程中，微胶囊处理组在贮藏后期表现出更优的抑菌作用，这与微胶囊化所带来的缓释作用相关。并且，不论是防腐剂或微胶囊，ε-PL/茶多酚复合使用的抑菌效果在整个实验周期内始终优于单独使用，具备协同增效功能。

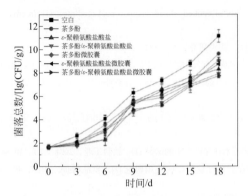

图9-17　ε-PL/茶多酚微胶囊处理对美国红鱼在贮藏过程中菌落总数的影响

参考文献

[1] 徐红华，刘慧. 聚赖氨酸在牛奶保鲜中的应用研究 [J]. 食品与发酵工业，2000，53（2）: 33-35.

[2] 张全景. ε-聚赖氨酸发酵工艺及在冷鲜猪肉保鲜中的应用研究 [D]. 南京：南京工业大学，2011.

[3] 曹梦婷. ε-聚赖氨酸对真空烟熏火腿切片保鲜的复配研究 [D]. 南京：南京工业大学，2016.

[4] 王瑞，王宇，王一丞，等. ε-聚赖氨酸抗菌涂层制备及淡水鱼保鲜应用 [J]. 食品科学，2021.

[5] 罗傲霜，淳泽，罗傲雪，等. 食品防腐剂的概况与发展 [J]. 中国食品添加剂，2005 (4): 55-58,76.

[6] Shima S, Matsuoka H, Iwamoto T, et al. Antimicrobial action of epsilon-poly-L-lysine [J]. The Journal of Antibiotics,1984 (11):1449-1455.

[7] Vaara M. Agents that increase the permeability of the outer membrane [J]. Microbiological Reviews, 1992, 56(3): 395-411.

[8] Delihas N, Riley L, Loo W, Berkowitz J, Poltoratskaia N. High sensitivity of *Mycobacterium* species to the bactericidal activity by polylysine [J]. FEMS Microbiology Letters, 1995, 132(3): 233-237.

[9] 廖永红，周晓宏，孙涪陵. ε-聚赖氨酸细菌吸附动力学研究 [J]. 食品科技，2010, 35(9): 29-33.

[10] 刘蔚，周涛. ε-聚赖氨酸抑菌机理研究 [J]. 食品科学，2009, 30(9): 15-20.

[11] 傅鹏，李平兰. 冷却猪肉初始菌相分析与冷藏过程中的菌相变化规律研究 [J]. 食品科学，2006, 27(11): 119-124.

[12] Li M, Zhou G, Xu X, Zhu W. Changes of bacterial diversity and main flora in chilled pork during storage using PCR-DGGE [J]. Food Microbiology, 2006, 23: 607-611.

[13] 贾士儒. 生物防腐剂 [M]. 北京：中国轻工业出版社，2009.

[14] Russell A. Mechanisms of bacterial resistance to nonantibiotics: food additives and food and pharmaceutical

preservatives [J]. Journal of Applied Microbiology,1991,71(3): 191-201.

[15] 吕翠玲，巫中德，戴欣，等. 常用食品防腐剂抑菌作用研究 [J]. 微生物学通报，1995, 22(1): 36-41.

[16] Delves-Broughton J. Use of EDTA to enhance the efficacy of Nisin towards Gram negative bacteria [J]. International Biodeterioration & Biodegradation, 1993, 32(1/3): 87-97.

[17] Bredholt S, Nesbakken T, Holck A. Industrial application of an antilisterial strain of *Lactobacillus sakei* as a protective culture and its effect on the sensory acceptability of cooked, sliced, vacuum-packaged meats[J]. International Journal of Food Microbiology, 2001 (3):191-196.

[18] 张春江 . Nisin 的特性及在肉制品中的应用 [J]. 肉类研究，2000 (3): 31-33.

[19] 倪清艳，李燕，张海涛 .ε- 聚赖氨酸的抑菌作用及在保鲜中的应用 [J]. 食品科学，2008, 29（9）: 102-105.

[20] 于晓慧，林琳，姜绍通，等. 即食小龙虾复合生物保鲜剂的优选及保鲜效果研究 [J]. 肉类工业，2017（3），24-32.

[21] 李维娜，贾士儒，谭之磊，等 .ε- 聚赖氨酸在即食湿面条防腐中的应用 [J]. 中国食品添加剂，2011（6），177-181.

[22] 张黎斌，李新华，闫永丽. 聚赖氨酸对鲜榨玉米汁保鲜效果的研究 [J]. 饮料工业，2008（7），30-34.

[23] 吴勤，孟岳成，李延华，等 .ε- 聚赖氨酸在蓝莓汁饮料中的应用研究 [J]. 食品科技，2015, 40（6），71-75.

[24] Du J, Li Y, Wang J, et al. Mechanically robust, self-healing, polymer blends and polymer/small molecule blend materials with high antibacterial activity[J]. ACS Applied Materials & Interfaces, 2020, 12(24): 26966-26972.

[25] Li X, Lin J, Bian F, et al. Improving waterproof/breathable performance of electrospun poly(vinylidene fluoride) fibrous membranes by thermo-pressing[J]. Journal of Polymer Science Part B-Polymer Physics, 2018, 56(1): 36-45.

[26] 汪慧，吴旻，赵瑜婕，等. 载锌与 ε- 聚赖氨酸抗菌膜的制备及其抗菌、物理性能研究 [J]. 食品科学，2020, 41(5): 223-229.

[27] 张凤. 相反转法制备聚乳酸载青藤碱微胶囊及其性能研究 [D]. 天津：天津工业大学，2016.

[28] 马立然. 橡实多酚的提取、微胶囊化及其性能的研究 [D]. 长沙：中南林业科技大学，2012.

[29] 占英英. 可控制释放微胶囊的制备和释放性能研究 [D]. 哈尔滨：东北农业大学，2010.

[30] 杨丽丽. 茶多酚复合保鲜剂缓释体系的建立及性能研究 [D]. 锦州：渤海大学，2019.

索引